スパイス、爆薬、医薬品

世界史を変えた17の化学物質

P・ルクーター／J・バーレサン［著］
小林 力［訳］

中央公論新社

目次

スパイス、爆薬、医薬品

世界史を変えた17の化学物質

序章

一本釘（くぎ）なく蹄鉄（ていてつ）作れず
蹄鉄なくて馬がない
馬がいなくて騎士乗れず
騎士がいなくて戦（いくさ）に負けて
戦に負けて国滅ぶ
すべては釘がないせいだ
（イギリスの古い童謡）

一八一二年六月、ナポレオンは六十万人もの大軍でロシアに侵攻した。しかし十二月初め、ぼろぼろになった敗残兵がモスクワから退却し、遠い故郷めざしロシア西部のボリソフ近く、ベレジナ川を渡ったとき、かつての誇り高き大陸軍（La Grande Armée）は一万人以下になってしまった。フランス兵は、ロシアの冬を生き延びるには衣服も装備も不十分で、多くのものが死につつあった。兵たちは飢えと病、そしてしびれるような寒さに直面し、これらはロシア軍と一緒になって彼らを壊滅させた。

ナポレオンがロシアから退却したことは、ヨーロッパ大陸に大きな影響をもたらした。一八一二年、ロシア人の九〇％は農奴であった。地主階級の全くの所有物として売り買いされていた。気まぐれで売買されることもあり、かつての西欧の小作人よりむしろ奴隷に近い。一七八九―九九年に起きたフランス革命の行動指針と理想は、ナポレオンの遠征軍とともに広がっていった。中世の社会秩序を壊し、政治的境界線を変え、国家主義（ナショナリズム）の概念を醸成した。彼の遺産は、実社会にも影響を及ぼし、一般的な国民主権と法体系が、地域的な決まりやしきたりという多様で不明確な習慣に取って代わった。そして個人、家族、財産権といった新しい概念が導入された。また、地域によってバラバラだった度量衡も統一された。

ナポレオン率いる大軍を崩壊させたものは何か？　なぜ、それまで勝ち続けていたナポレオン軍兵士がロシア遠征でつまずいたのか？　もっとも風変わりな説の一つは、古い童謡をもじって書けば「すべてはボタンがないせいだ」というものだ。驚くかもしれないが、ナポレオン軍の破滅は、ボタンの喪失のような小さなことに起因するかもしれない。ボタン、正確にいうと錫（すず）のボタンは、将校の外套から歩兵のズボンや上着にまで使われていた。温度が下がると光輝く金属の錫は変化し始め、金属らしからぬもろい灰色の粉になってしまう。これでも錫であるが、結晶構造が違うのだ。ナポレオン軍の錫のボタンにもこれが起きたのではないか？　ボリソフでナポレオン軍を見かけたものは「女性のマントや、カーペットの切れはし、焼けて穴の空いた外套などをまとった幽霊のような烏合の衆だった」と書いている。彼らは、軍服のボタンがなくなり、寒さに耐えられなくなって、兵士として働けなくなったのではないか？　ボタンの喪失は、両手が武器を運ぶより外套の前を合わせるのに使われたことを意味しないか？

この説が正しいとするには多くの問題がある。「錫ペスト」と呼ばれるこの現象は、北欧では何世紀も前から知られていた。自軍を戦闘集団として訓練することに熱心であったナポレオンが、彼らの外套に錫を使うことを許しただろうか？　それに、一八一二年冬のロシアという寒冷地であっても、錫の崩壊はかなりゆっくりである。それでも、これはなかなか面白い話で、化学者たちはナポレオンの敗戦における化学的な要因として、この説を引用して楽しんでいる。そして、もし錫崩壊説が正しければ、次の問題を考えねばならない。つまり錫が寒さで崩壊しなかったなら、フランス軍は東への進軍を続けただろうか？　ロシアにおける農奴支配が歴史よりも五十年早く撤廃されただろうか？　また、西欧と東欧の境界が今日のようであっただろうか――西欧の範囲はナポレオン帝国の範囲と大体同じで、彼の影響が今も続いている証なのだ。

金属は、人類の歴史を通じて決定的な役割を果たしてきた。ナポレオンのボタンという本当かどうかはっきりしない事件は別にしても、イギリス南部コーンウォールの鉱山からとれる銅と錫は、ローマ人たちが強く欲したもので、ローマ帝国がブリテン島に侵攻した理由の一つである。一六五〇年までに新大陸で採掘された一万六千トンの銀は、スペインとポルトガルの金庫を潤し、ヨーロッパにおける彼らの戦費を支えた。金や銀への探求は、探検、移住への強い原動力となり、多くの地域の環境も変えた。例えば十九世紀のカリフォルニア、オーストラリア、南アフリカ、ニュージーランド、カナダのクロンダイクにおけるゴールドラッシュは、これらの国々の初期の発展に大きな役割を果たした。我々の言語にも、ゴールドスタンダードや値千金、黄金時代といった、この金属を引き合いに出す多くの言葉や言い回しがある。時代区分の命名も金属の重要さを示している。青銅――錫と銅の合金――が武器や道具に使われた青銅器時代、それに続く鉄器を作った鉄器時代である。

しかし歴史を作ったのは錫、銅、鉄などの金属だけであろうか？　金属は一種類の元素――化学反応ではそれ以上簡単な物質に分解できないもの――からなる単体である。天然に存在する元素はわずか九十で、残り十九の元素は人工的に極微量作られたものだ。しかし、二つ以上の元素が決まった比率で化学的に結合した「化合物」は七百万ほど知られている。歴史上重要な働きをした化合物、すなわち、それが存在しなかったら文明の発達が大きく異なったであろう化合物、世界的な事件の成り行きを変えてしまった化合物も間違いなく存在したにちがいない。それは興味をそそるアイデアであり、本書の各章にわたって一貫する統一テーマである。

従来とは異なるこうした視点で、さまざまな化合物――ありふれたものも、そうでないものも――を眺めると、魅力的な物語が浮かび上がってくる。一六六七年のブレダ条約で、オランダは小さなルン島と引き換えに、北アメリカにあった唯一の植民地を手放した。ルン島はインドネシア、ジャワ島の東、スパイス諸島とも呼ばれるモルッカ諸島のごく一部、バンダ群島にある火山性環礁の一つにすぎない。この条約の相手国イギリスは、本来持っていたルン島での権利を譲った。ここの価値はナツメグの林だけだった。イギリスは、その代わり地球を半周したところにある別の島、マンハッタン島（ニューアムステルダム）の権利を得る。

オランダは、ヘンリー・ハドソンが東インド、そして伝説のスパイス諸島に行こうと北西ルートを探して北米を探検、マンハッタンを訪れたすぐあと、ここの領有を宣言した。しかし一六六四年、イギリスはニューアムステルダムに侵攻し、オランダ人総督ピーター・ストイフェサントに対しこの植民地を渡すよう迫った。この占領や他の領土問題に対しオランダが抗議したことで、両国は交戦状態に入り、それは三年ほど続く。一方、ルン島におけるイギリスの支配はオランダを怒らせていた。ナツメグ貿易を独占するにはルン島が必要だった。オランダは、この地域において虐殺、奴隷的使役という残虐な植民地経営の長い歴史を持ち、この金になる香料貿易にイギリスが足がかりを築くことを許すはずがなかった。四年に及ぶ占領と流血戦のあと、オランダはルンを奪ったが、イギリスは荷を満載したオランダ東インド会社の船を襲って報復した。

オランダはイギリスの海賊行為に対する賠償と、ニューアムステルダムの返還を求めた。イギリスは東インドにおけるオランダの暴行に対する賠償とルンの返還を要求する。両者とも非を認めず、また海戦において決定的勝利を得ることも出来なかった。ブレダ条約は両国の面目を立てる機会であった。イギリスはルンでの要求を放棄する代わりにマンハッタンを得た。オランダはルンを維持する代わりに以後マンハッタンの権利を放棄する。ニューアムステルダム（ニューヨークと改称された）にイギリス国旗が立ったとき、オランダは有利な取引をしたと考えられていた。ナツメグ貿易で得られる莫大な利益と比べ、新世界におけるわずか千人ほどの植民地の価値を見通せるものはほとんどいなかった。

なぜナツメグはそれほど価値があったのか？　クローブ、胡椒、シナモンなど他のスパイスと同様、ナツメグは食品の保存料、香料として、また医薬品としてヨーロッパで広く使われていた。しかしもう一つ重要な用途があった。ナツメグは十四世紀から十八世紀にかけて全欧州でときどき大流行した黒死病、すなわちペストを防ぐと考えられていたのである。

もちろん我々は、黒死病が細菌感染症であること、感染したネズミからノミに咬まれてうつることを知っている。だからペストを避けようと、ナツメグを小袋に詰め首の周りにかけることは、中世からの迷信に見えるかもしれない。しかしナツメグの化学を考えるとそうでもない。ナツメグの特徴的な匂いはイソオイゲノールによる。植物は、天然の防衛毒、すなわち葉を食べる捕食者、昆虫、菌類に対する防御物質として、イソオイゲノールのような化合物を生産する。ナツメグのイソオイゲノールがノミを追い払うために天然の殺虫剤として働いたことは十分考えられる（さらに、もしナツメグが買えるほど豊かであれば、ラットやノミの少ない、つまりペストに感染しにくい、密集地域でないところに住んでいるであろう）。

ペストに有効であったかどうかは別として、それに含まれる揮発性の芳香族分子こそが、ナツメグの珍重された理由であったことは間違いない。香料貿易に伴う探検や搾取、ブレダ条約、そしてニューヨーカーがニューアムステルダマーでない事実は、イソオイゲノールという化合物によるといってよい。

イソオイゲノールの物語を考えると、世界を変えたほかの多くの化合物のこともじっくり考えたくなる。よく知られ、今でも世界経済、あるいは人類の健康の役に立っているものもあるし、いつの間にか忘れ去られたものもある。これら化合物のすべては、歴史の中の重要な事件、あるいは社会を変えた一連の流れに深く関わっている。

我々は本書を書くにあたって、化学構造と歴史的エピソードとの魅力的な関係を語る。そして一見関係のない事件が似たような構造の化学物質によって起こり、社会の発展がいかに特定化合物の化学に依存しているか理解することを目標とする。重大事件が分子――二つ以上の原子が決まった配列で結合したもの――のような小さなものに依存するという考えは、文明の発達を理解する上で新しいアプローチとなろう。化学結合――分子内の原子の結合――の位置の違いといった小さな変化は、物質の性質に無数の変化、言い換えると歴史への影響を与えることになる。本書は化学の歴史ではなく、むしろ歴史における化学を描く。

本書にどの化合物を選ぶかは、個人的な好みによるものであり、最終的に選んだものは決して排他的ではない。それらの化合物は物語と化学の両方において非常に面白いと我々が考えたものである。選んだ分子が世界史の中で決定的に最も重要であるかどうかは議論のあるところだ。化学の研究者であれば、我々のリストからいくつかの分子を除いて、他の分子を加えたりするだろう。我々は、ある分子が地理的探検の原動力となり、また別の分子が続く大航海を可能にしたと信じている。それはなぜか、その理由を説明するつもりだ。交易や商業の発達に重要であった分子、移民や植民地形成に関係の深かった分子、奴隷制や強制労働につながった分子について書いていく。分子の化学構造がいかに我々の食べ物、飲み物、衣服を変えてきたか議論しよう。医学や公衆衛生の発展、健康の増進に寄与した分子にも目を向けたい。工業の発達につながった分子、戦争と平和の分子——ある分子は何百万人も殺し、ある分子は何百万人もの命を救った——についても考えようと思う。男女の役割、文化や社会、法律、環境などに起きた多くの変化が、いかに少数の重要な分子の化学構造に起因するか調べてみよう（各章で取り上げた十七の分子は、必ずしも単独というわけではない。それらはしばしば、似た構造、似た特徴、歴史の中での似た役割によって、グループとして取り上げている）。

本書で論ずる事件は歴史的順番になっていない。そのかわり、関連性——同じような分子という関係、似た分子をグループ化してできるセット間の関係、あるいは化学的には異なるけれども性質が似ていたり、似た事件に結びつくといった関係——に基づいて書いてゆく。例えば産業革命は、アメリカのプランテーションで奴隷の育てた化合物（砂糖）で得た利益によって始まった。しかしイギリスの経済や社会に大きな変化をもたらしたものは、同じようなもう一つの分子（綿、セルロース）である。化学的に後者は前者より大きいが、兄弟もしくは従兄弟のようなものだ。十九世紀後半のドイツで化学工業が発達したのは、コールタールから新しい染料を作ったことが大きな要因になっている（コールタールは石炭からガスを作る時に出る廃棄物である）。染料を作ったドイツの化学会社が、初めて人の手で抗菌物質を作った。それらは染料と似た新しい化学構造を持つ分子だった。コールタールからは、最初の殺菌剤フェノールもできた。フェノールは後に最初のプラスチックの原料となり、またナツメグの芳香性分子イソオイゲノールとも化学的に関連がある。このように化学の上での関連性は歴史の中に山ほどある。

化学上の無数の発見においてセレンディピティが果たした役割についても興味深い。多くの重要な発見において、幸運が関与したとはよく言われることである。しかし何か尋常でないことが起きたと発見者が気づく能力、そしてどうして起きたか、なんの役に立つかという疑問を持つ能力は、かなり重要であるように思われる。化学の実験で起きた多くの事実によれば、奇妙な、しかし潜在的に重要な結果は気付かれず、多くのチャンスは失われてきた。予期せぬ結果を見て可能性を認めるという能力は、偶然のまぐれ当たりとして片付けられるのではなく、賞賛される価値がある。本書に取り上げる化合物の発明者、発見者の何人かは化学者である。しかし残りの人々は科学的な訓練を全く受けていない。彼らの多くは、風変わりで、意欲があって、精力的な人物として描かれ、実に魅力ある物語となっている。

有機――それは無農薬栽培のことか？

各章で述べる化学的関連性の理解を助けるために、まず化学用語について簡単に解説しておこう。本書に出てくる多くの化合物は、有機化合物というものである。ここ二、三十年の間に、有機という言葉は、元の定義とは全く違った意味で使われるようになった。今日、有機という用語は、ふつう家庭菜園や食品に使われており、殺虫剤や除草剤、化学肥料を使わない農業などを意味する。しかし有機とは本来、二百年ほど前から使われている化学用語である。スウェーデンの化学者イェンス・ヤコブ・ベルセリウスが一八〇七年、生きている生命体 organism から生ずる化合物に対し、有機 organic という単語を使った。彼はこれと対照的に、生物から生まれない化合物に対し無機 inorganic という言葉を作った。

自然から得られる化合物は特殊なもので、生気を含んでいるという考えは（生気は検知したり測ったりできないものだが）、十八世紀以来広く受け入れられてきた。この生気という特別な存在は、生命エネルギーとも言われる。植物や動物に由来する化合物には神秘的な何かがあるという思想を、生気論 vitalism という。有機化合物を実験室で作ることは、決して出来ないと考えられていた。しかし皮肉なことに、ベルセリウスの弟子の一人がそれをやってのける。一八二八年、後にドイツ・ゲッチンゲン大学の化学科教授になるフリードリヒ・ヴェーラーが、無機化合物のアンモニアとシアン酸を混ぜて加熱し、尿素の結晶を得た。それは動物の尿から得られる有機化合物の尿素と全く同じだった。

生気論者は、シアン酸が乾燥血液から得たものであったために有機であると反論した。しかし生気論は崩れ始める。続く二、三十年の間に他の化学者たちが、完全に無機的な原料から有機化合物を作った。何人かの科学者はこれを異端として信じようとしなかったが、最終的に生気論は否定されることになる。そこで有機という単語の化学的定義があらためて必要となった。

現在、有機化合物は炭素原子を含む化合物と定義される。それゆえ有機化学は、炭素の化合物を研究する学問である。しかしこれは完璧な定義ではない。なぜなら炭素を含む化合物の中には、化学者が決して有機物と考えてこなかったものが多くあるからだ。この理由は多分に習慣的なものである。例えば炭素と酸素から成る化合物である炭酸は、ヴェーラーの実験以前から鉱物由来とされ、必ずしも生物由来ではないと考えられてきた。だから大理石（炭酸カルシウム）やベーキングパウダー（炭酸水素ナトリウム、別名重炭酸ソーダ、略して重曹）は決して有機とはみなされなかった。同様に炭素そのもの、つまりダイヤモンドやグラファイト（石墨、黒鉛）――両方とも現在は人工的に合成できるが、本来は地中から取れたもの――は常に無機物質と考えられてきた。炭素原子一つと酸素原子二つからなる二酸化炭素は何世紀も前から知られているが、決して有機化合物には分類されなかった。このように有機の定義は隅から隅まで一貫性があるというわけではない。しかし一般的には、有機化合物は炭素を含む化合物であり、無機化合物は炭素以外の元素からなる化合物と言ってよい。

炭素は、原子間結合を作っていくうえでの多様性、それから結合できる元素の多さにおいて、他のどの元素よりも優れている。だから炭素の化合物は、天然物にしろ、合成物にしろ、非常に多く、本当に多く、存在する。他の元素の化合物をすべて合わせたものよりも多い。このことは、本書が無機化合物でなく、ほとんど有機化合物を扱っているという事実を説明するかもしれない。そして恐らく我々筆者二人が有機化学者である理由かもしれない。

化学構造——読者も理解しなくてはならないか？

本書を書くにあたって最大の問題は、どの程度の化学を入れるかということだった。ある人は最低限にしろ、学問としての化学は入れずに物語だけを書け、とアドバイスしてくれた。特に化学構造式は決して書くなという。しかし我々が最も魅力的だと思うのは、化学構造とその物質の働きの間にどういう関連があるか、また、化合物がその性質を持つ理由は何か、そして歴史上の事件になぜ、どのように影響を及ぼしたかということだ。読者は化学構造式に目を向けなくとも問題なく本書を読むことができるだろう。しかし化学構造式を理解することは、化学と歴史との複雑な関係をより生き生きとしたものにすると我々は考える。

たいていの有機化合物はほんのわずかの元素、すなわち炭素（元素記号C）、水素（H）、酸素（O）、窒素（N）からできている。ときには他の元素、例えば臭素（Br）、塩素（Cl）、フッ素（F）、ヨウ素（I）、リン（P）、硫黄（S）なども有機化合物に含まれていることがある。本書における構造式は、ほとんどの場合、化合物間の相違点あるいは類似点を示すために描かれる。大切なことはその図を見ること、それだけだ。相違点はたいてい矢印、円などで示されている。例えば、下に示す二つの構造式で唯一の違いは、OHが結合するCの場所だけである。それぞれその場所を矢印で示してある。最初の分子は、OHが左から二番目の

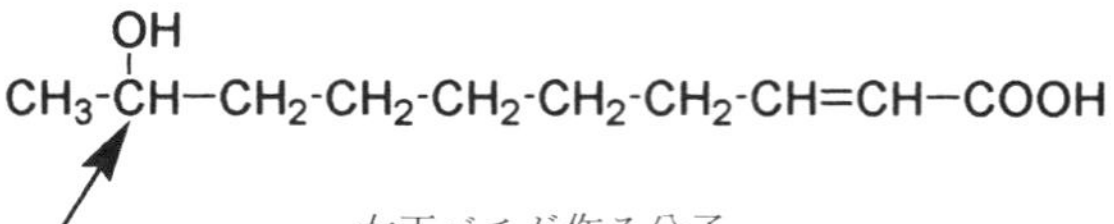

女王バチが作る分子

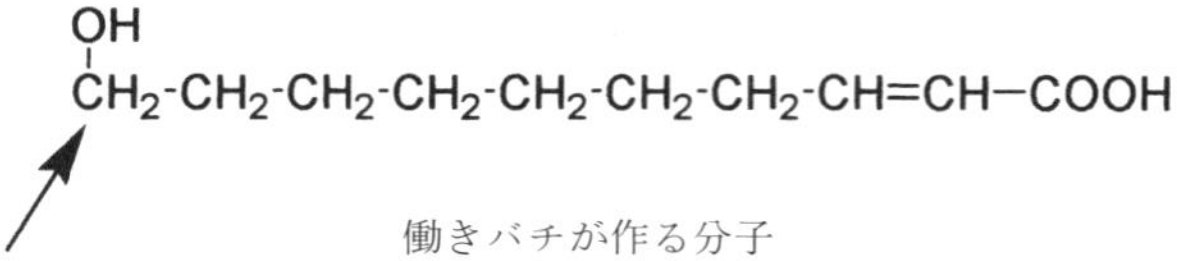

働きバチが作る分子

0－1

Cに結合している。二つ目の分子は、OHが一番左のCについている（0－1）。

これは実に小さな違いである。しかしミツバチにとっては非常に重要だ。最初の分子は女王バチが作る。ハチはこの分子と、働きバチが作る二つ目の分子との違いを認識できる。一方、我々はハチの姿を見て、働きバチと女王バチを区別する（0－2）。

女王バチ

働きバチ

0－2

ハチは違いを伝えるために化学的信号を使っているのだ。彼らは化学を通して物を見ていると言ってよい。

化学者は、それぞれの原子が化学結合によってつながっている「様子」を表すために、このような構造式を描く。元素記号は原子を表し、結合は直線で描かれる。ときに二つの原子の間には結合が一本以上あることがある。二つある場合は二重結合といい、＝で示す。同じ二つの原子の間に結合が三つあれば、それは三重結合で≡で示す。

最も簡単な有機化合物の一つであるメタン（沼気）の場合、炭素は四つの単結合で囲まれていて、四つの水素原子のそれぞれと結ばれている。分子式はCH_4であり、構造式は次のように示される（0－3）。

二重結合を持つもっとも簡単な有機化合物はエテン（エチレンともいう）である。分子式はC_2H_4であり、構造式はこうなる（0－4）。

二重結合は結合二本と数えるから、ここでも炭素原子には結合が四本ある。エチレンは、簡単な化合物であるにもかかわらず、非常に重要である。これは植物ホルモンの一つで、果実の成熟に関係している。例えば、密閉された状態でリンゴが保存されれば、それ自体から出るエチレンガスによりリンゴは熟れすぎてしまうだろう。堅いアボカドやキウィを速く熟れさせるために、熟れたリンゴと一緒にビニール袋に入れるのは、この理由である。熟したリンゴが作るエチレンは、他の果物の熟成を速める。

有機化合物であるメタノール（メチルアルコール、木精ともいう）の分子式はCH_4Oだ。この分子は酸素原子を一つ含み、構造式は次のように書ける（0－5）。

ここで酸素原子は結合手を二本持つ。一つは炭素原子、もう一つは水素原子とつながっている。例によって炭素は結合手を四本持つ。

炭素原子と酸素原子の間に二重結合がある化合物の場合、酢酸（ビネガー、食酢の酸）を例に取れば、その分子式$C_2H_4O_2$は二重結合がどこにあるか直接示してはくれない。これこそ我々が化学構造式を書く理由である。構造式は、どの原子がどの原子に結合しているか、二重結合、三重結合がどこにあるか正確に示してくれる（0－6）。

これらの構造式は省略形、あるいはもっと簡単にした形で書くことができる。酢酸は次のようにも書ける（0－7）。

ここでは一部の結合手が書かれていない。もちろん結合は存在する。しかしこの簡略形は書くのに速く、しかも原子間の関係を明確に示している。

小さな分子を描くには、この記述法でよい。しかしもっと大きな分子の場合、描くのはやはり時間がかかる。例として再び女王バチの識別分子を取り上げよう。この表示法による構造式と、全ての結合を

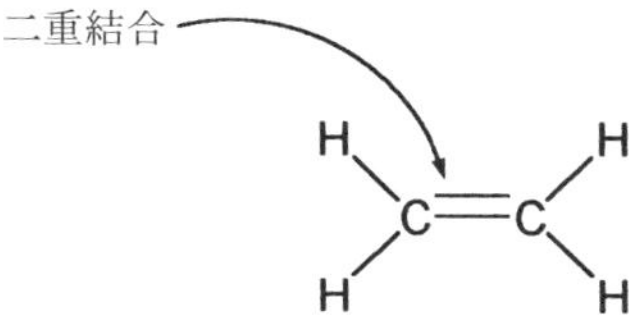

エチレン

0-4

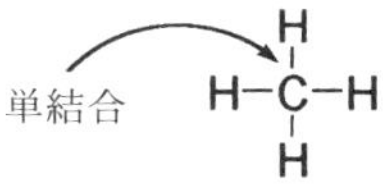

メタン

0-3

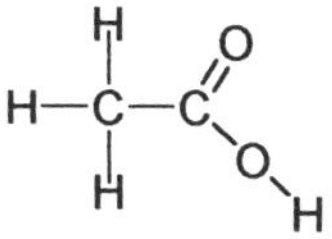

酢酸

0-6

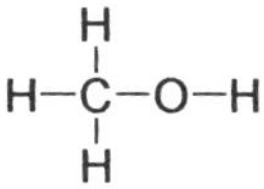

メタノール

0-5

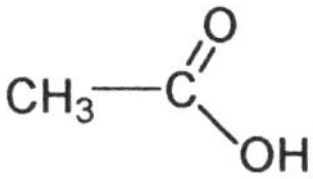

あるいは、さらに簡単に書くと CH_3—COOH

0-7

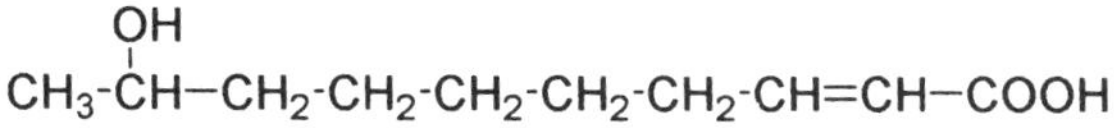

0-8

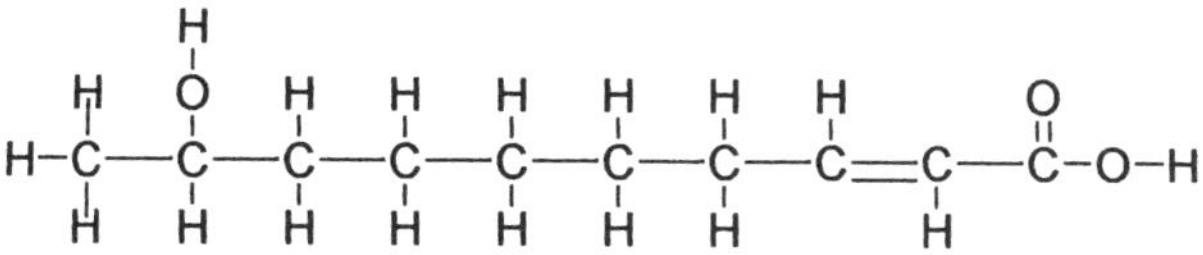

すべての結合、原子を書いた女王バチの分子

0-9

描いた構造式を示す（0－8、0－9）。

分子全体の構造式は、描くのに面倒で、かつ騒々しく見える。この理由から我々は化合物をさまざまな省略法を使って描く。最もよくある方法は、多くの水素原子を省略することだ。もちろん水素がそこに存在しないわけではない。描かないだけである。炭素原子は常に手が四本あるから、もしCに手が四本あるように見えなかったとしても、あると――水素原子への手が描かれていない炭素として――みなさねばならない（0－10）。

また炭素原子はしばしば直線でなく角度をもってつながったように描かれる。これは分子の実際の形について、より正しく示している。この方式だと女王バチの分子はこのようになる（0－11）。

もっと簡単な表示法はほとんどの炭素原子を描かないことだ（0－12）。ここでは線の端と各屈曲点が炭素原子を表す。他の（ほとんどの炭素、水素以外の）すべての元素は描かれる。この方法による簡略化によって、女王バチの分子と働きバチの分子の違いはずっと簡単に見られるようになった（0－13）。

こうなるとこれらの化合物を、他の昆虫の出す物質と比較することもずっと簡単になる。例えばメスのカイコ蛾が出すフェロモン、すなわち性誘引物質のボンビコールは十六個の炭素原子からなる（同じフェロモンである女王バチの物質は炭素十個）。また二重結合は二つあり（女王バチのは一つ）、COOHがない（0－14）。

炭素と水素の大部分を描かないことは、いわゆる環状化合物を扱うとき特に役に立つ。環状化合物は炭素原子が輪を作っている構造で、割とよく見られる。次に示すのはシクロヘキサンC_6H_{12}の構造式である（0－15）。

もしこれを完全に描こうとすれば、このようになる（0－16）。

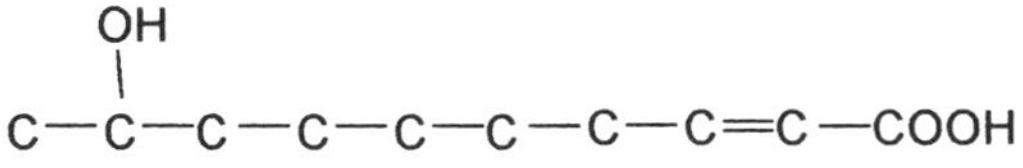

女王バチの分子

0－10

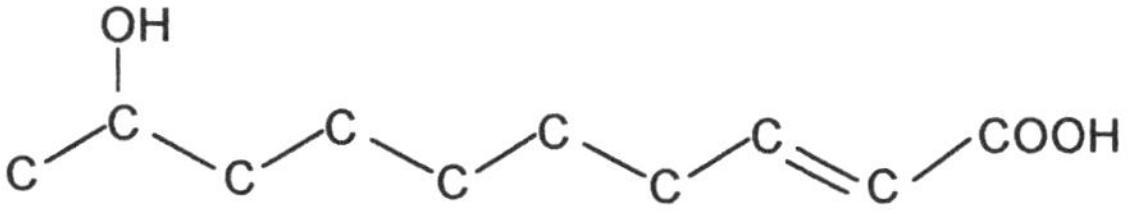

0－11

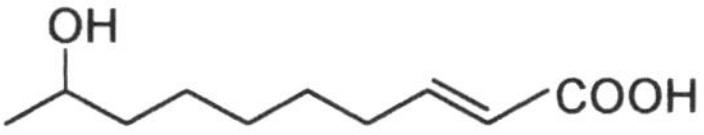

0－12

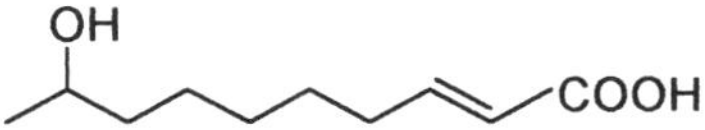

女王バチの分子

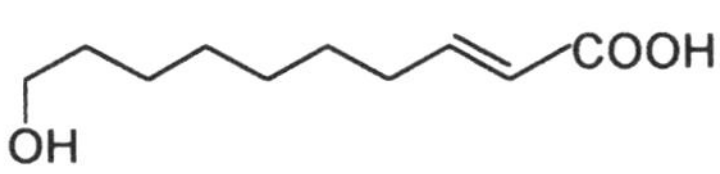

働きバチの分子

0－13

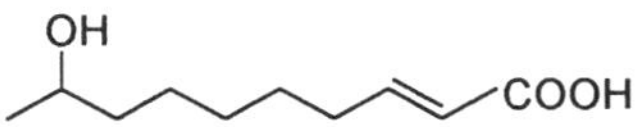

女王バチの分子

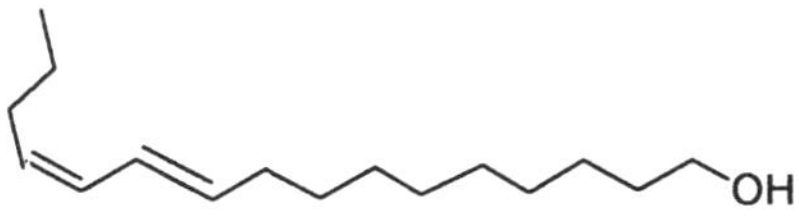

ボンビコールの分子

0－14

見ての通り、全ての結合、全ての原子を描けば、得られる絵は非常に分かりにくい。抗うつ薬プロザックのような更に複雑な構造になると、全てを描く方式では、明らかに構造を分かりにくくしている（0－17）。しかし簡略式では非常に明白である（0－18）。

化学構造の特徴を記述するとき、よく使われるもう一つの化学用語に芳香族、芳香性 aromatic という言葉がある。辞書によれば、芳香性とは「快い、香料のような、刺激的な、酔わせるような匂いを持つこと、または、気持ち良い匂いがすること」と言った意味である。化学的に言っても芳香族化合物は、必ずしも快いものとは限らぬが、たいていにおいを持つ。しかし芳香族という単語を化学で使えば、それは化合物がベンゼンという環構造を含むことを意味する。ベンゼンはたいてい簡略形で書かれる（0－19）。

プロザックの構造式を見れば、この分子はベンゼンの環を二つ持っていることが分かる。それゆえプロザックは芳香族化合物といえる（0－20）。

以上、有機化合物の構造式について簡単な説明をした。本書を理解するに当たり必要なことは、たいていこれで足りる。我々は、二つの化合物がどのように違うか、どのように似ているか示すために構造式を比較する。ある分子の非常に小さな差異が、しばしば大きな影響をもたらすことを示すつもりである。さまざまな分子について、その形と性質との関連を追うことによって、化学構造が文明の発達にどう影響したか、明らかになるだろう。

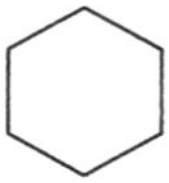

シクロヘキサンの化学構造（簡略式）。各屈折点は炭素原子を表し、水素原子は描かれていない。

0－15

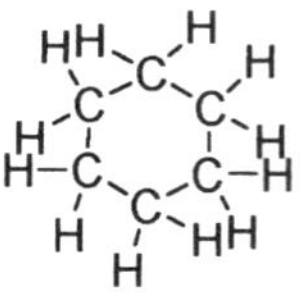

シクロヘキサンの化学構造式。すべての原子、すべての結合が描かれている。

0－16

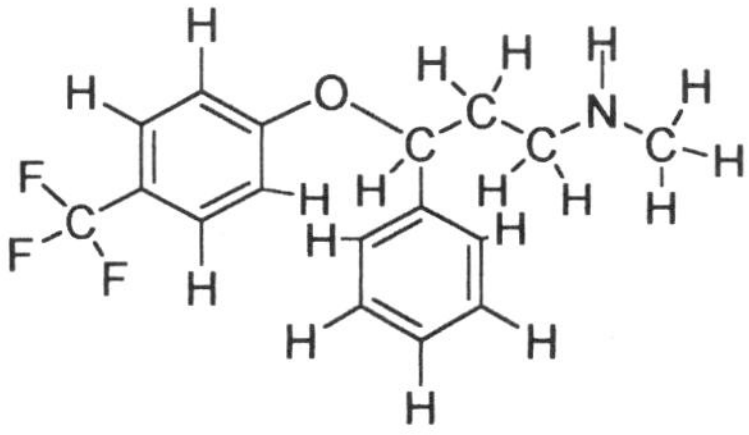

プロザックの構造（全結合、全原子を描いている）

0－17

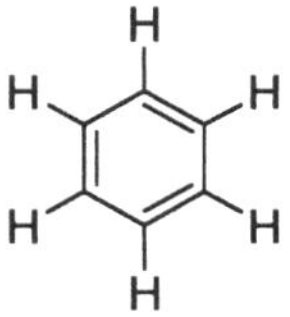

ベンゼン分子の簡略形

ベンゼン分子

0－19

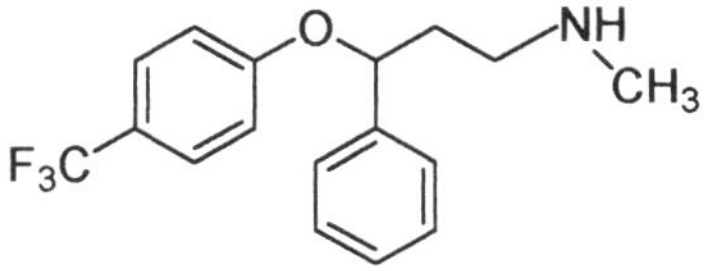

プロザック

0－18

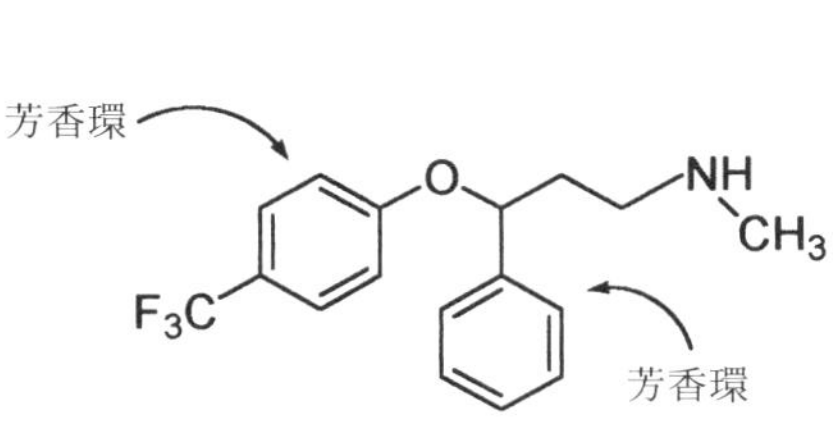

プロザックの二つの芳香環

0－20

一章　胡椒、ナツメグ、クローブ　大航海時代を開いた分子

「Christos e espiciarias!（おお神よ、スパイスよ！）」――一四九八年五月、インドが見えると、バスコ・ダ・ガマの水夫たちが歓喜の声を上げた。スパイスから莫大な富を得るというゴールが近づいてきたからだ。スパイスは何世紀にもわたってベニスの商人たちが独占してきた。中世ヨーロッパにおいてはスパイス、とくに胡椒は非常に価値があり、乾燥した実の一ポンド（四百五十グラム）は、封建領主が所有する農奴一人を買うことができるほどだった。現在、胡椒は世界中の食卓で見られる。しかし胡椒（ペッパー）、シナモン、丁子（クローブ）、ナツメグ、生姜（しょうが）の香り高き分子こそ、地球規模での探検を促し、大航海時代の幕を開けたものである。

胡椒の歴史

胡椒はインド原産である。熱帯のつる性植物 *Piper nigrum* から取れる。香辛料の中でもっともよく使われ、主な産地はインド、ブラジル、インドネシア、マレーシアの熱帯地方である。つるは強く、木材質で、高さ七メートル以上にも這い上がって行く。二年から五年以内に赤くて丸い実を付け始め、条件がよければ四十年以上も実をつける。一株から一シーズンで十キログラムほどの胡椒が取れる。

胡椒の四分の三は黒胡椒として流通している。これは熟す前の実を発酵させて作る。残り四分の一の大部分は白胡椒で、これは熟した実の皮と果肉を除いて乾燥させたものだ。わずかであるが緑胡椒とい

うのもある。これは熟し始めたらすぐに採り、塩水に付けて作る。ときに専門店で見られるような他の色の胡椒は、人工的に着色したものか、あるいは別の種類の胡椒である。

胡椒を最初にヨーロッパにもたらしたのはアラブ人とされている。古代のルートは紅海を通り、シリアのダマスカスを経由するものだった。ギリシャでは紀元前五世紀から胡椒が知られていた。料理用ではなく、医薬品、特に毒薬の解毒剤として使われた。しかしローマ人は、胡椒や他の香辛料を食品に対し大々的に使った。

紀元一世紀、アジアとアフリカ東海岸から地中海に入る品物の半分以上は香辛料で、その多くはインドからの胡椒だった。香辛料は食品に対し二つの理由で使われる。保存と香り付けである。ローマは大都市であり、輸送は遅く、冷蔵技術も発明されていなかった。新鮮な食料を入手し、その新鮮さを維持することは非常に困難であったに違いない。悪くなった食品を検知するには自らの鼻に頼るしかなかった。「賞味期限」のラベルなどはるか未来の話だ。胡椒などの香辛料は、腐ったり変質した食べ物の味をごまかした。そして恐らくは腐敗の進行を遅らせたにちがいない。乾物や燻製、塩漬けの食品も、こうした香辛料で味が良くなったと思われる。

中世、ヨーロッパと東方との交易路は、主にバグダッド（現イラクの首都）を通り、黒海南岸を経てコンスタンチノープル（現イスタンブール）に至るルートであった。スパイスは、コンスタンチノープルから船でベニスに運ばれた。この港町は中世の最後の四百年間、スパイス取引をほぼ完全に独占した。ベニスは六世紀から近くの塩水湖で塩が取れ、その取引で成長した町である。全ての国と交易しながら、独立を維持するという抜け目ない政治的戦略のおかげで、以後何世紀にもわたって繁栄した。そして十一世紀終わりに始まり二百年ほど続いた十字軍の聖戦で、ベニスの商人たちはスパイスの支配者という地位を固める。西ヨーロッパからの十字軍に輸送手段、軍艦、武器、資金を提供することは、ベニス共和国に直接利益をもたらす投資だった。十字軍は、中東の暖かい地方から寒い北方の故国に帰る。彼らは遠征で知った異国のスパイスを持ち帰った。最初、胡椒は物珍しく、極わずかの金持ちだけが手にすることの出来るものであっただろう。しかし胡椒は、食品の変質をごまかし、味気ない干物を美味なものに変え、塩漬け品の塩味を減ずるというその能力によって、すぐに人々にとって必要不可欠なものとなった。ベニスの商人たちは新しい巨大なマーケットを手に入れ、貿易商がヨーロッパ中から香辛料、とくに胡椒を求めてやってきた。

十五世紀、ベニスはスパイス取引を完全に独占しており、その利益は莫大なものであった。そこで他の国々も、インドへの別ルート、とくにアフリカを回る航路を見つけられないかどうか、真剣に考え始めた。ポルトガル王ジョアン一世の息子、エンリケ航海王子は、大規模な造船計画を実行し、悪天候の外洋にも耐えられるたくましい商船隊を作った。胡椒への欲求が大きな動機となり、大探検時代が始まろうとしていた。

十五世紀半ば、ポルトガル人の探検は、アフリカ西北海岸、ベルデ岬まで南下した。一四八二年にはポルトガルの航海家ディオゴ・カンが更に南下し、コンゴ川河口を探検する。そのわずか六年後には、別のポルトガル航海家バルトロメウ・ディアスが喜望峰を回り、同郷のバスコ・ダ・ガマの一四九八年インド到達を可能にする新ルートを確立した。

インド南西海岸にあったカリカット公国の支配階級は、胡椒を渡す代わりに黄金を欲しがった。しかし、胡椒の独占を狙おうとするポルトガル人にとって、このことは全く考慮の対象にない。そこで五年後、ダ・ガマは銃と兵士を伴い戻ってきて、カリカットを打ち破り、胡椒取引をポルトガルの支配下に置いた。これが後に東はアフリカからインドを経てインドネシアまで、西はブラジルまで広がるポルトガル帝国の始まりである。

スペインもまたスパイス、とくに胡椒取引に関心を持っていた。一四九二年、ジェノバの航海家クリストファー・コロンブスは、西に向かって航海すれば、別の、恐らくもっと短いルートでインドの東端に達するはずだと確信し、スペイン王フェルディナンド五世とイサベラ女王に資金援助を願い出る。コロンブスは部分的には正しかった。しかし、彼の確信は全て正しかったわけではない。ヨーロッパから西に向かえばインドに到達するが、より短いルートではなかった。当時は知られていなかった南北アメリカ大陸や広大な太平洋が障害となる。

いったい、胡椒に含まれる何が、大都市ベニスを作り、そして大探検時代を開き、コロンブスを新大陸に向かわせたのだろう？　黒胡椒も白胡椒も活性成分はピペリンで、分子式は$C_{17}H_{19}O_3N$、構造式は下図である（1－1）。

ピペリンを口にして経験する燃えるような辛さは、実は味覚ではなく、痛みの神経が化学的刺激に反応したものである。反応は、ピペリン分子の形によると考えられる。ピペリンは、口や身体のほかの部分にある痛覚の神経終末に存在するタンパク質にぴたりとはまる。はまるとタンパク質の構造が変わり、信号が神経を通って脳に達し、「ほー、辛い」などと言うことになる。

辛い分子ピペリンとコロンブスの物語は、彼がインドへの西回りルートを発見出来なかったということで終わるものではない。コロンブスが一四九二年十月、陸地にぶつかったとき、彼はインドの一部に達したと思った。あるいは、恐らくそう期待した。インドなら目にするはずの大きな町、豊かな王国などがなかったにもかかわらず、彼は発見した土地を西インドと呼び、先住民をイン

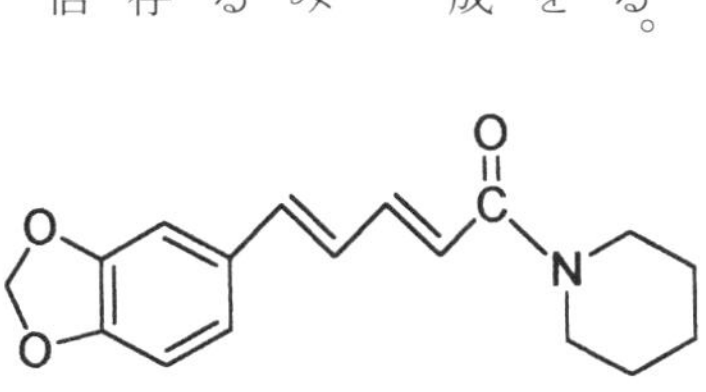

ピペリン

1－1

ド人（インディアン）と呼んだ。西インドへの二回目の航海で、彼はハイチにて別の辛いスパイスを発見する。これは彼の知る胡椒とはまったく別物であったが、スペインに持ち帰った。それが唐辛子である。

新しいスパイスはポルトガル人によってアフリカを回り、インドを経て、さらに東に向かった。五十年も経たないうちに、唐辛子は世界中に広がり、地方料理、とくにアフリカや東南アジアの料理に瞬く間に取り入れられた。燃えるような辛さを好む多くの人々にとって、唐辛子は間違いなく、コロンブスの航海がもたらした最も重要で、最も長く続いている恵みの一つである。

辛さの化学

胡椒が単一種の植物から取られるのに対し、唐辛子はナス科トウガラシ属 *Capsicum* に含まれる多くの植物から取れる。熱帯アメリカに自生し、恐らくメキシコが起源である。少なくとも数千年前から人間によって利用されてきた。トウガラシ属のどの種であっても、非常に多くの変わり株がある。例えば一年草の *Capsicum annuum* には、ピーマン、甘唐辛子、赤唐辛子、バナナペッパー、パプリカ、カイエンペッパーをはじめ、他にも色々なものが含まれる。タバスコは多年草の *Capsicum frutescens* から取れる。

唐辛子は、色、大きさ、形がさまざまあるが、すべてその刺激的な辛さと熱さとを感じさせる化学物質はカプサイシンである。分子式は$C_{18}H_{27}O_3N$で、化学構造にはピペリンと共通点がある（1－2）。

両化合物とも酸素と二重結合した炭素原子の隣に窒素原子をもつ。また、ともに炭素からなる鎖の先に芳香環を一つもつ。ホット（辛い、熱い）という感覚が分子の形からくることを考えると、両者ともホットであることは驚くにあたらないだろう。

分子の形が重要というこの理論に従う三番目の「ホット」な分子は、ジンゲロン$C_{11}H_{14}O$である。生姜 *Zingiber officinale* の地下茎に含まれる。ジンゲロンは、ピペリンやカプサイシンより小さいけれども（それから、多くの人は辛さが弱いというだろうが）、カプサイシンと同じOHとH_3C–Oがついた芳香環一つをもつ。ただし窒素原子はない（1-3）。

なぜ我々はこのように痛みを引き起こすような分子を食べたがるのだろうか？　恐らく化学的に良い理由があるにちがいない。カプサイシン、ピペリン、ジンゲロンは、唾液の分泌を促し、消化を助ける。さらに、これらは消化管内容物の移動も促進すると考えられている。痛覚神経も、これら分子の化学信号を検出することが出来る。哺乳類では主に舌だけにある味蕾とちがい、この神経は身体のほかの部分にもある。唐辛子を刻んでいるとき不注意に目をこすったことがないだろうか？　唐辛子を収穫する人はゴム手袋と保護メガネをつけなくてはならない。カプサイシン分子を含む唐辛子の汁を防ぐためである。

胡椒で感じる辛さは、食べ物に入れた胡椒の量に比例するように見える。一方、唐辛子は人をよく騙す。色、大きさ、産地は皆、唐辛子の「ホットさ」に影響する。しかしどれも当てにはならない。小さくとも辛いことはあるし、かといって大きいから辛くな

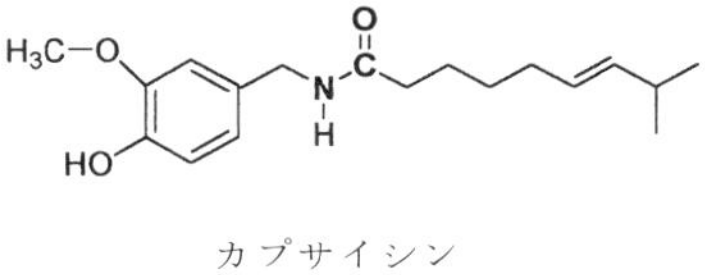

カプサイシン

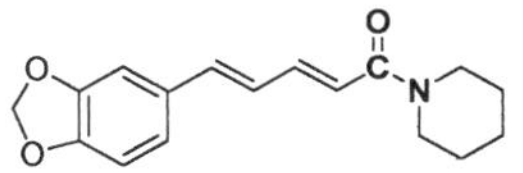

ピペリン

1-2

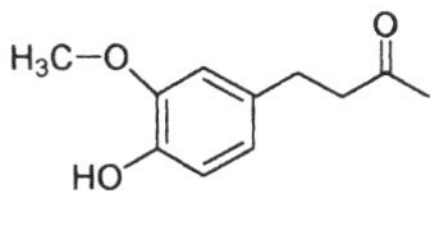

ジンゲロン

1-3

いということもない。世界で一番辛い唐辛子は東アフリカで取れると言われるが、産地は必ずしも答を与えてくれない。また唐辛子は乾燥すると辛さが増す。

我々は火のようなホットなものを食べた後、ゆったりと満足した気分になることがある。これは恐らくエンドルフィンによるものだろう。痛みに対する自然な反応として、脳内に生ずる麻薬に似た物質のことである。この現象は、辛い食べ物が癖になってしまう人々がいることを説明するかもしれない。唐辛子が辛いほど、痛みが強いほど、分泌されるエンドルフィンの量は多く、最終的に脳の快感は強くなる。

ハンガリー料理のグーラーシュに使われるパプリカを除くと、唐辛子類はヨーロッパ料理にあまり取り入れられなかった。アフリカ、アジアの料理とは対照的である。ヨーロッパ人にとって、胡椒のピペリンこそ、選んだ辛味の分子だった。ポルトガルによるカリカットの支配と胡椒貿易の独占は約百五十年続いた。しかし十七世紀初めにはオランダとイギリスが取って代わる。アムステルダムとロンドンはヨーロッパにおける胡椒の中心貿易港となった。

東インド会社――一六〇〇年に法人組織になったときの正式名称は、「東インドと交易するロンドンの商人と商館長」――は東インドのスパイス貿易においてイギリスのためにより積極的な役目を果たす目的で作られた。商人たちはインドへの航海に出資した。その資金は胡椒の積荷で戻ってくるはずだが、リスクは大きかった。そこで彼らは最初に航海の「分け前（shares＝株）」について入札する。こうして個人に対して想定される損失に制限をかけた。やがてこの習慣は会社そのものの分け前（株）を買うという行為に変化し、資本主義の始まりにつながったといってよい。現在、ピペリンは間違いなく大した意味のない化合物とみなされている。しかし、世界の株式市場という今日の複雑な経済構造の始まりに大きく関与した、というのは少々言いすぎだろうか。

スパイスの誘惑

歴史的に見て胡椒だけが価値あるスパイスだったわけではない。ナツメグとクローブもまた貴重であり、生産量も胡椒よりずっと少なかった。両方とも伝説のスパイス諸島こと、現在のインドネシア、マルク州にあるモルッカ諸島でとれた。ナツメグの木、*Myristica fragrans* は、バンダ海に孤立してかたまる七つの島、ジャカルタの東、二千五百キロメートルほど離れたバンダ群島のみに生えていた。これらの島々は小さい。最大の島でも長さ十キロメートルもなく、一番小さい島はわずか二、三キロしかなかった。また、モルッカ諸島の中でも北のほうにテルナテ島とティドーレ島という同じくらいの小さな島があり、クローブの木 *Eugenia aromatica* が生えているのは、世界中でこの隣り合う二島だけが知られていた。

それぞれの島々にいる人々は、何世紀にもわたって、これらの木々の香り高い実をとり、アラブ、マレー、中国からやってくる商人に売って、それがスパイスとしてアジア、ヨーロッパに出荷されていた。取引ルートはしっかり確立していて、インド、アラビア、ペルシャ、エジプト、どこを経由しようと、西ヨーロッパの消費者に届くまでには十二ほどの人手を経ていた。その取引ごとに価格は二倍になる。だから、ポルトガルのインド総督、アフォンソ・デ・アルブケルクが目を遠くまで向け、最初にセイロンに上陸、のちにマラッカをとったのは驚くに当たらない。マラッカはマレー半島にあり、当時は東インドにおけるスパイス取引の中心地であった。一五一二年までに彼はナツメグとクローブの産地にまで手を伸ばし、モルッカとの直接取引を独占、そしてすぐにベニスの商人たちの風上に立つ。

スペインもまたスパイス取引への参入を切望していた。一五一八年、ポルトガル人航海家、フェルディナンド・マゼランは、その探検計画が自国で拒否されて、スペイン国王を説得する。西へ行けばスパイス諸島に行けるだけでなく、航路も短いだろうというのだ。スペインはこの探検を支援する大きな理由があった。新しいルートは、ポルトガル領の港や、アフリカ、インドを経由する東回りの航路を使わずに済む。また、既にローマ法王アレクサンダー六世は、カーボベルデ諸島の西、百リーグ（約五百キロメートル）に引いた仮想子午線で地球を二分し、この線から東の異教徒の土地はポルトガルに、西の異教徒の土地はスペインに与えるという布告を出していた。地球は丸いこと――当時多くの学者や航海家も知っていた事実――を、バチカンの人々は見落としていたか、黙殺していた。だから西に向かってスパイス諸島に行けば、スペインにも正当な権利が生まれるわけだ。

マゼランは、アメリカ大陸を通り抜ける航路について知っているとスペイン国王を説得した。そして同時に自分をも納得させようとしていた。彼は一五一九年、スペインを発つ。大西洋を南西に向かい、それから現在のブラジル、ウルグアイ、アルゼンチンの沖合を南下する。現在ブエノスアイレスという大都会になったリオ・デ・ラ・プラタに広がる幅二百二十キロメートルもの入り江が、大陸の切れ目でなく、本当に単なる入り江だと分かったとき、彼の自信喪失と落胆は相当なものだったに違いない。しかし彼は南下を続けた。大西洋から太平洋へ抜ける航路は、次の岬を回ったらきっとあると毎回祈るように進んでいった。五隻の小さな船と二百六十五人の乗組員にとって、航海の状況は悪化する一方だった。南に行くほど、日が短くなり、強風が続くようになっていく。潮が波打つ海岸線、悪化する天候、巨大な波、ひっきりなしのあられ、みぞれ、氷、それから凍ったロープから滑落する現実の恐怖、これらが惨めな航海をさらに惨めにした。南緯五十度になっても、通り抜ける航路は見えない。反乱をやっと鎮圧したマゼランは、ここで南半球の冬の名残が過ぎ去るのを待った。そして航海を続け、ついに現在彼の名を冠する海峡に到達、危険な海を操舵する。

一五二〇年十月、四隻になった艦隊はマゼラン海峡を通過したが、食料の残りも少なく、マゼランの幕僚たちは引き返すべきだと主張する。しかしクローブとナツメグの魅力、そして東インドのスパイス貿易をポルトガルから奪うことによって得る栄誉と富は、マゼランをして三隻の船で西に向かわせた。広大な太平洋を横切ること約二万キロ、今までの誰もが考えていたよりはるかに大きな海だった。海図もなく、航海術は未熟であった。艦隊は一五二一年三月六日、マリアナ諸島のグアムに着いたことにより、飢えとさらに過酷であった。食料、水もほとんどない。南米先端の激しい海を通過したときよりも壊血病とによる確実な死から一時的に免れた。

その十日後、マゼランはフィリピンの小さな島マクタンに最後の上陸をする。彼は、そこで起きた地元民との戦闘で命を落とし、モルッカ諸島をみることは出来なかった。しかし残された彼の船と乗組員はクローブの島テルナテにたどり着く。そしてスペインを発って三年、生き残り十八人という激減した船乗りたちは、満身創痍のビクトリア号に二十六トンのスパイスを積み、西へ向かってセビリアに帰還した。小さなマゼラン艦隊の最後に残った一隻だった。

クローブとナツメグに含まれる芳香族分子

クローブとナツメグは、違う種類の植物から取れる。しかも何もない海で数百キロメートルも離れた別々の島で取れる。匂いもまったく違う。ところが、両者の匂いのもとになっている二つの分子は非常に似ている。クローブ油の主成分はオイゲノールで、ナツメグ油の香り成分はイソオイゲノールである。これら二つの芳香族分子――匂いにおいても化学構造においても「芳香性」である――は、二重結合の場所が違うだけだ（1-4）。

これら二つの分子の化学構造はまたジンゲロン（生姜成分）とも明らかに似ている。そして生姜の匂いはやはり、クローブともナツメグとも全く違う（1-5）。

植物はこれら非常に香り高い分子を我々のために作っているわけではない。彼らは草食動物や樹液を吸ったり葉を食べる虫、あるいはカビなどから逃げることが出来ない。だからオイゲノール、イソオイゲノール、ピペリン、カプサイシン、ジンゲロンなどの化学兵器で自らを守っているのだ。これらは天然の殺虫剤として非常に強力な分子である。ヒトはこのような化合物を少量なら摂取できる。肝臓の解毒作用が極めて優秀だからだ。特定の化合物を大量に摂れば、理論的には肝臓の代謝能力を上回ることもある。しかし、それが起きるほど大量の胡椒やクローブを摂ることはありえないから安心してよい。

オイゲノールの良い香りは、クローブの木からかなり離れていても匂ってくる。この化学物質は、よく知られる乾燥した花蕾だけでなく、木のさまざまな部位にも含まれる。紀元前二〇〇年の昔、中国・漢王朝の時代、宮廷人は息を甘くするためにクローブを使った。クローブ油は強力な殺菌剤として、また歯痛の薬としても珍重された。現在でも歯科医によっては局所麻酔薬として使っている。

ナツメグの木からはスパイスが二つ取れる。一つはナツメグ、もう一つはメースである。ナツメグは、アンズのような実の、光沢ある茶色の種を粉砕したものだ。一方メースは種を包んでいる赤い仮種皮を乾燥させたものである。ナツメグは古くから医薬品として使われてきた。中国ではリウマチと胃痛に、東南アジアでは赤痢や腹痛に使われた。ヨーロッパでは催淫剤や催眠薬として使われたほかに、小さな袋に入れて首に巻き、ペスト（黒死病）を防ぐためにも用いられた。ペストは一三四七年に初めて正確に記録されて以来、たびたび欧州に大流行した。その他の病気（発疹チフス、天然痘）も繰り返しヨーロッパで流行したが、ペストが最も怖れられた。ペストには三つの型がある。腺ペストは腋下や鼠頸部のリンパ節が腫れて痛む。内出血や精神的な衰弱も起き、死亡率は五〇—六〇％であった。肺ペストは頻度こそ少ないが死亡率が高かった。敗血症型ペストは、大量のペスト菌が血液にまわり、ほとんどが一日以内で死亡した。

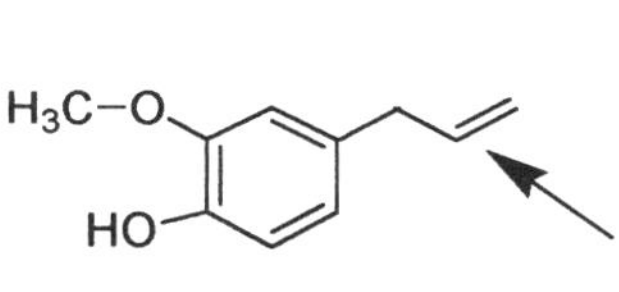

オイゲノール
（クローブ）

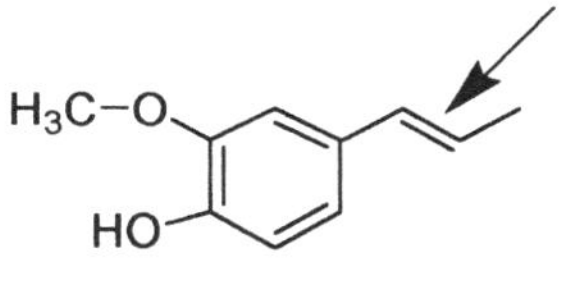

イソオイゲノール
（ナツメグ）

この二つの分子の違いは、二重結合の場所（矢印）だけである。

1−4

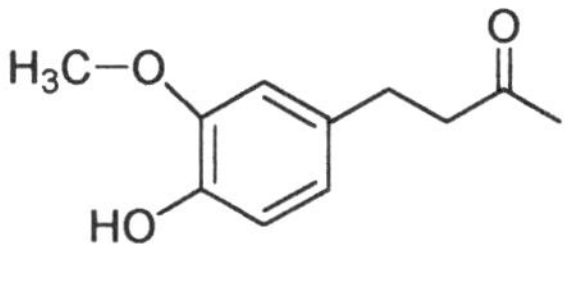

ジンゲロン

1−5

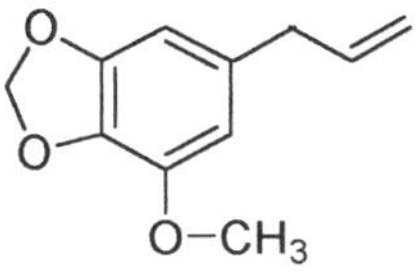

ミリスチシン

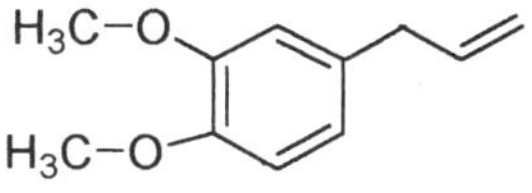

エレミシン

1−6

ペスト菌はノミが媒介する。入手したばかりのナツメグのイソオイゲノールが、ノミの忌避剤として働いたということは、当然ありうることだ。ナツメグに含まれるほかの分子も殺虫剤として働いたかもしれない。すなわち、ナツメグとメースには、他にミリスチシンとエレミシンという二つの分子が含まれている。これらの構造式はお互い非常に似ており、また既に見てきたナツメグ、クローブ、胡椒の分子とも似ている（1－6）。

ナツメグはペストに対する護符として使われたほかに、「狂気のスパイス」とも考えられていた。その幻覚作用――おそらくミリスチシンとエレミシン分子による――は何世紀にもわたって知られていた。一五七六年の文献には、「十個から十二個のナツメグを食べた妊婦がうわごとを言って酩酊した」と書かれている。この話が本当かどうか、とくに食べたナツメグの数は疑わしい。というのは現在の説明によると、ナツメグは一つ食べただけで、吐き気、大量の汗、動悸、著しい血圧上昇、幻覚が見られるからだ。十二個よりずっと少ない量で死ぬだろう。またミリスチンは大量に摂取すると肝障害を起こす。

ナツメグ、メースの他にも、にんじん、セロリ、ディル、

ミリスチシン　　　　サフロール
（矢印の場所のOCH_3がなくなっている）

1－7

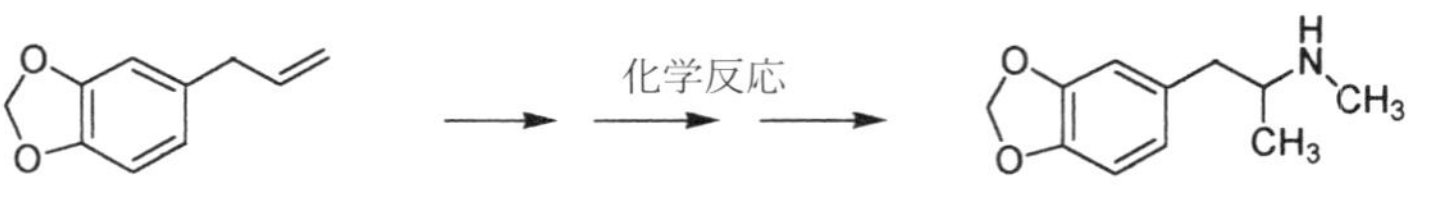

サフロール　　　　3,4－メチレンジオキシ－N－メチルアンフェタミン
（MDMA、別名エクスタシー）

1－8

パセリ、黒胡椒なども微量のミリスチシン、エレミシンを含む。普通の人は、精神症状が出るほどこれらを大量に食べることはない。また、ミリスチシン、エレミシン自体が精神症状を起こすという証拠はない。これらが体内のよく分からない代謝経路で変換され、アンフェタミン類に似た化合物になることも考えられる。

このシナリオの化学的根拠は、サフロールという分子が合成麻薬MDMAを非合法的に作るときの出発原料であるという事実に関係する。サフロールの構造は、ミリスチシンのOCH_3がないだけで、あとは同じだ（1－7）。なおMDMAは、化学名3、4―メチレンジオキシ―N―メチルアンフェタミン、別名エクスタシーという。

サフロールからエクスタシーへは化学変換が可能である（1－8）。

サフロールはササフラスの木から取れる。ココア、黒胡椒、メース、ナツメグ、野生の生姜などにも微量に含まれる。ササフラスの木の根から取れる油は、八五％がサフロールで、かつてはルートビア（ハーブ飲料）の風味付けに使われていた。サフロールは現在、発がん物質とみなされており、ササフラス油とともに食品添加物としては禁止されている。

ナツメグとニューヨーク

クローブ貿易の中心は十六世紀のほとんどの間、ポルトガルだった。しかし彼らは完全には独占することが出来なかった。テルナテ島とティドーレ島の君主たち（サルタン）と交易、砦の建設に関して合意はしていたが、これらの協定は一時的なものだった。モルッカ諸島の人々は、古くからのパートナーであるジャワ人、マレー人たちにクローブを引き続き売っていた。

次の世紀は、より多くの船、より多くの人、より性能の良い銃をもち、そしてはるかに厳しい植民地政策を行うオランダがスパイス貿易の支配者となる。彼らの後ろには一六〇二年に設立された強大な力をもつオランダ東インド会社――正式名Vereenigde（連合）Oostindische（東インド）Compagnie（会社）の頭文字からVOCと呼ばれた――が控えていた。しかし独占は容易に達成出来なかったし、維持もできなかった。VOCがわずかな前進基地に残っていたスペイン人、ポルトガル人を退去させ、地元民の抵抗を残虐に粉砕し、モルッカ諸島の完全支配を手にしたのは一六六七年だった。

オランダはその地位を完全に固めるため、クローブだけでなく、バンダ諸島のナツメグ貿易も支配する必要があった。一六〇二年の条約によれば、島で取れるすべてのナツメグは、VOCだけが買い付ける権利をもつと思われた。しかし、条約は村の酋長によってサインされたのだが、独占という概念は、島民にとって受け入れられなかったか、あるいは（たぶん）理解されていなかった。彼らは自分たちの理解できる概念に基づき、より高い値段で買い付けに来る他の商人たちに相変わらずナツメグを売っていた。

オランダ人の対応は容赦ないものだった。何隻もの艦船、数百人の男を送り込み、大きな砦をバンダ諸島にいくつも築いた。すべてはナツメグ貿易を支配するためである。度重なる攻撃、それに対する反撃、大量虐殺、条約の書き換え、そしてさらなる条約破棄、これらを経て、オランダ人はますます決然たる態度で臨むようになった。ナツメグの木立は、オランダの砦がある場所のまわりを除いて伐採された。バンダの島民の村は焼かれて畑になり、リーダーは処刑された。残った人々は、ナツメグ収穫の監督に来たオランダ人入植者の奴隷となった。

VOCによる完全独占に向けて、残る唯一の脅威は、ルン島に存在し続けるイギリスの存在だった。ここはバンダ諸島の中でも最も離れたところにあり、数年前に島の酋長がイギリスと貿易条約を交わしていた。ルン島は火山性の小さな環礁である。ナツメグの木が大いに茂って崖の上まで張り出し、多くの流血紛争の舞台となった。残虐な攻撃、オランダの侵攻、ナツメグの林のさらなる破壊、そして一六六七年のブレダ条約を経て、イギリスはルン島のすべての権利を手放した。代わりにオランダはマンハッタン島の権利を正式に放棄する。ニューアムステルダムはニューヨークとなり、オランダはナツメグを得た。

こうした努力にもかかわらず、オランダのナツメグ、クローブの独占は長く続かなかった。一七七〇年、フランスの外交官がクローブの苗木をモルッカ諸島からこっそり持ち出し、フランス植民地であったモーリシャスに植えた。フランス人はモーリシャスからさらにアフリカ東海岸、とくにザンジバルに広め、ここではクローブがすぐに主要な輸出品となった。

一方、ナツメグの栽培は悪名高いほど難しく、自生していたバンダ諸島以外に持ち出すことは困難だった。この木は、肥沃な、湿気ある水はけのよい土地と、太陽や強風から守られた高温多湿の条件を必要とする。競争相手がよそでナツメグを育てることは困難であるにもかかわらず、オランダ人は用心深かった。出荷する前にナツメグの実を石灰水（水酸化カルシウム）につけ、発芽できないようにした。しかし結局はイギリスがなんとかナツメグをシンガポールと西インド諸島に導入する。カリブ海のグレナダは「ナツメグの島」として有名になり、今でも香辛料の主要産地である。

冷蔵装置が登場しなかったら、世界中を舞台とする香辛料の大交易は、今も間違いなく続いていただろう。胡椒、クローブ、ナツメグが保存料として求められることはもはやない。かつて異国情緒あふれたスパイスに含まれるピペリン、オイゲノール、イソオイゲノールなど香料分子に対する巨大な需要は消え去った。今日、胡椒などのスパイスは依然インドで生産されているが、主要な輸出品ではない。現在インドネシアの一部になったテルナテ、ティドーレの島々やバンダ諸島は、昔よりもさらに遠い場所になってしまった。もはや船倉をクローブとナツメグで一杯にしようと大きな帆船がやって来ることはなく、これら小さな島々は太陽の下で眠っている。極たまに観光客が訪れ、崩壊したオランダの砦跡を探検したり、原始から続く珊瑚の海にもぐるだけだ。

スパイスの誘惑は過去のものである。我々は依然として、その分子が料理に与える芳醇で暖かい香りを楽しむ。しかし、それらの香料が作った富、引き起こした紛争について考えることは滅多にない。スパイスによって起きた大探検時代の驚くべき熱情について思いを馳せることもない。

二章　アスコルビン酸　オーストラリアがポルトガル語にならなかったわけ

大探検の時代は、スパイスの化学分子によって推し進められた。しかしその時代に大きな障害となったのは、全く別の、ある分子を欠いていたことだ。一五一九年から一五二二年にわたるマゼランの世界一周航海では、九〇％以上の乗組員が生きて帰れなかった。その大部分は壊血病による。これはアスコルビン酸分子、すなわち食事から摂るビタミンCの不足で起きる恐ろしい病気である。

疲労と衰弱、手足のむくみ、歯茎が柔らかくなり、体中にあざができ、鼻、口から出血する。臭い息、下痢、筋肉痛、歯が抜け、肺と腎臓に障害が出る。壊血病の症状のリストは長く、おぞましいものだ。一般に死は、肺炎など呼吸器系の急性感染症による。あるいは、若者であっても、心不全によって死を迎えることもある。ある徴候、抑うつ状態が初期に見られるが、これが実際に病気の症状なのか、他の症状に対する反応なのかは、はっきりしない。そもそも疲労が続き、治らない傷、痛くて出血する歯茎、臭い息、下痢、そしてますます悪くなることが分かってきたら、いったい抑うつ状態にならずにいられるだろうか？

壊血病は古くからある病である。新石器時代の遺跡から出る骨格の変形は、壊血病の可能性があるとされる。古代エジプトの象形文字文書には、壊血病について述べたものがあるという。壊血病 scurvy という単語は、古代ノルウェー語から来ているらしい。九世紀から活動していた海賊バイキングの言葉である。バイキングは北方、スカンジナビアの根拠地から出撃し、ヨーロッパの大西洋沿岸部を襲った。

船上での生活や、冬季、北方の村での生活では、ビタミンに富む新鮮な果物、野菜が不足する。バイキングがグリーンランドを経てアメリカに行くときなど、恐らく極地に生えるカラシナの一種、スカビーグラスを食べただろう。たぶん壊血病だと思われる最初のしっかりした記述は、十三世紀の十字軍のときまで遡ることができる。

海における壊血病

十四世紀から十五世紀、効率的な帆と十分整備された船の発達によって、より長い航海が可能となった。それにつれ、船上では壊血病がよく見られるようになってくる。ギリシャ、ローマ時代に使われたオールで漕ぐガレイ船や、アラブ人交易者が使った小さな帆船は、たいてい岸のすぐ近くにいた。これらは外洋という荒い海面、巨大な波に耐えられるようには作られていない。だから彼らはめったに海岸から遠く離れることはしなかった。補給は数日から数週間の間隔でできた。いつもの港で新鮮な食料を入手できたことは、壊血病が大きな問題になりにくかったことを意味する。しかし十五世紀、大きな帆船で長く外洋を航海することは、大探検時代だけでなく、保存食料に依存する時代の到来を告げた。

より大きくなった船は、船荷、武器のほか、複雑な索具や帆を操る多数の船員、海上で何ヶ月も暮らすための食料、水を積まねばならなかった。デッキ、水夫の数、補給物資量の増加は、必然的に窮屈な居住環境、換気の悪化を意味し、その結果、感染症、呼吸器疾患が増えていく。肺癆（結核）や「下血」（命に関わる出血性下痢）もよく見られた。また体や頭にシラミがわき、疥癬（かいせん）など伝染性皮膚疾患も当然のように多かった。

水夫たちの標準的な食事は健康回復に役立たなかった。船上での食事には二つ大きな特徴がある。第一に、木造の船では、食料を含むあらゆるものを乾燥状態にしてカビないようにすることが、非常に難しかったことだ。船体の木の板を通して水が染みこんできた。当時利用できた防水物質は、黒い、ねばねばしたピッチだけだった。木炭を作るときの副産物として得られる樹脂である。これを船体の外側に塗った。船体の内側、特に換気の悪いところはかなり湿度が高かったに違いない。航海日誌の多くには、常に湿気があって、カビが衣服、皮のブーツやベルト、寝具、本などに生えたと書いてある。船乗りたちの標準的な食べ物は、塩漬けの牛肉、豚肉、それから堅パンとして知られる船用ビスケットだった。これは小麦粉と水を塩なしでこねて堅く焼き、パンの代わりとしたものである。堅焼きビスケットは比較的カビに強いという望ましい特徴があった。これは非常に堅く焼かれたので、何十年も保存可能だった。しかし口に入れて噛むのは非常に厄介で、とくに壊血病が始まって歯茎が炎症を起こしたものには食べられなかった。堅焼きビスケットにはたいていコクゾウ虫がわいた。コクゾウ虫はビスケットに穴を開けるから、砕いて噛むのが楽になって、水夫たちには喜ばれた。

木造船での食事の特徴として二つ目は、火の問題である。船は木造ということに加え、よく燃えるピッチをふんだんに使っていた。これは海上で火事が起きないよう、常に気を配らなければならないことを意味する。この理由から船上で使える唯一の火は、炊事室だけで、しかも比較的天候の良いときに限られた。天候悪化の兆しが見られると、炊事室の火は嵐が過ぎ去るまで消された。調理が何日も出来ないことはしばしばあった。塩漬け肉は塩気を減らすために水で何時間も煮なくてはならない。堅焼きビスケットは、暖かいシチューや肉汁に浸せば、少しは美味しくなる。こうしたことは火がなければできなかった。

食料は航海に先立って積み込まれる。バター、チーズ、ビネガー、パン、乾燥えんどう豆、ビール、ラム酒など。バターはすぐ変質した。パンはカビが生え、乾燥豆には虫が湧く。チーズは堅くなり、ビールは酸っぱくなった。これらはどれもビタミンCを含まないので、たいてい出航して六週間も経つと壊血病の徴候が現れた。ヨーロッパ諸国の海軍は、減ってしまう船員を確保するため、しばしば強制徴募に行かなければならなかったと聞いたら驚くだろうか？

壊血病による水夫の死亡率や健康については、初期の航海においても日誌などに書き残されている。一四九七年、ポルトガルの探検家、バスコ・ダ・ガマの航海では、アフリカの南端を回ったとき、乗組員百六十人のうち、百人が既に壊血病で死んでいた。乗組員全員が壊血病で死んで、船だけが漂っているのを発見したという記録も多く残っている。壊血病は何世紀にもわたって、他のどの原因よりも海での死に関係したとされる。国家間の海戦、海賊行為、難破、それから他の病気、これらを全部合わせたよりも多くの命を奪ったという。

驚くべきことに、当時でも壊血病の予防薬、治療薬は知られていた。しかしほとんど無視されていた。古くは五世紀、中国人は船上の鉢で生姜を育てていた。中国の交易船と接触する東南アジアの人々も、新鮮な果物や野菜が壊血病の症状を緩和するということを、間違いなく知っていた。この知識はオランダ人に伝えられ、彼らは他のヨーロッパ人に話しただろう。一六〇一年、イギリス東インド会社の第一艦隊は、マダガスカルでオレンジとレモンを仕入れ東に向かったことが知られている。この四隻からなる小さな艦隊の司令官は、ジェームズ・ランカスター艦長であった。彼は旗艦ドラゴン号にビン詰めのレモン汁を持ち込んでいた。壊血病の徴候を示したものは誰でも、毎朝レモン汁をティースプーン三杯飲まされた。しかし、艦隊は喜望峰に着いた段階で壊血病に苦しんでいた。ドラゴン号に患者は出なかったが、他の三隻の発症率はかなりのものだった。ランカスターが指示し、手本を見せたにもかかわらず、艦隊乗組員の約四分の一が死亡した。旗艦に死亡者は出なかった。

その六十五年ほど前の一五三五年、フランスの探検家ジャック・カルティエによるニューファウンドランドとケベックへの二回目の遠征では、壊血病が大発生し、多数の死者を出した。先住民に聞いた薬、すなわちエゾマツの針葉の浸出液が試され、外見的には奇跡的に良くなったようだ。ほとんど一晩で症状が軽くなり、病気が急速に消えたという。また一五九三年、イギリス海軍の提督リチャード・ホーキンス卿は、少なくとも一万人が壊血病によって海で死に、しかしレモン汁が即効性の治療薬だった、と自身の経験を語った。

壊血病を治療した成功例については出版物さえあった。一六一七年、ジョン・ウッドールの『外科医の友』はレモン汁を治療にも予防にも使えると書いている。その八十年後、ウィリアム・コックバーン博士の『海の病気、その性質、原因、治療』は、新鮮な果物と野菜を推奨した。他にはビネガー、塩水、シナモン、乳漿（ホエイ）などの処方もあったが、それらは全く役に立たず、むしろ正しい行動を迷わせたかもしれない。

柑橘類の汁が壊血病に有効であることが初めて臨床試験で示されるには、次の世紀の半ばまで待たねばならなかった。患者数は非常に少ないが、結論は明らかだった。一七四七年、スコットランド出身の海軍外科医、ジェームズ・リンドは、サリスベリー号に勤務中、壊血病に罹った水兵を使って実験する。まず、症状ができるだけ似ている十二人を選び、彼らにはすべて同じ食事を与えた。標準的な塩漬け肉と堅焼きビスケットは噛むのが容易でなかったため、代わりに甘くした粥、羊肉の薄いスープ、煮たビスケット、大麦、サゴヤシ澱粉、米、レーズン、干しスグリ、ワインを与えた。この炭水化物中心の養生食に加え、リンドはさまざまなサプリメントを処方する。最初の二人はリンゴ酒をそれぞれ約一リットル、別の二人はビネガー、不幸な三番目のペアは、硫酸塩の内服液を飲まされた。四番目の二人は毎日海水を二百四十ミリリットル飲んだ。五番目の二人は、ナツメグ、ニンニク、辛子の種、ミルラ樹脂、酒石英（酒石酸水素カリウム）、大麦水の調合物を与えられた。そして残った幸運な二人は毎日オレンジ二個、レモンを一個ずつ与えられる。

結果はすぐに、そして明らかに、今日の知識で我々が期待するとおりになった。六日以内に柑橘類を与えられた二人は勤務に復帰できるほど回復した。ここで残りの十人は海水、ナツメグ、硫酸などをやめ、希望をもってレモンとオレンジを与えられることになる。リンドの実験結果は、『壊血病に関する論文』として発表された。しかし、イギリス海軍が強制的にレモン汁を配給するまでには、さらに四十年待たねばならなかった。

壊血病の治療法が分かっていたのなら、なぜ採用されて日常的に使われなかったのだろう？　悲しいことに、壊血病の治療薬は効くと証明されても、認識されなかったか、あるいは信じてもらえなかったようなのだ。広く受け入れられていた説によれば、壊血病は非常に塩気のある肉のせいか、食事に新鮮な肉がないせいと考えられていた。新鮮な果物や野菜が不足しているせいだとは思われなかった。また、供給する上での問題もあった。新鮮な柑橘類やそのジュースを数週間も持たせることは難しい。レモン汁を濃縮し保存する試みもなされた。しかしそのような操作は時間やコストもかかり、また恐らくあまり効かなかった。というのは、ご存知のようにビタミンCは熱や光で簡単に壊れる。長期に保存すれば、果物や野菜に含まれる量は減ってしまう。

海軍士官、医師、イギリス海軍本部、船主は、過剰なほど人員を配置している船内で、野菜や柑橘類を十分に育てることは、費用の面からも不便さから言っても、難しいと考えた。そのためには貴重な荷物スペースをこの目的に使わねばならない。また、新鮮な、あるいは保存加工された柑橘類は高価で、とくに毎日予防薬として配給するとなると尚更だった。とにかく効率と商業的利鞘が優先した。しかし後になって考えると、これは間違った経済感覚だった。当時の船は、壊血病で三〇から四〇％、あるいは五〇％が死亡しても大丈夫なように人員配置せねばならなかった。それにたとえ死亡率が高くなくとも、壊血病に罹った乗組員の働きぶりは著しく低下しただろう。それから当時は滅多に考慮されなかったが、これは経済ではなく、人道的な問題でもあった。

もう一つの要因は、船乗りの頑固さである。彼らはいつもの船上食に慣れていた。塩漬け肉と堅焼きビスケットの単調な海の食事について不平を言ったけれども、彼らが港で欲しがったものは、たくさんの新鮮な肉、新鮮なパン、チーズ、バター、うまいビールだった。たとえ新鮮な果物や野菜が手に入ったとしても、ほとんどの水夫はボリボリ音のするような野菜炒めには興味を示さなかっただろう。彼らはとにかく肉を好んだ。ゆでた肉、煮た肉、焼いた肉。一方、幹部船員は、たいてい中上流階級の出身で、多数の食材からなる食事に慣れていた。だから、港で果物や野菜を食べることは当たり前のことで、恐らく好んだにちがいない。それに、初めての土地で見つけた異国の食べ物にトライすることも、よくあっただろう。ビタミンCに富むタマリンドやライムなどの果物は、その土地の料理に使われていたに違いない。水夫と違って彼らはそれを食べたかもしれない。だから高級船員は水夫より壊血病が少なかった。

クック――数百人で壊血病ゼロ

イギリス海軍のジェームズ・クックは、その乗組員に壊血病が出なかったことが明らかな、初めての艦長である。クックの名は、壊血病に良いという食品が列挙されるときなど、しばしば壊血病予防薬の発見と関係して出てくる。しかし彼が本当にしたことは、食事の質を高めることと、船内をくまなく清潔に保つよう主張したことだった。念入りな指示の結果は、彼の船の乗組員の良好な健康状態と低い死亡率となって現れた。クックは二十七歳という比較的年をとってから海軍に入った。しかしその前の九年間、北海、バルト海の貿易船で航海の経験がある。さらに彼の知性と生まれつきの船乗り魂も、海軍での速い昇進につながった。彼が初めて壊血病を経験するのは、一七五八年、ペンブローク号に乗っていたときである。セントローレンス川流域のフランス支配地を攻撃するため、大西洋を横断してカナダに行く初めての航海だった。このありふれた病が起こしたぞっとする惨状に、クックは危機感を持った。当時は、多くの水兵が死に、戦力が危険なほど低下することも当然のこととされ、艦船を喪失することすら避けられないものと考えられていた。

彼が行ったノバスコーシア、セントローレンス湾、ニューファンドランド周辺の探検と測量、それから日食の正確な観察報告に王立協会(ロイヤル・ソサイアティ)は注目した。王立協会は一六四五年、「自然に関する知識をより良いものする」という目的で設立されている。クックはエンデバー号の指揮を任され、南洋の探検と測量、新しい動物、植物の調査、それから太陽を横切る惑星運動の観察という天文学的な仕事も命ぜられた。

この航海を含め、クックによる以降の航海の目的が政治的なものだったことは、あまり知られていないが、説得力がある。既に発見されていた土地をイギリスの名前で占有すること、伝説の南方大陸(テラ・オーストラリス・インコグニタ)をはじめ、未発見の新しい土地を見つけること、それから大西洋と太平洋をつなげる北西航路を見つけること、これらはすべて海軍本部の考えていたことだった。クックがそれらの目的の多くを達成できたことは、かなりの部分までアスコルビン酸のおかげである。

例えば一七七〇年六月十日、エンデバー号がグレートバリアリーフの珊瑚礁に乗り上げたときのことを考えてみよう。現在のオーストラリア、北部クイーンズランド、クックタウンのすぐ南である。まさに災難だった。船は浅瀬に座礁し、船体に出来た穴は大がかりな処置を必要とした。船を軽くするため、乗組員は全員で必需品以外を船外に出した。船倉に容赦なく海水が流れ込むので、二十三時間ぶっ通しでポンプを動かし、フォザリング(重い帆を船体の下に引っ張り穴を塞ぐ応急処置)によって穴に栓をするときは太索(ふとづな)と錨(いかり)を必死に引いた。信じられないほどの努力、見事な船乗り魂、それから幸運が勝った。

結局、船はリーフを脱出し、修理のために浜に乗り上げた。まさに危機一髪だった。乗組員は、もし疲労して壊血病に罹っていたら、エネルギーを奮い起こすことが出来なかっただろう。

健康でよく働く乗組員こそ、クックが一連の航海で業績を上げられた最大の要因であった。この事実は王立協会も知るところとなり、最高の栄誉であるコプリー金メダルを彼に贈った。これは彼の航海面での功績ではなく、長い航海においても壊血病が避けられない病ではないことを示したために与えられたものだ。クックの方法は単純である。彼は船内くまなく、とくに密閉された船員居住区の清潔を保つよう指示した。定期的に衣服を洗うこと、天候が許す限り寝具を乾かすこと、デッキの下を燻蒸消毒すること、それから全体的に「shipshape（整然と）」という用語どおりに生活することを全員に求めた。クックはバランスの取れた食事には新鮮な果物や野菜が必要と考えていた。それらが手に入らないときは、彼が船内に持ち込んだザワークラウトを乗組員たちに食べるよう命じる。彼は機会あるごとに接岸し、食料の補給やその土地の野菜（セロリ、スカビーグラス）、あるいはお茶になる植物を入手することに努めた。

この食事は乗組員に全く人気がなかった。彼らはいつもの船上食に慣れており、新しいものを試したがらない。しかしクックは意志が強かった。彼と士官たちはこの食事にこだわった。彼が率先して模範となったこと、それから彼の権威、決意よって、皆この食事に従うようになった。ザワークラウトやセロリを拒否したことで、クックが水兵たちを鞭打ったという記録はない。しかし彼らは、この艦長が規律に従わないものを躊躇せず鞭打つことを知っていた。クックはまた、もっと巧妙なこともした。現地の植物から「ザワークラウト風」のものを作り、最初それをわざと士官専用にした。すると一週間以内に、水兵たちも欲しがるようになったと彼が記録している。

成功は、間違いなく乗組員たちの心を変えた。彼らは、食べ物に関する艦長の奇妙なこだわりが価値あるものだと信じるようになっていく。クックは壊血病で一人も失わなかった。約三年に及ぶクックの最初の航海では、オランダ領東インド（現インドネシア）のバタビア（現ジャカルタ）で乗組員の三分の一がマラリアと赤痢に罹って死んだ。彼の二回目の航海は一七七二年から七五年で、乗組員は一人だけ病気で死んだ。しかし壊血病ではなかった。ただしこの航海では、併走する僚船で壊血病が大発生する。副長トバイアス・フルノーはクックに激しく叱責され、壊血病予防食の準備と配給をあらためて強く命じられた。アスコルビン酸分子であるビタミンCのおかげで、クックは見事な業績リストを作ることが出来た。すなわち、ハワイ島やグレートバリアリーフの発見、初のニュージーランド一周、初の太平洋北部海岸の測量、それから初の南極圏突破などである。

小さな分子の大きな役割

世界地図に大きな影響を与えたこの小さな分子は、いったい何ものだろう？　ビタミン vitamin という言葉は、vital（必須の）と amine（アミン。窒素原子を含む有機化合物）という二つの言葉を合わせたものだ。（最初はすべてのビタミンが少なくとも一つ窒素原子を含むと考えられていた）。ビタミンCのCは、三番目に見つかったビタミンであることを示す（2－1）。

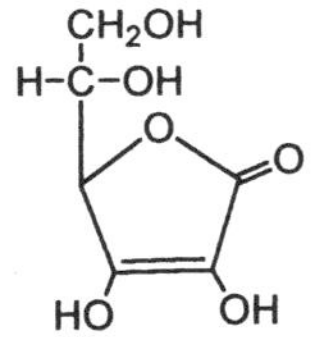

アスコルビン酸（ビタミンC）の構造

2－1

この命名には大きな問題がある。まず、実際に窒素原子を含むものは、ビタミンB類とビタミンHしかない。最初ビタミンBとしたものは、後に複数の化合物からなることが分かった。ここからビタミンB_1、ビタミンB_2……などとなったわけだ。また別の化合物と考えられていたものが同じものだということも分かった。それでビタミンFとビタミンGはない。

哺乳類の中では、霊長類とモルモット、インドフルーツコウモリだけが食事からビタミンCを摂らねばならない。他の脊椎動物、例えばイヌやネコではアスコルビン酸が肝臓で作られる。簡単な糖、グルコースを出発材料にして酵素による四つの反応で合成されるのだ。これらの動物は、アスコルビン酸を食事から摂らなくともよい。ヒトは、恐らく進化の過程で、グルコースからアスコルビン酸を作る能力を失ったのである。一連の反応の最終ステップに必要な酵素、グロノラクトン酸化酵素をつくる遺伝子を失くしたのだ。

ビタミンCの工業生産、すなわち現代の合成法（やはりグルコースから出発する）も、少し順番は違うけれども、似たような一連の反応が基本になっている。最初のステップは酸化反応である。酸化というのは、分子に酸素原子が加わるか、水素原子が引き抜かれるか、あるいは両方起きることを意味する。この反対は還元という。分子から酸素原子が取り除かれるか、水素原子が加わるか、あるいは両方起こる（2−2）。

第二ステップでは、グルコース分子の最初に酸化された場所と反対の端が還元され、グロン酸という分子ができる。さらに第三ステップでは、グロン酸がラクトンという環状分子となる。最後のステップは酸化で、アスコルビン酸の二重結合が出来る（2−3）。

ビタミンCを単離して化学構造を決めようという試みは、なかなか上手く行かなかった。アスコルビン酸は柑橘類の汁にかなりの量が存在する。しかし汁には、多くの糖や糖に似た物質が含まれ、アスコルビン酸をそれらから分離するのは非常に難しかった。それゆえ、アスコルビン酸の最初の純粋なサンプルが、植物ではなくて動物組織から得られたのも、驚くことではない。

一九二八年、イギリスのケンブリッジ大学にいたハンガリーの医師で生化学者のアルベルト・セント＝ジェルジは、雌牛の副腎皮質にある油っぽい部分一キログラムからわずか三百ミリグラムの結晶物質を得た。副腎は腎臓のそばにある一対の内分泌器官である。重量比で原料の〇・〇三％しか得られないこの化合物は、最初ビタミンCとは思われなかった。セント＝ジェルジは、糖に似た新しいホルモンを発見したと考え、最初はイグノース ignose と名づけた。語尾の ose は、グルコース、フルクトースなど、糖の名前の最後に使われる。頭の ig は、構造が分からなかった（ignorant）ためである。しかしこの名前は『バイオケミカル・ジャーナル』誌に拒否された。彼は次にゴッドノース godnose と名づけた。この専門雑誌の編集者（明らかにユーモアセンスは彼と共有していなかった）は、再び拒否する。そして彼はもっと穏やかな名前、ヘキスロン酸をしぶしぶ受け入れた。セント＝ジェルジのサンプルは、正確な化学分析をするのに十分純粋で、分子式$C_6H_8O_6$、すなわち炭素が六個であることが分かっていた。ここからヘキスロン酸の hex が来ている。四年後、ヘキスロン酸とビタミンCは同じものであることが分かる。

アスコルビン酸を理解するに当たって次のステップは、化学構造を決

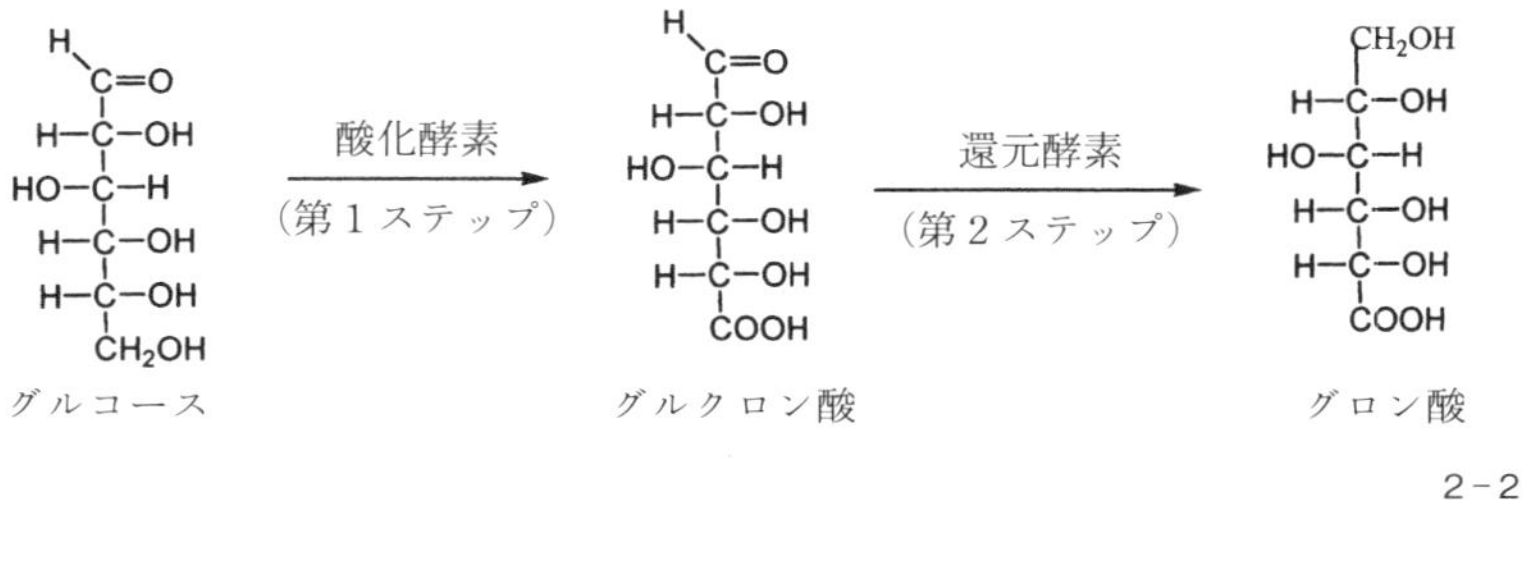

グルコース　グルクロン酸　グロン酸

2-2

めることである。これは、今日の技術をもってすれば、サンプルが非常に少量でも比較的簡単に出来る仕事だが、一九三〇年代では、大量のサンプルが無いとほとんど不可能なことであった。セント＝ジェルジはまたしても幸運だった。彼は故郷ハンガリーの名産パプリカがビタミンCを特に多く含み、そしてもっと重要なことに、他の糖類をあまり含まぬことを発見した。糖類は柑橘類からのビタミンCの単離を困難にしていたものである。彼はわずか一週間でビタミンCの結晶を一キログラム以上得た。共同研究者のバーミンガム大学化学科教授、ノーマン・ハワースが構造決定を始めるのに十分な量だった。このころ既に、セント＝ジェルジとハワースはこの物質をアスコルビン酸と呼んでいる。一九三七年、この分子の重要性は科学界に広く認識され、セント＝ジェルジはビタミンCに関する研究でノーベル医学賞を、ハワースはノーベル化学賞を受賞した。

　その後の六十年以上にわたる研究にもかかわらず、我々は依然、体内におけるアスコルビン酸の役割について完全には理解していない。コラーゲンの生産に必須であることは分かっている。コラーゲンは動物界で最も豊富に存在するタンパク質であり、他の組織を結合したり支えたりする結合組織にある。もちろんコラーゲンの不足は壊血病の初期の症状、すなわち手足の腫れ、歯茎が柔らかくなって歯が抜けることをよく説明する。アスコルビン酸は一日十ミリグラムもあれば、壊血病を抑えるの

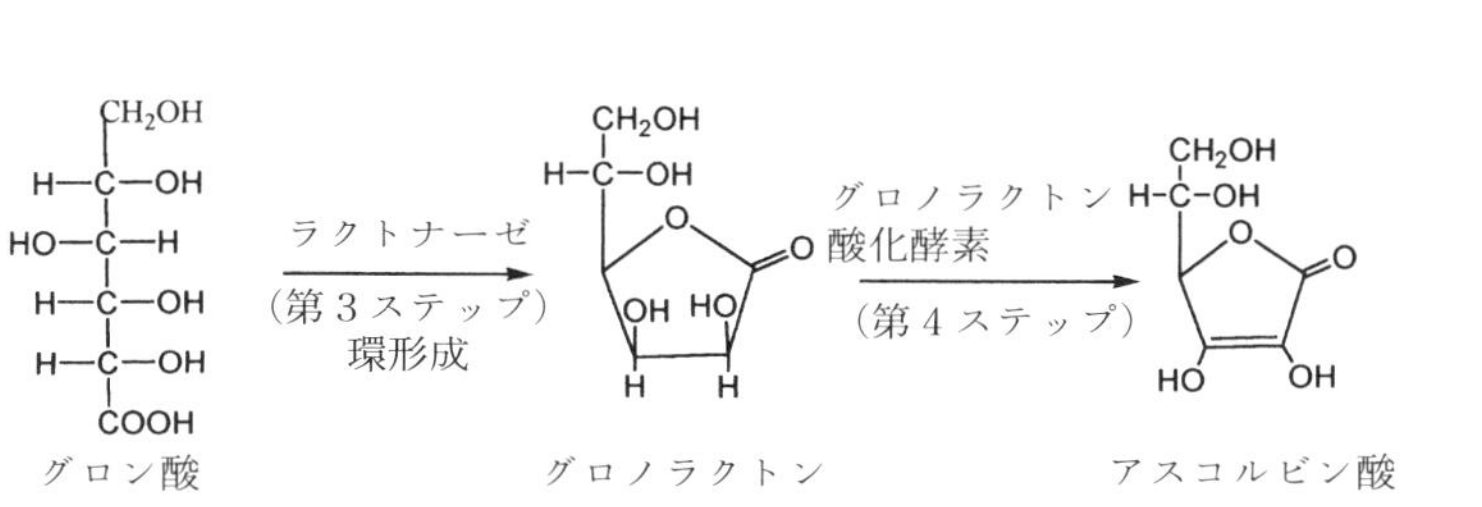

2-3

に十分と言われる。ただしこの量では、おそらく臨床的に現れない壊血病（細胞レベルでのビタミンC欠乏状態）が存在する。免疫学、腫瘍学、神経学、内分泌学、栄養学など、さまざまな分野での研究から、アスコルビン酸が多くの生化学的経路に関わっていることが分かりつつある。

この小さな分子をめぐっては、神話と共に否定的な意見も長い間付きまとってきた。イギリス海軍は、ジェームズ・リンドの進言をなかなか実行しなかった。四十二年も遅れたのは問題である。東インド会社は、水夫を弱々しく反抗的でないように保つため、壊血病予防食を意識的に与えなかった。また、ビタミンCの大量投与がさまざまな病気に効くかどうかについては現在でも議論が続いている。ライナス・ポーリングは一九五四年、化学結合に関する研究でノーベル化学賞を、一九六二年には核実験に反対する活動でノーベル平和賞を受賞した。このダブル受賞者は一九七〇年、ある論文を発表する。医療におけるビタミンCの役割について述べた多くの論文の第一報であった。彼は、アスコルビン酸の大量投与が、風邪、インフルエンザ、ガンの予防に効くと主張した。彼の科学者としての名声にもかかわらず、医学界は一般にポーリングの説を信じていない。

ビタミンCのRDA（一日当たり摂取勧告量）は、成人で六十ミリグラムである。およそ、小さなオレンジ一つに含まれる量だ。RDAは時代によって変わり、国によっても違う。これは、それほど単純でないこの分子の生理学的役割を、我々がまだ完全には理解していないせいもあるだろう。妊娠、授乳期には、より高いRDAが必要なことは広く受け入れられている。それから老人で、貧しい食事や、あるいは料理、食事に興味がなくなってしまい、ビタミンCの摂取が減っている人々にも特に高いRDAが設定される。今日でも壊血病は、高齢者の間に起きることがある。

アスコルビン酸は、一日あたり百五十ミリグラム摂取すると、一般に飽和レベルに達し、それ以上摂っても血中のアスコルビン酸量は増えない。過剰なビタミンCは腎臓から排出されるので、大量投与による利点は、製薬会社の利益を生むことだけである。しかしある状態、例えば感染、高熱、外傷からの回復時、下痢、その他さまざまな慢性疾患の状態では、より高い投与量が必要かもしれない。

ビタミンCの役割については、四十以上の病気で今も研究されている。いくつか挙げれば、ひざなどの滑液嚢炎、痛風、クローン病、多発性硬化症、胃潰瘍、肥満、骨関節炎、単純ヘルペス感染、パーキンソン病、冠動脈疾患、自己免疫病、流産、リウマチ熱、白内障、糖尿病、アルコール依存症、統合失調症、うつ病、アルツハイマー病、不妊、風邪、インフルエンザ、そしてがん。このリストを見れば、何故この分子が「ビンに入った若さ」としばしば呼ばれてきたか分かるだろう。ただし今のところ、言われるような奇跡を支持する研究結果は出ていない。

アスコルビン酸は年間、五万トン以上作られている。グルコースから工業的に作られる合成ビタミンCは、あらゆる面で天然のものと完全に同一である。物理的にも化学的にも差はない。だから「ヒマラヤ山麓の、原始の草原に生える希少な *Rosa macrophylla* という野バラの熟れた実だけを使って、優しく抽出した天然ビタミンCです」と謳っている高い商品を買う理由はない。たとえこの製品が本当にこの原料から作ったものであっても、もしそれが本当にビタミンCなら、グルコースからトンのスケールで作られるビタミンCと全く同じものである。

これは、人工的に作られたビタミン製剤が、食べ物の中の天然ビタミンの代わりになると言っているわけではない。アスコルビン酸七十ミリグラムの錠剤を一つ飲み込んでも、普通サイズのオレンジ一個を食べて得られる七十ミリグラムのビタミンCと全く同じ効果は生まないかもしれない。果物や野菜に含まれるほかの物質、たとえば鮮やかな色に関係する物質とかが、ビタミンCの吸収を助けたり、あるいはまだ解明されていない何らかの方法で、効果を強めているかもしれない。

現在、ビタミンCの一番の商業的用途は、食品添加物である。酸化防止剤、防腐剤として使われる。

近年、食品保存料は悪者として見られてきた。多くの食品のパッケージでは「保存料無添加」という表示が目立つように書かれている。しかし保存料がなければ、ほとんどの食べ物の味や香りは悪くなり、食べられなくなるどころか、我々の命に関わることもある。合成保存料がなくなることは、冷蔵冷凍技術がなくなることと同様、我々の食糧事情に計り知れない大損害を与えるだろう。

果物を缶詰にして保存するときは沸騰水の温度でよい。果物は猛毒の細菌ボツリヌス菌 *Clostridium botulinum* の成長を抑えるのに十分酸性だからだ。しかし酸の少ない野菜や肉を缶詰にするには、このありふれた細菌を殺すために、もっと高温で処理しなくてはならない。家で果物の缶詰を作るときは、茶色くならないように、アスコルビン酸を抗酸化剤として入れる。すると同時に酸性も強まり、微生物の毒素で起きる食中毒、ボツリヌス中毒も防いでくれる。なお *Clostridium botulinum* は、ヒトの体内では生きていられない。危険なのは、不適切に作られた缶詰の中で生産される、その毒素である。また、精製された毒素は、ほんの少量皮下に注射すれば神経の信号伝達を抑えて麻痺を起こし、一時的にしわを伸ばす。近年流行しているボトックス処理である。

化学者は多くの毒性物質を合成してきたが、自然は最強の猛毒を作っている。*Clostridium botulinum* が生産するボツリヌストキシンAは、もっとも強力な毒素である。人類が作った最も毒性の強い環境汚染物質と言われるダイオキシンの百万倍も強い。試験動物の五〇％を殺す量（LD50）は、ボツリヌストキシンAで3×10のマイナス8乗mg／kgである。すなわち体重一キログラムあたり〇・〇〇〇〇〇〇〇三ミリグラムが致死量である〔訳注・別の数字もあり〕。一方、ダイオキシンのLD50は3×10のマイナス2乗mg／kg、すなわち体重一キログラムあたり〇・〇三ミリグラムである。一オンス（二十八グラム）のボツリヌストキシンAがあれば一億人を殺せることになる。この数字は、保存料を悪とする我々の態度を再考させるに違いない。

氷上での壊血病

二十世紀初めにおいても、南極探検家の中には保存食の腐敗や、血液の酸中毒、細菌感染などが壊血病の原因と考える人がいた。一八〇〇年代初めのイギリス海軍で、強制的にレモン汁を与えたら壊血病がなくなったという事実、ビタミンCに富むアザラシの生肉、脳、心臓、腎臓を食べる北極地方のエスキモーは壊血病にならないという報告、そして壊血病にならないよう出来るだけ新鮮な食べ物を摂ったという数多くの探険家の経験。こうしたことがあるにもかかわらず、もとイギリス海軍の大佐ロバート・ファルコン・スコットは、腐った肉こそ壊血病の原因だという自分の信念に拘った。一方ノルウェーの探検家、ロアール・アムンゼンは、壊血病の恐怖を真剣に受け止め、南極点探検のときの食事は新鮮なアザラシとイヌの肉を中心にした。一九一一年、彼の極地への挑戦は、二千二百キロメートルに及んだが病気も事故もなく成功した。一方、スコット隊は不運だった。一九一二年一月、南極点に到達したあとの帰路、南極で数年に一度という悪天候に見舞われた。彼らは新鮮な食料とビタミンCを欠いた食事を何ヶ月も続けている。探検隊は努力しようにも、壊血病の症状によって大いに弱っていたはずだ。食料と燃料の貯蔵庫までわずか十八キロメートルの地点で、彼らはもう動くことが出来ないほど疲れきってしまった。数ミリグラムのアスコルビン酸があったら、隊長スコットと部下たちの運命は違っていただろう。

アスコルビン酸の価値がもっと早く分かっていたら、今日の世界は非常に変わったものになったと思われる。マゼランは、もし乗組員が健康だったらフィリピンで死ぬことはなかったかもしれない。彼は航海を続け、スパイス諸島のクローブをスペインのために独占し、意気揚々とセビリアへの川を遡ったに違いない。そして初めて世界を一周したことで数々の栄誉に浴しただろう。スペインがクローブ、ナツメグ市場を独占していれば、オランダ東インド会社の設立はなかったかもしれない。現在のインドネシアも違っているだろう。これら遠隔地を探検した初めてのヨーロッパ人であるポルトガルの人々が、もしアスコルビン酸の秘密を知っていたなら、彼らはジェームズ・クックの何世紀も前に太平洋を探検していたはずだ。フィジーやハワイの言語はポルトガル語になっていたかもしれない。これらの島々はブラジルとともにポルトガル大帝国の植民地になっていただろう。偉大なオランダ人航海家アベル・ヤンセン・タスマンは、もし一六四二年と四四年の航海で壊血病を防ぐための知識があったなら、おそらくニューオランダ（現オーストラリア）とスタッテン島（現ニュージーランド）と名づけた陸地に上陸し、正式に領有を宣言していたと思われる。遅れて南太平洋にやってきたイギリスには、はるかに小さな領土しか残されておらず、今日の世界に対する影響力はずっと小さなものになっただろう。このように想像していると次のような結論に至る。アスコルビン酸は、世界の歴史――それから地理――の上で、特別な評価を受けるに値する。

三章　グルコース　アメリカ奴隷制を生んだ甘い味

童謡に「砂糖とスパイス、それから、美味しいもの、みんな」というフレーズがあり、そこでは砂糖とスパイスをペアにしている。両方ともアップルパイやジンジャーブレッド・クッキーなどお菓子を作るときに重要な調味料である。砂糖はスパイスのように、かつては金持ちだけが手にする贅沢品だった。今日の我々からみると、当時の肉や魚料理は塩辛く、そのソースを味付けするときなどに使われた。そして砂糖の分子は、スパイスの分子と同じように、産業革命を先導し、世界の経済、文化を変え、国家や大陸の運命に影響を及ぼした。

グルコース（ブドウ糖）は、我々が砂糖と呼ぶ物質、スクロース（蔗糖(しょとう)）の構成分子である。砂糖にはその起源により色々な名前がある。たとえばケインシュガー（サトウキビ）、ビートシュガー（テンサイ）、コーンシュガー（トウモロコシ）などだ。種類によって他にも名前がある。黒砂糖、白糖、ベリーシュガー、精製糖、未精製糖、デメララ糖などだ。グルコースはこれらの砂糖すべてに含まれる比較的小さな分子である。わずか六個の炭素、六個の酸素、十二個の水素原子からなる。原子の数は合計二十四個で、ナツメグやクローブの香り分子の原子数と同じである。しかし、スパイス分子と同様、味、すなわち甘さを生むのは、グルコース分子の各原子の数と空間配置なのだ。

砂糖は多くの植物から、例えば熱帯ではサトウキビから、温帯ではテンサイ（ビート、砂糖大根）から採れる。サトウキビ *Saccharum officinarum* の原産地は諸説あり、南太平洋あるいはインド南部と言われる。栽培はアジアを通って中東、その後北アフリカからスペインに広がった。サトウキビから抽出された精製糖は、十一世紀に始まった十字軍によってヨーロッパにもたらされた。続く三世紀の間、砂糖はスパイスと同じように異国の産物として珍重される。砂糖取引の中心は、成長しつつあったスパイス交易とともに、最初はベニスで発達した。砂糖は吐き気を催すような他の薬の味をごまかすため、薬の付属物として医学の方面で使われた。また、薬そのものとしても用いられた。

十五世紀の頃には、ヨーロッパでも砂糖は入手しやすくなったが、依然高価であった。しかし砂糖の価格低下が始まると需要が増大し、同時に、それまでヨーロッパはじめほとんどの国々で甘味料として使われていた蜂蜜の供給が減少した。十六世紀になると砂糖は急速に甘味料として大衆に普及する。十七、十八世紀には果物の砂糖による保存法、また、ジャム、ゼリー、マーマレードの作り方などが広まって、ますます重宝されるようになった。イギリスにおける一七〇〇年の一人当たり年間砂糖消費量は、約四ポンド（一・八キログラム）である。一七八〇年には十二ポンドに跳ね上がり、一七九〇年代は十六ポンドで、これらの大部分はおそらく新たに普及し始めた紅茶、コーヒー、ココアなどの飲み物に使われた。砂糖はお菓子にも使われる。シロップをかけたナッツや食用種子、マジパン（アーモンドで作る菓子）、ケーキ、キャンディなどだ。既に贅沢品というより必需品となっていた。そして消費は二十世紀を通しても増え続ける。

一九〇〇年から一九六四年の間に、砂糖生産は七〇〇％増加し、多くの発展途上国では年間一人当たり消費量が百ポンド（四十五キログラム）に達した。この数字は近年下がっている。人口甘味料の使用と高カロリー食への警戒心のためである。

奴隷制とサトウキビ栽培

砂糖に対する需要がなければ、今日の世界はかなり違ったものになったであろう。というのは、奴隷売買を引き起こしたもの、すなわち何百万人ものアフリカ黒人を新世界にもっていった原動力は、砂糖であったからだ。また十八世紀初めまでヨーロッパの経済成長を支えていたのは砂糖取引で得られる利益であった。初期に新世界を探検した人々は帰国後、サトウキビ栽培に理想的な熱帯の風土について報告した。中東における砂糖独占をなんとか打破したがっていたヨーロッパ人が、ブラジル、それから西インド諸島でサトウキビ栽培を開始するのに時間はかからなかった。サトウキビ栽培は大きな労働力を必要とする。労働力資源として考えられた二つ――すなわち新世界の先住民（天然痘、はしか、マラリアなど、新たに入った病気により既に多くの人間が死んでいた）とヨーロッパからの年季奉公者――は、必要な労働力の一部にもならなかった。そこで新世界の植民地経営者たちはアフリカに目を向ける。

このときまで西アフリカからの奴隷売買は主にポルトガルとスペインの国内市場向けに限られていた。地中海沿岸にいたムーア人によるサハラ砂漠越え貿易の副産物であった。しかし新世界での労働力不足から、それまでごく目立たなかった、この商取引が劇的に増加する。イギリス、フランス、オランダ、プロシア、デンマーク、スウェーデンは（そして後にはブラジルとアメリカも）、サトウキビから得られる莫大な富を期待した。そしてこれらの国々は、何百万ものアフリカ人を故郷から引き抜いて輸送する大規模システムの一部へと、変貌していった。砂糖は奴隷の労働力に依存した唯一の産物ではないが、主要なものであった。推定によると、新世界にいたアフリカ人奴隷の約三分の二はサトウキビ農場で働いていたとされる。

西インド諸島で奴隷が作った砂糖は、一五一五年に初めてヨーロッパに送られた。クリストファー・

コロンブスが二回目の航海でイスパニョーラ島にサトウキビを導入してわずか二十二年後のことである。十六世紀半ばまでには、ブラジル、メキシコやカリブ海の島々にあったスペイン、ポルトガルの植民地で砂糖が生産されていた。当時アフリカからこれらのプランテーションに送られる奴隷の数は年間一万人ほどだった。しかし十七世紀に入ると、西インド諸島におけるイギリス、フランス、オランダの植民地もサトウキビを栽培し始めた。急激に増大する砂糖の需要、生産工程の進歩、それから新しいアルコール飲料、ラム酒（砂糖精製の副産物から作られる）の開発によって、サトウキビ畑で働かせるためにアフリカから引き抜かれる人々の数は爆発的に増えていった。

アフリカ西海岸で帆船に乗せられ、のちに新世界で売られた奴隷の正確な数字を出すのは不可能である。記録は不完全だし、恐らくごまかしている。というのは遅まきながら輸送船の奴隷運搬条件を改善するために、運びうる人数を規制する法律ができたからだ。その制限を回避するために数字をごまかしたのである。後の一八二〇年代の数字だが、ブラジルの奴隷輸送船の場合、五百人以上の人間が広さ九百平方フィート（八十四平方メートル）、高さ三フィート（九十センチ）という狭い船倉に押し込められた。歴史家たちは、奴隷貿易の三世紀半の間に五百万人以上のアフリカ人が南北アメリカに輸送されたと計算している。この数字には捕獲襲撃の時に殺されたもの、アフリカ大陸内部から海岸に輸送される途中で死んだもの、あるいは「中間経路」として知られるようになった航海の過酷さに耐えられず死んだものは含まれていない。

中間経路というのは、大サーキットと呼ばれる貿易三角形の第二辺のことを指す。この三角形の最初の辺は、ヨーロッパからアフリカ西海岸（主にギニア）に向かう経路で、奴隷と交換するための工業製品を運んだ。第三辺は新世界からヨーロッパに戻る経路である。新世界まで奴隷を運んだ船は、人間という船荷を、今度は鉱山から採れたもの、プランテーションで作られたもの――ラム酒、綿花、タバコなど——に代えて運んだ。三角形のどの辺も、莫大な利益を上げた。特にイギリスの場合、十八世紀の終わりまで西インド諸島から得られる収入は、残りの全世界の貿易から得られる収入をはるかに超えていた。実際、砂糖と砂糖由来製品は、莫大な資本の蓄積と、急速な経済成長の源であり、その経済成長こそ、十八世紀終わりから十九世紀初めにかけてイギリス、後にはフランスで起きた産業革命に必須のものであった。

甘さの化学

グルコース（ブドウ糖）は、最もよく見られる単糖類である。単糖類の「単」は一単位を表す。これに対し、二単位つながったものは二糖類、多数つながったものは多糖類という。グルコースの構造は、真っ直ぐな鎖としては次のように書ける（3－1）。

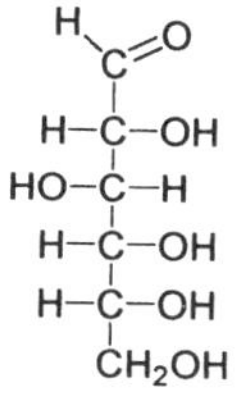

グルコース

3－1

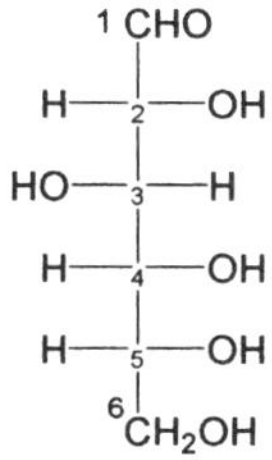

グルコースのフィッシャー投影図。炭素原子の番号も示す。

3－2

あるいは、この鎖を少し変えたものとして、垂直線と水平線の各交点が炭素原子を表す構造式を書いてもよい。悩むこともない慣習として、炭素原子には番号がつくことになっており、一位の炭素は常に最上部に描かれる。この構造式の描き方はフィッシャーの投影図と呼ばれる。一八九一年のグルコースをはじめ多くの糖類について実際の構造を決定したドイツの化学者エミル・フィッシャーにちなむ。当時使えた実験装置、技術は初歩的なものであったが、彼の得た成果は化学的思考のもっともエレガントな例の一つとして今でも評価されている。フィッシャーは糖の研究により一九〇二年のノーベル化学賞を受賞した（3－2）。

グルコースの構造は、このように直線型で描けるが、今日我々は、これらが違った形——環（リング）状——で存在していることを知っている。これらの環状型構造式は、ハワース式として知られる。ビタミンCと炭水化物の構造研究で一九三七年のノーベル賞を受賞したイギリスの化学者、ノーマン・ハワースにちなむ（二章）。グルコースの六角形構造（六員環という）は、五つの炭素原子と一つの酸素原子からなる。次に描かれるハワース式は、どの炭素がフィッシャー投影図の炭素のどれに相当するか、番号で示している（3－3）。

実際のところ、環状構造をとるグルコースには、一位の炭素につくOHが環の上にあるか下にあるかによって、二つの形がある。これは非常に小さな違いに見えるかもしれないが、注目しなくてはならない。なぜなら、グルコースが単位となるもっと複雑な分子（大きな炭水化物など）の構造に重大な影響を及ぼすからだ。もし一位のOHが環の下に向いていれば、それはαグルコースといい、上にあればβグルコースである（3－4）。

我々がいう砂糖は、蔗糖（スクロース）を指している。蔗糖は二糖類である。二つの簡単な単糖類、グルコース一分子とフルクトース一分子から出来ている。フルクトースは果糖とも呼ばれ、グルコースと同じ分子式$C_6H_{12}O_6$をもつ。しかし構造が違う。その構成原子が違った配置で結合しているのだ。これを化学の用語でいうと、グルコースとフルクトースは異性体であるという。異性体は、同じ分子式をもつが（各構成原子が同じ数）、その配列の違う化合物である（3－5）。

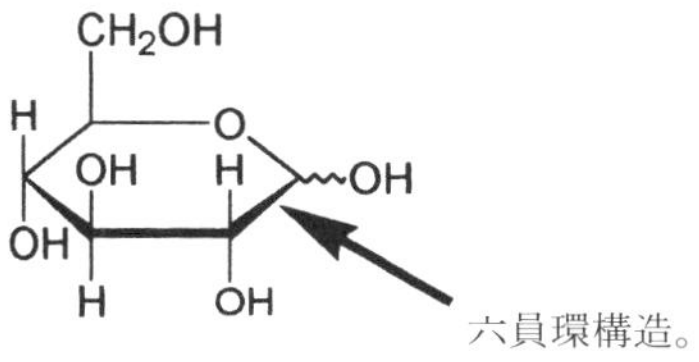

グルコースのハワース式。水素原子はすべて描いてある。

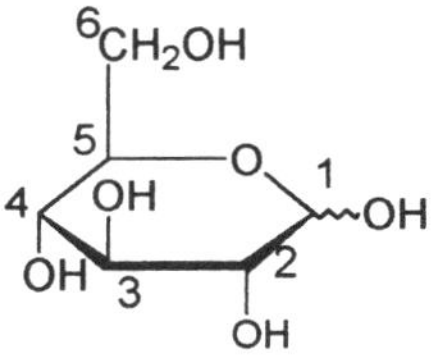

グルコースのハワース式。水素原子は全部描いてない。炭素番号を示す。

3－3

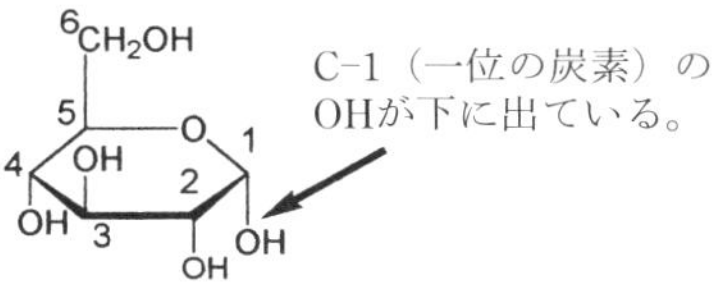

αグルコース

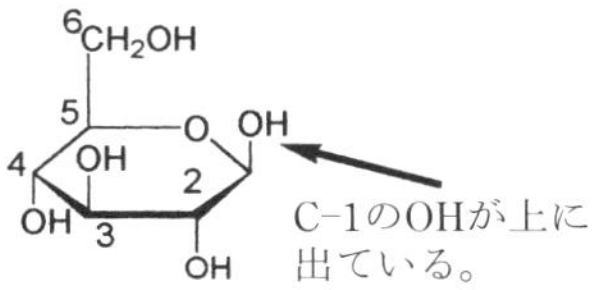

βグルコース

3－4

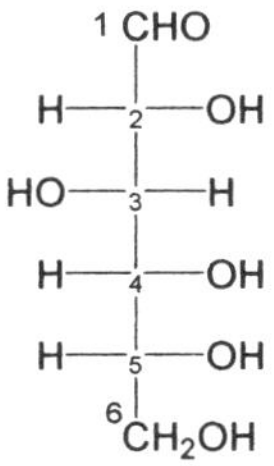

グルコース

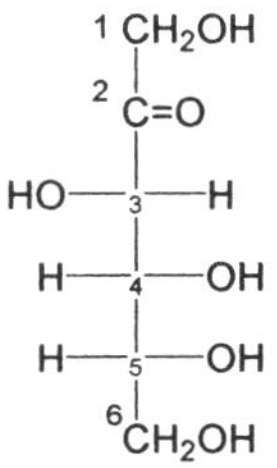

フルクトース

グルコースと異性体フルクトースのフィッシャー投影図。C-1とC-2の水素原子、酸素原子の付き方が違う。フルクトースはC-2に水素原子がない。

3－5

フルクトースもふつう環状構造で存在する。しかしその形は五角形のリングであり、六角形のグルコースとは違った形をしている。グルコース同様、フルクトースにもα型とβ型がある。ただし、フルクトースの環内の酸素原子は二位の炭素原子についているので、OHが下に来たときα、上に来たときβとするのは、この炭素の場所である（3-6）。

蔗糖は同じ量のグルコースとフルクトースを含む。しかし二つの分子がただ混ざっているわけではない。蔗糖分子は、グルコース一分子とフルクトース一分子が結合したものだ。すなわち、αグルコースの一位のOHと、βフルクトースの二位のOHの間から水分子H_2Oを取り去ることで結合する（3-7、3-8）。

フルクトースはふつう果物に存在するが、蜂蜜にもある。蜂蜜は約三八％がフルクトース、三一％がグルコース、一〇％が蔗糖を含む他の糖類である（残りの大部分は水）。フルクトースは、グルコースや蔗糖より甘い。だから蜂蜜は砂糖（蔗糖）より甘いのである。メープルシロップは約六二％が蔗糖で、フルクトースとグルコースはそれぞれ一％しかない。

乳糖（ラクトース）も蔗糖と同じ二糖類である。一分子のグルコースと、また別の単糖類ガラクトース一分子が結合している。ガラクトースもグルコースの異性体である。唯一の違いは、四位の炭素に付くOHがガラクトースでは環の上にあり、グルコースは下にあるということだ（3-9、3-10）。

再び書くが、OHが上にあるか下にあるかは、非常に小さな違いに見えるかもしれない。しかし乳糖不耐症の人々から見ると重大である。乳糖や他の二糖類、あるいは多糖類を消化するには、特別な酵素を必要とし、これら複雑な糖を小さな単糖類にまで分解しなくてはならない。乳糖の場合、酵素はラクターゼと呼ばれ、人によっては極少量しか存在しない（子供は一般に成人より多量のラクターゼをもつ）。ラクターゼが不十分だと、ミルクや乳製品の消化が困難となり、乳糖不耐症の症状が出てくる。すなわ

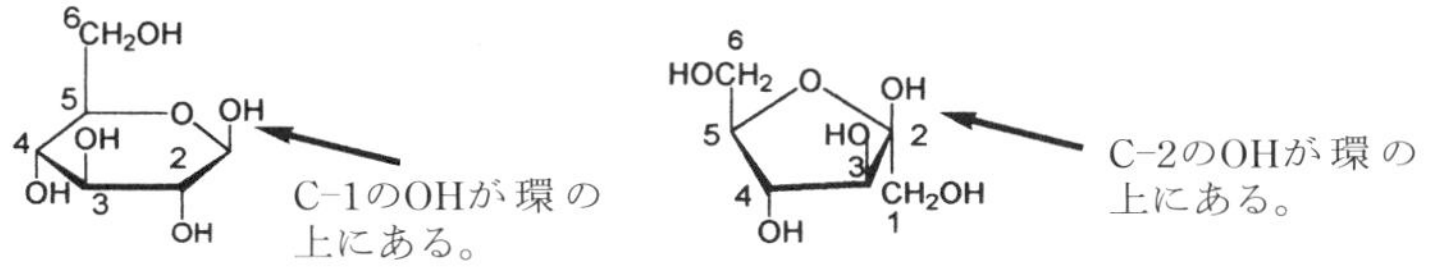

βグルコースのハワース式　　　βフルクトースのハワース式

3-6

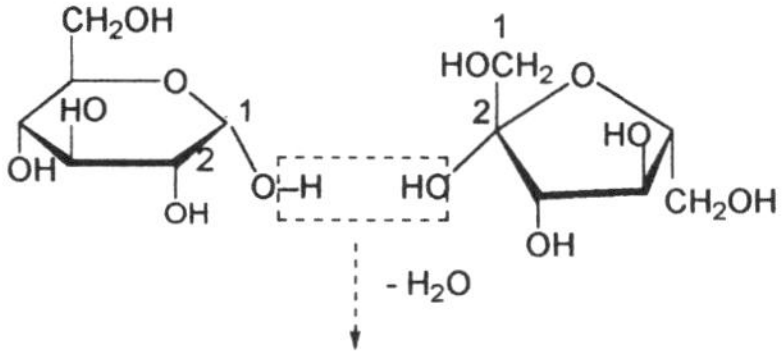

グルコースとフルクトースからH_2Oが一分子取れると蔗糖になる。この図では3-6図のフルクトースを180度回転し、反転させている〔訳注：蔗糖はUDPグルコースとフルクトース6リン酸から生合成されるらしい。もしそうなら、フルクトースのHとグルコースのOHが離脱する〕。

3-7

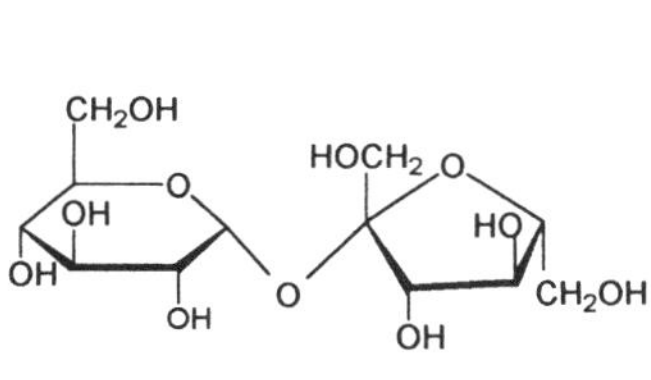

スクロース分子の構造

3-8

ち腹部膨満感、腹痛、下痢である。乳糖不耐症は遺伝性であるが、ＯＴＣ（市販）薬のラクターゼ製剤で簡単に対処できる。あるアフリカの部族のように、成人も子供も（乳児は除く）、ラクターゼを完全に欠いている民族もいる。彼らには、食料援助物資にしばしば含まれる粉ミルクや乳製品は消化できないし、有害でさえある。

普通の健常な哺乳類の脳は、栄養分としてグルコースのみを使う。脳細胞は血流から時々刻々と供給されるものに依存し、本質的にエネルギー源を脳内に持たない。もし血中グルコースレベルが正常の五〇％に下がれば、脳機能不全の症状が表れる。例えばインスリン――血中グルコースレベルを維持するホルモン――の過剰投与などにより二五％に下がれば昏睡状態となる。

甘い味

これらの糖類すべてがアピールするのは、

βガラクトース　　βグルコース

βガラクトースはC-4のOH（矢印）が環の上に出ている。一方βグルコースは同じ場所のOHが環の下に出ている。この二分子が結合するとラクトースになる。

3-9

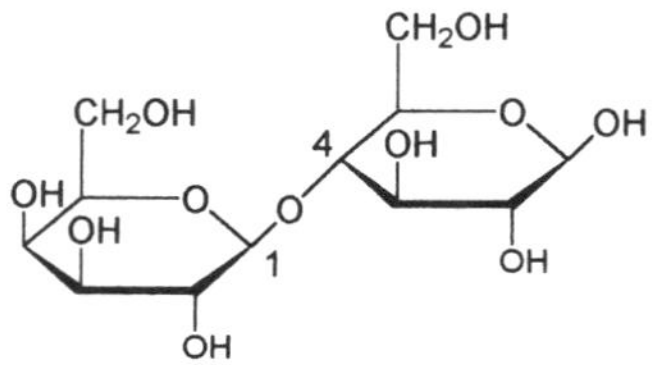

ラクトース分子の構造

左のガラクトースはC-1を通してグルコース（右）のC-4に結合している。

3-10

味が甘いということである。そして人間は甘味が好きだ。甘味は五大味覚の一つで（他の四つは酸味、苦味、塩味、旨味）、これらの味を区別する能力の獲得は、進化の上で重要なステップであった。甘さは一般には「食べて良い」ことを意味する。甘さは果物が熟していることを示し、一方酸味は酸がまだ残っていて、未熟果実が腹痛を起こすかもしれないことを教える。植物中の苦味は、しばしばアルカロイドというある種の化合物が含まれることを意味する。アルカロイドはときに有毒で、極少量でも致命的なことがある。だからアルカロイドを少量でも検出する能力は非常に有利に働く。恐竜が絶滅したのは、白亜紀に登場してきた顕花植物に有毒アルカロイドを含むものがあり、それを検知する能力がなかったからだという説がある。白亜紀の終わりは恐竜が消えた時期である。ただし、この説は一般に受け入れられているわけではない。

ヒトは苦味に対し、生まれたときは好んでいないように見える。実際、嫌いと言っていい。苦味は、唾液を過剰に分泌させるという反応を起こす。これは口中に何か有毒なものが入ったとき、出来るだけ完全に吐き出すのに有利である。しかし多くの人は、好きとは言えないにしても、苦味に意味があることを知っている。お茶やコーヒーに含まれるカフェインや、トニックウォーターに入っているキニンがその例だ。ただし多くの人は依然これらの飲料に砂糖を入れたがる。Bittersweet（ほろ苦い）という言葉は、悲しみが混じった快感を意味する。苦味に対する我々の愛憎併存を表している。

糖以外にも甘い物質は数多く存在する。しかしすべて食べて良いわけではない。例えばエチレングリコールは、車のラジエーターに入れる不凍液の主要成分である。エチレングリコール分子の溶解性（水とのなじみやすさ）、立体配座変化、二つの酸素原子間の距離（糖の隣り合う酸素原子間の距離に近い）が、その甘さを説明してくれる。しかしこれには強い毒性がある。

興味深いことに、毒性物質はエチレングリコールではなくて、体内の代謝でできる物質である。エチレングリコールが体内の酵素で酸化されると、シュウ酸ができる（3－11）。

シュウ酸は天然に存在し、我々が食べるほうれん草や、大黄（ルバーブ。ジャムやパイにする）など多くの植物に含まれる。我々はこうした植物を食べ過ぎることはないから、腎臓は少量のシュウ酸に対処できる。しかしエチレングリコールを飲み込めば、突然大量のシュウ酸が出現することになり、腎臓に障害が起きて死に至る。ほうれん草サラダと大黄パイを同時に食べても害はない。害になるほどほうれん草と大黄を食べることは難しい。しかし腎臓結石が出来やすい体質なら話は別である。ただし、できるまでには何年もかかる。腎臓結石の主な成分はシュウ酸カルシウムで、この塩は水に溶けない。腎臓結石になりやすい人はシュウ酸を多く含むものを食べないようアドバイスされる。我々普通の人にも、「ほどほど」というのは最良のアドバイスである。

エチレングリコールに非常に似た構造をもち、やはり甘い分子に、グリセロールがある。しかしグリセロールはそこそこの量まで摂取しても安全である。この物質は、その増粘性と高い水溶性ゆえに、多くの加工食品の添加剤として使われる。食品添加物という言葉には、近年悪いイメージがある。本質的に有機物でなく、不健康で、人工物質と思われている。しかしグリセロールは間違いなく有機物質で毒性もなくワインなどに含まれる天然物質であ

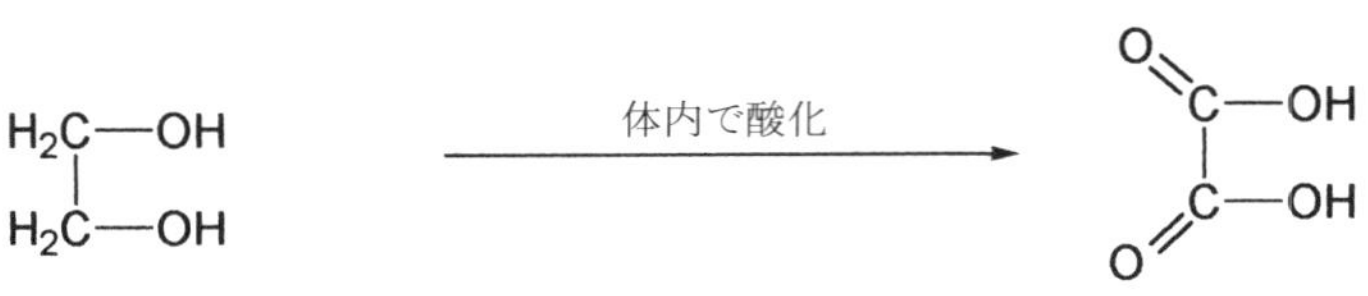

エチレングリコール　　シュウ酸

3－11

る（3－12）。

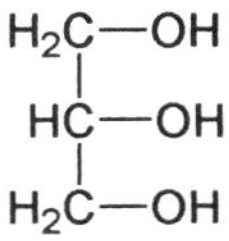

グリセロール

3－12

ワインのグラスをもって中身が渦巻くように回転させると、ガラスの壁に滴（流れの跡）がみえるが、これはグリセロールによって良いワインの特徴である粘度と滑らかさが出ているためである。

甘さだけあるもの

糖でなくても甘いものは無数にある。これら化合物のいくつかは、数十億ドルといわれる人工甘味料産業を支えている。人工甘味料は、ときに糖に似た化学構造を持ち、甘味受容体に結合し、それから水溶性で、無害でなくてはならない。また多くは代謝しないものが選ばれている。これらの物質は、ふつう砂糖より数百倍も甘い。

近代の人工甘味料で、最初に開発されたものはサッカリンであった。サッカリンは細かい粉末である。これを扱う人々は、たまたま指を口に入れても甘さを感じることがある。この化合物は非常に甘いので、ほんのわずかで甘味反応を引き起こす。一八七九年にもそれは起きた。ボルチモアのジョンズ・ホプキンス大学にいた一人の化学科の学生が食べていたパンの異常な甘さに気が付いたのである。彼は実験台に戻り、その日に使っていた化学物質を片っ端から舐めてみた。危険であるが、当時新しい化合物を作ったときは普通に行われていた習慣であった。そしてサッカリンが非常に甘いことが発見された。

サッカリンは全くカロリーがない。甘さとノンカロリーの組み合わせが商業的に使われるまで、それほど時間はかからなかった（一八八五年）。もともと糖尿病患者の食事に砂糖の代わりとして使われることが目的であったが、すぐに一般人向けの砂糖代用品となった。しかし毒性の不安、金属的な後味は、チクロ、アスパルテームをはじめ他の合成甘味料の開発を促した。見て分かるとおり、これらの構造はすべて非常に異なっており、また糖ともまったく違う。しかしどれも甘さに必要な原子配置を持っているのである（3－13）。

問題の全くない人工甘味料はない。あるものは熱で分解するため、ソフトドリンクや冷たい食品にしか使えない。あるものは水に溶けにくい。あるものは甘味のほかにはっきり分かる副味がある。アスパルテームは合成品であるが、二つの天然アミノ酸から出来ており、体内で代謝される。しかし砂糖の二百倍も甘いので、十分な甘さを得るにはほんの少量でいい。遺伝性であるフェニルケトン尿症（PKU）では、アミノ酸のフェニルアラニンが代謝できない。フェニルアラニンはアスパルテームの分解物の一つであるから、患者はこの人工甘味料を避けるように言われる。

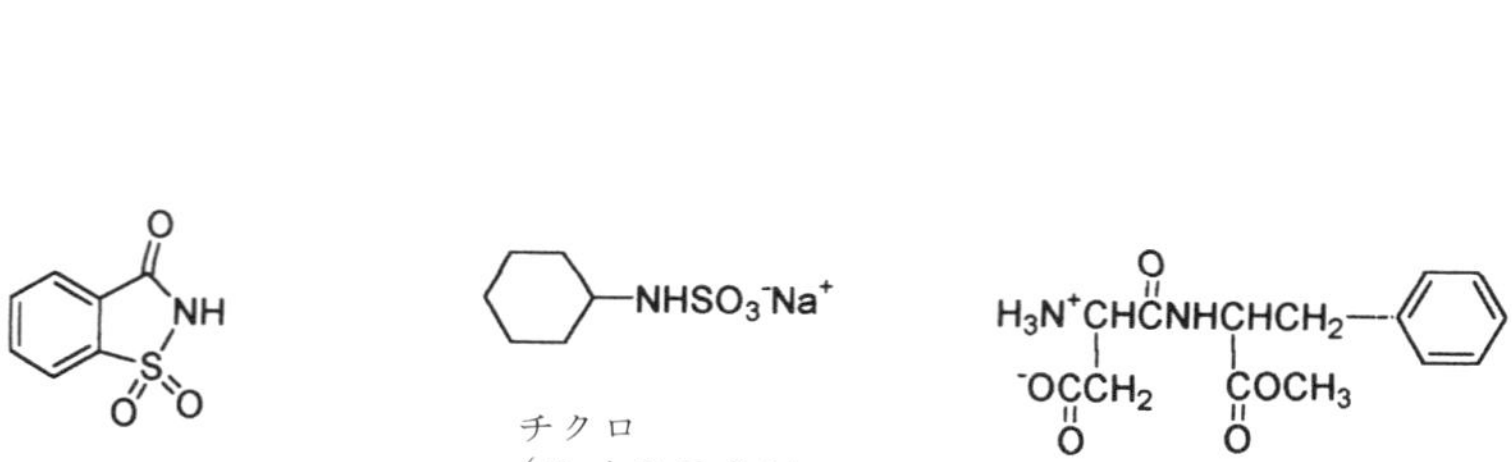

サッカリン　チクロ（サイクラミン酸ナトリウム）　アスパルテーム

3－13

一九九八年にアメリカ食品医薬品局（FDA）から承認された新しい甘味料は、今までと違った方法でアプローチしたものだ。その甘味料スクラロースは蔗糖と非常に似た構造をもつ。二つの点が違うだけだ。まず図の左側のグルコースがガラクトースに代わっている。乳糖と同じである。もう一つの点は、矢印で示したガラクトースの一つのOHと右側フルクトースの二つのOH、計三つのOHが塩素原子（Cl）に変わっていることだ。この糖では三つの塩素は甘味に影響していない。ただ代謝されないようにしているだけだ。だからスクラロースはノンカロリーシュガーなのである（3－14）。

天然の非糖甘味物質を植物から探すことは、今でも続いている。砂糖より千倍甘い化合物「強力甘味料」を探しているのだ。世界各地の原住民は、数世紀にわたって甘い植物について知っている。南アメリカの草ステビア *Stevia rebaudiana* や、甘草 *Glycyrrhiza glabra* の根、メキシコのバーベナの一種 *Lippia dulcis*、ジャワ西部のシダの一種 *Selliguea feei* の地下茎などだ。天然由来の甘味物質は、商業的利用に関しても可能性がある。しかし含量の少なさ、毒性、水溶性の低さ、後味の悪さ、安定性、品質のばらつきなどが問題になっていたりする。

サッカリンは百年以上使われているが、人工甘味料として最初に使われたものではない。その栄誉はおそらく酢酸鉛$Pb(C_2H_3O_2)_2$のものだろう。これはローマ帝国の時代、ワインを甘くするのに使われた。ワイン

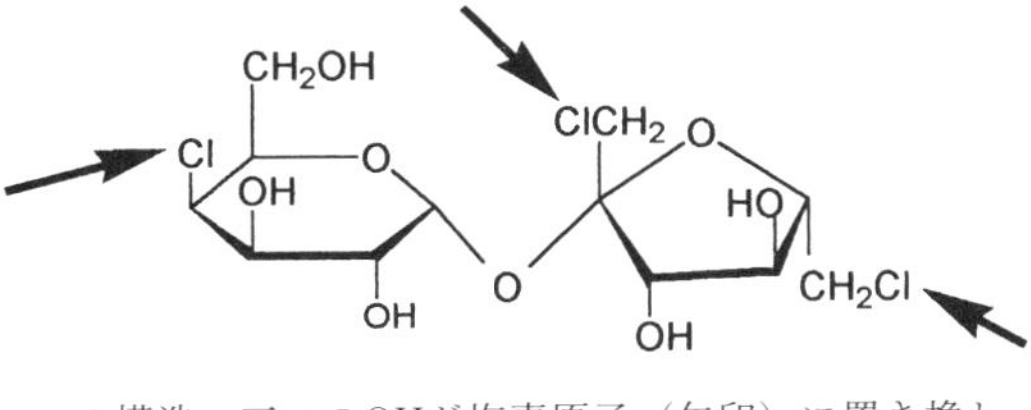

スクラロースの構造。三つのOHが塩素原子（矢印）に置き換わっている。

3－14

は、鉛糖ともいわれる酢酸鉛のおかげで、蜂蜜など甘味料を入れてさらに発酵させることなどしなくとも甘くなった。一般に鉛の塩は甘いことが知られている。しかしその多くは水に溶けず、また、すべては有毒である。酢酸鉛は非常によく溶け、毒性はローマ人にはっきり分からなかった。もし我々が、古き良き時代は食べ物も飲み物も添加物で汚染されていなかったとして憧れるなら、酢酸鉛は考えるきっかけを与えてくれるだろう。

ローマ人はまたワインや他の飲み物を鉛の容器に入れていた。また鉛のパイプで水を家まで引いていた。鉛中毒は蓄積性である。鉛は神経系、生殖器官、その他の臓器を侵す。最初の中毒症状は、睡眠障害、食欲不振、いらだち、頭痛、腹痛、脱力感である。精神全体の不安定さと麻痺につながる脳の傷害も徐々に起こる。ある歴史家はローマ帝国の衰退を鉛中毒のせいにする。皇帝ネロを含む多くの指導者たちがこうした症状を示したという記録があるからだ。富裕な貴族などローマの支配階級のみが水道を家まで引き、ワインを鉛の容器に入れていた。庶民は水を汲んできて、ワインを鉛以外の容器に入れていた。もし鉛中毒が本当にローマ帝国滅亡に関与していたら、これもまた化学物質が歴史を変えたという例の一つになるだろう。

砂糖——甘さへのあこがれ——は人間の歴史を作ってきた。アフリカから新世界に奴隷を運んだ原動力は、ヨーロッパで発達した巨大な砂糖市場で得られる利益だった。砂糖がなければ奴隷売買はもっと少なかっただろう。奴隷がいなければ砂糖貿易もずっと小さかっただろう。砂糖は大規模奴隷制のきっかけとなり、砂糖による収入はそれを支えた。西アフリカの国々の富——そこの人々——は新世界に移され、他の人々の富を作った。

奴隷制が撤廃された後でさえ、砂糖への憧れは地球上の人々の動きに影響を及ぼした。十九世紀の終わり、多くの年季奉公労働者がインドからフィジー諸島に渡った。サトウキビ畑で働くためであった。その結果、この太平洋上の島の人種組成が完全に変わってしまい、先住のメラネシア人は多数派でなくなった。フィジーは近年三回もクーデターがおき、政治的にも人種的にも不安定になっている。他の熱帯の島々の人種組成もまた、砂糖に大きく影響を受けている。現在ハワイで最大の人種グループの祖先の多くは、サトウキビ畑で働くために日本から移民して来た人々である。

砂糖は人間社会を形作ってきた。そして今でも重要な貿易品目であり、天候不順や病害虫の発生は、砂糖生産国の経済を直撃し、世界中の株式市場に影響を与える。砂糖価格の上昇は、食品産業全体を揺るがす。また、砂糖は政治的道具にも使われてきた。ソ連は数十年間にわたりキューバの砂糖を買い続け、フィデル・カストロのキューバ経済を支えた。

我々は食べもの、飲みものの多くから砂糖を摂っている。子供たちは砂糖菓子が好きだ。もてなすときは甘いものを出す。客にパンの塊をちぎって出すことは、もはやない。砂糖のかかった菓子やキャンディは、世界中どの文化においても祝祭日に付き物である。グルコース分子とその異性体の消費レベルは、一昔前の世代から比べると何倍にもなっており、肥満、糖尿病、虫歯などの健康問題に関わっている。我々の毎日の生活は、依然として砂糖によって形作られているのだ。

四章　セルロース　産業革命を起こした綿繊維

アメリカへの奴隷輸送が始まり、さらに促進されたのは、砂糖を生産するためであった。しかし、三世紀以上にもわたりこの奴隷貿易が続いたのは、砂糖のためだけではない。ヨーロッパ市場に向けた他の作物の栽培も、奴隷制に依存していた。そうした作物の一つが棉(わた)である。イギリスに送られた綿花は、安い工業製品に形を変え、アフリカに運ばれた。そしてそれと交換に、奴隷が新世界、とくにアメリカ南部のプランテーションに送られる。砂糖から得られる利益は、この三角貿易における最初の燃料となり、そしてイギリスで成長しつつあった工業の初期資本となった。しかし、十八世紀終わりから十九世紀初めにかけて、イギリスの急激な経済成長を引き起こしたのは、綿花と木綿貿易である。

綿花と産業革命

棉の実は、コットンボールという球状の鞘(さや)(蒴果(さくか))が成熟したものだ。その中に油っぽい種が大量の綿毛に包まれて入っている。ゴシピウム属の一種である棉は、五千年ほど前からインド、パキスタン、それからメキシコ、ペルーで栽培されていたという証拠がある。しかしこの植物は、ヨーロッパでは紀元前三〇〇年頃まで、すなわちアレクサンドロス大王の兵士がインドから綿の服を持ち帰るまで、知られていなかった。植物としての棉は、中世になってアラブの商人がスペインに持ち込んだ。棉は霜に弱い。湿気を必要とし、しかし水はけの良い土と熱くて長い夏がないと育たないが、こうした条件は涼しいヨーロッパにはない。イギリスなど北の諸国は、綿花を輸入しなくてはならなかった。

イングランドのランカシャーは、紡績工場を中心とする産業複合体の中心となった。この地域の湿気ある気候は、綿の繊維が互いにくっつくのに適している。これは綿糸を作るのに都合が良い。なぜなら紡いで糸にしてそれを織るときに、糸が切れにくいことを意味するからだ。この理由から、乾燥した地域で綿紡績工場を作ると、よりコストがかかる。ランカシャーにはまた、工場を建てる土地や、紡績工場で働く労働者の住居に必要な土地もあった。さらに、綿を脱色、染色、プリントするのに使う軟水が豊富だった。石炭もある。これは蒸気機関が使えるようになったとき非常に重要な要因となった。

一七六〇年、イングランドは二百五十万ポンドの綿花を輸入した。八十年もかからぬうちに、この国の紡績工場はその百四十倍以上の綿花を処理するようになった。この増加は工業化を大いに進めた。安い綿糸を求める声は、工法の革新を促し、その結果、綿織物ができるまでの全工程が機械化された。棉の種から繊維を分離する綿繰り機、生の繊維を揃える梳綿機、繊維を集めて捻じって糸にする多軸紡績機（ジェニー）や精紡機（スロッスル）、そして様々なタイプの織り機が十八世紀に登場している。最初人力で動いていたこれらの機械は、すぐに馬や水車によって動くようになった。ジェームズ・ワットによって蒸気機関が発明されると、主な動力源としてだんだん蒸気が使われるようになっていく。

綿工業の社会的影響は非常に大きかった。イングランド中央部の広い地域は、それまで小さな取引所が無数にあるだけの農業地帯だったのが、工場のある三百ほどの町や村に変わっていった。労働条件、居住環境は悲惨だった。労働者は、厳しい規則と過酷な懲罰もある工場システムのもと、長時間労働を強いられた。工場は埃と騒音に包まれ、危険でもある。大西洋の向こう側、綿花のプランテーションの完全な奴隷制度ほどではないが、綿工業は、無数の労働者に、汚くて悲惨な、奴隷のような身分をもたらした。賃金は、高い値のついた製品で支払われることもしばしばだったが、労働者はこの習慣に何も言えなかった。住居も悲惨である。工場周辺には、狭くて暗くて排水路も満足にない路地に沿って建物が密集していた。工場労働者とその家族は、これら冷たくて湿っぽくて汚い家に詰め込まれるように住んだ。一軒に二、三家族が住むことはざらであり、さらに地下室にもう一家族住むこともあった。こうした状況で生まれる子供は、半数以上が五歳の誕生日まで生きられなかった。当局のある者は心配した。ぞっとするような高い乳幼児死亡率のためではない。これらの子供が〝工場の働き手、あるいはそのほかの労働力となる前に〟死んでしまうためだった。子供は、綿糸工場で働ける年に達すると、一日十二時間から十四時間働かされ、眠らないようにぶたれた。彼らは体が小さいため機械の下まで入ることができ、細い指は切れた糸をつなげるのに役立った。

こうした子供たちへの虐待や労働者酷使などに対する義憤は、広範囲にわたる人道主義的運動を生んだ。そして、労働時間、児童の労働、工場の安全衛生に関する法律制定につながる。今日の労働法の多くは、このときの法律が出発点になっている。やがて多くの工場労働者は、労働組合運動、それから社会、政治、教育改革の運動に積極的に関わるようになっていく。しかし変化は簡単には起きなかった。工場主や株主は、大きな政治権力を振るった。彼らは、労働条件改善のためのコストによって、綿工業から得られる巨大な利益を減らすようなことは受け入れたくなかった。

何百とある紡績工場から出る暗い煙の幕は、マンチェスターの上に停滞した。この都市は綿工業とともに発展、繁栄した町である。綿による利益は、この地域の更なる工業化に使われた。原材料や石炭を工場に運び、また製品を近くの港、リバプールに運ぶため、運河や鉄道が作られた。技術者、職工、大工、化学者、熟練職人の需要が高まった。彼らの持つ技術は、染料や漂白剤を作ったり、鋳物、金属加工、ガラス細工、造船、鉄道建設などさまざまな製品やサービスを提供する会社から必要とされた。

イングランドでは、一八〇七年に奴隷売買を禁止する法律が制定されたが、産業界はアメリカ南部から奴隷の育てた綿花を輸入することに少しも躊躇しなかった。綿花はアメリカだけでなく、エジプト、インドなど他の国からも輸入しており、一八二五―七三年の間はイギリス最大の輸入品だった。しかし紡績は第一次世界大戦で綿花の供給が途絶えてから衰退していく。イギリスの産業は以前の水準まで二度と回復しなかった。なぜなら綿花を生産する国々が、近代的な機械を導入し、安価な地元労働力を使って、綿製品の重要な生産者――そして消費者になっていったからだ。

砂糖の取引は、産業革命の最初の資本を供給した。しかし、十九世紀イギリスの繁栄を支えたのは、綿製品の需要である。綿は、衣服や家庭用品の材料として安く、魅力的で、理想的だった。綿は他の繊維と全く問題なく混じる。洗濯も縫製も容易である。綿は、多くの庶民が使う植物繊維として、高価な亜麻布（リンネル）と速やかに置き換わった。ヨーロッパ、とくにイングランドにおける綿花の需要が急増したことは、アメリカの奴隷制度が大いに拡大することにつながった。棉の栽培は、大量の労働力を必要とする。農業機械、殺虫剤、除草剤はずっと後の時代のものだ。棉のプランテーションは、奴隷による人的労働力に依存していた。一八四〇年、アメリカの奴隷人口は、百五十万人と推定される。そのちょうど二十年後、綿花の輸出がアメリカの全輸出額の三分の二を占めるようになると、奴隷は四百万人になった。

セルロース――構造多糖

綿は、他の植物繊維と同様、その九〇％がセルロースである。セルロースは、グルコース（ブドウ糖）のポリマー（重合体）で、植物細胞壁の主要な成分である。ポリマーという用語は、しばしば合成繊維やプラスチックに使われる。しかし、天然のポリマーも多く存在する。この言葉は、二つのギリシャ語、「多い」を意味するpolyと、「部分、あるいは単位」を意味するmerosからなる。つまりポリマーは、多数のユニットがつながったものだ。グルコースのポリマーは、多糖類と称されるが、細胞内における役割によって二つに分けられる。構造多糖は、セルロースのように生体構造の維持に使われる。一方、貯蔵多糖は、グルコースを必要になるときまで貯蔵しておくためにある。構造多糖のユニット（構成単位）はβグルコースで、貯蔵多糖のユニットはαグルコースである。三章で述べたように、βとは、一位の炭素に付いているOHがグルコースの環の上に出ていることを示す。一方、αグルコースでは、OHが環の下に出ている（4－1）。

αとβの違いは非常に小さいように見える。しかし、両方のグルコースを単位とするさまざまな多糖類が、性質と役割で大きく異なるのは、この差による。環の上なら構造、下なら貯蔵である。ある分子構造のほんの小さな変化が、化合物の性質に大きく影響するというのは、化学の世界では何回も何回も出てくる。グルコースでいうとα型のポリマー、β型のポリマーは、このことを実によく示してくれる。

構造多糖、貯蔵多糖ともに、ユニットのグルコースは、一位の炭素が隣のグルコースの四位の炭素とつながるようにして伸びている。この結合は水の一分子が取れることで起こる。すなわち、片方のグルコース分子のHともう一方のグルコース分子のOHから出来る水分子が除去されるのである。この過程を縮合という。ゆえにこれらのポリマーは縮合ポリマーと呼ばれる（4－2）。

グルコース二分子が結合した化合物の両端は、縮合によってさらにグ

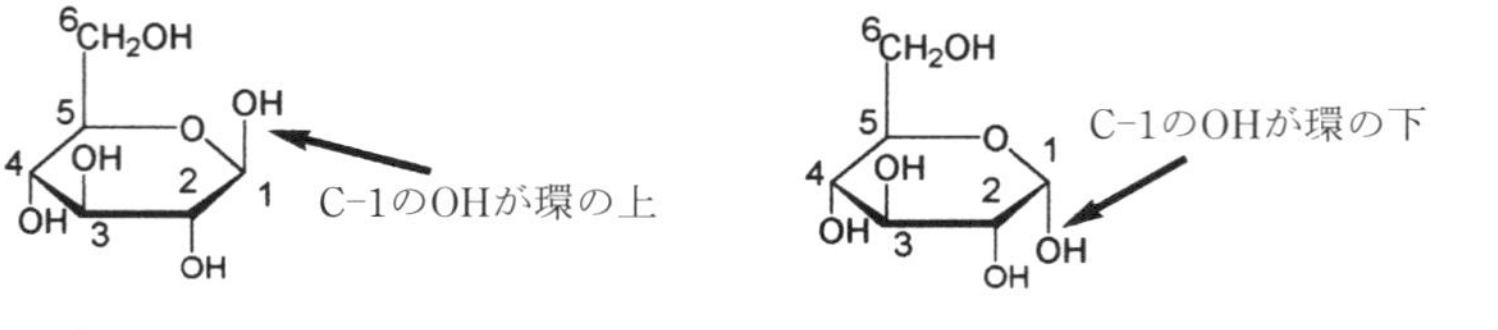

βグルコース　αグルコース

4－1

ルコース分子と結合することが出来る。こうして鎖が長く伸びる。縮合に使われないOHは、鎖の外側に付いている（4－3、4－4）。

綿を布として好ましくしているのは、綿繊維のもつ多くの特徴によるもので、それはセルロースのユニークな構造に起因する。長いセルロースの鎖は、密にくっついて植物の細胞壁をつくり、これが堅く溶けない繊維となる。物質の構造を明らかにするX線解析、電子顕微鏡などの技術は、セルロースの鎖がきれいに並んで束を作っていることを示した。βグルコースに由来する形状によって、セルロースの鎖は密着して束を作ることができるのだ。その束が一緒になって捻じれて肉眼でも見えるような繊維となる。束の外側には、セルロースの長い鎖を作るのに参加しなかったOHが出ている。これらOH基は水分子を引き付けることができる。ゆえにセルロースは水を吸着し、これが綿や他のセルロース由来製品の高い吸水性を説明する。「綿が息する」という言葉は、空気が通りやすいということではなく、水分を吸着するということだ。暑いとき、体から出る汗は綿の衣類に吸われ、それが蒸発して我々を冷やしてくれる。ナイロンやポリ

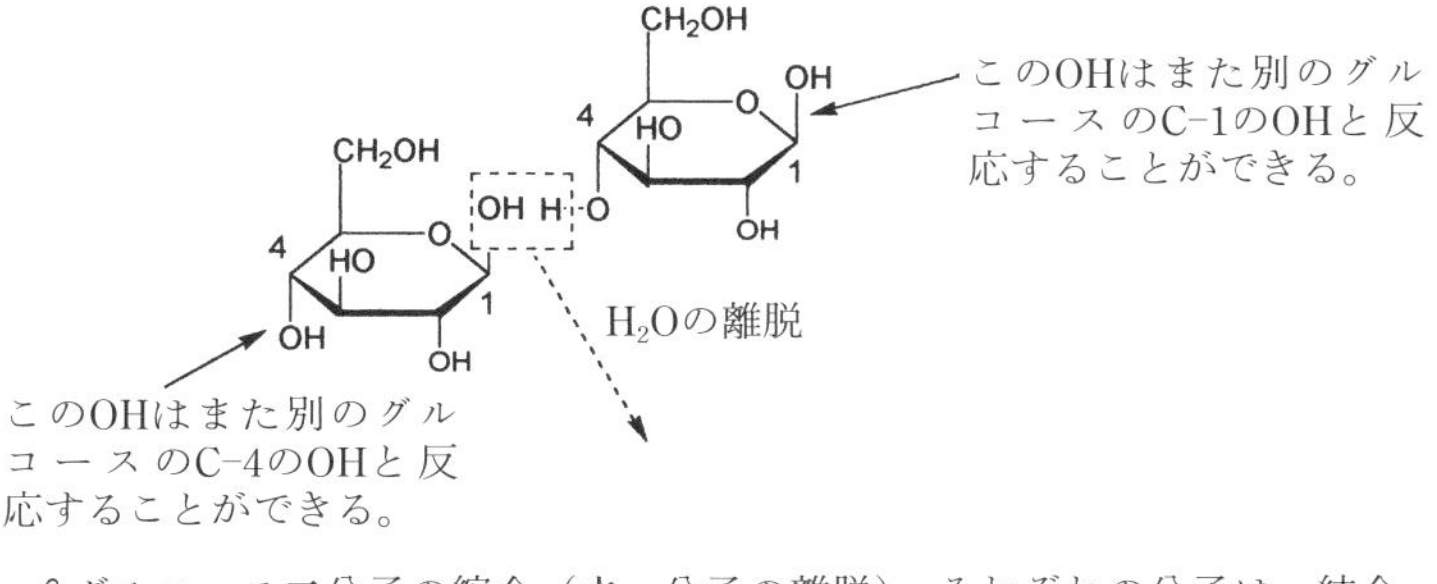

βグルコース二分子の縮合（水一分子の離脱）。それぞれの分子は、結合しなかった端でこの縮合反応を繰り返すことができる〔訳注：実はβグルコースが縮合するわけではない。グルコースはα型、β型、その他（鎖状、フラノース型）が平衡になっているから、モノマーの型は決められない。本当は1－α－UDP－グルコース（C1のOHはα型）が材料モノマーである。このC1に、ポリマーのC4についたOHの酸素原子が近づいて結合する。そしてできたエーテル酸素が、ポリマーのC1からみてβ型なのである〕。

4－2

エステルでできた服は湿気を吸わないので、汗が身体から逃げず、不快な状態になる。

　他の構造多糖にキチン質がある。セルロースの仲間と見てよい。カニ、エビ、ロブスターなど甲殻類の殻にある。キチンはセルロースのように、β型糖ユニットの多糖類である。セルロースと唯一異なる点は、βグルコースの二位の炭素に付いたOH基が、アセトアミド基 $NHCOCH_3$ に換わっていることだ（4－5）。ゆえにこの構造ポリマーのユニットはグルコースの二位のOHが$NHCOCH_3$になった分子で、Nアセチルグルコサミンという。この名前はそれほど興味を引かないかもしれないが、関節炎などを患っている人ならば、Nアセチルグルコサミンと、それからよく似た分子、グルコサミンの名前を知っているかもしれない。両方とも甲殻類の殻から作られ、多くの関節炎患者の治療に使われている。関節にある軟骨物質の不足を補ったり、その代謝を促進したりするという。

　ヒトを含むすべての哺乳類は、β型ユニットからなるこれら構造多糖を分解できない。つまり消化酵素を欠く。だから我々は構造多糖を食料として利用できな

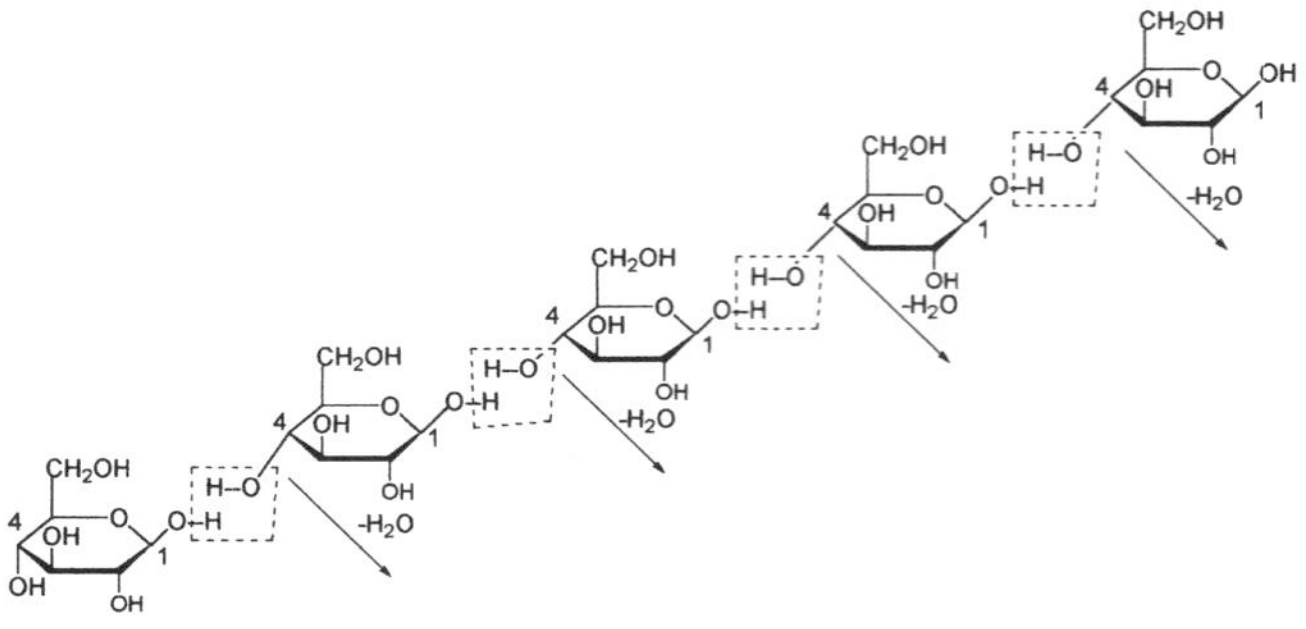

βグルコースのC-1と次のグルコースのC-4の間で水分子が離脱し、これが繰り返されることでセルロースの長いポリマー鎖ができる。図はβグルコースが五単位つながったもの〔訳注：セルロースの生合成はα-UDPグルコースのC1にC4の酸素原子が求核反応して次々に結合して伸びていく（だからβ配位になる）。このときC1水酸基が離脱するから、エーテル結合の酸素はC4水酸基由来である〕。

4－3

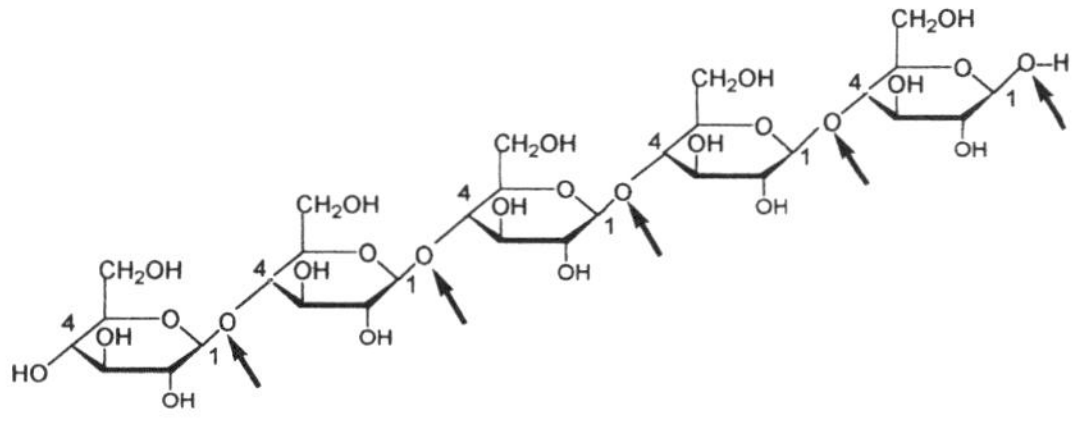

五単位繋がったセルロースの一部。それぞれC-1につくO原子（矢印）はβである。すなわち、すぐ左の環の上に出ている〔訳注：実は、このようにグルコースが並ぶと、セルロース分子は図のように直線にはならない。分子モデルを使えば分かるが、連結部のエーテル酸素の結合角のために、鎖は激しく曲がる。しかし、グルコースが連結部で百八十度回転し、グルコース単位が表裏交互に並ぶため、セルロースは直線になる〕。

4－4

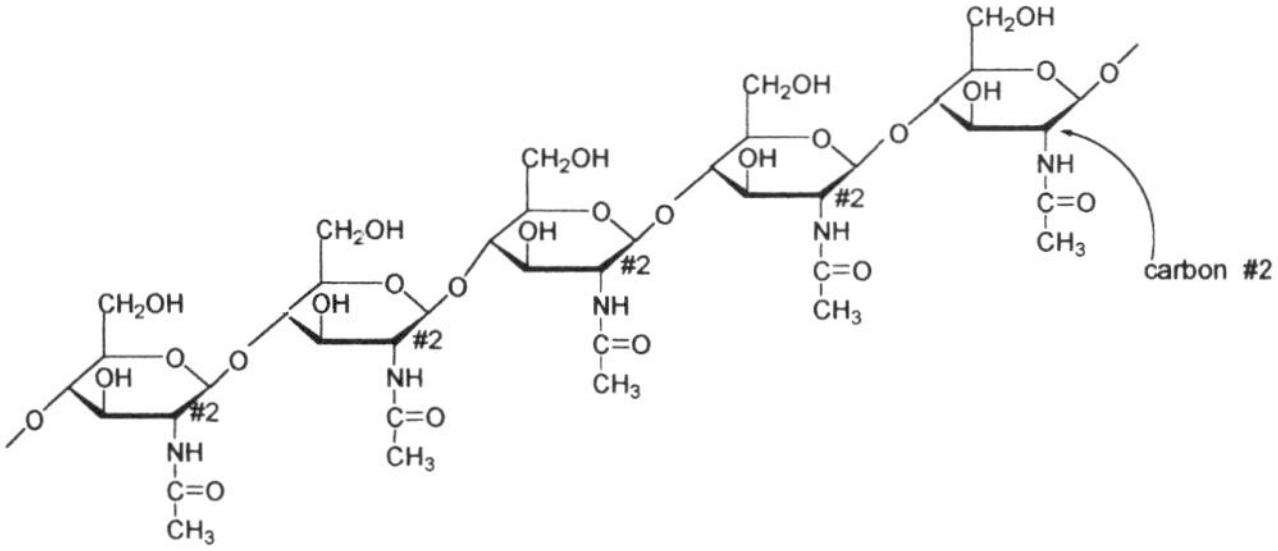

甲殻類の殻に見られるポリマー、キチンの一部。セルロースのC-2のOHが$NHCOCH_3$に換わっている。

4－5

い。植物界には莫大な量のグルコース（ブドウ糖）が、セルロースの形で存在しているのに栄養にはできないのだ。しかし細菌や原生動物の中には、これらの結合を切る酵素を持つものがある。彼らはセルロースを分解して、グルコース分子にすることができる。一部の動物は、その消化システムに、これら微生物が生息する一時貯蔵庫を持ち、宿主として栄養を得ている。例えば、ウマはこの目的のために小腸と大腸の間に大きな袋、すなわち盲腸を持つ。ウシやヒツジなど反芻動物は、四つに分かれた胃を持ち、その一部に共生微生物を住まわせている。こうした動物は、定期的に食べたものを逆流させ、再び噛んでいる。これもまた構造多糖を分解する酵素を利用するために発達した消化の仕組みである。

ウサギや、ある種のげっ歯類は、そうした必要な細菌が大腸に住んでいる。ほとんどの栄養が吸収されるのは小腸である。大腸はその後なので、これらの動物は自分の糞を食べることによって構造多糖の分解物を利用する。つまり、食物が消化管を二度通ることにより、一回目の通過でセルロースの分解でできたグルコースが、小腸から吸収されるのだ。これは、OH基の方向から生じた問題に対処する方法とはいえ、我々から見るとまったく気持ちが悪い。しかし彼らにとっては実に上手く機能している。シロアリ、クロオオアリなど木材を食う害虫など、ある種の昆虫は、微生物を体内に持つことで、セルロースを食料とするのを可能にしている。その結果、人間の家に甚大な被害をもたらすことがある。また、セルロースは、たとえ我々が代謝できなくとも、食べ物としては非常に重要である。セルロースや他の消化できない物質からなる植物繊維は、消化管内の残りかすを移動させるのに役立っている。

貯蔵多糖

我々にはβ型ユニットからなる多糖類を分解する酵素はない。しかしα型ユニットでできた多糖類を切る酵素はある。α型ユニットはでんぷんやグリコーゲンなど貯蔵多糖にみられる。でんぷんは、我々の食料のうち、グルコースの主な供給源の一つである。多くの植物の根や、茎、種に含まれている。でんぷんには、わずかに異なる二種類の多糖類分子がある。もちろん両方ともαグルコースのポリマーである。その一つは、アミロースで、でんぷんの二〇—三〇％を占める。数千のグルコース分子が、四位の炭素と一位の炭素の間で結合し、枝分かれなしで長い鎖になっているものだ。アミロースとセルロースの唯一の違いは、グルコースがαかβかということだけだ。しかし二つの多糖の役割は大きく異なる（4-6）。

でんぷんの残り七〇—八〇％はアミロペクチンである。これもグルコース分子が、四位の炭素と一位の炭素の間で結合し、長い鎖になっているものだ。しかし、アミロペクチンは枝分かれしている。グルコース二十個から二十五個に一回、六位の炭素が別のグルコースの一位の炭素と結合している。アミロペクチンはこのような枝分かれで百万個ものグルコースがつながっていることもあり、自然界における最大の分子の一つとなっている（4-7）。

でんぷんにおいて、これがα型モノマーのポリマーであることは、我々がそれを食べられるというほかに、多くの重要な特徴に関係している。アミロースとアミロペクチンの鎖は、セルロースのようなきちんと密着できる直線構造ではなく、らせん構造をとる。もし水分子に十分エネルギーがあれば、より開いたらせんのコイルに侵入していくこともできる。ゆえに、セルロースは水に溶けないが、でんぷんは溶ける。料理する人は誰でも知っているように、でんぷんが水に溶けるかどうかは温度に強く依存する。でんぷんと水の懸濁液を熱すれば、でんぷん顆粒は水をどんどん吸収し、ある温度になるとでんぷん分子は引き離され、液体に分散する長い鎖の網のようになる。これをゾルという。濁っていた懸濁液は透明になり、粘性を増し始める。こうして料理人は、小麦粉、タピオカ、コーンスターチなどのでんぷんをソースの増粘剤として使う。

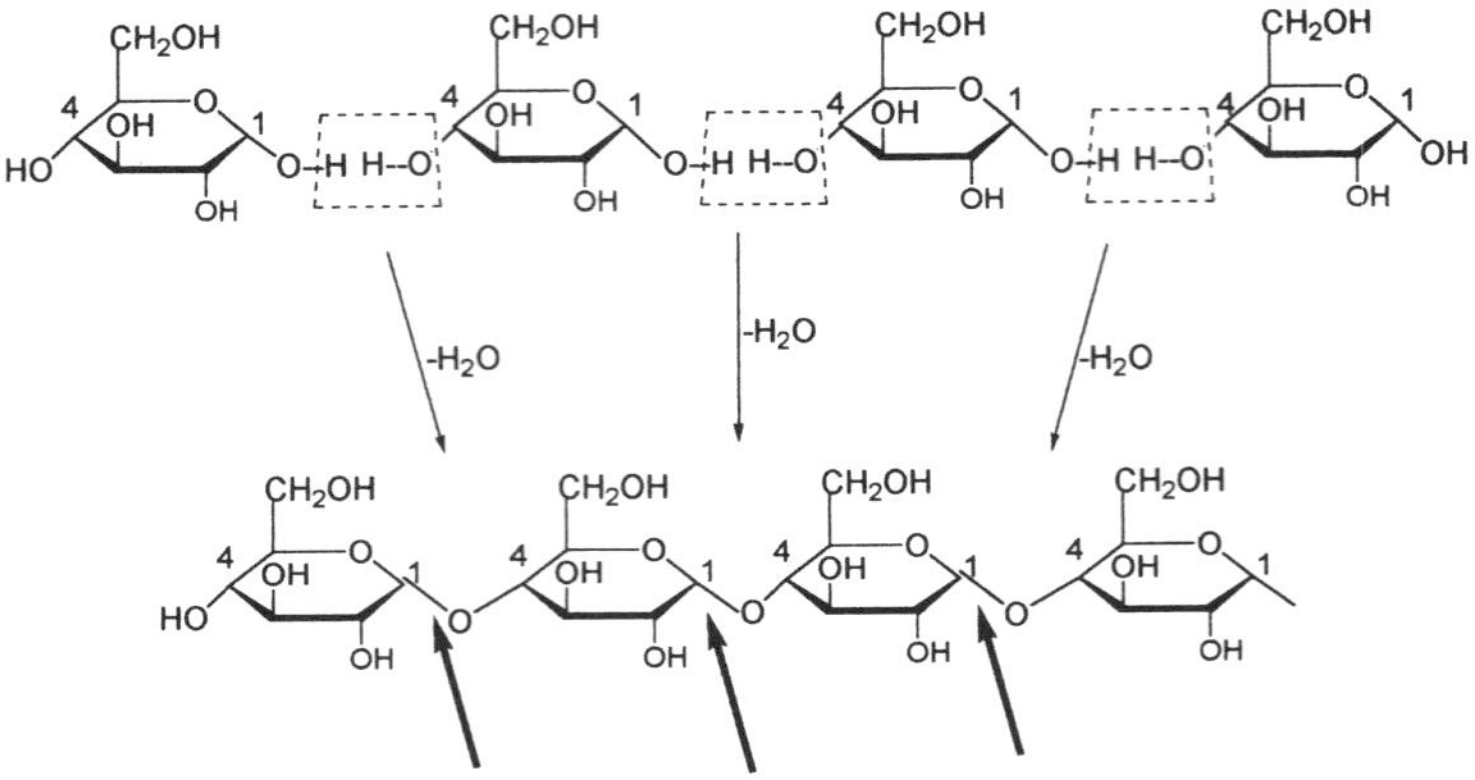

αグルコースを単位とし、H_2Oが離脱してできるアミロース鎖の一部。C-1に結合するOは環の下に出ているのでαである。

4-6

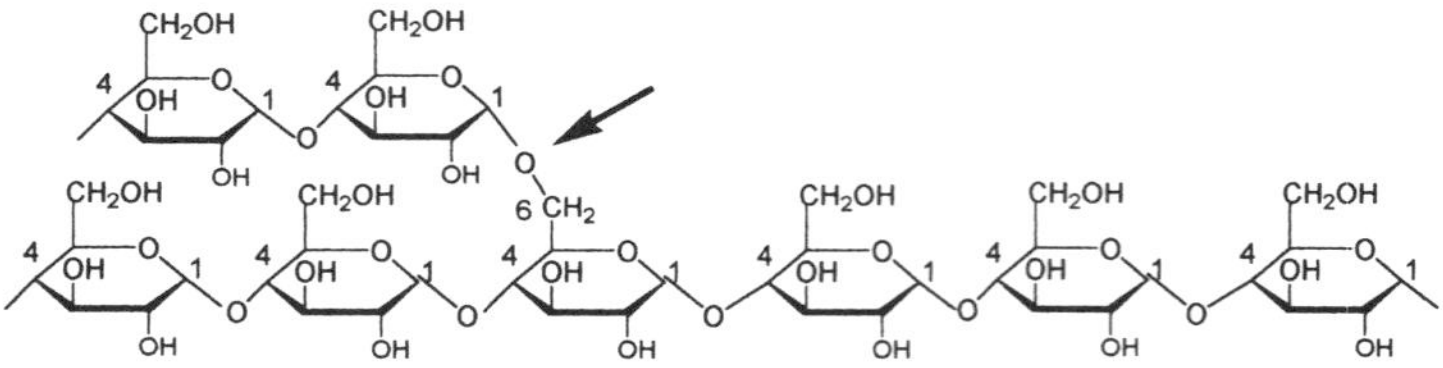

アミロペクチンの一部。矢印のところでC-1がαでC-6に結合して枝分かれ構造を作っている。

4-7

アミロース　アミロペクチン（植物）　グリコーゲン（動物）

でんぷん（アミロース、アミロペクチン）とグリコーゲンの枝分かれ構造。枝分かれが増えるほど、酵素が作用できる鎖の末端の数が増え、グルコースが速く遊離されやすくなる。

4-8

動物の貯蔵多糖はグリコーゲンである。主に肝臓と筋肉の細胞で作られる。グリコーゲンはアミロペクチンによく似た分子である。しかしアミロペクチンが二十から二十五個のグルコースにつき一回、六位が他のグルコースの一位と結合があるのに対し、グリコーゲンはグルコース十個程度に一回この結合がある。その結果、この分子は非常に枝分かれしている。これは動物にとって大変重要な特徴である。つまり、枝分かれしない鎖は、先端が二つしかない。しかし枝分かれが多ければ、全体としてグルコースの数が同じでも、たくさんの先端を持つことになる。エネルギーを急いで使うとき、これら多くの先端から、大量のグルコースを同時に切り出すことができる。植物は動物と違って、エネルギーを突然使う必要はない。捕食者から逃げたり獲物を追ったりすることはない。だから枝分かれの少ないアミロペクチンや直鎖状のアミロースのような貯蔵燃料でも、植物のゆっくりした代謝速度なら十分なのである。この小さな化学的違い――枝分かれのタイプの違いではなく、枝分かれ数の違い――が、植物と動物の基本的違いの一つを分子的に説明している(4-8)。

セルロースのビッグ・バン

世界には莫大な量の貯蔵多糖がある。しかし構造多糖のセルロースはもっと大量にある。計算によると、すべての有機炭素の半分はセルロースにあるという。毎年、十の十四乗キログラム(約一千億トン)のセルロースが生合成され、そして分解されている。セルロースは大量に存在するだけでなく、補充されうる資源なのだ。だから安くて入手しやすい原材料であるセルロースから新製品を作ることは、昔から化学者と企業家の関心を引いてきた。

一八三〇年代までに、セルロースは濃硝酸に溶け、その溶液を水に注ぐと、非常に燃焼性の高い爆発性の白色粉末になることが分かった。しかしこの化合物の商品化は、一八四五年、スイスのバーゼルにいたフリードリッヒ・シェーンバインの発明まで待たねばならない。シェーンバインは、自宅の台所で硝酸と硫酸の混合液を使って実験していた。妻は自分の場所でそのようなことをされるのを嫌い、厳しく台所の使用を禁止していた。妻が外出したこの特別な日、シェーンバインは酸の混合液をこぼしてしまう。汚れを急いでふき取ろうと、彼は一番近くにあったものをつかんだ。妻がつけている綿のエプロンである。彼はこぼれたものをふき取り、エプロンを乾かすためにストーブの上にかけた。すると間もなく大きな音と閃光をともなってエプロンが燃えた。妻が帰宅して、台所でエプロンと硝酸混合液の実験を続ける夫を見て、どう反応したかは不明である。シェーンバインは、この物質を綿火薬と呼んだ。綿は九〇%がセルロースである。我々はシェーンバインの綿火薬がニトロセルロースであったことを知っている。これはセルロース分子の無数にあるOHのHがニトロ基NO_2に置き換わった化合物である。全部のOHがニトロ化される必要はない。しかしセルロースのニトロ化が多ければ多いほど、できる綿火薬の爆発性は強くなる（4‐9、4‐10）。

シェーンバインは、この発見の商業的可能性に気が付いていた。ニトロセルロースが黒色火薬の代わりになると期待して、その製造工場を建てる。しかしニトロセルロースは、常に乾いた状態に

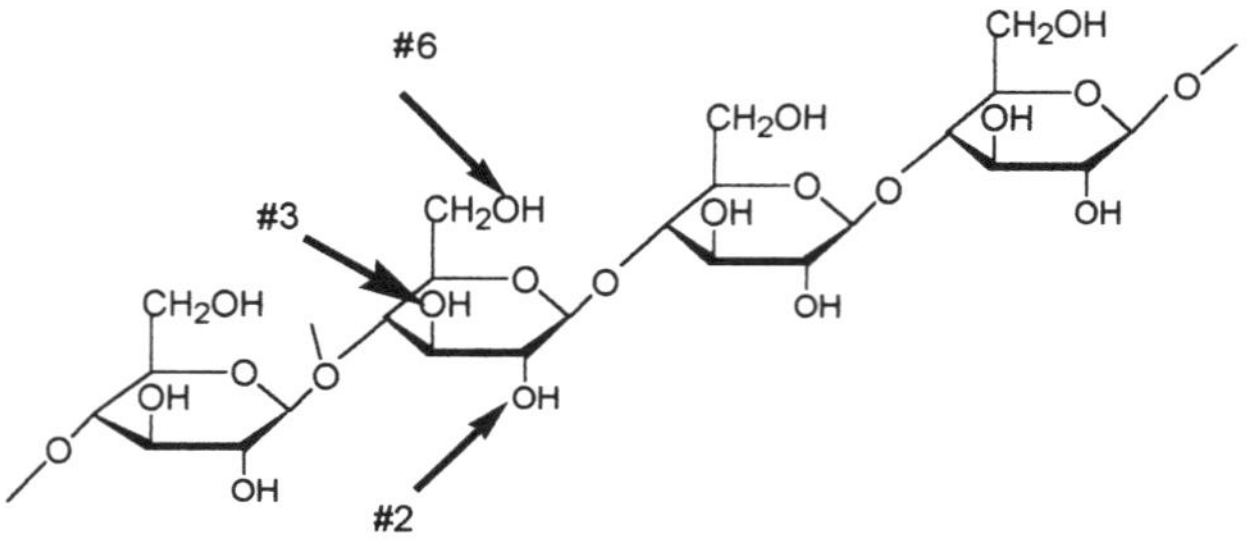

セルロースの部分構造。それぞれのグルコース単位のC‐2、C‐3、C‐6にあるOHでニトロ化が起きる（矢印）。

4‐9

して気をつけて扱わないと、非常に危険な化合物である。残っている硝酸がニトロセルロースを不安定にするが、当時このことは知られていなかった。だから多くの工場が爆発で破壊され、シェーンバインもビジネスから手を引いた。綿火薬から過剰の硝酸を除く方法が見つかったのは、一八六〇年代後半である。これによって爆薬として販売できるほど安定した。

後にニトロ化を制御することで、別のニトロセルロースが生まれた。ニトロ化の多い綿火薬と、低ニトロ化物質のコロジオンとセルロイドである。コロジオンは、ニトロセルロースをエタノールと水の混合液に溶かしたもので、初期の写真術に広く使われた。またセルロイドは、ニトロセルロースを樟脳に混ぜたものであり、最初の実用的プラスチックの一つである。はじめは映画のフィルムに使われた。もう一つのセルロース誘導体としてアセチルセルロースがある。これは燃えにくいことが分かり、多くの分野でニトロセルロースの代わりとして急速に使われるようになった。現在巨大なビジネスとなっている写真や映画産業は、その黎明期を、多芸多才なセルロース分子の化学構造に負っているのである。

セルロースは殆どすべての溶媒に溶けない。しかし、有機溶媒である二硫化炭素のアルカリ溶液には溶け、セルロースキサントゲン酸というセルロース誘導体になる。セルロースキサントゲン

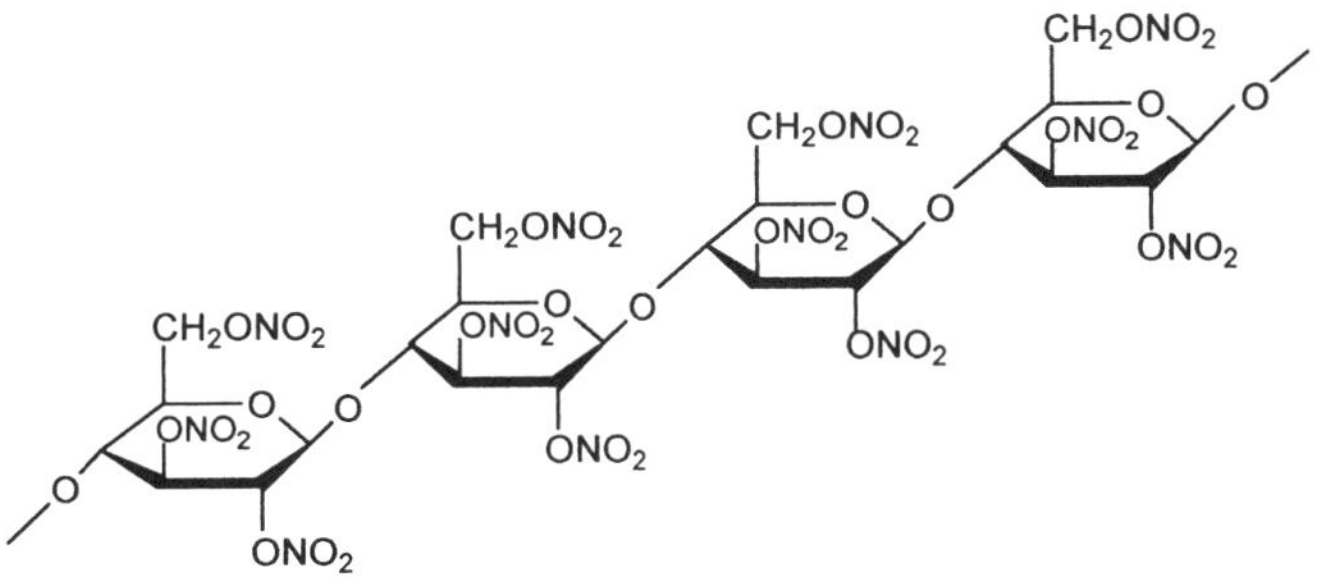

ニトロセルロース（綿火薬）の部分構造。セルロースの各グルコース単位にあるすべてのOHのHがNO_2に置換されている。

4－10

酸は、粘性の高いコロイド状分散液として存在し、ビスコースという名前が付いている。ビスコースを小さな穴から噴出させ、それを酸で処理すると、セルローススキサントゲン酸は、セルロースに戻り、再び細い糸となる。これは布にすることもでき、商業的にはレーヨンと呼ばれる。同じ操作でビスコースを狭い隙間から噴出させれば、セルロースのシートができ、これがセロファンである。レーヨンとセロファンは普通、合成品と考えられている。しかし両方とも、天然に存在するセルロースの、ちょっと違った形をしている誘導体である。まったくの人工品とはいえない。

αグルコースのポリマー（でんぷん）とβグルコースのポリマー（セルロース）は、ともに我々の食事の重要な成分である。そして人間社会にとって、今までそうであったように、未来もまた、食料として重要な分子であり続けるだろう。しかし、歴史の節目を作ってきたのは、食品とは関係ない方面でのセルロースとその誘導体である。セルロースは綿という形で、十九世紀のもっとも大きな出来事二つに関係した。産業革命とアメリカ南北戦争である。綿工業は産業革命の花形だった。農村から都市への人口移動、急速な工業化、革新と発明、社会変化、そして繁栄によって、イングランドの様相を変えた。綿はまた、アメリカの歴史で最大の危機の一つを引き起こした。奴隷制は南北戦争において最も大きな問題だった。廃止論の北部諸州と、奴隷が育てる棉に経済を依存する南部諸州の戦いだったからだ。

ニトロセルロース（綿火薬）は、人類が作った最初の爆発性有機分子の一つである。この発見は、多くの近代産業の出発点となっている。すなわち、セルロースのニトロ体にその技術基盤を置く、爆薬、写真、映画産業である。また、レーヨン——セルロースの別の形——から始まる合成繊維産業は、二十世紀の経済を形作る上で、大きな役割を果たした。セルロース分子がなければ、また、このように使われていなければ、我々の世界はだいぶ違ったものになっていただろう。

五章　ニトロ化合物　国を破壊し山を動かす爆薬

シェーンバインの妻の燃えたエプロンは、爆発性分子として人類が作った最初の例ではないし、また最後でもない。化学反応が非常に速ければ、それは爆発的な力を持つ。人類は爆発性の反応を利用しようと、数多くの分子に手を加えてきた。セルロースはそれらの一つに過ぎない。これら爆発性化合物は、大きな恩恵をもたらした一方、大規模な破壊をも引き起こした。その爆発性により、世界に甚大な影響をもたらしてきた分子たちと言える。

爆発性分子の構造は多岐にわたる。しかし多くのものは共通してニトロ基を分子内にもつ。この窒素原子一つと酸素原子二つからなる小さな原子団、NO_2は、我々の戦争遂行能力を著しく高め、国家の運命を変え、そして文字通り山をも動かすことを可能にした。

爆薬のはじまり

最初の爆薬、黒色火薬(ガンパウダー)は、古代の中国、アラビア、インドで使われていた。古い中国の文献に「火の粉」「火の薬」の記述がある。しかしその材料が記されているものは紀元一〇〇〇年までなく、それでさえも成分の硝酸塩、硫黄、炭素の実際の比率は記されていなかった。硝酸塩（硝石、または〝チャイナの雪〟と呼ばれた）は硝酸カリウムのことで、分子式ではKNO_3である。また炭素は木炭であり、このために粉は黒かった。

黒色火薬は最初、爆竹や花火に使われた。しかし十一世紀中頃には、燃えている物（火矢として知られる兵器）を発射するのにも用いられている。中国では一〇六七年、硫黄と硝石の生産が国家の管理下におかれた。

黒色火薬がいつヨーロッパに伝わったかはよく分かっていない。フランチェスコ会の修道士であったロジャー・ベーコンは、一二六〇年ごろ黒色火薬のことを書いている。マルコ・ポーロが中国の火薬の話をもってベニスに帰ってくるよりずっと昔のことだ。ベーコンはイギリスに生まれ、オックスフォード大学とパリ大学に学び、医師であり実験主義者でもあり、天文学、化学、物理学を含む科学の知識もあった。彼はアラビア語に堪能で、黒色火薬のことをサラセン人の遊牧民から聞いたのかもしれない。彼らはオリエントと西欧の仲介者であった。ベーコンは黒色火薬の破壊的能力に気がついていたに違いない。なぜなら、彼はその組成について替え字で書いているからだ。硝石七分、炭素五分、イオウ五分という成分比を明らかにするには暗号を解かねばならず、あるイギリス陸軍の大佐がこの謎を解いたのは六百五十年も後である。もちろん黒色火薬はそれまで何世紀も使われてきていた。

現在、黒色火薬はその組成がベーコンの頃とやや異なっており、硝石の比率が高まっている。黒色火薬の爆発における化学反応は次のように書ける（5－1）。

この化学反応式は、反応する物質と生成する物質の比率を示している。下つき文字の「(s)」は物質が固体（ソリッド）であることを意味し、「(g)」は気体（ガス）を表す。この式から反応物はすべて固体で、八分子の気体、すなわち三つの二酸化炭素、三つの一酸化炭素、二つの窒素分子が生成することが分かる。砲丸や弾丸を押し出すものは、黒色火薬の急激な燃

$$4KNO_{3(s)} + 7C_{(s)} + S_{(s)} \rightarrow 3CO_{2(g)} + 3CO_{(g)} + 2N_{2(g)} + K_2CO_{3(s)} + K_2S_{(s)}$$

硝酸カリウム	炭素	硫黄	二酸化炭素	一酸化炭素	窒素	炭酸カリウム	硫化カリウム

5－1

焼によって発生した、熱く膨張するこれらの気体である。生成する固体の炭酸カリウムと硫化カリウムは、微粒子すなわち爆発時の特徴的な濃い煙となって分散する。

最初の火薬兵器、ファイアーロック（火縄銃）は一三〇〇―二五年頃にかけて作られたとされる。黒色火薬をつめた鉄の管で、熱した針金、あるいは火縄により引火させた。更に洗練された火薬兵器（マスケット銃、火打ち石銃、車輪式引き金銃）が開発されるにつれ、さまざまな燃焼速度を持つ黒色火薬が求められるようになった。携帯銃には燃焼速度の速い火薬が良く、ライフルはもう少し遅い火薬、大砲やロケットには燃焼のさらに遅い火薬が求められた。火薬粉末はアルコールと水を混ぜた液で練り固めてから砕き、ふるいにかけて細かいもの、中間のもの、粗いものに分けられた。粉が細かくなるほど燃焼が速い。このようにしてさまざまな用途に応じた黒色火薬が作られるようになった。製造に使われる水には、しばしば火薬工場で働く男たちの尿が用いられた。ワインを大量に飲む人の尿は、特に良い火薬ができるとされ、聖職者、とりわけ司教の尿も優れた火薬を作ると信じられていた。

爆発の化学

気体が生成して、続いて反応熱により急激に膨張することこそ、爆発力の本体である。気体は同量の固体や液体よりはるかに大きな体積を占める。爆発の破壊力は、ガス体の超急速膨張で起きる衝撃波による。黒色火薬の衝撃波は一秒間に百メートル進む。しかし〝高性能〟爆薬（例えばTNTやニトログリセリン）ともなると、衝撃波の速度は秒速六千メートルにもなる。

すべて爆発反応は、大量の熱を放出する高度な発熱反応である。大量の熱は気体の体積を増やす。温度が高いほど体積は大きくなる。熱は反応式の両側にある分子のエネルギー差から生まれる。生成する分子（反応式の右側）は、出発分子（左側）よりも化学結合に蓄えられているエネルギーが小さい。生成する分子はより安定ということである。ニトロ化合物の爆発反応では、非常に安定した窒素分子N_2が出来る。N_2分子の安定性は二つの窒素原子をつなげている三重結合の強さにある（5－2）。

N≡N

窒素分子の構造

5－2

三重結合が非常に強いということは、それを壊すのに大きなエネルギーが必要であることを意味する。逆にいうと、窒素分子の三重結合が作られるときは、大きなエネルギーが放出される。これこそ爆発反応に求められるものだ。

ガスの生成、熱の放出に加え、爆発反応に必要な三つめの特質は、急速に起きなければならないということだ。もし反応がゆっくりであったなら、発生する熱は放散し、気体も周囲に拡散してしまい、爆発に特有の急激な圧力の増大はないし、破壊力ある衝撃波や高温もない。この反応に必要な酸素は、爆発する分子の内部になくてはならない。空気中の酸素は、利用するのに時間がかかるから使えない。さらにいうと、窒素原子と酸素原子が結合しているニトロ化合物は爆発性のものが多いが、一方、窒素と酸素を含んでいても直接結合していない化合物は爆発性ではない。

このことは異性体を例にすると分かる。異性体とは同じ分子式を持ちながら構造が異なる化合物のことである。p（パラ）ニトロトルエンとp（パラ）アミノ安息香酸は、ともに炭素原子七つ、水素原子七つ、窒素原子一つ、酸素原子二つを持つ。すなわち分子式は$C_7H_7NO_2$である。しかしこれらの原子のつながり方が違う（5－3）。

p（パラ）ニトロトルエン（パラということはCH_3とNO_2が分子の反対の端にあることを意味する）は爆発性である。しかしp（パラ）アミノ安息香酸（PABA）には全く爆発性はない。実際、PABAは、夏、皮膚に塗る日焼け止めにはいっている。PABAのような化合物はちょうど皮膚の細胞にダメージを与えるとされる波長の紫外線を吸収する。特定波長の紫外線の吸収は、二重結合と単結合が交互に並ぶ構造が分子内にあるかどうかによる。窒素や酸素原子が分子内にあるかどうかも関係する。二重結合の数や原子の違いによって吸収される光の波長が違ってくる。だから、他の化合物でも日焼け止めになりうる。必要とされる性質は、問題となる波長の紫外線を吸収し、水で簡単に洗い流されず、毒性やアレルギー性がなく、不快な臭い、味がなく、日光で分解されないということである。

ニトロ化分子の爆発性は、結合しているニトロ基の数による。ニトロトルエンはニトロ基が一つだけである。さらにニトロ化して二つ、三つと増えると、それぞれジニトロトルエン、トリニトロトルエン（TNT）となる。ニトロトルエンもジニトロトルエンも爆発しうるが、その破壊力はトリニトロトルエンにはかなわない（5－4）。

爆薬は、化学者たちが有機化合物に対する硝酸の影響を研究し始めた十九世紀に進歩した。シェーンバインが実験中に妻のエプロンを爆発させてからわずか二、三年後、トリノに住むイタリア人化学者アスカニ

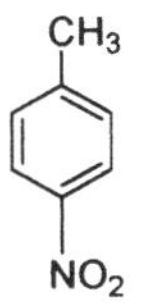

pニトロトルエン

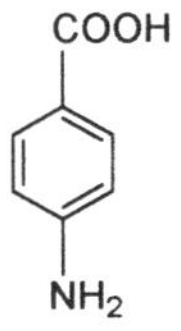

pアミノ安息香酸

5－3

オ・ソブレロが別の爆発性ニトロ化合物を作る。ソブレロは、グリセロール（グリセリンとも言われ、動物脂肪から得られる）を冷やした硫酸と硝酸の混合液に少しずつたらし、その反応液を水に注いだ。すると油のようなものが層を成し、分離された。これがニトログリセリンである。今では信じられないことだが、彼は当時普通に行われていたように、新しく出来たものを舐めた。そしてこう記録している。「舌の先にほんの少し乗せただけで飲み込んでいないのに、脈が激しくなり、ひどく頭が痛くて、手足の力が抜けた」。

後に爆薬工場の労働者たちも激しい頭痛を訴えた。研究した結果、頭痛はニトログリセリンを扱ったことにより血管が拡張したためであることがわかった。この発見から、ニトログリセリンは狭心症治療に使われるようになる（5－5）。

狭心症患者は、心臓の筋肉へ血液を送る血管が狭くなっている。これを拡張すれば血液がうまく流れるようになり、胸の痛みが取れる。現在、ニトログリセリンは体内で簡単な分子、一酸化窒素NOを遊離し、これが血管拡張を起こすことが分かっている。この方面における一酸化窒素の研究は、勃起不全の治療薬、バイアグラの開発につながった。この薬の作用にも一酸化窒素の血管拡張作用が関係している。

一酸化窒素には他の生理作用もあり、血圧の維持、細胞間の情報伝達、記憶の形成、消化の促進などに関与する。これらの研究から、新生児の

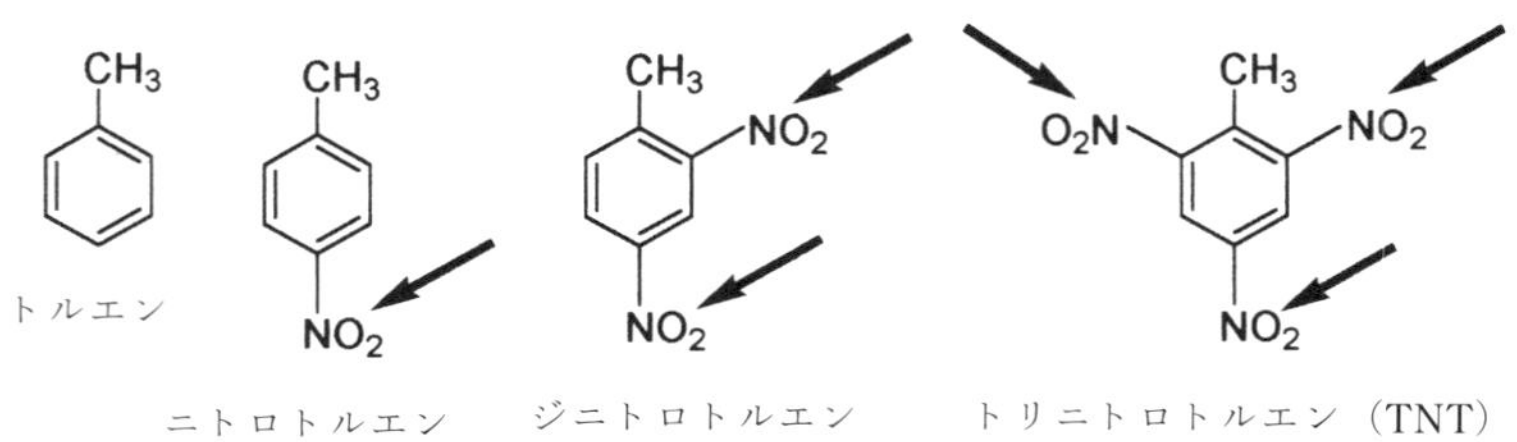

矢印がニトロ基

5－4

高血圧治療薬、ショック患者の治療薬も開発されている。一九九八年度のノーベル医学賞は、体内における一酸化窒素の役割を発見したということで、ロバート・ファーチゴット、ルイス・イグナロ、フェリド・ムラドに与えられた。しかし化学の歴史には、多くのねじれた皮肉がある。その一つとして、ニトログリセリンで得た富によりノーベル賞を設立したアルフレッド・ノーベルの話がある。彼は狭心症による胸の痛みに対し、ニトログリセリンによる治療を拒否した。彼はそれが効くとは信じられず、頭痛を起こすだけだと考えていた。

ニトログリセリンは非常に不安定な分子で、熱したりハンマーで叩いたりしたら爆発する。爆発反応式は次のようで、急激に膨張する気体と大量の熱を生む（5－6）。

黒色火薬が千分の一秒で六千気圧の圧力を作るとき、同量のニトログリセリンは、百万分の一秒で二十七万気圧の圧力を生ずる。黒色火薬の取り扱いは、比較的安全である。しかしニトログリセリンの爆発は予測できない。ショックや熱で自然に爆発する。だから、取り扱いと「爆発させること」に関して、安全で信頼できる方法がぜひとも必要であった。

ノーベルのダイナマイト級アイデア

アルフレッド・ベルンハルド・ノーベルは、一八三三年ストックホルムで生まれた。導火線のみだとニトログリセリンはゆっくり燃えるだけ

グリセロール（グリセリン）　　ニトログリセリン

5－5

$$4C_3H_5N_3O_{9(l)} \longrightarrow 6N_{2(g)} + 12CO_{2(g)} + 10H_2O_{(g)} + O_{2(g)}$$

ニトログリセリン　窒素　二酸化炭素　水（蒸気）　酸素

5－6

だが、彼は導火線の先に極少量の黒色火薬を使い、ニトログリセリンのより大きな爆発を引き出すというアイデアを思いついた。これはすばらしく上手くいった。このように爆発を制御する方法は、現在でも鉱山や建設業などで日常的に使われている。ノーベルはこのように爆発を希望通り引き起こすことには成功したが、望まない爆発を防ぐという問題は依然未解決だった。

ノーベルの家族は爆薬を作る工場を経営し、販売もしていた。一八六四年までには、トンネルや鉱山で使う爆薬用にニトログリセリンを作り始めている。その年の九月、ストックホルムにある実験室の一つが爆発し、ノーベルの弟エミルを含む五人が死亡した。事故の本当の原因は分からなかったが、ストックホルムの当局はニトログリセリンの製造を禁止した。ノーベルはへこたれず、メーラレン湖に浮かべた平底舟の上に新しい実験室を作った。この湖はストックホルム市境のすぐ外にある。爆発力の弱い黒色火薬に対するニトログリセリンの優位性が知れ渡るにつれ、その需要は急増した。一八六八年までにノーベルはヨーロッパ十一ヶ国に工場を作り、さらにアメリカにも進出してサンフランシスコに会社を作った。

ニトログリセリンは、しばしば製造過程で使う酸が不純物として残ることがあり、そのため徐々に分解する傾向にあった。この分解でガスが発生し、爆薬の入った亜鉛缶のコルク栓が出荷中にポンと抜けた。さらに、不純なニトログリセリンに含まれる酸は、亜鉛を腐食し、缶から液が漏れることもあった。缶同士がぶつからないように、また、漏れたりこぼれたりした液を吸収するように、おがくずなどが荷造りの詰め物として使われていたが、こうした予防策は役に立たず、安全面での改善はほとんどなかった。無知と誤った情報は、しばしば恐ろしい事故につながる。誤った操作は日常茶飯事であった。ニトログリセリンを運ぶ馬車の車輪に潤滑油としてこの油状の爆薬を使ってしまった例もあり、当然悲惨な事故になった。一八六六年には、サンフランシスコのウェルズ・ファーゴ社倉庫でニトログリセリンの荷物が爆発、十四人が死亡した。同じ年、一万七千トンの蒸気船、ヨーロピアン号がパナマの大西洋岸でニトログリセリンを降ろしているとき爆発、四十七人が死亡、百万ドル以上の損害を出した。さらにこれも一八六六年、ドイツとノルウェーでニトログリセリン工場が爆発した。世界中の当局は神経質になり、フランスとベルギーはニトログリセリンを禁止、他の国でも同様の決議案が出される。しかし、この信じられないほど強力な爆薬に対する需要は世界中で高まっていた。

ノーベルはニトログリセリンの破壊力を減ずることなく、これを安定化する方法を探し始めた。彼はまず、固体化することを思いつき、油状のニトログリセリンをおがくず、セメント、粉末木炭などの固体と混ぜて実験してみた。現在我々がダイナマイトと呼ぶ製品が、ノーベルの語ったような系統立った実験によって得られたものなのか、あるいは偶然の発見だったのかは、ずっと議論されて来た。しかし、たとえその発見がセレンディピティによるものだとしても、珪藻土に着目したノーベルは十分に鋭い。珪藻土は、天然の細かいシリカ質の土である。荷造りのとき、おがくずの代わりにときどき使われ、こぼれたニトログリセリンを吸い取っても多孔性を維持した。珪藻土は小さな海洋動物の死骸である。他にも多くの用途があり、糖を精製する時のフィルター、電気の絶縁物質、金属の研磨剤などにも使われる。さらに実験を続けると、液体のニトログリセリンにその約三分の一の重量の珪藻土を混ぜると、パテのような可塑性あるものになることが分かった。また、珪藻土はニトログリセリンを薄めることになり、ニトログリセリン粒子が分離されることで分解の速度も抑えられる。こうして爆発はコントロールできるようになった。

ノーベルはニトログリセリンと珪藻土の混合物をダイナマイトと命名した。ギリシャ語で力を意味する dynamis から来ている。ダイナマイトはどんな形、大きさにも作れた。分解しにくくもなり、突然爆発することもなくなる。かつての家族経営による工場が改名したノーベル&カンパニーは、一八六七年、「ノーベル安全火薬粉」として特許を取り、ダイナマイトを出荷し始めた。まもなくノーベルのダイナマイト工場は全世界の国々に進出し、ノーベル一家の大成功は確実となった。

アルフレッド・ノーベルが軍需品製造者でありながら平和主義者であるというのは、矛盾に思えるかもしれない。しかしノーベルは人生そのものが矛盾に満ちている。子供の頃は病弱で、大人になるまでは生きられないと思われたが、両親や兄弟よりも長生きした。彼に関しては、恥ずかしがり屋で、極端にして慎重、仕事にいつも追い立てられている感じで、ひどく疑い深く、孤独で、非常に情け深いという、互いにやや逆説的な言葉で書き残されている。ノーベルは、真に恐ろしい兵器こそ抑止力として働く、すなわち世界に平和をもたらすと固く信じていた。これは、一世紀以上経って大量の殺戮兵器がある中、依然実現しない希望である。彼は一八九六年に亡くなった。イタリア、サン・レモの自宅で机に向かい一人で仕事をしているときである。彼の莫大な財産は、化学、物理学、医学、文学、平和の分野で業績をあげた人を毎年表彰するために使うよう残された。一九六八年、スウェーデン銀行はアルフレッド・ノーベルを記念し、経済学賞を設立した。現在ではこれもノーベル賞と呼ばれている。

戦争と爆薬

ノーベルの発明は、弾丸の発射薬に使うことが出来なかった。銃がダイナマイトの凄まじい破壊力に耐えられなかったからである。それでも軍部は黒色火薬より強い火薬を求めた。爆発時に黒煙を出すことなく、扱うに安全で、装塡が簡単な火薬が望まれた。一八八〇年代初めからさまざまな規格のニトロセルロース（綿火薬）、あるいはニトロセルロースとニトログリセリンの混合物が「無煙火薬」として使われていた。これは今日でも火器用火薬の基本である。なお大砲などの重砲は、発射薬の選択にはそれほど厳しくない。そして第一次世界大戦前にはピクリン酸とトリニトロトルエンが増えてくる。一七七一年に初めて合成されたピクリン酸は、明るい黄色の粉末で、元々は絹や羊毛の合成染料だった。フェノールにニトロ基が三つ付いた分子で、合成も比較的容易である（5－7）。

一八七一年、ピクリン酸は適当な起爆薬さえあれば、爆薬として使えることも分かった。一八八五年にはフランス軍が破裂弾の中に入れて初めて使った。その後一八九九―一九〇二年にイギリスがボーア戦争で使う。しかし湿ったピクリン酸は爆発しにくく、雨天や湿気の多い日には不発弾が多かった。またピクリン酸自体が酸性であるため、金属と反応して衝撃に敏感な「ピクリン酸塩」ができる。このショックに敏感ということから、砲弾が接触した瞬間に爆発してしまい、厚い装甲板を貫通することが出来なかった。化学的にピクリン酸に似たものとしてトリニトロトルエンがある。tri nitro toluen の頭文字からＴＮＴとして知られ、軍事用としてはピクリン酸より優れていた（5－8）。

ＴＮＴは酸性でなく、湿気にも影響されない。また融点が比較的低いため、簡単に融け、爆弾や砲弾の中に注入することも容易だった。ピクリン酸より爆発しにくいため、装甲板を貫通する能力に優れていた。ＴＮＴはニトログリセリンと比べて炭素に対する酸素の比率が低い。それゆえ炭素や水素は完全には二酸化炭素と水に変換されない（5－9）。

この反応で生ずる炭素こそ、ニトログリセリンや綿火薬と比してＴＮＴが爆発時に大量の煙を発生する理由である。

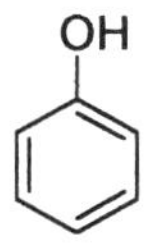

フェノール

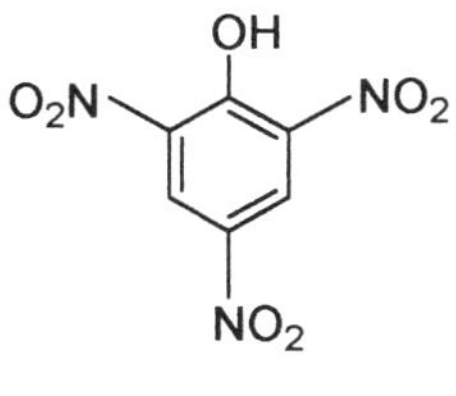

トリニトロフェノール（ピクリン酸）

5－7

第一次世界大戦の初期、ドイツはTNTを使った兵器を用い、依然としてピクリン酸を使うフランスやイギリスに対して圧倒的優位な立場にあった。これを見たイギリスも急いでTNTを作るプロジェクトを開始する。アメリカの製造工場で作られるTNTも大量に輸入し、この重要な分子を含む砲弾や爆弾を開発できた。

第一次世界大戦では、もう一つの分子、アンモニアNH_3も重要になってくる。アンモニアはニトロ化合物ではないが、爆薬製造に必要な硝酸HNO_3を作るときの出発原料である。硝酸は恐らくかなり昔から知られていた。紀元八〇〇年頃のアラビアにいた偉大な錬金術師ジャービル・イブン・ハイヤーンは硝酸を知っていただろう。彼はたぶん硝石（硝酸カリウム）を硫酸鉄（当時は緑硫酸と呼ばれた）と熱して作った。この反応で発生する気体、二酸化窒素NO_2を水中にくぐらせると硝酸の水溶液が出来る。

硝酸はふつう天然にはない。水によく溶けて拡散してしまうからだ。しかしチリ北部の極端に乾燥した沙漠では、硝酸ナトリウム（いわゆるチリ硝石）の大規模な集積があり、硝酸の原料として過去二世紀にわたって採掘されてきた。硝酸ナトリウムを硫酸と加熱すると、生ずる硝酸は硫酸より沸点が低いため追い出され、冷やした容器に凝結して集められる（5-10）。

第一次世界大戦では、イギリス軍の海上封鎖によりチリ硝石のドイツ

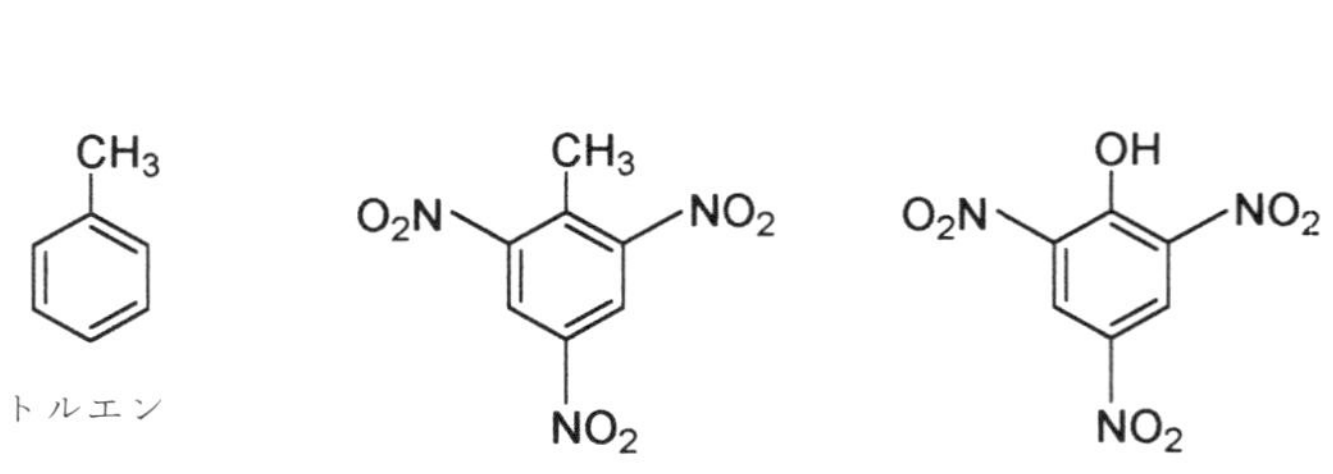

トルエン　トリニトロトルエン（TNT）　ピクリン酸

5-8

$$2C_7H_5N_3O_{6(s)} \longrightarrow 6CO_{2(g)} + 5H_{2(g)} + 3N_{2(g)} + 8C_{(s)}$$

TNT　二酸化炭素　水素　窒素　炭素

5-9

$$NaNO_{3(s)} + H_2SO_{4(l)} \longrightarrow NaHSO_{4(s)} + HNO_{3(g)}$$

硝酸ナトリウム　硫酸　硫酸水素ナトリウム　硝酸

5-10

$$N_{2(g)} + 3H_{2(g)} \longrightarrow 2NH_{3(g)}$$

窒素　水素　アンモニア

5-11

$$2NH_4NO_{3(s)} \longrightarrow 2N_{2(g)} + O_{2(g)} + 4H_2O_{(g)}$$

硝酸アンモニウム　窒素　酸素　水

5-12

への供給がストップした。硝酸塩は戦略化学物質であり、爆薬の製造に不可欠である。そこでドイツは他の原料を探さねばならなかった。

硝酸塩は天然にあまり存在しないけれども、それを構成する二つの元素、窒素と酸素はこの地球上に大量にある。大気は二〇%の酸素ガスと八〇%の窒素ガスからできている。酸素分子O_2は化学反応するが、窒素分子N_2は反応性に乏しい。二十世紀初頭、窒素を「固定」する方法——すなわち他の元素と結合させることで大気から窒素を引き抜く方法は知られていたが、実用化には至らなかった。

ドイツの化学者フリッツ・ハーバーは、空気中の窒素を水素と結合させてアンモニアを作る反応を研究していた(5-11)。

ハーバーは、考えうる最高の収率と最低のコストでアンモニアを生産する反応条件を見出す。すなわち高圧、高温(四百—五百度)、それから生成するアンモニアを出来るだけ速く取り除くという方法で、不活性な空気中窒素を固定することに成功した。ハーバーの研究は、この極端に遅い反応を速めるための触媒を探すことに費やされている。彼の研究の目的は、肥料産業で使うアンモニアを合成することだった。当時、世界の肥料の三分の二はチリ硝石に頼っており、鉱床が枯渇しつつあったため、アンモニアの合成がなんとしても必要だったのである。一九一三年までには世界初のアンモニア合成工場がドイツで稼動していた。そして後にイギリスが海上封鎖でチリからの硝酸の供給を断ったとき、既に知られていたハーバーの方法によるアンモニア合成が、緊急に他の工場にも広められた。目的は肥料だけでなく、弾薬や爆薬にも使うためだった。こうして製造されるアンモニアと酸素とを反応させて二酸化窒素が合成された。これは簡単に硝酸となる。ドイツにとってイギリスの海上封鎖は意味がなかった。なぜならアンモニアは肥料にもなり、また爆発性ニトロ化合物を作る硝酸にもなったからである。窒素固定は戦争遂行の上で決定的な条件となっていた。

一九一八年、ノーベル化学賞がフリッツ・ハーバーに授与される。アンモニア合成に果たした彼の役割が評価された。彼の業績は肥料の増産につながり、世界中の人間を養うために必要な農業の生産力を高めた。しかしノーベル賞の発表は抗議の嵐を巻き起こす。なぜなら、ハーバーは第一次世界大戦におけるドイツの毒ガス戦プログラムにも関与したからだ。一九一五年四月、ベルギーのイーペル近くの前線五キロメートルにわたって塩素ガスが放出された。五千人が死亡し、一万人が塩素を吸った肺に重い傷害を負った。毒ガス戦プログラムでは、ハーバーの指揮のもとマスタードガスやホスゲンなど多くの新しい毒ガスが研究され、実戦で使用されている。最終的に毒ガスは、戦争の成り行きに決定的な要因とはならなかった。しかし多くの科学者たちの目から見ると、ハーバーの初期の偉大な研究つまり世界の農業に決定的に貢献した研究は、何千何万もの人間を毒ガスにさらしたという恐ろしい事実を償うものではなかった。多くの科学者は、こうした状況でハーバーにノーベル賞を与えるなど滑稽なこととみなした。

ハーバーは従来の戦争と毒ガスによる戦争の間に違いがあるとは考えなかったため、多くの反対の声にひどく落ち込んだ。彼は一九三三年、名高いカイザー・ヴィルヘルム物理化学・電気化学研究所の所長のとき、ユダヤ人スタッフをすべて解雇するようナチス政府から命令される。ハーバーは、当時としては尋常でない勇気ある行動をとった。拒否したのである。辞任の手紙にこう書いている。「四十年以上にわたり、私は自分の協力者を彼らの知性と性格にもとづいて選んできた。祖母が誰かということで選んだわけではない。今後の人生も、今まで良いと思ってきた方法を変えるつもりはない」。

今日、世界のアンモニア年間生産量は約一億四千万トンである。依然、ハーバーの方法で作られ、大部分は硝酸アンモニウムNH_4NO_3の製造に使われる。恐らく世界で最も重要な肥料である。硝酸アンモニウムは、硝酸アンモニウム九五％と燃料油五％の混合物として鉱山での爆破にも使われる。爆発反応は酸素ガスと窒素ガス、水蒸気を生成する。酸素ガスは燃料油を燃焼させ、爆発によるエネルギーを大きくする（5－12）。

硝酸アンモニウムは、適切に扱えば非常に安全な爆薬と考えられている。しかし不適切な操作、あるいはテロリストによる陰湿な爆弾などにより、数多くの大事故が起きている。一九四七年、テキサス州テキサスシティーの港にいた船の貨物室で火事が起きた。硝酸アンモニウム肥料の紙袋を積み込んでいるところだった。火の勢いを止めようと船員がハッチを閉め、その結果不幸にも状況を悪くした。硝酸アンモニウムを爆発させるのに必要な高温、高圧条件を作り出したのである。爆発によって五百人以上が死亡した。テロリストによる硝酸アンモニウム爆弾の事件をみると、最近では一九九三年のニューヨーク、ワールドトレードセンターと一九九五年のオクラホマシティーの連邦政府ビル爆破事件がある。

近年開発された爆薬の一つに、四硝酸ペンタエリスリット（PETN）がある。これも残念ながらテロリストが好む。合法的用途に役立つ特性が、そのまま彼らにも好都合なのである。PETNはゴムと混ぜると、いわゆるプラスチック爆弾が出来る。これはどんな形にもなる。PETNは複雑な化学名をもつが、構造はそれほど複雑でない。化学的にはニトログリセリンに似ている。しかし炭素数が三でなく五個あり、ニトロ基が一つ多い（5－13）。

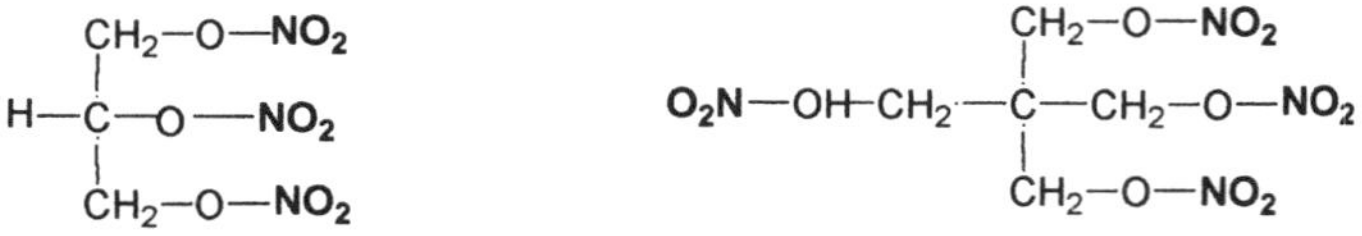

ニトログリセリン（左）と四硝酸ペンタエリスリット（PETN）（右）
太字がニトロ基

5－13

ＰＥＴＮは衝撃に反応しやすく、簡単に爆発し、非常に強力である。臭いはほとんどないため、訓練された犬でも見つけることは難しい。だから航空機を爆破するのに選ばれる爆薬である。一九八八年スコットランドのロッカビー上空でパンナム一〇三便を爆破した爆弾の成分として悪名を得た。さらに二〇〇一年の「靴爆弾」事件でも悪名を馳せた。これはパリ発アメリカン航空の便に乗っていた乗客がスニーカーの下敷きに隠したＰＥＴＮを爆発させようとした事件である。このときは乗員乗客の素早い対応で大惨事は免れた。

爆発性のニトロ系分子の役割は、戦争やテロに限ったことではない。一六〇〇年代初めまで北欧の鉱山では硝石、硫黄、木炭混合物の破壊力を使っていたという証拠がある。大西洋と地中海をつなげたフランスのミディ運河のマルパ隧道（すいどう）（一六七九年）は、黒色火薬の力で掘られた多くの大規模運河トンネルの中で最初のものである。一八五七―七一年にわたってフランスアルプスを貫いたモン・スニ峠あるいはフレジュス峠地下の鉄道トンネルの建設は、爆発性分子を使用したものとして当時最大のものだった。このあとフランスからイタリアへの移動が簡単になり、ヨーロッパにおける旅行の様相が変わっていく。新しい爆薬ニトログリセリンは、マサチューセッツ州ニューアダムスのフーザック鉄道トンネル（一八五五―六六年）の建設で初めて使われた。その後、大きな土木工事はダイナマイトによって行われるようになっていく。すなわちカナディアンロッキーを横断する一八八五年完成のカナダ・パシフィック鉄道、一九一四年に開通した八十キロメートルにもなるパナマ運河、それから一九五八年に行われた、北米西海岸沖の、航海上の障害だったリップル・ロックの除去――核爆弾でない爆発としては今でも最大記録である――などにはダイナマイトが使われた。

紀元前二一八年、カルタゴの将軍ハンニバルがローマ帝国の心臓部を攻撃しようと、四十頭の象を含む大軍でアルプスを越えた。彼は進軍する道を作るのに、当時としては普通であるが、非常に手間のかかる方法をとった。障害となっている岩を焚き火で熱し、次いで冷水をかけて割るのである。もしハンニバルが爆薬を持っていたなら、アルプスを素早く越えて、ローマに勝利したかもしれない。そうなると西部地中海の運命は非常に違ったものになっただろう。

バスコ・ダ・ガマによるカリカット王国の制圧、エルナン・コルテスほか少数のスペイン人征服者によるアステカ帝国の破壊、あるいは一八五四年のバラクラバの戦いにおいてロシア軍の砲列に突撃したイギリス軽騎兵旅団の大損害。これらは弓矢、槍、剣に対する火薬兵器の優位性を見せ付けた。帝国主義と植民地支配――我々の世界に影響を与え続けてきたシステム――は、軍事力に大きく依存した。戦争においても平和においても、また破壊にも建設にも、悪い方向にも良い方向にも、爆発性分子は文明に変化を与えてきている。

六章　シルクとナイロン　無上の交易品とその合成代用品

爆発性分子は、シルク（絹）という単語から思い浮かぶ、優雅、柔らか、しなやか、光沢といったイメージからはほど遠い。しかし爆薬とシルクとは、分子のレベルで関係がある。両方とも新しい材料、新しい織物、そして二十世紀には、まったく新しい産業を生んだ。

絹の織物は、裕福な人々から常に珍重されてきた。今日、天然、人工、数多くの中から自由に繊維を選べる時代になっても、依然、その代わりがないという存在である。古くから絹を無上のものにしてきたその特徴――なめらかな肌触り、寒いときの暖かさ、暑いときの涼しさ、すばらしい輝き、そして美しく染まる事実――これらはその化学構造に起因する。すなわち、この注目すべき物質の化学構造こそが、東洋と、それ以外の旧世界各地のあいだに交易ルートを開いたと言ってよい。

絹の広がり

絹の歴史は四千五百年以上さかのぼることができる。伝説によれば、紀元前二六四〇年の中国、黄帝の第一妃であった西陵が、自分の湯飲みに落ちた繭から、絹の細い糸がほどけてくるのを見つけたという。これが真実かどうかは別にして、カイコ（蚕）の飼育と絹の生産が中国で始まったのは事実である。カイコは学名を *Bombyx mori* という。小さな灰色の芋虫で、桑 *Morus alba* の葉だけを食べる。

カイコは中国全土で飼われ、その成虫（蛾）は、卵を約五百粒産み、十日間ほどで死ぬ。この小さな卵一グラムから、幼虫（芋虫）が千匹以上生まれ、これらは全部で三十六キログラムの桑の葉をむさぼり食い、約二百グラムの絹糸を生産する。卵は最初十八度に保ち、後に孵化温度二十五度まで徐々に上げる。幼虫は、清潔な換気の良いトレーに入れて育てると、猛烈に葉を食べ、数回脱皮する。一ヶ月ほど経って幼虫を格子状のトレーに移すと、糸を吐き始め、数日かけて繭を作る。糸はつながった一本で、虫のあごから分泌液とともに出る。分泌液はねばねばしていて糸を互いに粘着させるものだ。幼虫は頭を8の字型に振り続け、繭の壁を厚くしながら、自らはだんだん蛹になっていく。

絹糸を得るには、加熱乾燥して中の蛹を殺してある繭を、沸騰水につける。すると、糸を互いに粘着させている分泌物が溶け、絹糸は繭からほぐれて糸巻きにまきとられていく。繭一個から取れる一本の絹糸の長さは、短くて四百メートル、長いものは二千五百メートルもある。

カイコの飼育と絹の織物は、中国全土に急速に広まった。最初、絹は王族、貴族だけのものだったが、後には、高価ではあったけれども、一般民衆も身に着けることを許された。絹織物は美しく織られ、贅沢に刺繍され、また鮮やかに染められて、大いに珍重された。交易あるいは物々交換では非常に価値ある品物であり、また一種の貨幣でさえあった。すなわち、褒美や租税に絹が使われたことがあったほどだ。

中央アジアを通る交易ルートは、総称的にシルクロードと呼ばれた。そのルートが開かれて以来ずっと、数世紀にわたって中国人は絹の生産法を秘密にした。シルクロードの道筋は数世紀の間に変わっている。たいてい政治的な問題、通過する地域の安全性が理由である。最も長いルートは、中国東部の北京から北部インドを経由して、今のトルコのビザンチウム（後にコンスタンチノープル、現イスタンブール）や、地中海に面したアンティオキアやティールまで約一万キロメートルあった。シルクロードの一部は、四千五百年前までさかのぼれるという。

絹の広がりはゆっくりであった。しかし紀元前一世紀には、絹が定期的な交易物資として西洋まで届くようになる。日本では、紀元二〇〇年ごろ養蚕が始まり、世界のほかの地方とは異なって独自の発展を遂げた。絹の商取引ではペルシャ人がすぐに仲買人となった。中国人は生産を独占するため、カイコ、その卵、桑の白い種をこっそり国外に持ち出そうとする者を死罪にした。しかし言い伝えによれば五五二年、キリスト教ネストリウス派の二人の僧が中国からコンスタンチノープルに帰るとき、中をくりぬいた杖にカイコの卵と桑の種を隠して持ち出したという。こうして養蚕が西洋にもたらされた。もしこの話が本当なら、記録された例としては、最初の産業スパイかもしれない。

養蚕は地中海地方に広がり、十四世紀までにはイタリアで盛んに行われるようになる。とくに北部のベニス、ルッカ、フィレンツェなどは、美しくずっしりとした錦や金襴、ビロードの絹織物で有名になった。この地方から北部ヨーロッパへ向けた絹織物の輸出は、当時イタリアで始まったルネッサンス運動の経済的基盤の一つになったとされる。しかし絹織物業者は、政治的に不安定なイタリアから逃げ出す。これはフランスで絹織物工業が盛んになる原動力となった。一四六六年、ルイ十一世は、リヨンの絹織物業者に対し税金を免除し、桑の木を植えることを命じた。そして宮廷用に絹製品を納めさせた。以後五世紀にわたり、ヨーロッパにおける養蚕はリヨンとその周辺が中心となる。イングランドのマックルスフィールドとスピッタルフィールドが繊細な絹製品の産地となったのは、十六世紀後半、大陸における宗教的迫害から、フランスやフランドル地方の織物業者が移住したことによる。

北アメリカでも養蚕が試みられたが、商業的には成功しなかった。しかし、紡績と機織りは機械化が可能であり、二十世紀前半、アメリカは世界有数の絹製品生産国であった。

つやと輝きの化学

シルクは、羊毛や毛髪など他の動物性繊維と同様、たんぱく質である。たんぱく質は二十二種類のαアミノ酸からできている。αアミノ酸の化学構造は、アミノ基NH_2と、有機酸の特徴であるカルボキシル基COOHが図のような配置になっている。NH_2は、α位の炭素——すなわちCOOHのすぐ隣の炭素——についている（6－1）。

この構造は、しばしば省略形を使って、もっと簡単に描かれる（6－2）。

ここでRは、それぞれのアミノ酸で異なる、さまざまな原子のグループ、すなわち原子の集団を表す。つまりRには、二十二種類の構造があり、これによって二十二のアミノ酸ができるのだ。Rは、しばしば置換基とか側鎖とか呼ばれる。側鎖の構造こそ、シルクの特別な性質——そして実際あらゆるたんぱく質の性質——を決めているものだ。

最も小さな側鎖、そしてわずか一原子からなる唯一の側鎖は、水素原子である。すなわちRはHであり、そのアミノ酸の名前をグリシンという。構造式は次のように描ける（6－3）。

他にもCH_3とかCH_2OHなど、簡単な側鎖があり、それぞれのアミノ酸はアラニン、セリンという（6－4）。

以上三つのアミノ酸は、すべてのアミノ酸の中で最も小さな側鎖を持つ。そしてシルクの構成成分としては、最も多いアミノ酸である。シルクのたんぱく質全

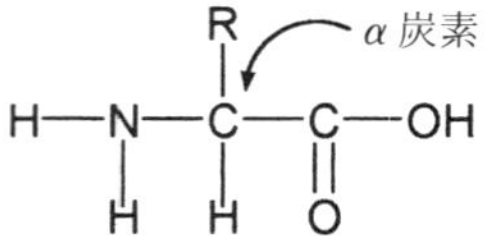

αアミノ酸の一般構造

6－1

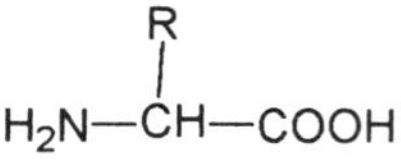
アミノ酸の略式構造式

6－2

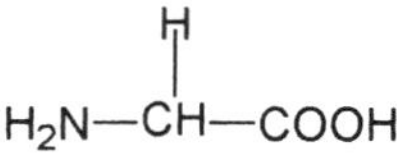
グリシン

6－3

体でみると、三つ合わせて約八五%も占める。アミノ酸の側鎖が物理的に非常に小さいということは、シルクのすべらかさを生む上で重要な要因である。他のアミノ酸は側鎖がもっと複雑で大きい。

シルクは、綿のセルロースのように重合体（ポリマー）、すなわち、繰り返し単位を持つ高分子である。ただし、繰り返し単位がまったく同じセルロースと違って、たんぱく質ポリマーの繰り返し単位、アミノ酸は変化に富んでいる。ただ、ポリマーの鎖を形成するアミノ酸の部分構造は同じだ。変化に富むのはそれぞれのアミノ酸の側鎖部分である。

二つのアミノ酸は、それぞれの間から水分子を放出して結合する。すなわちアミノ末端のNH_2からH、カルボキシル末端のCOOHからOHを引き抜くのだ。二つのアミノ酸の間に作られた連結部分をアミドという。また、一方のアミノ酸の炭素原子と、もう一方のアミノ酸の窒素原子の間にできた実際の化学結合を、ペプチド結合という（6-5）。

もちろん、この新しくできた分子の一端には、依然COOHがあり、別のアミノ酸とさらにペプチド結合を作ることができる。また他方にはNH_2があり、これも他のアミノ酸と新たにペプチド結合を作ることができる（6-6）。

アミド構造を図に示す（6-7）。

普通はもっとスペースをとらない方法で描かれる（6-8）。

もしさらにアミノ酸を二つ結合させれば、アミド構造を介してアミノ酸が四つつながる（6-9）。

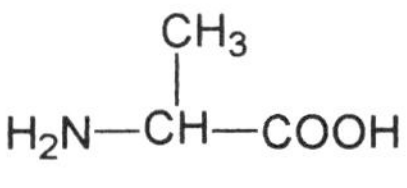

アラニン

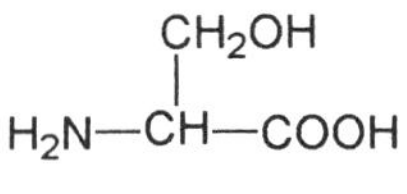

セリン

6-4

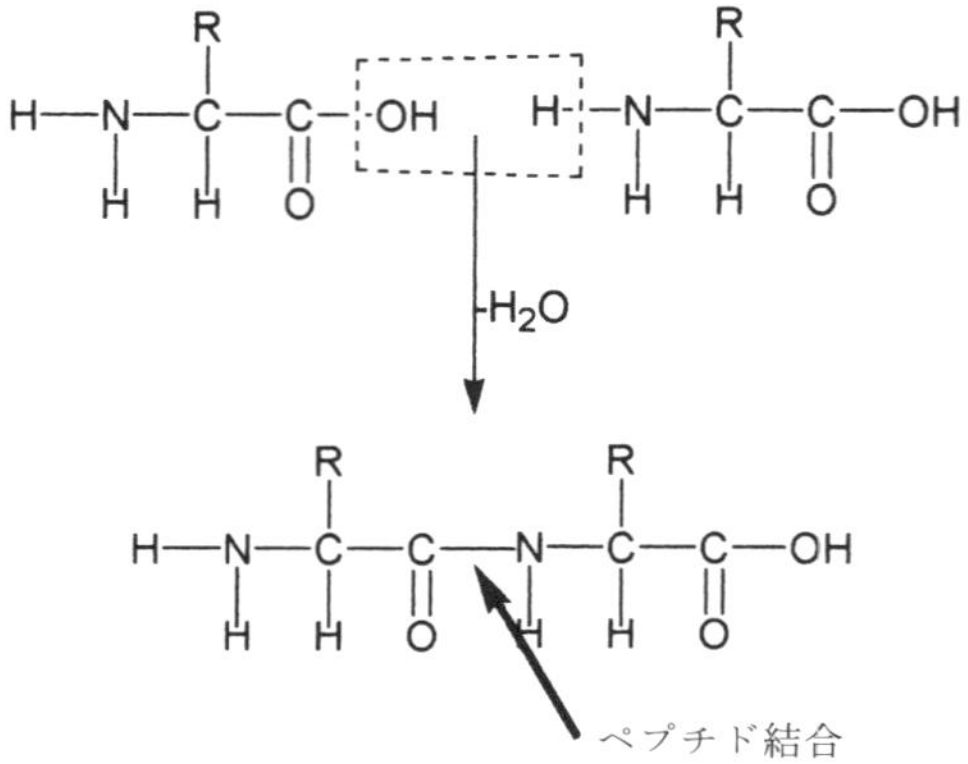

6-5

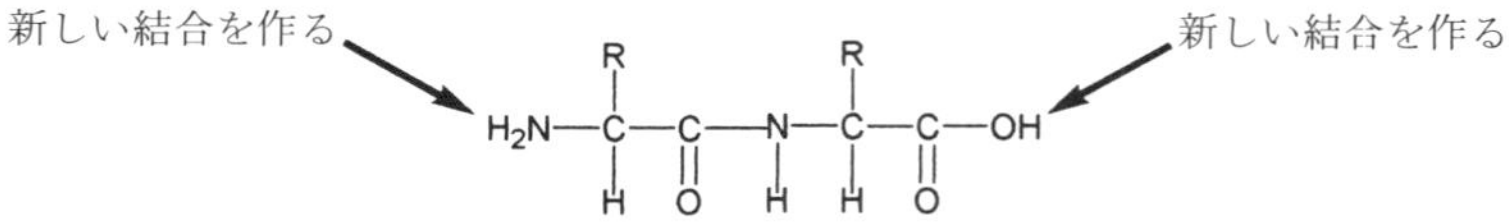

6-6

—CO—NH—

6-8

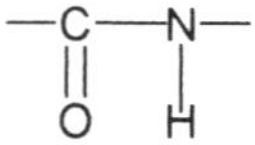

6-7

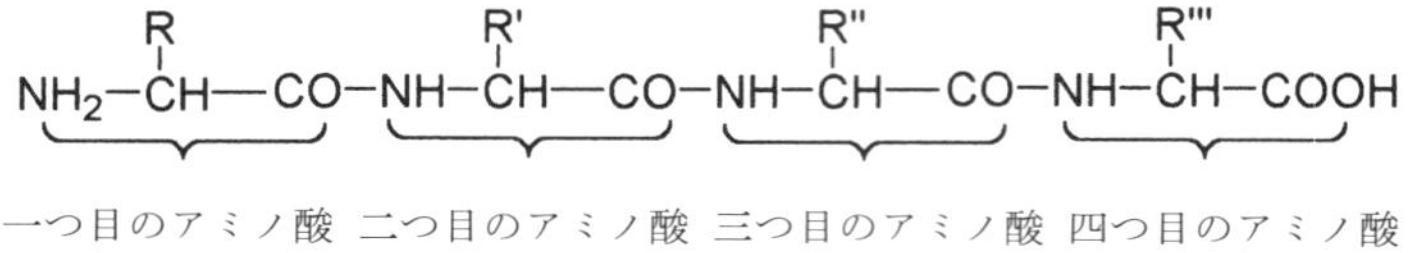

6-9

アミノ酸が四つあるのだから側鎖も四つある。図ではR、R′、R″、R‴となっている。これら側鎖はすべて同じでもいいし、いくつかが同じ、あるいはすべて異なっていても良い。この鎖にはアミノ酸がわずか四つしかないのに、その組み合わせは莫大な数になる。Rは二十二あるアミノ酸のどれでもよい。R′もまた二十二種類のどれをとってもよい。R″、R‴も同様である。すなわち、組み合わせは二十二の四乗、つまり二十三万四千二百五十六個もある。インスリン――すい臓から分泌され、糖代謝を制御するホルモン――のような非常に小さなたんぱく質でもアミノ酸は五十一個つながっている。だからインスリンの構造には、二十二の五十一乗（2.9×10^{68}）という天文学的数字を超える種類の可能性があったのである。

シルクのたんぱく質の八〇―八五％は、グリシン－セリン－グリシン－アラニン－グリシン－アラニンという配列の繰り返しになっている。そのポリマーの鎖は、側鎖Rの向きが交互に反対になってジグザグ構造をとる（6－10）。

このポリマー分子は何本も集まり、隣り合う鎖が逆方向に走るようにして平行に並ぶ。そして図の点線のように、分子の紐の間に働く引力（水素結合）によって互いに接合する（6－11）。

その結果、図のように、ひだ折りシート構造ができ、タンパクの鎖に沿ってR基がシートの上、下に交互に向いている（6－12）。

ひだ折りシート構造から生まれる柔軟性は、引っ張りに強いなど、シルクの物理的特徴の多くを説明する。それぞれのペプチド鎖はきれいに並んでしっかりと結合し、表面に出ている小さなR基はサイズが皆ほぼ同じで、単調な表面をつくる。これはシルクのすべらかな肌触りに関係する。同時にこの滑らかな表面は光をよく反射し、シルクの特徴ある光沢を生んでいる。このようにシルクのもつ非常に価値ある性質の多くは、そのタンパク構造における小さな側鎖に起因する。

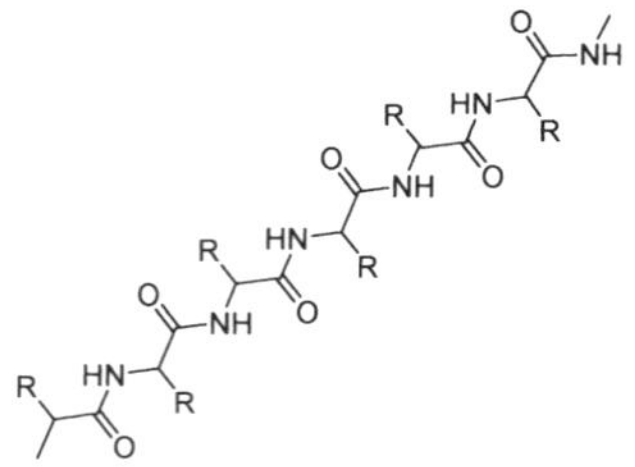

シルクのタンパク質の鎖はジグザグになる。側鎖（R）が交互に鎖の反対側に向くからだ。

6－10

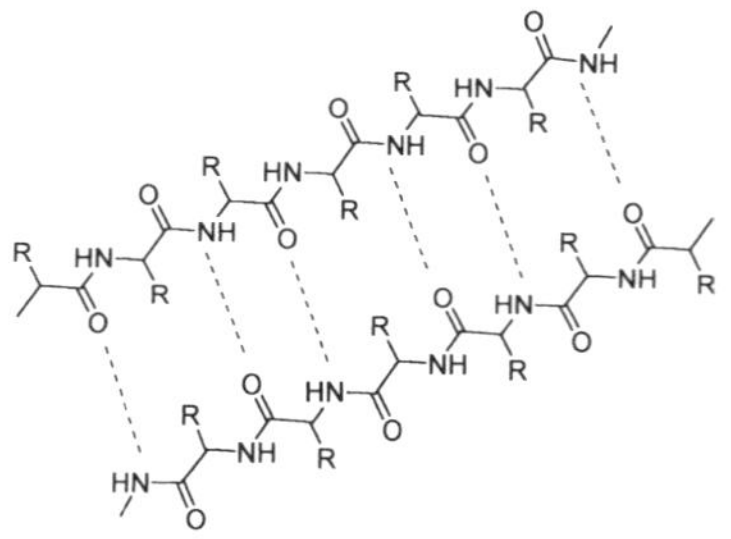

隣り合うタンパク鎖の間に引力が働き、それがシルクの分子を互いにくっつけている。（訳注：点線で表した引力は酸素Oと窒素Nの間に働くのではなく、NHのHとOの間に働く。つまり、HがNとOの間に入って両者を引き付けている）

6－11

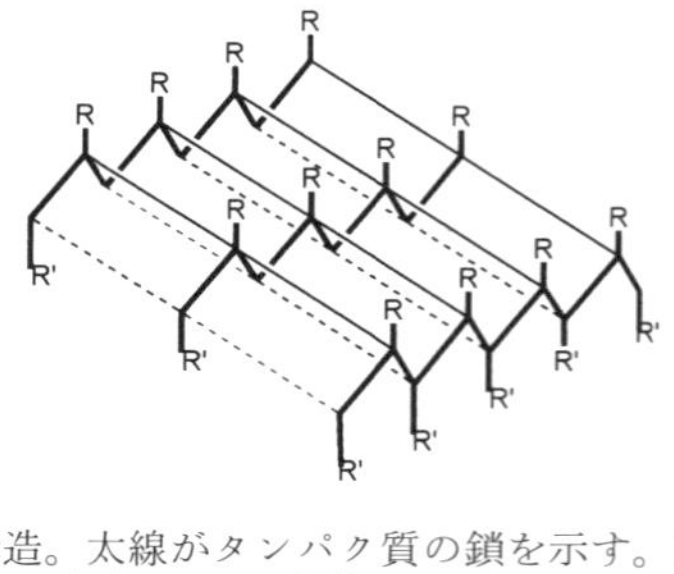

ひだ折りシート構造。太線がタンパク質の鎖を示す。Rはシートの上面に出て、R'はシートの下面に出る。細線、点線はそれぞれのタンパク鎖を束ねる引力を表す。

6－12

シルクの鑑定家は、織物の「きらめき」も評価する。きらめくのは、シルク分子の全部が規則正しいひだ折りシート構造にはなっていないということが原因である。そうした不規則性は、光の反射をところどころで分断し、輝きの点滅を生む。またシルクは、天然色素、人工色素とも吸着する能力が非常に高く、染めるのが簡単だ。この特徴も、分子の中にある規則正しいひだ折りシートではない部分の構造による。シルク分子のアミノ酸のうち、グリシン、アラニン、セリン以外、つまり全体の一五―二〇％には、その側鎖が色素分子と結合しやすいアミノ酸があり、それが染めたシルクの深く、豊かで、鮮やかな色合いを生む。この二つの特徴――強さ、光沢、滑らかさを生む小さな側鎖が続くひだ折りシート構造と、輝きと染まりやすさを生む価値ある残りのアミノ酸――これこそ、何世紀にもわたってシルクを理想的な織物にしてきた要因である。

合成シルクの探求

これらの特徴はすべてシルクの複製を困難にしている。しかしシルクは非常に高価で、需要も高いことから、この合成代用品を作ろうと、十九世紀の終わりから実に多くの試みがなされた。シルクは非常に簡単な分子である。非常に似たユニットの繰り返しに過ぎない。しかし天然シルクに見られるように、ランダムと非ランダムの繰り返しが混じった状態でこれらのユニットを結合することは、化学的にはかなり難しい。もちろん現在の化学者なら可能である。小さなスケールなら、あるたんぱく質の鎖のパターンを再現することができる。しかしそれはたいそう時間がかかり、骨の折れる仕事だ。このようにして研究室で作られるシルクのたんぱく質は、天然のものより何倍も高価になるだろう。

シルクの化学構造の複雑さは、二十世紀になるまで分からなかったので、初期の合成代用品を作る研究は、ほとんど幸運な出来事によって進歩した。一八七〇年代後半、フランスのイレール・ド・シャルドネ伯爵が、趣味の写真術に没頭しているとき、コロディオンの溶液をこぼした。コロディオンとは、写真板をコートするのに使うニトロセルロースのことである。彼はこぼれた液がねばねばした物質になり、引っ張るとシルクのような長い糸になることを発見した。シャルドネはこれを見て、何年も昔の出来事を思い出した。彼は学生のころ、偉大な師であるルイ・パスツールに従ってフランス南部のリヨンに行った。フランスの絹織物産業にとって深刻な問題であったカイコの病気を研究するためだった。カイコの病気の原因を見つけることはできなかったが、シャルドネは長期間にわたってカイコを研究し、どのようにしてシルクの糸を紡ぐのか観察したのだった。彼はこのことを思い出して、コロディオンの溶液を小さな穴から押し出してみた。絹糸の模造品として使えそうな最初のものは、このようにして作られた。

合成 synthetic も人工 artificial も、日常会話ではしばしば混同して使われ、ほとんどの辞書では同義語として扱われている。しかし両者には化学のうえで重要な区別がある。本書において「合成」は、化合物が人間の手で化学反応を使って作られたことを意味する。作られるものは天然に存在するものかもしれないし、存在しないものかもしれない。天然に存在するものならば、合成品は天然由来のものと化学的に同一である。例えばアスコルビン酸、ビタミンCは、実験室や工場で合成できる。合成ビタミンCは、天然に存在するビタミンCとまったく同じ化学構造をもつ。

「人工」という言葉は、化合物の性質に関わってくる。人工の化合物は、もとの化合物と異なる化学構造を持つが、その代役となれるほど性質が似ている。例えば、人工甘味料は砂糖と構造式が異なるが、重要な性質――この場合、甘いということ――を同じようにもつ。人工化合物は、しばしば人の手で作られ、それゆえ合成品であったりする。しかし必ずしも合成されなくてもよい。人工甘味料の中には天然に存在するものもある。

シャルドネが作ったものは人工シルク、人絹だった。合成されたものであるが、合成シルクではない（われわれの定義によれば、合成シルクは人が作ったものであっても、化学的に天然シルクと同一のものを指す）。その後「シャルドネシルク」と呼ばれるようになったこの人工シルクは、いくつかの性質は天然のものと似ていたが、すべて同じではなかった。柔らかく光沢もあったが、不幸なことに非常に可燃性だった。布地としては好ましくない。シャルドネシルクはニトロセルロースの溶液から作られる。すでに述べたように、セルロースのニトロ体は可燃性で、ニトロ化の程度によっては爆発性でさえある（6－13）。

シャルドネは、一八八五年にその製法の特許をとった。そして一八九一年シャルドネシルクの製造が始まる。しかし可燃性は破滅のもととなった。あるとき、葉巻を吸っていた紳士が、ダンスのパートナーのドレスに灰を払い落とした。ドレスはシャルドネシルクでできていて、一瞬の炎とひと吹きの煙とともに消えてしまったという。貴婦人の運命については何も記録がない。この事件や、シャルドネの工場における数多くの事故によって、彼は休業に追い込まれた。しかしシャルドネは自分の人工シルクについてあきらめなかった。一八九五年までに彼は少し製法を変えた。脱ニトロ化剤を使い、セルロースをベースとするもっと安全な人

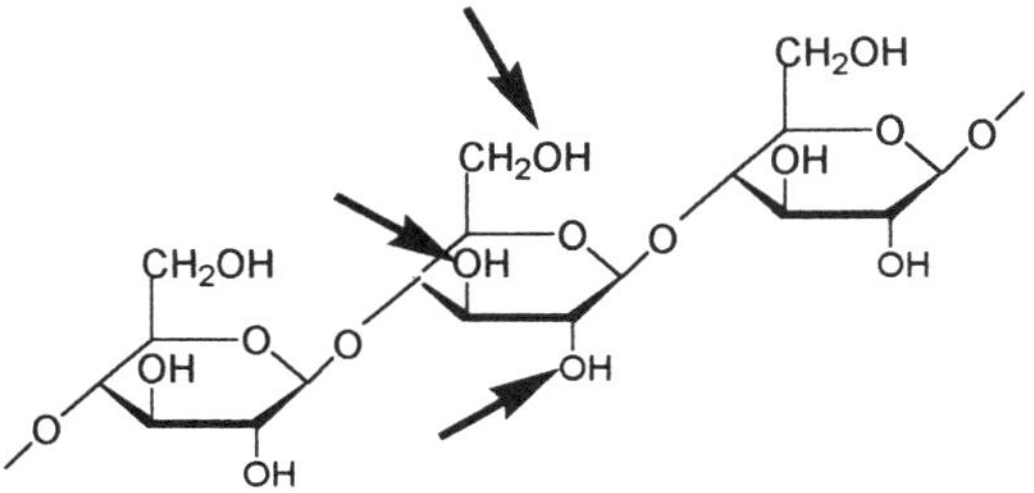

セルロース分子の一部。真ん中のグルコース単位の矢印は、鎖全体の各グルコースがニトロ化されるときの場所（OH）を表す。

6－13

工シルクを作った。それは元の綿と同じくらい可燃性ではなくなっていた。

一方一九〇一年、イギリスのチャールズ・クロスとエドワード・ビーバンは、人工シルクにつながる別の方法を開発した。彼らは、セルロースを水酸化ナトリウムで処理し二硫化炭素と反応させた。そしてその高い粘性 viscosity により、ビスコース viscose と名づけられた液体を作る。ビスコースが細いノズルから酸の入った水槽に吐き出されると、セルロースが再生され、ビスコースシルクと呼ばれる細いフィラメントになった。一九一〇年創業のアメリカビスコース社と一九二一年創業のデュポン人絹会社(後のデュポン)の二社は、この工業生産で成長する。本物を思わせるようなシルクの輝きをもつ新しい合成繊維の需要は増大し、一九三八年には年間一億四千万キログラムのビスコースシルクが生産された。

ビスコースを使う工程は、現在も行われている。今はレーヨンと呼ばれるようになった繊維を作るときの主要な方法である。レーヨンは、ビスコースシルクのように、繊維がセルロースでできている人工シルク(人絹)のことである。レーヨンのセルロースは、同じβグルコースを単位とするが、再生するときのわずかな張力のために、繊維の捩れ方に微妙な差が生じ、それが光沢を生んでいる。レーヨンは純白で、綿とまったく同一の化学構造式を持ち、綿同様にどんな色調、色合いにも染まる。しかし欠点もある。シルクはひだ折シート構造によって柔軟性があって引っ張りに強く、靴下類にうってつけの性質を持っている。一方レーヨンのセルロースは水を吸収し、たわんでしまう。この性質はストッキングに使うときなど都合が悪い。

ナイロン——新しい人工シルク

さらに別の人工シルク——レーヨンの良い点を持ち、欠点を改善したもの——が求められた。そして一九三八年、デュポン人絹会社で働いていた一人の有機化学者によって、非セルロース系のナイロンが登場する。一九二〇年代後半、デュポンは市場に出始めた可塑性物質（プラスチック）に興味を持つようになった。ハーバード大学にいた三十一歳の有機化学者ウォーレス・カロザースは、デュポンで独立した研究を行わないかと誘われる。予算は事実上無制限に使えるという。彼は一九二八年、新しくできたデュポンの研究室に移り、基礎研究に没頭した。これは異例のことだった。当時の化学産業界において、基礎研究はふつう大学で行うものだったからだ。

カロザースはポリマーを研究しようと決めた。このころ、ほとんどの化学者はポリマーを分子が凝集してコロイドになったものと考えていた。ここから写真術やシャルドネシルクに使ったニトロセルロースにコロディオンという名前がついたのである。しかしポリマーの構造には別の考えもあった。ドイツの化学者ヘルマン・シュタウディンガーは、これらの物質は異常に大きな分子であるとした。それまで合成された分子で最大のものは、偉大な糖化学者エミル・フィッシャーが合成したもので、分子量（分子の重さと考えていい）は四千二百あった。比較のためにいうと、水の分子量は十八、グルコースの分子量は百八十である。カロザースは、デュポンの研究所にきて一年以内に、分子量五千を超えるポリマー、ポリエステルを作った。さらに彼はこの数字を一万二千まで伸ばす。このことはポリマーが巨大分子であるという説を支持することになり、その後一九五三年にシュタウディンガーはノーベル化学賞を受賞した。

カロザースが最初に作ったポリマーは、当初、商業的にも有望であるかのように見えた。その長い糸はシルクのように輝き、硬くもならず、乾燥させても折れなかった。しかし不幸なことに熱湯に溶けてしまった。通常の有機溶媒にも溶け、二、三週間で分解した。カロザースたちは四年間、さまざまなタイプのポリマーを合成し、その性質を調べた。そしてついにナイロンに到達する。シルクに最も近い性質を持つ人工繊維で、まさに「人工シルク」の名にふさわしいものだった。

ナイロンはポリアミドである。すなわちシルクのように、ポリマーの構成単位がアミド結合でつながったものだ。ただし、シルクの構成ユニットの各アミノ酸がカルボキシル末端とアミノ末端の両方を持つのに対し、カロザースのナイロンは、二つの異なる構成ユニット（モノマー）からできていて、二つのカルボキシル末端をもつユニットと、二つのアミノ末端を持つユニットが交互につながっている。ユニットの一方であるアジピン酸は、両端にカルボキシル基COOHをもつ（6－14、6－15）。

もう一つのユニットは1、6－ジアミノヘキサンで、アジピン酸の構造に似ているが、両端がCOOHの代わりにアミノ基NH_2になっている（6－16）。

ナイロンのアミド結合は、シルクのアミド結合のように二つの分子の端から水H_2Oが一分子脱離して作られる。つまりNH_2からH原子が、COOHからOHがはずれるわけだ。できあがったアミド結合は、—CO—NH—（逆方向から書けば—NH—CO—）と表され、二つの異なる分子をつなげている。この点で——アミド結合で鎖が伸びている

$$HOOC-CH_2-CH_2-CH_2-CH_2-COOH$$

アジピン酸の構造。両端に酸構造がある。酸を表すCOOHは、左端では逆にHOOCと描いてある。

6－14

$$HOOC-(CH_2)_4-COOH$$

アジピン酸分子の略式構造式

6－15

$$H_2N-CH_2-CH_2-CH_2-CH_2-CH_2-CH_2-NH_2 \qquad H_2N-(CH_2)_6-NH_2$$

1,6-ジアミノヘキサン、1,6-ジアミノヘキサンの略式構造式

6－16

という点で——ナイロンとシルクは化学的に似ている。ナイロンを作るとき、1、6—ジアミノヘキサンの両方のアミノ基は、違う分子のカルボキシル基と反応する。ナイロン分子の鎖が伸びるときは、その端でこの反応が続いて起こり、違う分子が交互に付着していく。カロザースが作ったナイロンは、その後「ナイロン六六」と呼ばれるようになった。二種類の単量体ユニットは、ともに炭素原子を六つ持つからだ（6-17）。

ナイロンが最初に実用化されたのは一九三八年、歯ブラシの毛の部分だった。翌一九三九年には、ナイロンのストッキングが初めて売り出される。ナイロンにはシルクのもつ良い点がいくつもあった。綿やレーヨンのように、たわんだり皺になったりすることはなかった。最も重要なことは、シルクよりはるかに安価であったことだ。ナイロンの靴下は商業的に大成功した。登場した翌年、〝ナイロン〟は六千四百万足、作られ、売れた。この製品に対する反応はすさまじく、ナイロンという言葉が女性のストッキングと同義語になったほどだ。類を見ない強さ、耐久性、軽さ。ナイロンはすぐに他の多くの製品にも使われた。釣り糸、網、テニスやバドミントンのラケットに張るガット、手術糸、電線の被覆材などだ。

第二次世界大戦後、ナイロンがストッキングに使われるようになると、女性たちはこのポリマーを買って——身につける——ために店に走った。

第二次世界大戦が始まると、デュポンは製造するナイロンを、靴下用の細い繊維中心だったものから、軍事用の太いものに切り替えた。タイヤに入れるコードや、防蚊ネット、観測気球、ロープなどの軍用品はナイロン製となった。ナイロンで作ったパラシュートはそれまでのシルク製のものよりはるかに優れていた。戦争が終わると、ナイロンの製造工場はすぐに民生用に戻った。一九五〇年代になると、ナイロンは衣服、スキーウェア、カーペット、家具、船の帆など、多方面で活躍する。ナイロンはまた、型に入れて作る素材としても優れていた。そして初めて「エンジニアリング・プラスチック」、すなわち工業用材料となる。金属の代用品としても使えるほどの強度を持っていたのだ。一九五三年には、この用途だけで四百五十万トンのナイロンが生産された。

不幸なことに、ウォーレス・カロザースは、自分の発見が大きく発展することを見られなかった。彼は年を重ねるにつれてうつ病が悪化し、一九三七年、青酸カリを飲んで命を絶った。自分の合成したポリマー分子が未来の世界でこれほどまでに重要な物質になるとは、夢にも思わなかっただろう。

シルクとナイロンが人類に残したものは似ている。両者とも化学構造に共通点があり、靴下やパラシュートに最適だというだけではない。二つのポリマーは、ある時代の革命的経済発展に——それぞれ独自の形で

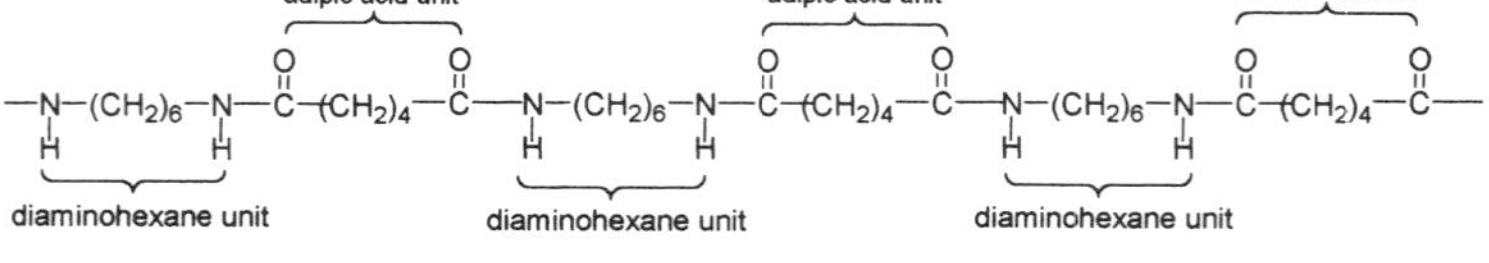

ナイロンの構造　アジピン酸と1,6-ジアミノヘキサンが交互につながっている。

6-17

――貢献した。シルクを求める情熱は、世界的交易ルートを開き、新しい商習慣を作っただけではなかった。絹織物の生産や交易に依存する都市の成長を促し、染色、製糸、縫製など他の産業も生み、これらは養蚕とともに発展した。シルクは、地球上のさまざまな地域で莫大な利益と大きな変化をもたらしたのである。

ヨーロッパとアジアでは、何世紀にもわたってシルクとその生産がファッション――衣料、服飾品、そして芸術――を刺激してきた。ちょうどそれと同じように、ナイロンはじめ多くの近代的繊維と材料の登場は、この世界に大きな影響を及ぼした。かつて我々の衣服の材料は植物と動物から得られた。しかし今日、多くの繊維の原料は石油精製の副産物に由来する。石油は商品として、かつてのシルクの地位を得た。シルクのときと同様、石油を求める力は、新しい貿易協定、新しい交易ルートを作り、都市の成長と新都市の成立とを促し、新しい産業、新しい雇用を生んだ。そしてやはり、地球上の多くの場所で、莫大な富と大きな変革をもたらしたのである。

七章　フェノール　医療現場の革命とプラスチックの時代

完全な人工ポリマーとして最初のものは、デュポンのナイロンより二十五年も前に作られている。それは香料分子に似た化合物を、ややランダムに多数結合させた物質であった。香料分子は大探検の時代を開いたが、この化合物、フェノールもまた別の時代を開いた。プラスチックの時代である。外科手術の方法、危機に瀕する象たち、写真術、そしてランの花。さまざまなトピックスと関連付けられることから分かるように、フェノールは世界を変えた多くの進歩において、重要な役割を果たしてきた。

無菌手術

もし一八六〇年に生きていたら、おそらく誰も病院の患者にはなりたがらないだろう。手術を受けるとなればなおさらだ。病院は暗く、汚く、空気もよどんでいた。患者は普通ベッドを与えられるが、前の患者が居なくなっても——退院するより死ぬほうが多かったに違いない——シーツなどは取り替えられることはなかった。外科病棟は、壊疽や敗血症による耐えられないような悪臭を発していた。そうした細菌感染による死亡率もぞっとするほど高い。すなわち手足を喪失、切除した人は、少なくとも四〇%が手術熱で死んだ。軍の病院に限れば、この数字は七〇%に跳ね上がる。

麻酔薬は一八六四年の終わりには登場したのだが、ほとんどの患者は、最後の手段としてのみ手術を受け入れた。手術による傷は常に化膿した。それゆえ外科医は、傷口を縫った糸を長く伸ばしたものだった。床までたらしておけば、膿が傷口から糸を伝わって抜けてくれる。そして膿がたれると、感染が局所にとどまり全身には回っていない公算が高いということで、良い兆候とみなされた。

もちろん我々は、なぜ手術熱があれほど猛威をふるい、人命を奪ったか知っている。実際、それはさまざまな細菌が引き起こす感染の集合だった。不潔な状態では、細菌が患者から患者、あるいは医師から何人もの患者に簡単にうつった。手術熱が猛威をふるうと、外科医は病棟を閉鎖し、患者をほかに移した。そして構内を硫黄のろうそくで燻蒸し、壁に水漆喰を塗り、床をごしごし洗った。こうすると感染は、次の発生までしばらく鳴りを潜めた。

何人かの外科医は、常に清潔を保つよう主張し、水は熱湯を冷ましたものを使った。一方、他の医師たちは瘴気（しょうき）説を支持し、下水や汚水から出る有毒なガスが空気に混じっていると信じた。ひとたびこれに感染すると、瘴気は空気を介して他人にうつる。当時、瘴気説は非常に合理的に見えただろう。下水や汚水からの悪臭は、外科病棟の化膿した壊疽から発する臭いと同じくらいおぞましいものだった。このことはまた、病院よりも家で治療したほうが、しばしば感染を免れることを説明した。瘴気に対抗するため、さまざまな治療薬が投与される。チモール、サリチル酸、炭酸ガス、苦味チンキ剤、生のニンジン湿布、硫酸亜鉛、ホウ酸などだ。これらの薬でたまたま効いたとしても、単なる幸運であって、意識的に再現させることはできなかった。

医師のジョセフ・リスターが手術をしていたのは、こういう世界だった。彼は一八二七年、ヨークシャーのクエーカー教徒の家に生まれた。ユニバーシティー・カレッジ・ロンドン（UCL）で医学の学位をとり、一八六一年、グラスゴーの王立診療所の外科医、またグラスゴー大学の外科教授となった。リスターの在職中、王立診療所では近代的な新しい外科病棟ができたが、ここでも手術熱はほかと同じように大きな問題であった。

リスターは、原因は有毒なガスではなく、空気中にある何か他のものではないかと考えた。人間の目では見えない非常に小さな何かだ。彼は「病気の細菌説」について書いたある論文を読んだとき、すぐに自分自身のアイデアに関係することに気がついた。論文はフランス北部、リールにいた化学の教授ルイ・パスツールが書いたものだった。シャルドネシルクで有名なシャルドネの師匠である。パスツールは一八六四年、パリのソルボンヌ大学で多くの科学者が見守るなか、ワインとミルクが酸っぱくなる実験を行った。パスツールは、細菌——人間の目では見えない微生物——は、どこにも存在するものと考えていた。彼の実験は、加熱沸騰でそのような微生物が消滅することを示した。これは現在も行われているミルクや他の食品の加熱殺菌につながるものだ。

しかし患者や外科医を茹でるわけにいかない。リスターは、あらゆる表面にいる細菌を安全に除去するための方法をほかに探さねばならなかった。彼はやがて石炭酸にたどり着く。この物質はコールタールから得られ、すでに都市の下水の悪臭対策に使われて効果を上げていた。また外傷につけることも行われていたが、こちらはあまり効かなかった。しかし、リスターは粘り強く取り組み、ついに成功する。王立診療所に脚の複雑骨折で運び込まれた十一歳の少年だった。当時、複雑骨折は恐ろしい怪我である。単純骨折なら侵襲的な手術などせず放置しておいても治る。ところが複雑骨折は、砕けた骨の鋭い先端が皮膚を破ってしまう。だから外科医がいくら上手く骨そのものを修復したとしても、ほぼ確実に感染した。そのため通常は手足の切断こそ助かる道であったが、制御不能な感染が続いて死に至ることがよく起きた。

リスターはリント布に石炭酸をつけて、それで少年の折れた骨と周辺を丁寧に拭いた。それから石炭酸に漬けたリンネルを傷口に貼り、その上から薄い金属シートを曲げて脚にかぶせた。石炭酸の蒸発を防ぐためである。やがてかさぶたができ、感染が起きぬまま傷は癒えた。

それまで手術熱にかかっても助かった人はいた。しかしこの少年の場合は、手術熱すなわち感染すら起きなかったのである。リスターは続けて複雑骨折の患者を数例、同様に治療した。そして同じように良好な結果を得て、石炭酸溶液の有効性を確信する。一八六七年八月までに彼は、石炭酸を単なる術後の包帯だけでなく、殺菌剤としてあらゆる手術の最中にも使っていた。リスターはその後十年間で殺菌法を工夫しながら、他の医師を説得した。しかし彼らの多くは依然細菌説を信じようとしなかった。「もし見えないなら、存在するとはいえない」と。

リスターの使った石炭酸溶液は、コールタールから得られた。十九世紀には都市の通りや家々にはガス灯がともり、コールタールはその副産物だった。初めてのガス灯は、一八一四年、国営光熱会社（NLHC）によってロンドン、ウェストミンスター通りで灯った。以後ガス灯は他の都市にも広がっていく。このガスは石炭を高温で熱すると得られる。水素五〇％、メタン三五％、その他、一酸化炭素、エチレン、アセチレンなどの有機化合物を含む可燃性混合物である。この石炭ガスは、各地の生産工場から各家庭、工場、街灯にパイプで配給された。石炭ガスの需要が高まるにつれ、ガスの生産工程で出る残渣のコールタールも問題になってくる。当時は大して役に立つとは思われなかった。

コールタールはねばねばした黒い液体で、鼻につんと来る臭いがする。しかしその後、これは無数の芳香族分子の原料となる宝の資源であることが分かった。二十世紀初めにメタンを主成分とする天然ガスが大量に埋蔵されていることが発見されるまで、石炭ガスの製造と、それに伴うコールタールの生産は増え続けた。リスターが初めて使った石炭酸は精製されておらず、混合物であった。すなわちコールタールを百七十—二百三十度で蒸留して得られるいくつかの物質が混じっていた。色は暗褐色、臭いは強くて油状であり、皮膚に付くと炎症を起こした。リスターはやがて石炭酸の主成分であるフェノールを白い結晶として純粋な形で得た。

フェノールはベンゼン環に水酸基OHがついた簡単な芳香族分子である（7－1）。

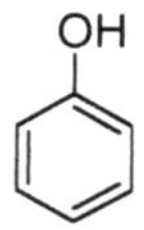

フェノール

7－1

水にも少し溶けるが、油にはもっと容易に溶ける。リスターはこの性質を利用して、後に「石炭酸パテ湿布」と呼ばれるものを作った。フェノールに亜麻仁油と白色剤（チョークの粉）を混ぜ、このペーストを錫箔のシートに伸ばす。そしてペーストが下になるように傷口に貼るのだ。ちょうどかさぶたのようになり、細菌を防ぐバリアとなった。水に溶かしたもう少し薄い溶液――ふつうフェノールを二十―四十倍の水で薄める――は、傷の周りの皮膚や、手術道具、外科医の手を洗うのに使った。また手術のあいだ、切開口にも噴霧した。

リスターの石炭酸処置が有効であることは、患者の助かる割合が高いことで分かった。彼は外科手術中の消毒には成功したが、それでも満足しなかった。リスターは、空中に舞うほこり全てに細菌が宿っていると考えた。そして手術中にこれら雑菌が感染するのを防ぐため、常に石炭酸水溶液の霧を散布するような装置を作る。これで部屋全体を効率的に消毒した。空中の細菌は実際のところは、彼が考えているよりはるかに小さな問題だった。本当に問題になるのは、執刀医や他の医師の衣服、髪、皮膚、口、鼻にいる細菌である。消毒に無関心なまま日頃から手術を手伝ったり見学したりしていた学生も問題だった。現在の手術室では、滅菌されたマスク、手術着、帽子、掛け布、ゴム手袋などがこの問題を解決している。

リスターの石炭酸噴霧器は、微生物による感染を防いだ。しかし手術室にいる外科医たちの健康には良くないものだった。フェノールは有毒である。いくら薄い溶液でも、皮膚の脱色、ひび割れを起こし、感覚を麻痺させる。霧を吸い込めば気分が悪くなる。医師によっては、フェノールがスプレーされる中で働き続けることを拒否するものもいた。こうした欠点にもかかわらず、無菌手術というリスターの方法は有効で、よい結果が明らかに得られた。そのため一八七八年までには世界中に広がった。現在、フェノールが殺菌薬として使われることはめったにない。皮膚への刺激作用と毒性により、その後開発された新しい殺菌薬にその座を譲っている。

フェノールの多面性

フェノールという名前は、リスターの殺菌分子だけでなく、非常に多くの関連化合物にも使われている。これらは皆、ベンゼン環に直接OH基が付いた分子である。これは少し混乱するかもしれない。たった一つの「フェノール」以外に数千、いや数十万のフェノールが存在するからだ。人間が合成したフェノールも多くある。例えば、抗菌作用を持ち、現在消毒薬として使われているトリクロロフェノールやヘキシルレゾルシノールも合成されたフェノールである（7-2）。

また、ピクリン酸は、もともと（とくにシルクの）染色剤で、後にイ

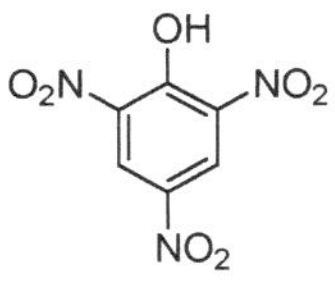

トリニトロフェノール
（ピクリン酸）

7-3

トリクロロフェノール　ヘキシルレゾルシノール

7-2

ギリス軍によってボーア戦争から第一次世界大戦初期まで火薬として使われたが、これは三重にニトロ化されたフェノールである。爆発性は非常に高い（7-3）。

天然にはさまざまなフェノールが存在する。辛い分子——唐辛子のカプサイシン、生姜のジンゲロン——は、ともにフェノール類に分類できる（7-4）。またスパイスに含まれる香り高い分子——クローブのオイゲノール、ナツメグのイソオイゲノール——もフェノールの一員である。

今日最もよく使われている香料の一つ、バニラの活性成分バニリンもフェノールであり、オイゲノールやイソオイゲノールと非常によく似た構造をしている（7-5）。

バニリンは、バニラの豆（種子莢）を発酵、乾燥させたものに含まれる。このラン科の植物 *Vanilla planifolia* は、西インド諸島、中米が原産だが、現在は世界各地で栽培されている。種子莢は長く、扁平で、良い香りがし、バニラビーンズとして売られている。重量の二%がバニリンである。ワインを樫の樽で保存すれば、年月が経つにつれて特有の芳香が出るが、これには木から溶け出たバニリン分子が関係する。また、チョコレートはカカオとバニリンを含む混合物だし、カスタード、アイスクリーム、ソース、シロップ、ケーキ、その他多くの食べ物の匂いにもバニリンが関係する。香水も、陶然とさせる特有の匂いとしてバニリンが入っている。

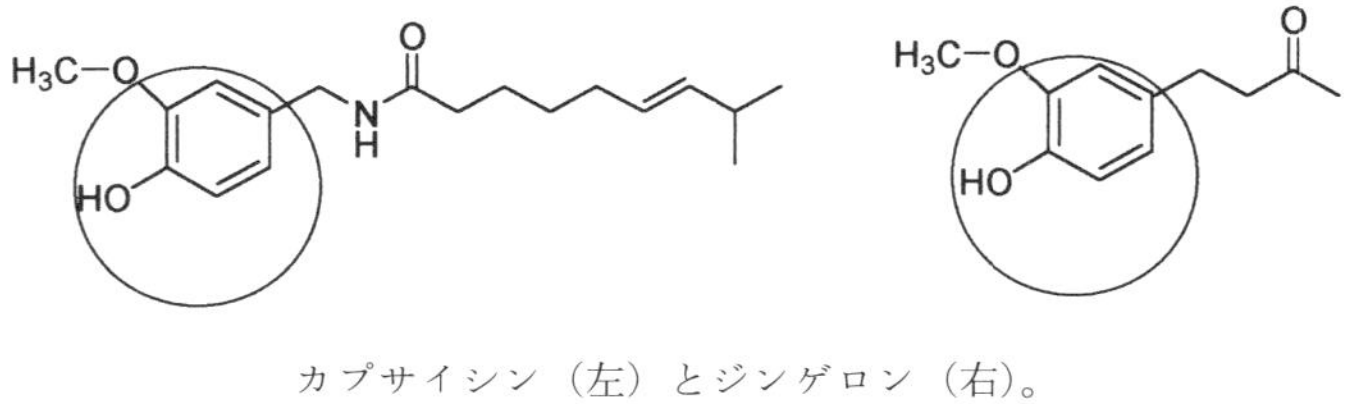

カプサイシン（左）とジンゲロン（右）。
それぞれ円内がフェノール部分を示す。

7-4

我々は、天然に存在するいくつかのフェノールのユニークな性状を理解し始めたところだが、テトラハイドロカンナビノール（THC）というものもある。THCはマリファナの活性成分で、インド大麻 *Cannabis sativa* に含まれるフェノールだ。大麻は、茎に強い繊維があり、ロープや粗めの服を作るのに適している。また、ある種のカンナビス属にはTHC分子が含まれ、低用量で多幸感、興奮が現れ、用量を増やすと鎮静、幻覚が見られる。この二つの理由から大麻は何世紀にもわたって栽培されてきた。THCはこの植物体の全体に含まれるが、特に多いのは雌花の蕾である（7－6）。

大麻（マリファナ）の成分THCは、医療にも用いられている。いくつかの州、国では、がんやエイズ患者の吐き気、痛み、食欲不振の治療に使用が認められている。

天然に存在するフェノールは、ベンゼン環にOHが二つ以上付いていることが多い。ゴシポールは有毒な分子で、ポリフェノールに分類される。四つのベンゼン環にOHが六つ付いているからだ（7－7）。

ゴシポールは綿の種から抽出され、男性の精子生産を抑えることが示されている。このことから男性避妊薬となる可能性がある。このような避妊薬は、社会的にも重要な意味を持つ。

緑茶に含まれるエピガロカテキン—3—ガレートというややこしい名前の分子は、もっと多くのフェノール性OHを持つ（7－8）。

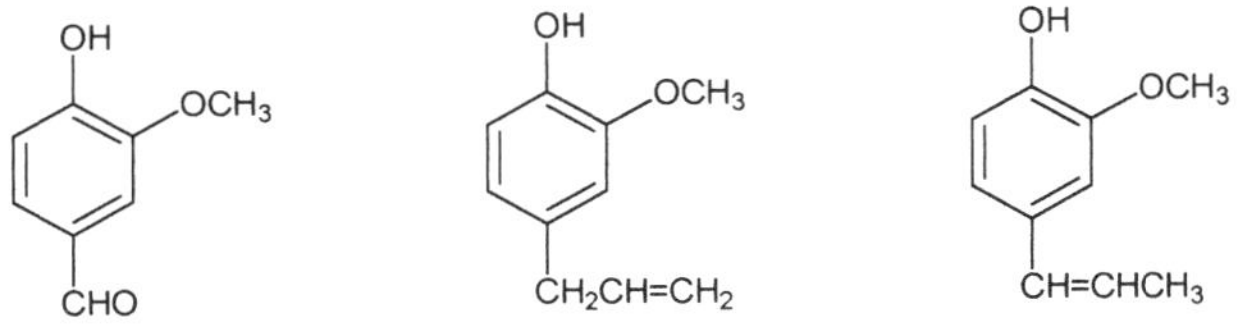

バニリン　オイゲノール　イソオイゲノール

7－5

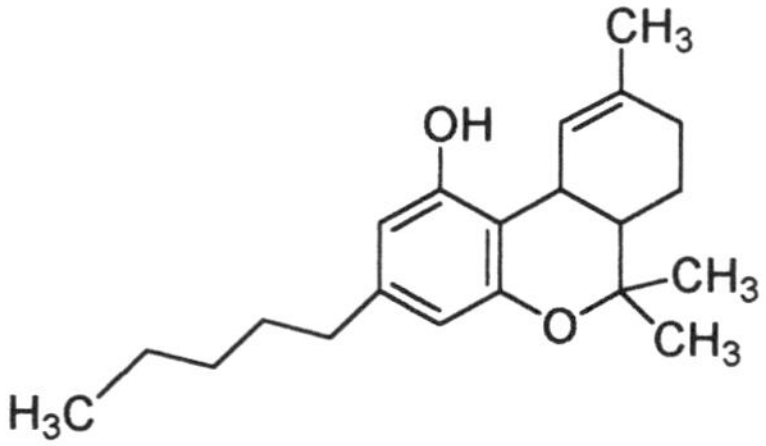

テトラハイドロカンナビノール：マリファナの活性成分

7－6

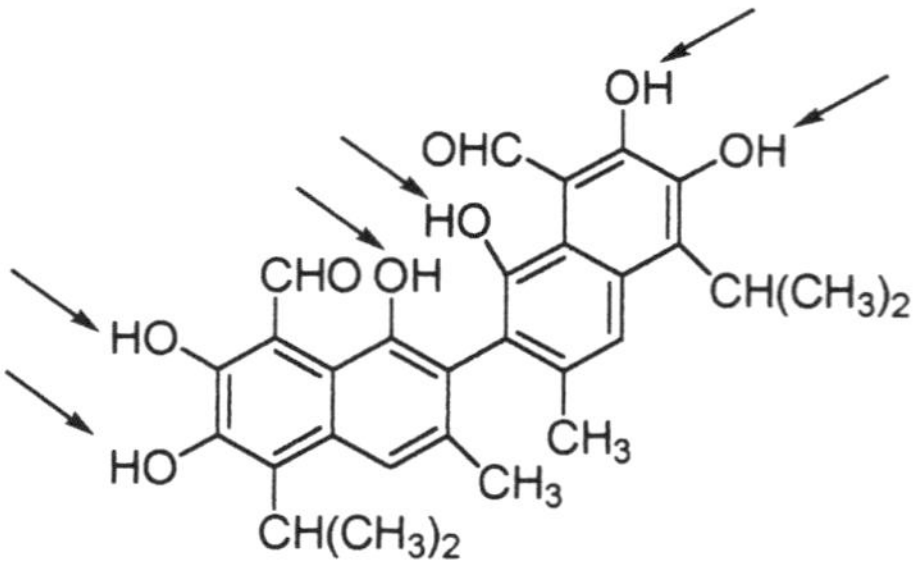

ゴシポール：矢印は6つのフェノール性OH基。

7－7

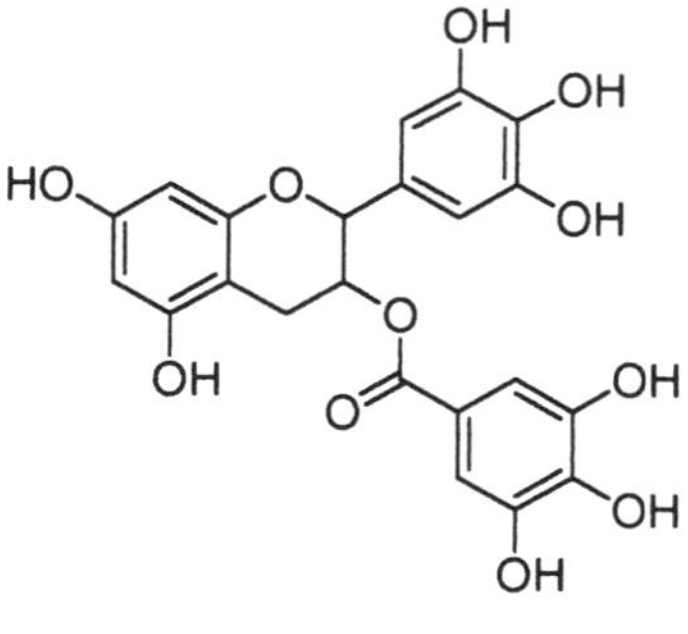

緑茶に含まれるエピガロカテキン－3－ガレート（没食子酸エピガロカテキン）は、フェノール性水酸基が8つある。

7－8

この化合物は最近、さまざまな種類のがんを抑制すると報告された。他にも赤ワインに含まれるポリフェノールが、動脈硬化を起こす物質の産生を抑えたという研究がある。以前から赤ワインを大量に消費する国では、バター、チーズなど動物性脂肪が多い食事を摂っていても心臓病が少ないことが知られていた。これは、ポリフェノールの作用から説明できるかもしれない。

フェノールとプラスチック

フェノール類には価値あるものが多くある。しかし我々の世界に最も大きな変革をもたらしたのは、親化合物であるフェノールそのものである。フェノールは無菌手術に使われ、大いに貢献した。同様に新しい産業の成長にも、さまざまな形で重要な役割を果たしている。リスターが石炭酸で実験していたころ、象牙の需要が急増した。櫛、刃物類、ボタン、小箱、チェスの駒、ピアノの鍵。これらのために多くの象が殺されるにつれ、象牙は入手しにくく高価なものになっていった。象の減少を心配する声は、アメリカにおいて最も大きかった。ただし今日言われるような自然保護的な理由からではない。ビリヤードの爆発的人気のためだった。ビリヤードの球は、正確に転がるよう極めて高品質の象牙でなくてはならず、ひびのない牙の中心部分から切り出される。満足な品質の球は、五十本の象牙からわずか一つしか得られないという。

十九世紀後半、象牙の供給が滞るにつれ、これに代わる人工材料を作ろうというアイデアが出てくる。最初の人工ビリヤードボールは、木材パルプや骨粉、可溶化木綿ペーストなどを混ぜたものに硬化樹脂を入れ、固めて作った。この樹脂は主にセルロース由来で、たいていニトロセルロースだった。後に改良されたビリヤードボールでは、セルロースから作ったポリマーであるセルロイドが使われた。セルロイドの硬さと重さは、製造工程で調整すれば変えることができる。セルロイドは最初の熱可塑性物質

——すなわち何回も溶かして成型できる物質であった。機械を使えば、職人的技術がなくとも安価に同じものを大量生産することができた。

セルロースから作ったポリマーの大きな問題は、可燃性と、（とくにニトロセルロースの場合の）爆発性であった。セルロイドのビリヤードボールが爆発したという記録はない。しかしセルロイドは、潜在的に危険な物質だった。映画のフィルムは最初セルロイドでできていた。セルロイドは、ニトロセルロースと、柔軟性を出すために可塑剤として入れた樟脳とからできている。一八九七年、パリの映画館で起きた火災は大惨事となり、百二十人が死亡した。この事件のあと、フィルムが発火しても火が広がらないよう、映写室がブリキ張りになった。しかしこの対策は、映写係の安全をまったく考慮していない。

一九〇〇年代初め、ベルギーから移民してきたレオ・ベークランドという若いアメリカ人が、今日我々がプラスチックと呼ぶ、いわゆる人工的に合成されたものとしては最初のものを作った。これは革命的なことである。なぜなら、それまで作られたさまざまなポリマーは、少なくとも部分的には、天然に存在するセルロースを利用して作られていたからだ。ベークランドは、この発明によって「プラスチックの時代」を開いたといってよい。彼は聡明で発明の才に富んだ化学者だった。二十一歳のときベルギーのヘント大学で博士号をとり、アカデミックな将来も保証されていた。しかし新世界に渡ることを選ぶ。その地は、自分自身の化学的発明を開発、製造する機会がより大きいと判断したのだ。

最初この選択は失敗のように見えた。二、三年の間、ビジネスチャンスを求めて数多くの研究を精力的に行ったが、一八九三年には破産寸前に追い込まれてしまう。ベークランドは資金を求めてジョージ・イーストマンにアプローチした。写真フィルム会社、イーストマン・コダックの創業者である。ベークランドは、自分の発明した新しいタイプの印画紙を売り込むつもりだった。この紙は塩化銀のエマルジョン（乳濁液）が塗ってあり、現像時の洗い、加熱のステップが不要であった。さらに光の感受性が増したため、露光は人工照明（一八九〇年代はガスランプ）でも現像できた。これによってアマチュアの写真家でも、自宅ですばやく簡単に現像できるようになったし、あるいは全国に次々と開店した新しい現像店に頼むこともできるようになったのである。

ベークランドはイーストマンに会いに行く列車の中で、この新しい印画紙を五万ドルで売り込もうと決めた。もし値引きを要求されても、二万五千ドル以下では譲らないぞと自らに言い聞かせた。いずれにしろ当時としてはかなりの金額である。しかしイーストマンは、この印画紙にたいそう感心し、即座に破格の七万五千ドルを提示した。驚いたベークランドはもちろん承諾する。そしてこの大金を使って自宅の横に現代的な実験室を建てた。

資金問題が解決したベークランドは、人工シェラックの合成に目を向ける。シェラックは、昔からラッカーすなわち木材の保護塗料として重用されてきた。東南アジア原産のメスのラックカイガラムシ *Laccifer lacca* の分泌液から得られ、今も使われている。この虫は木にへばりついて樹液を吸い、やがて自らの分泌液で体を覆ってしまう。産卵が終わると死ぬので、残った貝殻のような外皮――ここから shellac の shell は来ている――を集めて融かす。得られる液体は虫の死骸などを除くため、濾過される。わずか一ポンド（四百五十グラム）のシェラックを作るのに一万五千匹のカイガラムシと六ヶ月が必要だ。とはいえ、シェラックを薄く木材に塗るだけなら、価格も払えない金額ではなかった。しかし二十世紀初めに電気産業が興り急速に拡大する。ここでシェラックが使われるようになり、需要は急増した。すなわち絶縁体はシェラックを塗った紙を使って作る。そのコストは無視できなかった。ベークランドは、この増大する絶縁体市場で人工シェラックが必需品になると考えた。

シェラックを作るに当たり、彼が最初にとった方法は、フェノール――リスターが外科手術を変革するのに使った分子――とホルムアルデヒドを結合させる反応だった。ホルムアルデヒドはメタノール

（木精）から作られる化合物で、当時は葬儀業者が死体に塗ったり、あるいは動物標本を保存するのに使われていた（7－9）。

この二つの化合物をつなげる反応は、それまでの研究で芳しい結果が得られていなかった。急速な制御不能の反応が起こり、溶媒に溶けない硬い物質ができてしまう。もろくて弾力性がなく、使いようがなかった。しかしベークランドはそのような性質こそ、電気絶縁体に使う合成シェラックに必要なものと考えた。物質が希望する形に成型できるよう反応をコントロールすればよい。

一九〇七年、彼は温度と圧力を調節できる反応系を使い、透明で琥珀色の液体を得た。この液体は、型や容器に注げばすばやくその形に固まる。彼はこの物質をベークライトと名づけ、それを作る圧力釜のような装置をベークライザーと呼んだ。自己顕示とも取れるこれらの名前も、彼がたった一つの反応に五年間も費やしたことを思えば、許されるだろう。

天然シェラックが熱で歪むのに対し、ベークライトは高温でも形を保つ。ひとたび固まれば決して融けず、変形しなかった。セルロイドのような熱可塑性樹脂とは対照的である。すなわちベークライトは熱硬化性樹脂に属し、永遠に形が固定された。このフェノール樹脂のユニークな性質は、その化学構造に起因する。ホルムアルデヒドは、フェノールのベンゼン環の三ヶ所（OHの隣二ヶ所、反対側一ヶ所）と反応し、その結果、ポリマーの鎖の間に架橋ができる。これらの非常に短い架橋が、しっかりした平面構造のベンゼン

フェノール　　　ホルムアルデヒド

7－9

環を結んでいることで、ベークライトの堅牢さが生まれている（7－10）。

電気絶縁体に使った場合、ベークライトはどんな物質よりも優れていた。シェラックや、それを塗った紙よりも熱に強い。セラミックやガラス製の絶縁部品よりも丈夫である。電気絶縁性も磁器や雲母より優れていた。ベークライトは太陽光、水、潮風、オゾンとは反応せず、酸や有機溶媒にも耐えられる。簡単には割れず、縁が欠けたり、退色したり、劣化することもなかった。燃えたり融けたりすることもなかった。

その後、ベークライトは、発明者の当初の目的ではなかったが、ビリヤードの球としても理想的であることが分かる。ベークライトの弾力性は象牙とほぼ同じだった。ぶつかると象牙の球がぶつかったときと同じ音がした。これはセルロイドの球にない重要な特徴だった。一九一二年までに、象牙以外のビリヤード球は、ほとんどすべてベークライト製になる。他にもさまざまな用途が見出され、二、三年のうちにベークライトはあらゆるところで目にするようになった。電話機、どんぶり、洗濯機の攪拌棒、パイプの柄、家具、車の部品、万年筆、皿、コップ、ラジオ、カメラ、台所用品、ナイフの取っ手、ブラシ、箪笥、風呂用品。さらには芸術作品や

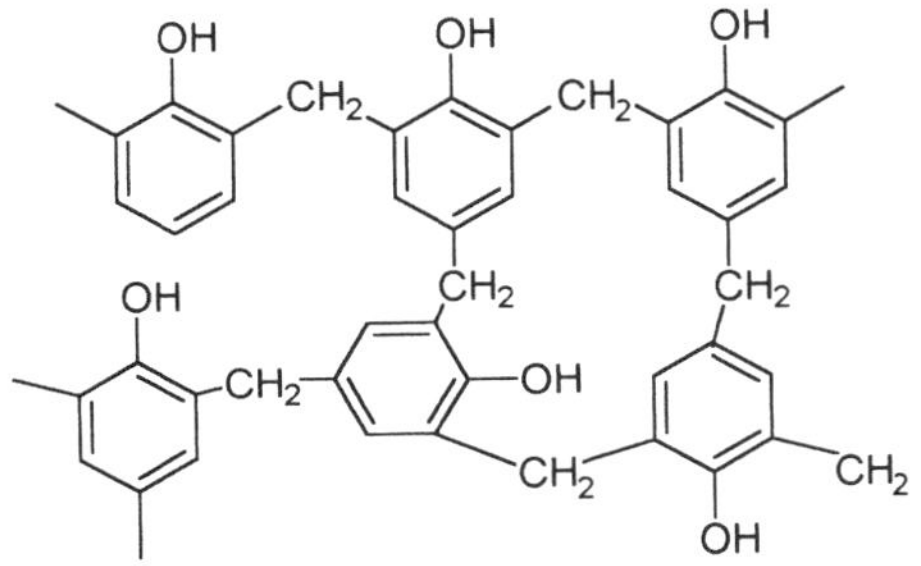

ベークライトの化学構造概念図。フェノール分子の間を$-CH_2-$が架橋している。これらは架橋の一例を示すに過ぎず、実際の架橋はランダムである。

7－10

装飾品にまでベークライトが使われる。ベークライトは「千の使い道がある物質」として知られるようになった。ただし今日、この褐色の物質は、他のフェノール性樹脂に取って代わられた。新しい樹脂は無色で、簡単に色付けすることもできる。

フェノールと香り

天然物質が需要に追いつかないため、という理由でフェノール分子を基本として人工の代替品が創製されたのは、ベークライトが唯一の例ではない。たとえばバニリンの需要は、長い間バニラ蘭からの供給量を上回っている。そこで合成バニリンが作られているが、原料は驚くべきものだ。紙を作る過程で木材パルプを亜硫酸処理したときに得られる廃液である。この廃液にはリグニンが多く含まれている。リグニンは陸上植物の細胞壁あるいは細胞間に豊富に存在し、植物に強度を与えている。木材の乾燥重量の約二五％にもなるという。この物質は単一の化合物ではなく、異なるフェノール性ユニットが様々に架橋されたポリマーである。

軟材（針葉樹）と硬材（広葉樹）とではリグニンの含量に差があり、また構成ユニットの化学構造も異なる。すなわち、軟材は二置換フェノールしか含まないが、硬材は二置換フェノールも三置換フェノールも含む。また、リグニンにおいても、ベークライト同様、その堅牢性はフェノール性分子の架橋の程度に依存する（7-11）。

これら構成ユニット（モノマー）が架橋したリグニン構造の一部を図示する。ベークランドのベークライトと実によく似ている（7-12）。

図の円で囲んだ部分はバニリン分子の構造と非常に近い。リグニン分子をある条件で分解すればバニリンが生成する（7-13）。

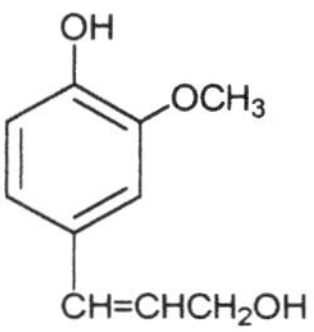

コニフェリルアルコール（二置換フェノール）。軟材（針葉樹）にも硬材（広葉樹）にも見られる構成モノマー。

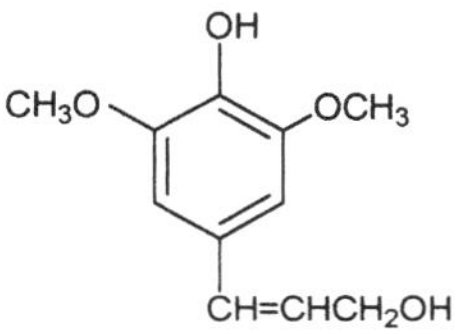

シナピルアルコール（三置換フェノール）。硬材のみに見られる構成モノマー。

7－11

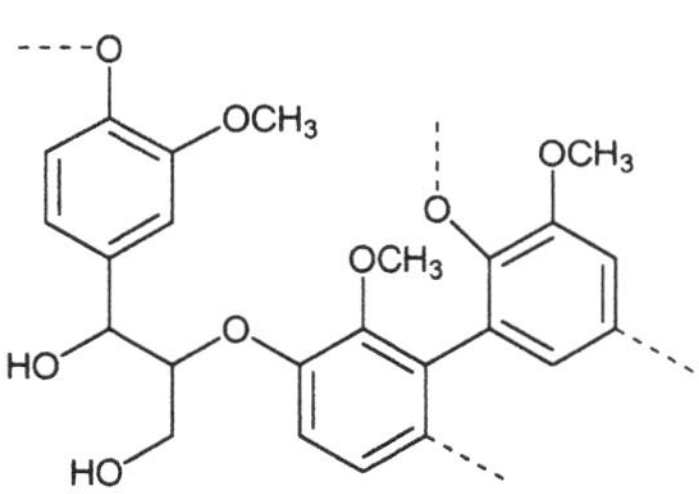

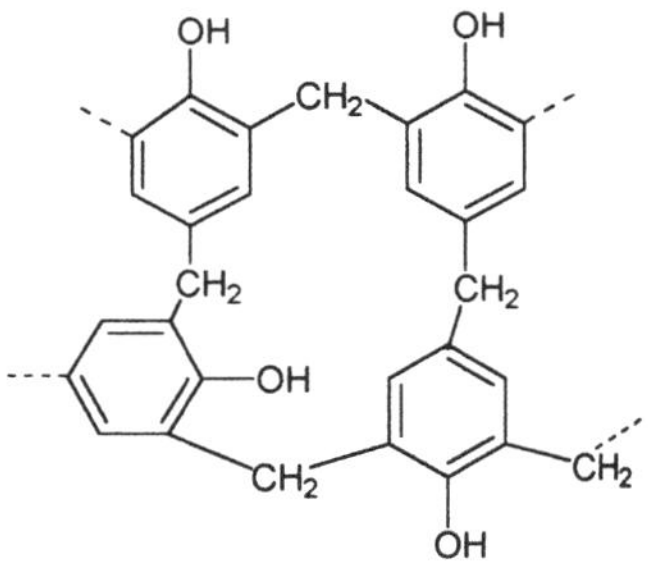

リグニンの部分構造（左）。点線は他の部分との結合を示す。ベークライト（右）もフェノールを架橋したものである。

7－12

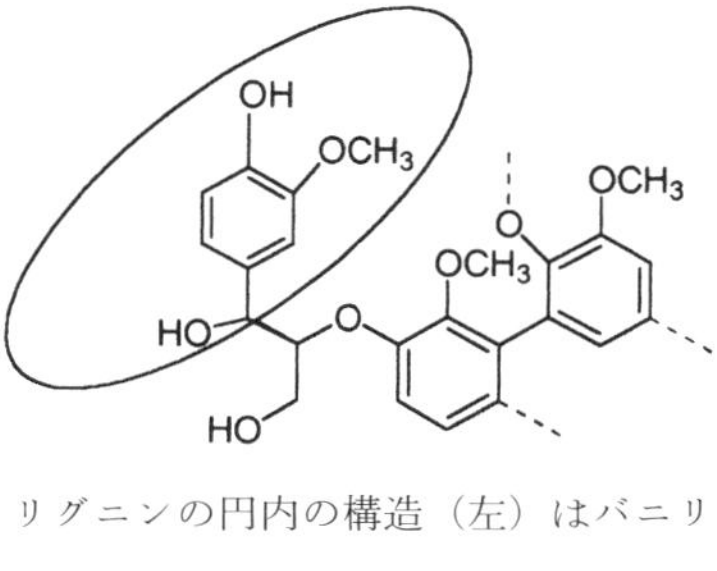

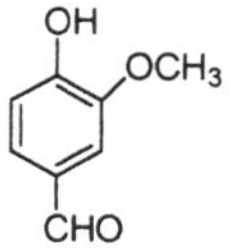

リグニンの円内の構造（左）はバニリン分子（右）と非常に似ている。

7－13

合成バニリンは、天然物を模倣して化学合成したものではない。天然資源から得られる純粋なバニリンであり、バニラビーンズのバニリンと化学的にまったく同一のものである。ただし、天然バニラビーンズを使ったバニラの香料は、ほかに微量の化学物質を含み、これらがバニリン分子と一緒になってバニラの香りを出す。一方、人工バニラは、着色料としてキャラメルを含む溶液に、リグニンなどから作った合成バニリンを入れて市販されている。

奇妙に思うかもしれないが、バニラの分子と石炭酸のフェノール分子との間には化学的な関係がある。つまり、植物には主要な構成物質としてのセルロースに加え、木質にはリグニンが含まれている。植物の遺骸は、適当な温度と高圧下で長い時間が経つと石炭となる。家庭や工場の燃料であった石炭ガスを生産する過程で石炭を熱すると、刺激臭のある真っ黒なねばねばした液体が得られる。これこそリスターが石炭酸を得たときの原料であるコールタールだ。彼の殺菌剤フェノールも、元をたどればリグニンから来ているのだ。

無菌手術を初めて可能にしたのは、フェノールであった。手術をしても生命を脅かす感染の危険がなくなった。事故や戦争で傷ついた無数の人々は、フェノールのおかげで助かる見込みが大いに高まった。フェノールやその後の殺菌剤がなかったら、今日のすばらしい外科手術――人工関節、開胸心臓手術、臓器移植、脳手術、マイクロ手術など――は決して生まれなかっただろう。

ジョージ・イーストマンは、ベークランドの発明した印画紙に出資することで、より良い感光紙を世に出した。これは、一九〇〇年に発売した非常に安価なカメラ（一ドルのコダック・ブラウニー）とともに、写真を金持ちの道楽から、庶民も手の届く趣味に変えた。そしてイーストマンからの資金のおかげで、プラスチック時代の幕をあける最初の真正合成ポリマーが開発できた。そのポリマーとは、フェノールを出発原料とするベークライトである。これは絶縁体を作るのに使われた。絶縁体は、現代工業社会の大きな要素である電気エネルギーの幅広い利用になくてはならないものだ。

ここまで論じてきたフェノールは、我々の生活を多方面で変えた。大きなものでは、無菌手術やプラスチックの発明、フェノール性爆薬などがある。小さなものでは、医薬品などのフェノール分子、スパイシーな食べ物、天然色素、安価なバニラなどもあろう。このようにフェノール類は、その多様性ある構造ゆえに、これからも歴史を作っていくに違いない。

八章　イソプレン　社会を根底から変えた奇妙な物質

タイヤのない世界が想像できるだろうか？　我々の使う車、トラック、飛行機はどうなっていただろう？　エンジンのガスケットやファンベルト、下着のゴム、靴の防水底がなかったとしたら？　輪ゴムのようなありふれた、しかし便利なものがなかったとしたら？

ゴムとゴム製品はあまりにも至るところにあるため、ゴムとは何か、ゴムが我々の生活をいかに変えたか、とは考えることもない。人類はゴムの存在を何百年も前から知っていた。しかし、これが文明になくてはならないものになったのは、つい百五十年ほど前である。ゴムのユニークな性質は、その化学構造に由来する。この構造を化学的に操作することで、ある物質が作られた。そこから富が生まれ、命が失われ、さらには国々の運命すら変わった。

ゴムの起源

中南米ではかなり昔からゴムが様々な形で知られていた。初めてゴムを使ったのは、装飾的にも実用的にも、アマゾン低地のインディオだといわれている。メキシコ、ベラクルスの近くの遺跡から出土したゴムのボールが作られたのは、紀元前一六〇〇―紀元前一二〇〇年までさかのぼる。一四九五年、クリストファー・コロンブスは新世界への二回目の航海で、イスパニョーラ島のインディオが重いボールで遊んでいるのを見た。ボールは植物の樹液で作ったもので、驚くほど高く跳ねた。「空気を入れたスペインのボールより良い」と彼は報告している。当時スペインでは、動物の膀胱を膨らませてボールゲームに使っていた。コロンブスを初めとして、その後新世界に渡ったものが、この新しい物質をいくつかヨーロッパに持ち帰った。しかしゴムは珍しいというだけのものだった。暑いときは粘りついて臭いがするし、ヨーロッパでは冬になると硬くなって割れた。

この奇妙な物質の用途について最初に研究したのは、フランスのシャルル＝マリ・ド・ラ・コンダミーヌである。ラ・コンダミーヌが何者であったかは、様々に記録されている。数学者であり、地理学者、さらには天文学者、はてはプレイボーイ、また冒険家。彼はフランス科学アカデミーから、子午線の長さを測るようペルーに派遣された。地球が赤道面方向にわずかに広がった形をしているかどうか確かめるためだった。ラ・コンダミーヌはアカデミーから命ぜられた仕事を終えると、南米のジャングルを探検する機会を得た。そして一七三五年、パリに戻る。このときカウチュックの木（涙を流す木という意味）からとれる樹液を固めたボールをいくつも持ち帰った。彼は、エクアドルで先住民がカウチュックの木から白いねばねばした液を集め、それを煙で熱し、様々な形に固めるのを見ていた。インディオたちはこうして容器やボール、帽子、長靴などを作っていた。ラ・コンダミーヌは樹液も持ち帰ったが、不幸なことに生のままだった。煙で処理されていない乳濁液は、航海中に発酵し、ヨーロッパに着いたときは役に立たない臭い物質に過ぎなかった。

ゴム樹液（ラテックス）は、コロイド懸濁液である。つまり天然ゴムの微粒子が水に浮遊している。多くの熱帯樹木や灌木は、ゴム樹液を産生する。例えば、ふつう「ゴムの木」と呼ばれる観葉植物 *Ficus elastica*（インドゴムノキ）もそうである。メキシコのある地域では、野生のゴムの木 *Castilla elastica*（パナマラバーツリー）から今でも伝統的なやり方でゴム樹液が採取されている。広範囲に自生しているトウダイグサ属（*Euphorbia*）の各種植物は、すべてゴム樹液を産生する。クリスマスによく見るポインセチア、沙漠地帯に生えるサボテンのような多肉質のユーフォルビア、落葉性あるいは常緑性灌木のユーフォルビア、それから北米に自生する成長の早い一年草ユーフォルビア「初雪草」もこの仲間である。アメリカ南部からメキシコにかけて生えている灌木、*Parthenium argentatum*（グアユールゴムの木）も天然ゴムを多く産生する。熱帯植物でもトウダイグサ属でもないが、あのつつましやかなタンポポもゴム性樹液を出す。単一の種として最大のゴム産生植物は、ブラジル、アマゾン原産の *Hevea brasiliensis*（パラゴムノキ）である。

シスとトランス

天然ゴムはイソプレン分子がつながった重合体（ポリマー）である。イソプレンは炭素原子がわずか五つしかない。天然ポリマーの構成ユニットとしては最小の分子であり、このことからゴムは最も単純な天然ポリマーといってよい。ゴムの構造に関する実験を初めて行ったのは、イギリスが生んだ偉大な科学者、マイケル・ファラデーである。今日では化学者というより物理学者として知られるファラデーは、自分のことを「自然哲学者」と考えていた。当時は化学と物理の境界もはっきりしていなかった。彼は、電磁気学や光学に関する物理学的発見で有名であるが、化学の分野における貢献も無視できない。その中に、ゴムの化学式をC_5H_8の整数倍であるとした業績がある。一八二六年のことであった。

一八三五年までには、イソプレンがゴムの蒸留で得られることが分かっていた。このことは、イソプレン（分子式C_5H_8）が繰り返し単位になっていることを示唆した。さらに数年後、イソプレンが重合するとゴムのような物質になることも示された。イソプレン分子の構造は普通次のように描かれる。隣り合う炭素原子それぞれに二重結合がついている（8－1）。

しかしこの炭素原子の間が単結合ならば、その結合は自由に回転できる（8－2）。

だからこの二つの構造は――さらに、この単結合の周りにあらゆる角度で回転した全てのもの――はまったく同じ化合物を表している。天然ゴムはイソプレン分子が次から次へと、端と端がつながったものである。ゴムではこの「重合」によって、いわゆる「シス」の二重結合ができる。二重結合は回転しないため、分子の立体構造は固定化される。その結果、例えば図（8-3）の左の構造（シス型）はトランス型と呼ぶ右の化合物と同じではない。

シス型では二つのH原子（二つのCH_3グループに着目しても同じ）が二重結合の同じ側に来る。一方トランス型では二つのH原子が違う側に来る。二重結合の周りに様々な原子、原子団が付いている状態においては、この一見小さな違いが、イソプレン分子からできるポリマーの性質に大きく影響するのだ。シス型、トランス型はしばしばまったく性質が異なる。イソプレン重合体はそのような多くの有機化合物の一つに過ぎない。

以下は四つのイソプレン分子が、矢印で示すところ、端と端で結合して天然ゴムができていく様子を示したものだ（8-4）。

次の図で、点線はさらにイソプレンが重合して鎖が延びていく場所を示す（8-5）。

イソプレン分子が結合するたびに新しい二重結合ができる。これらは、ポリマー鎖に関していえば、全てシス配置になっている。

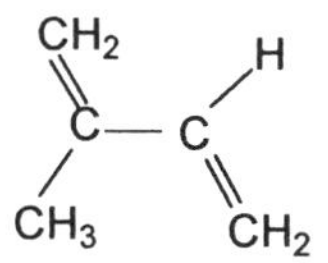

8-1

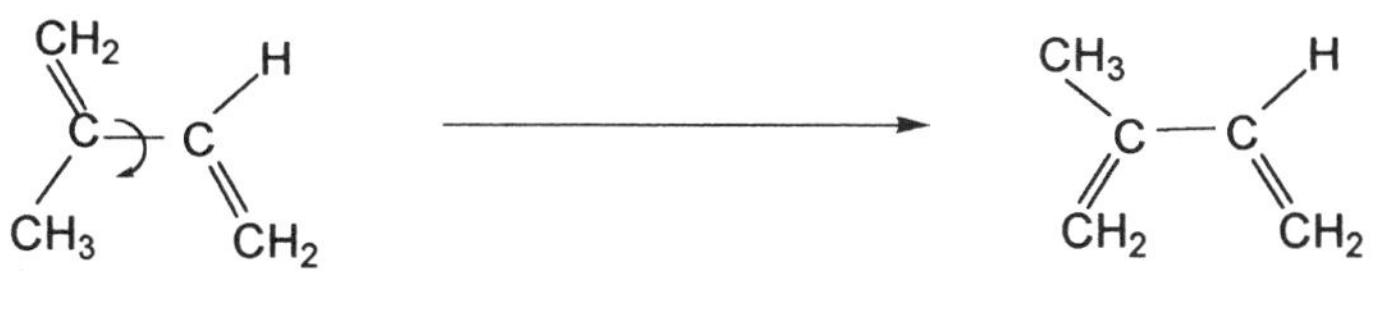

8-2

H原子がC=Cの同じ側にある。
H原子がC=Cの同じ側にない。
シス
トランス

8-3

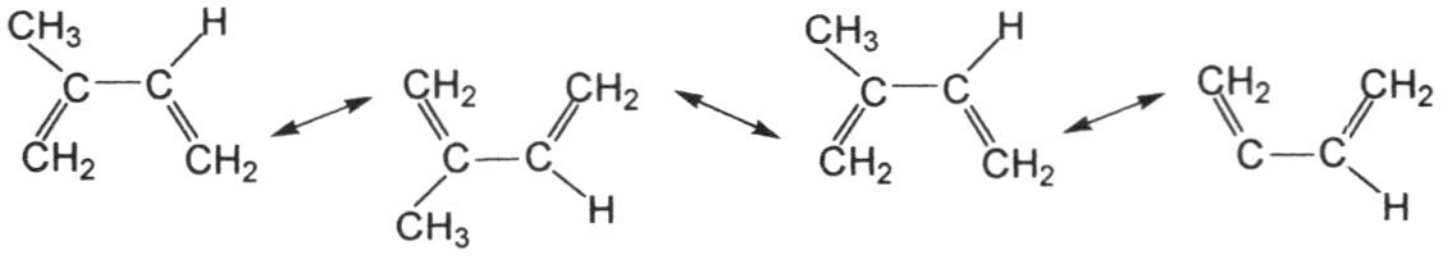

8-4

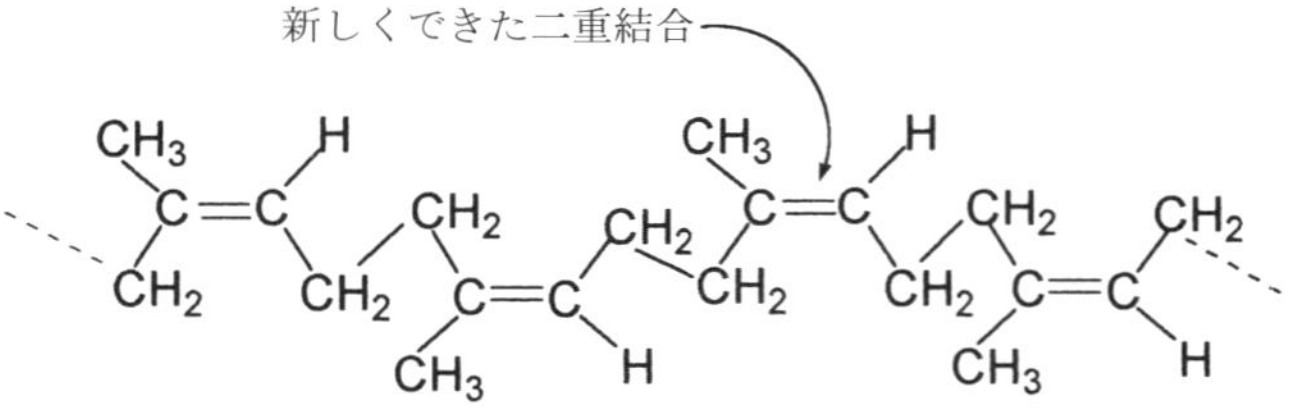
新しくできた二重結合

天然ゴム

8-5

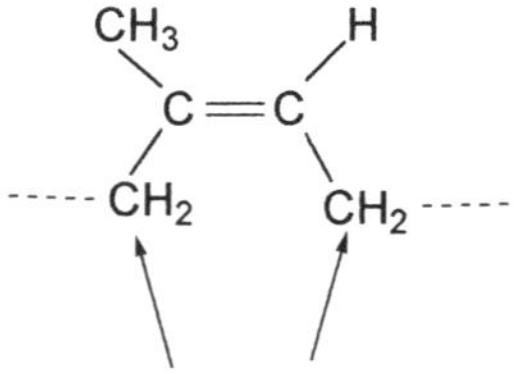

連続する鎖の炭素原子が、二重結合の同じ側にあるため、この構造はシスである。

8-6

すなわちゴムの分子を作る炭素原子の長い鎖は、各二重結合の同じ側に来ている（8－6）。

このシス型二重結合こそ、ゴムの弾力性に不可欠なものだ。しかしイソプレンの重合は常にシスというわけでもない。二重結合での立体配置がトランスの場合、ゴムとはまったく異なる性質を持った天然ポリマーができる。まったく同じイソプレン分子でも図のように（8－7）、ねじった位置にある分子を四つ並べ、端と端を結合させれば（8－8）、できあがるのはトランス体である（8－9）。

このトランス型イソプレンポリマーは、自然界に二種類存在する。ガタパーチャ（グッタペルカ）とバラタである。ガタパーチャは、マレー半島原産のグッタペルカ属の木をはじめ、さまざまなアカテツ科植物の樹液から作られる。ガタパーチャの約八〇%はイソプレンのトランス型ポリマーである。バラタは、パナマから南米北部にかけて自生する *Mimusops globosa* の似たような樹液から作られ、同じトランス型ポリマーである。ガタパーチャもバラタも融けて、型に入れると成型できる。しかし一定時間空気にさらすと硬くなり角質化する。この変化は水中では起きないため、ガタパーチャは十九世紀終わりから二十世紀初めにかけて、海底ケーブルの被覆材として広く使われた。ガタパーチャは医師、歯科医師も使った。副木、カテーテル、ピンセット、発疹の出た皮膚に貼る湿布、虫歯の詰め物などにだ。

ガタパーチャとバラタの特殊な性質は、恐らくゴルファーに最も歓迎された。初期のゴルフボールは木でできていた。ふつう楡やブナである。しかし十八世紀前半、スコットランド人が羽毛（フェザリー）ボールを発明した。ガチョウの羽を皮で包んだものである。この球は木製ボールより二倍遠くまで飛んだ。しかし雨天などで水に漬かると著しく飛距離が落ちた。さらに割れやすく、値段も木製より十倍高かった。

そこで一八四八年、「ガッティ」が登場する。熱湯で柔らかくして、手で丸め（後には金属の鋳型で成型した）そのあと固化させた。これはゴルファーの間にたちまち普及する。しかしこれにも欠点があった。イソプレンのトランス型ポリマーは、時間が経つと硬くなり割れやすい。古いボールは空中で破裂

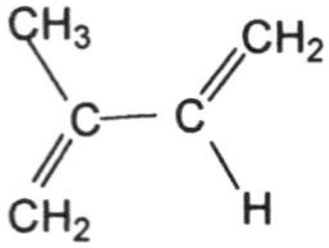

8－7

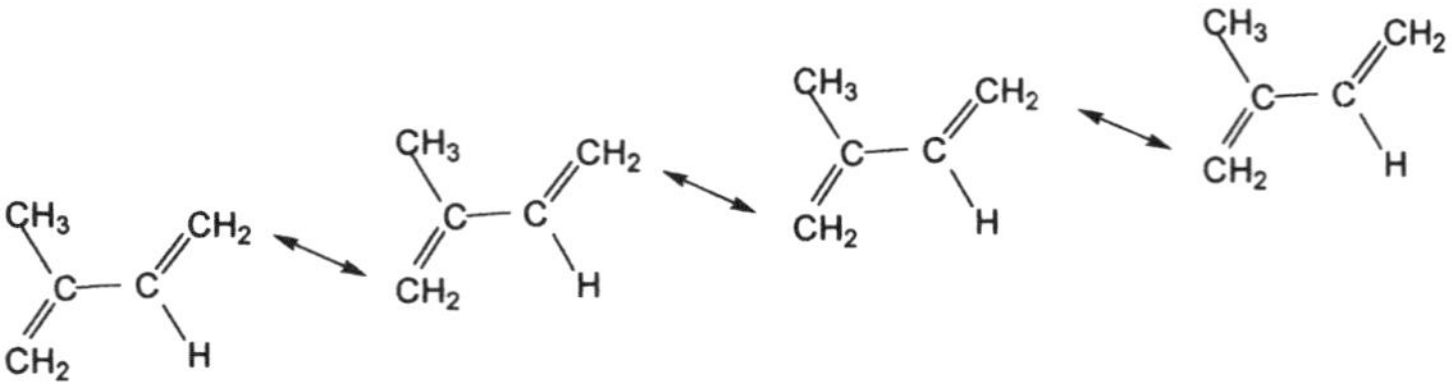

8－8

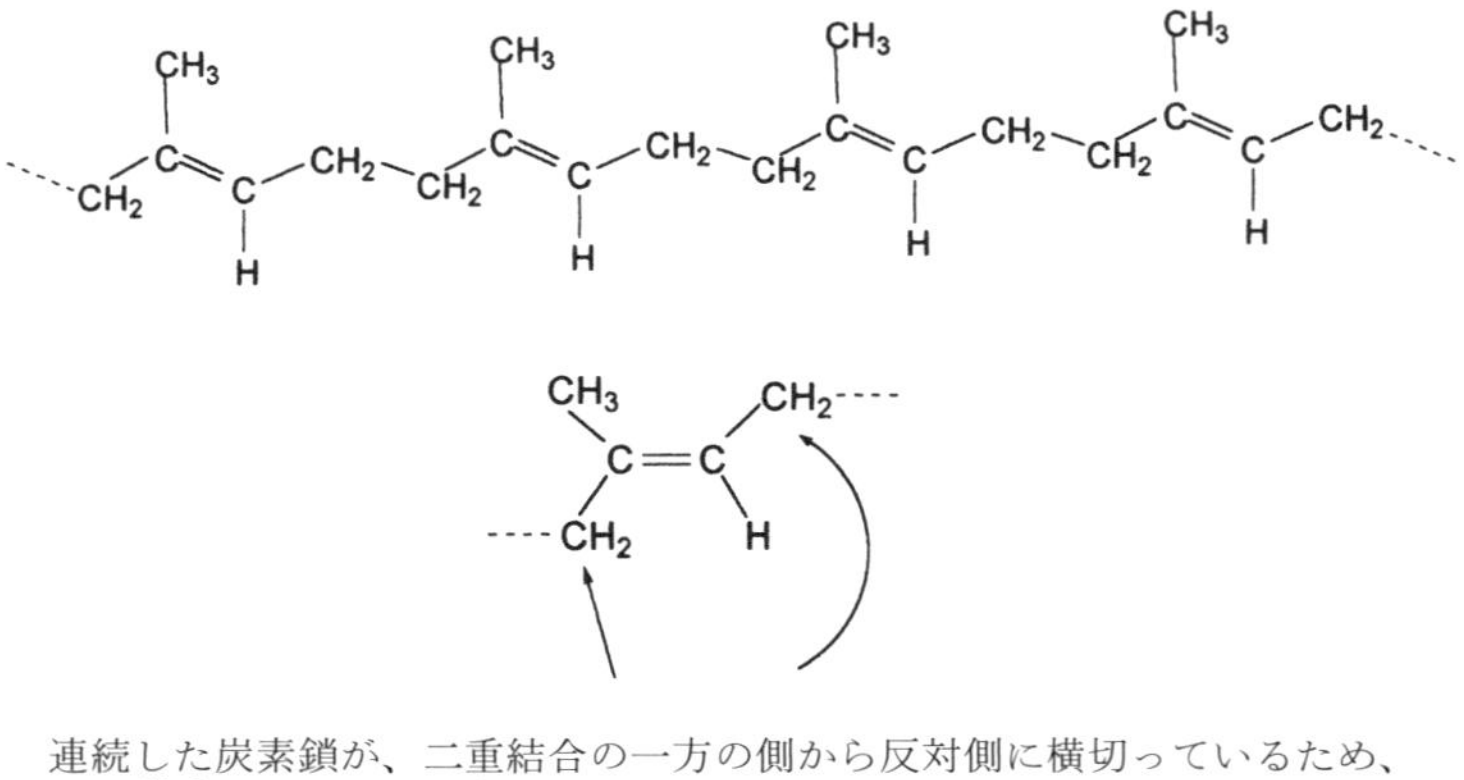

連続した炭素鎖が、二重結合の一方の側から反対側に横切っているため、この構造はトランスである。

8－9

することがよくあった。このため、最も大きな破片が落ちたところから新しいボールでプレー続行できるよう、ルールが変えられたほどだった。古くなって傷ついたボールが良く飛ぶことが分かると、生産者はあらかじめ表面に凹凸をつけたボールを作るようになり、その結果、現在の小さな窪みのあるディンプルボールにつながってゆく。十九世紀終わりには、イソプレンのシス型ポリマーもゴルフボールに使われるようになった。ガタパーチャ製の芯の周りにゴム紐として巻きつけたのである。外の皮は依然としてガタパーチャだった。現在のゴルフボールは様々な材料から作られているが、そのほとんどは今でもゴムを使っている。例えば外の皮はトランス型イソプレンポリマーだ。ただし、その原料はガタパーチャよりむしろバラタである。

ゴムを世に出した人々

ゴムの実験をした人はマイケル・ファラデーだけではない。一八二三年、グラスゴーの化学者、チャールズ・マッキントッシュは、ナフサ（ガス生産工場で出る廃棄物）にゴムを溶かして布に塗り、柔らかい皮膜とした。この処理をした布で作った防水コートは「マッキントッシュ」と呼ばれ、イギリスでは今でもレインコートをマックという。マッキントッシュの発見が引き金となり、ゴムは機械、靴下、長靴、靴、帽子、上着などに続々と使われるようになった。

アメリカでゴムが大ブームになったのは一八三〇年代初めである。ゴムをコーティングした上着は防水性が高く人気だったものの、冬には鉄のように硬くなり、夏は融けて糊のようになった。つまり、ねばねばして臭かった。当然人々は買わなくなる。ゴムブームは始まるとほとんど同時に終息した。ゴムは、消しゴムにしか使い道のない奇妙な物質だと思われた。ところで、ゴム、すなわちラバー（rubber）という語は一七七〇年、イギリスの化学者ジョセフ・プリストリーが作った。彼はカウチュックの小さなかけらでこする（rub）と鉛筆の字が消えることを見出した。当時は湿ったパンで字を消していたが、それよりずっときれいに消えた。消しゴムはイギリスで「インドゴム」という名をつけて売り出された。このことはゴムがインドから来たという誤解を生んでしまった。

ゴムの第一次ブームが終わった一八三四年ころ、アメリカの発明企業家チャールズ・グッドイヤーが一連の実験を開始した。これが長期にわたる世界的なゴムの大フィーバーを引き起こすことになる。グッドイヤーは企業家よりも発明家として優れていた。彼は生涯にわたってたびたび負債に苦しみ、何回も破産した。債務者監獄を自分のホテルと言ったことでも知られる。彼は、暑いときにゴムが粘つくのは湿気のせいだと考えた。そして乾燥粉末をゴムに混ぜれば過剰な湿気を吸収できるのではないかというアイデアにたどりつく。グッドイヤーは、この方針に沿って様々な物質を天然ゴムに加えた。しかし一つも上手くいかない。成功したと思った方法も、夏になると全て失敗だと分かった。ゴムを使ったブーツや服は、温度が上がると悪臭放つ汚物となった。隣人たちは彼の実験室から出る臭いに苦情を言い、財政支援者は手を引いた。それでもグッドイヤーは続ける。

ある種の実験は希望を持たせるものだった。ゴムは硝酸で処理すると、乾いてすべすべした物質になった。グッドイヤーは、温度が変わってもこのままでいて欲しいと願う。彼は再び支援者を得た。その支援者は役所に掛け合って、硝酸処理ゴムを使った郵便袋を納入する契約を取ってくれた。グッドイヤーはとうとう成功を手にしたと確信する。完成した郵便袋を部屋にしまって鍵をかけ、家族を連れて夏休みに出かけた。しかし帰ってくると、郵便袋は融け、さんざん見慣れた、原形をとどめぬ物質になっていた。

グッドイヤーの大発見は一八三九年の冬だった。このとき彼は、〝乾燥剤〟として硫黄の粉末を使って実験していた。そしてたまたま硫黄を混ぜたゴムを熱いストーブの上にこぼしてしまう。このとき焦げた粘着性の物質に、彼は可能性を感じた。つまり熱と硫黄によってゴムの性質が、ずっと待ち望んできたものに変わったと確信した。しかし硫黄をどのくらい入れたらいいのか、どのくらい熱したらいいのか分からなかった。グッドイヤーは、実験室と化した自宅の台所で実験を続ける。硫黄を入れたゴムの試料を熱いアイロンで挟んでみたり、オーブンで焼いてみたり、さらには火で炙る、やかんの蒸気を当てる、熱した砂に埋める、と様々なことを試みた。

グッドイヤーの粘りと努力はついに報われる。五年後、彼は安定した結果が得られる方法を見つけた。すなわち常に強く、弾力性があって、暑くても寒くてもしっかりしたゴムを得た。こうしてグッドイヤーはゴムの製法を発見し、発明者としての才能を発揮した。しかし事業家としては無能ぶりを見せ続ける。ゴムに関する多くの特許をとったものの、それから得たロイヤルティーはほんのわずかだった。しかし彼から権利を買った者は莫大な利益を得た。グッドイヤーは少なくとも三十二の特許紛争をアメリカ連邦最高裁まで争い、勝っている。だが生涯を通じて特許を侵害され続けた。彼の心はゴムのビジネスそのものにはなかった。彼は依然としてこの物質の無限の可能性について夢見ていた。ゴムの紙幣、宝石、帆、絵の具、車のスプリング、船、楽器、床、ウェットスーツ、救命ボート。これらの多くは後に実現した。

彼は外国特許でもばかをみる。新しく作ったゴムのサンプルをイギリスに送ったときは慎重だった。加硫プロセスに関しては、新しいことは一切明かさなかった。しかしイギリスのゴム専門家トーマス・ハンコックは、サンプルの一つに粉末がほんのわずか付着していて、それが硫黄であることを発見する。グッドイヤーは、その後イギリスで特許を申請したとき、ハンコックがわずか数週間前にほとんど同一の加硫法について特許出願していることを知った。ハンコックはグッドイヤーが出願を取り下げれば、自分の特許を二人で共有しても良いと申し出る。グッドイヤーはそれを拒否して訴えたが、敗れてしまった。一八五〇年代になると、ロンドンとパリで開かれた万国博覧会で、全てゴムでできたパビリオンが現れ、新しい物質は広く知られるようになる。しかしグッドイヤーは、ちょっとした文言解釈の違いからフランスでの特許（とロイヤルティー）を失い一文無しとなり、ふたたび債務者監獄で過ごすことになった。奇妙なことに、彼はフランスの監獄にいたとき、ナポレオン三世は、レジオン・ドヌール勲章を受章した。おそらくナポレオン三世は、メダルを与えるとき、彼が事業家でなく発明家であると思っていただろう。

伸びるのはなぜか？

グッドイヤーは化学者ではなかったから、なぜ硫黄と熱によって天然ゴムが上手い具合に変化したのか分からなかった。彼はイソプレンの構造を知らない。天然ゴムがそのポリマーであり、硫黄のおかげでゴムの分子の間に重要な架橋ができたことも知らなかった。熱が加わると、硫黄原子はゴム分子の長い鎖の間に結合を作り、ゴム分子はそれぞれの場所から離れなくなる。ゴムがイソプレンの直鎖状ポリマーであることを証明したのは、イギリスの化学者サミュエル・シュラウダー・ピックルスである。このときようやく硫化反応——

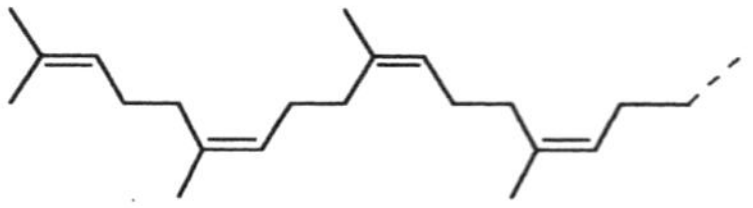

シス体であるゴムの分子は、伸ばしても別のゴム分子と、ぴったり付着することはできない。それゆえ分子間力もあまり働かない。引っ張ると、それぞれのゴム分子は互いに擦れるように滑っていく。

8－10

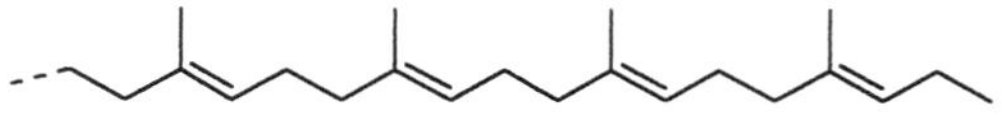

ジグザク状のトランス体は互いにぴったり付着することができるため、隣接する分子の間に引力が働く。その結果、各分子は滑らず、ガタパーチャとバラタは伸びない。

8－11

vulcanization、ローマの火の神、バルカンから来ている――が説明できるようになった。これらはグッドイヤーの幸運な発見から七十年以上も後のことだ。

ゴムの弾力性は、その化学構造から直接説明される。イソプレンポリマーは不規則に曲がりくねった鎖である。これが引っ張られると、どの鎖もその方向にまっすぐ伸びて揃って並ぶ。引っ張る力がなくなると各分子はまた不規則にとぐろを巻くようになる。また、天然ゴム分子の二重結合はすべてシス型であり、自由に折れ曲がる。分子同士の間に十分な引力が働くほど接触していない。それで力が加わると、分子が並んでいても互いに滑ってゆく。これは規則正しいジグザグ型をしたトランス体と対照的である。トランス体の分子は十分近接して並んでおり分子間力が働く。そのため長い鎖が互いに滑ることはない。つまり伸びない。ゆえにトランス体のガタパーチャ、バラタは硬く曲げにくい。一方シス体の天然ゴムは柔らかく弾力がある（8－10、8－11）。

グッドイヤーは、天然ゴムに硫黄を加えて熱することで、硫黄原子二つを介する架橋を作った。熱はこの新しい結合を作るのに必要だった。これらS―S結合を十分に作ることで、ゴム分子は柔軟性を保ったまま、互いにすべることがなくなる（8－12）。

グッドイヤーの発見後、加硫ゴムは世界的に重要な物品の一つとなり、戦争においても不可欠な物資となった。天然ゴムの弾力性は、限られ

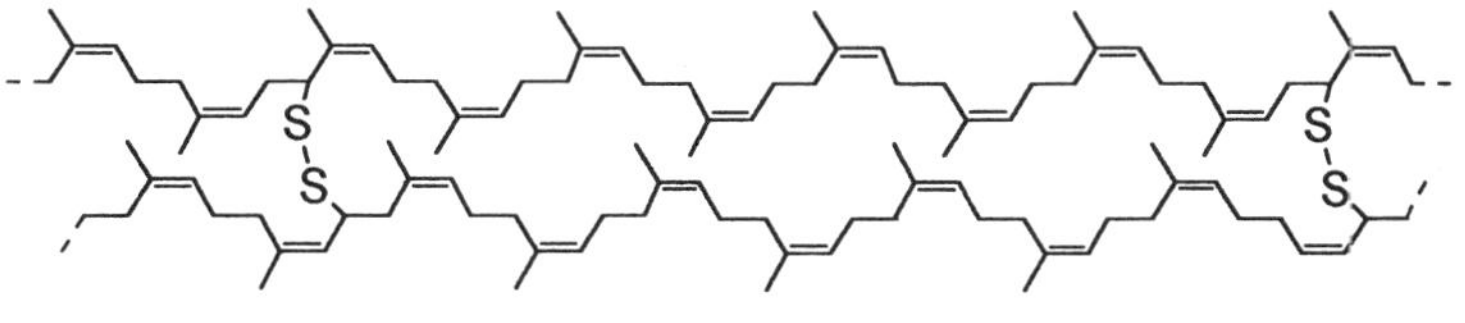

–S–S–結合の架橋により、滑らなくなったゴムの分子。

8－12

た温度範囲でしか発揮されないが、硫黄をわずか〇・三％加えることで、大きく改善する。暖かくなっても粘つかないし、寒くなっても割れない。ゴムバンドを作るソフトラバーは、硫黄を約一―三％含む。硫黄が三―一〇％になると、もっと多くの架橋ができ、強さが増して、車のタイヤなどに使われる。さらに架橋が増えると硬くなり、柔軟性が必要な用途には使えない。グッドイヤーの弟、ネルソンが開発したエボナイト――黒くて非常に硬く、絶縁体に使われる――は、二五―三〇％の硫黄を含む加硫ゴムである。

ゴムは歴史を変える

加硫ゴムの将来性が認識されると、需要は本格的に増え始めた。ゴム様樹液（ラテックス）を産する熱帯樹木は多数あるが、パラゴムノキはアマゾン熱帯雨林にしかなかった。わずか二、三年の間にいわゆる「ゴム貴族」が年季奉公者――主にアマゾン低地の先住民――を雇って巨万の富を得るようになる。一般には認識されていないが、これは借金させて束縛するシステムで、奴隷制に近いと考えるべきものだ。労働者はいったん契約すると、雇い主から立替払いで用具や糧食を支給される。賃金はその費用をまかなうほど多くないから、借金はどんどん増える。ゴムを収穫する人々は日の出から日没まで働いた。ゴムの木に刻みを入れて樹液を集め、いぶる火にかざして固める。そして黒い樹液でできたボールを、出荷するために川まで運んだ。十二月から六月までの雨季には、樹液が凝固しないので、採集人は陰気な野営で待機した。そこには気の荒い監視人がおり、逃げようとするものを躊躇せずに撃った。

アマゾン低地の樹木のうち、ゴムを産するものは一％もない。最も良い木は、年間一・五キログラムほどゴムが採れた。腕の良い樹液採集人は、いぶして固めたゴムを一日約十二キログラム作ることができた。球状に固めたラテックスは、カヌーで運ばれ集積所を経て、最終的にはマナウスに集められた。

マナウスは、大西洋岸から千五百キロメートルほど内陸に入ったネグロ川沿いの町で、アマゾン川との合流点から十八キロメートルのところにある。ゴムのおかげで急に栄える前は、川に沿った小さな熱帯の町にすぎなかった。百人ほどのゴム貴族――大部分はヨーロッパ人――による巨大な富、そして彼らの贅沢な暮らしぶりは、上流で働くゴム採取人の惨めな状態と対照的であり、この不均衡はマナウスの町で最も顕著に現れていた。巨大な邸宅、装飾された馬車、あらゆる輸入ぜいたく品を扱うおしゃれな店、よく手入れされた庭園。一八九〇年から一九二〇年にかけてアマゾンがゴム生産を独占していた最盛期には、富と繁栄を示すあらゆるものがマナウスで見られた。町の大きなオペラハウスは、アメリカやヨーロッパからトップスターを呼んだ。一時はダイヤモンドの購入量で、マナウスが世界一になったほどだ。

しかしゴムのバブルは、はじけることになる。すでに一八七〇年代から、イギリスは熱帯雨林で野生のゴムの木が伐採され続けていることに危機感を持った。木は切り倒せばより多くの樹液が搾り取れる。一本から四十五キログラム取れることもあった。切れ目を入れて採取する方法では年間一・五キログラムしか取れない。カスティリャ属 *Castilla* の木はこうした伐採により、絶滅の危機に瀕した。カスティリャからは、「ペルー板」と呼ばれる少し劣ったゴムが生産され、家庭用品やおもちゃなどに使われていた。一八七六年、イギリスのヘンリー・アレクサンダー・ウィッカムは、船をチャーターしてアマゾンからパラゴムノキ *Hevea brasiliensis* の種子、七万粒を持ち出す。後に分かったことだが、これは最も生産性の高い種類だった。アマゾンの森にはパラゴムノキ属の木が十七種類もある。ウィッカムは知っていてこの油っぽい種子だけを集めたのだろうか、あるいはその選択が単に幸運によるものだったのだろうか。そのあたりは分からない。また、彼の雇った船はブラジル当局の検査を受けなかったようだ。ただし係官は、おそらくゴムの木はアマゾン低地以外では育たないと考えていただろう。

ウィッカムはこの荷を運ぶことに細心の注意を払う。腐ったり発芽したりしないよう丁寧に荷造りして運び、一八七六年六月の早朝、有名な植物学者ジョセフ・フッカーの家を訪ねた。フッカーはロンドン郊外、キューにある王立植物園の園長である。温室が作られ、ゴムの木の種がまかれた。数日後、いくつかの種から芽が出る。育ちの良い千九百本ばかりの苗木がアジアに送られることになった。最初の苗木は小さな温室に入れられて、注意深くセイロン（現スリランカ）のコロンボに送られた。新たなゴム帝国の始まりである。

当時はゴムの木の育ち方についてほとんど知られていなかった。アジアの環境条件も樹液の生産に適しているのかどうか未知であった。キュー植物園は、パラゴムノキの栽培条件についてあらゆる面から科学的検討を行い、よく手入れされた木は、当時の常識に反して、毎日でも樹液が取れることを見出した。植えられた木は四年後からゴム樹液を生産しだす。当時、野生のゴムの木は二十五年くらい経ってようやく樹液採取ができると考えられていた。

最初のゴムの大農園（プランテーション）は、西マレーシアのスランゴール州に二つできた。一八九六年、透明な琥珀色のマレーゴムが初めてロンドンに到着する。オランダもすぐにジャワ、スマトラにプランテーションを作った。一九〇七年の時点でイギリスは、ゴムの木を数千万本保有している。セイロンとマレーシアで十二万ヘクタールを超える土地に、整然と植えられていた。また、天然ゴムの生産に必要な労働力として、数千人が——セイロンへはタミル人が、マレーシアへは中国人が——入植した。

アフリカ、特にコンゴなど中央アフリカ地域もまた、ゴムの需要によって影響を受けた。一八八〇年代、ベルギーのレオポルド二世は、イギリス、フランス、ドイツ、ポルトガル、イタリアが、アフリカ大陸の西部、南部、東部をすでに分割してしまったのを見て、人気のなかった中央アフリカを植民地とした。ここは数世紀にわたる奴隷貿易で人口が減ってしまっている。さらに十九世紀になると象牙の貿易が同様に彼らの伝統的な暮らしを破壊し、この地域を荒廃させた。象牙商人の取った方法は、まず先住民を捕まえる。そして解放する代わりとして象牙を要求するのだ。人々は捕らえられた家族を救うため、村ぐるみで危険な象狩りに行かねばならなかった。そのうち象牙が取れなくなり、ゴムの国際価格が上がってくると、商人たちは身代金として赤ゴムを求めるようになる。このゴムは、コンゴ盆地に自生する、つる性植物から取れた。

レオポルドは、アフリカ中央部で初めて正式な植民地を経営するにあたり、ゴム貿易の収益をその財政基盤とした。彼は、アングロ＝ベルギー・インドゴム会社や、アントワープ社などの商業資本に広大な土地を貸し与えた。ゴムからの収益は、単純に収穫量で決まる。コンゴの人々は樹液採集を強制された。彼らに農業的生活をやめさせ、ラテックス採取に専念させるため軍隊までも使われた。どの村の人々も、奴隷にされることを恐れ、ベルギー人を見れば逃げ隠れた。残虐な懲罰も日常茶飯事である。ゴムを十分集められない者は、見せしめにマチェーテ（伐採用のなた）で両腕を切り落とされた。何人かの人道主義者たちは、レオポルドの統治法に抗議する。しかし他の帝国主義的国家は、ゴム生産会社による大規模な強制労働を許していた。

歴史はゴムを変える

ゴムは他の分子と違い、歴史を変えただけでなく、それ自体も歴史によって変わってきた。ゴム（ラバー）という語は、現在さまざまなポリマーに対して使われる。それらは、二十世紀に起きた出来事によって開発が促進されたものだ。天然ゴムの生産量は、プランテーションで採れるものが、アマゾン熱帯雨林のものをすぐに追い越した。一九三二年には、東南アジアのプランテーションが世界のゴム生産の九八％を占める。この地域への強い依存度は、アメリカ政府にとって大きな心配事であった。ゴムの備蓄プログラムはあったが、産業、輸送分野の成長には、さらに多くのゴムが必要である。一九四一年十二月、日本が真珠湾を攻撃したことでアメリカが第二次世界大戦に突入した後、フランクリン・デラノ・ルーズベルト大統領は特別委員会を作った。戦争が始まって少しずつゴム不足が問題になってきており、その解決策について研究させるためであった。委員会は「もし、速やかに大量のゴムが供給できなければ、戦争遂行も国内経済も頓挫するだろう」と結論した。彼らは、カリフォルニアのラビットブラシ、ミネソタのタンポポなど、各州に生えている様々な植物から天然ゴムを抽出するというアイデアを却下する。実際、ロシアは戦時中、自生しているタンポポを使ってゴムを作った。しかしルーズベルトの委員会は、こうして得られるラテックスはあまりに量が少なく、品質も疑問であるとする。唯一の解決策は合成ゴムの製造だと考えた。

イソプレンを重合させて合成ゴムを作る試みは、それまで成功していなかった。問題はゴムにあるシスの二重結合である。天然ゴムができるときは酵素が重合過程をコントロールするため、二重結合はすべてシスになる。しかし合成ではそうした制御はできない。その結果、生成物の二重結合は、シスとトランスがランダムに混じったものになる。

似たようなイソプレン重合体の変わり種は、自然界にもある。南米に生えるサポディラの木 *Achras sapota* から得られるラテックスである。これは「チクル」として知られ、長い間チューインガムを作るのに使われてきた。ついでに言うと、ガムを噛むことは古代からあった習慣のようだ。噛んだ跡のある樹脂の破片は、先史時代の遺物と一緒に出土する。古代のギリシャ人は、マスティックの木の樹脂を噛んでいた。マスティックは中東、トルコ、ギリシャの一部に見られる灌木で、これらの地域では今でも噛まれている。ニューイングランドに住んでいたインディアンは、スプルース（米唐檜）の樹液を固めたものを噛んでいた。この習慣はヨーロッパからの入植者たちも真似た。スプルースのガムは独特の強い香りがある。しかし不純物を除くことが難しいため、入植者たちの間では、パラフィンワックスで作ったガムのほうが次第に好まれるようになった。

チクルは、メキシコ、グアテマラ、ベリーズに住んでいたマヤの人々が千年以上噛んでいたものだ。ロペス・デ・サンタ・アナ将軍によってアメリカに紹介されたという。アラモの戦いで有名なサンタ・アナは、メキシコ大統領としてアメリカとの領土協定に同意、メキシコはリオグランデ川の北、すべての領土を失った。彼は一八五五年、退任させられ故国を追われる。サンタ・アナは、亡命中にゴムの代用品としてチクルをアメリカのゴム業界に売ろうとした。それによって市民軍を組織し、メキシコ政界に復帰しようと考えたからだ。しかしチクル分子がランダムなシス、トランスの二重結合を持つことなど知る由もない。サンタ・アナと写真家で発明家でもあったパートナー、トーマス・アダムスは努力したが、チクル樹脂は硫化されず、ゴムの代用品にはならなかった。またゴムと上手く混じることもなく、チクルに商業的価値はないようにみえた。あるときアダムスは、子供がドラッグストアでパラフィンのチューインガムを一ペニーで買うのを見る。またメキシコの先住民がチクルを何年も噛んでいたのを思い出し、これこそ自分の作業場に貯まっているチクルの使い道になるかもしれないとひらめいた。チクルで作ったガムは、粉末糖で甘くし、様々な香りをつけると、成長しつつあったチューインガム産業の中心となった。

チューインガムは、第二次世界大戦中に兵士の注意力を維持するために配給されたが、戦略物質とはみなされなかった。イソプレンからゴムを作る実験からは、結局チクルのような物質しかできない。そのため、イソプレン以外の分子を原料とする人造ゴムの開発が必要であった。これを可能とする技術は、皮肉なことにドイツで生まれている。第一次世界大戦中、ドイツは、東南アジアからの天然ゴムの供給を連合国によって阻止された。それに対応して、ドイツの化学系大企業では様々なゴム状物質を開発する。最も優れていたものは、スチレン・ブタジエンゴム（SBR）である。これは天然ゴムと非常に性質が似ていた。

スチレンは十八世紀終わりに *Liquidamber orientalis* の芳香性樹脂（バルサム）から初めて単離された。この木はトルコ南西部に生えていて、甘い樹液を出す。抽出されたスチレンは、二、三ヶ月後にゼリー状になったと記録されている。これは重合が起こったことを示唆する（8－13）。

この重合体は今日、ポリスチレンとして知られ、プラスチックフィルム、包装材、あるいは〝スタイロフォーム〟の使い捨てコップなどに使われている。スチレンは一八六六年に化学合成できるようになり、これとブタジエンを出発原料にして、IG（イーゲー）ファルベンは人工ゴムを作った。スチレン対ブタジエン（$CH_2=CH-CH=CH_2$）の比率は、SBRの場合、一対三である。二重結合に関しては、正確な割合と構造は変わりうるけれども、シスとトランスがランダムに混じったものと考えられる（8－14）。

一九二九年、ニュージャージー州にある石油会社スタンダードオイルは、IGファルベンと合成石油の製造工程に関し協業契約を結んだ。契約には、スタンダードオイルがIGファルベンの特許の一部を利用できる条項があり、SBR製造工程もそれに含まれていた。しかしIGファルベンは、技術の詳細について開示する義務はなかった。さらに一九三八年、ナチスはゴム製造に関するドイツの先端技術について、アメリカ

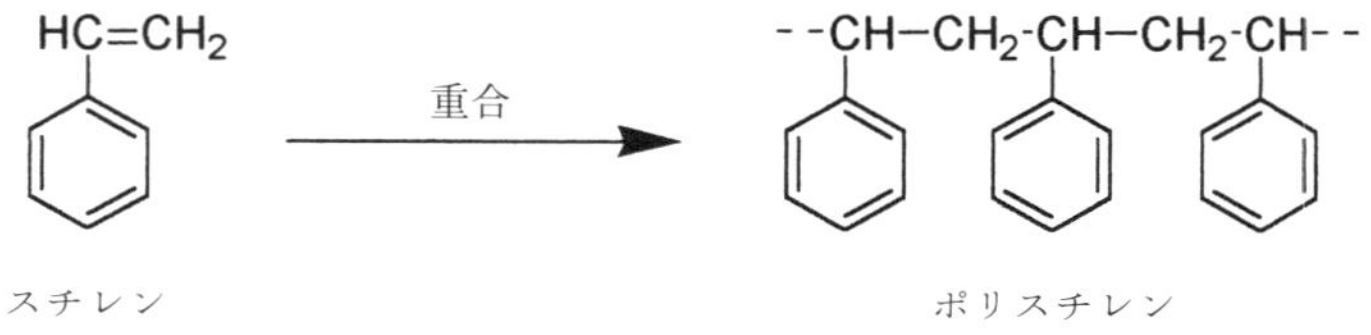

8－13

は利用できないと通達する。

　ＩＧファルベンは結局スタンダードオイルにＳＢＲ特許の資料を開示した。アメリカ人が自力でゴムを作るための技術情報は、十分含まれていないと確信していたからだ。しかしこの判断は間違っていたことが明らかになる。アメリカの化学工業は戦時動員され、ＳＢＲ製造工程の研究開発は急速に進められた。一九四一年、アメリカの合成ゴム生産は、わずか八千トンであったが、一九四五年には八十万トンを超え、ゴム消費量全体のかなりの部分を占めるようになった。このような短期間でこれほど大量のゴムを生産したことは、二十世紀における技術（と化学）の偉業としては、原子爆弾の製造に次いで二番目に特筆されるべきものと言われる。この他にも、ネオプレン、ブチルゴム、ブナ―Ｎなど別の合成ゴムが開発された。ゴムrubberという言葉は、イソプレン以外の物質を出発原料とし、天然ゴムと似た特性を持つポリマーをも含むようになった。

　一九五三年、ドイツのカール・ツィーグラーとイタリアのジュリオ・ナッタは、合成ゴムの製造法をさらに改良する。二人は独立に、特別な触媒を使って、シスあるいはトランスの二重結合を狙い通りに作る反応系を開発した。こうなると天然ゴムも人工的に合成できるようになる。このいわゆるツィーグラー・ナッタ触媒により、ポリマーはその性質が合成で正確にコントロールできるようになり、化学産業界に革命が起き

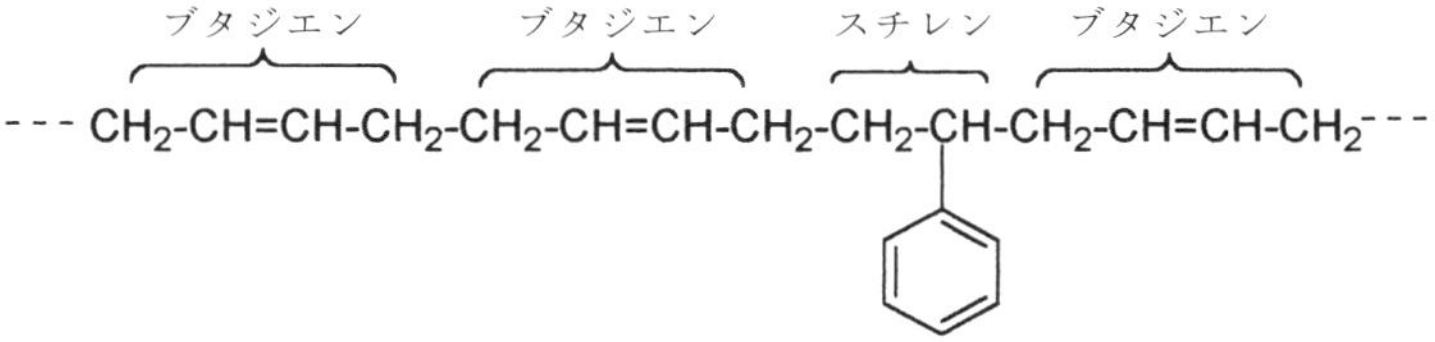

スチレン・ブタジエンゴム（SBR）の部分構造。アメリカ政府が軍需用に大量生産したことからGovernment Rubber Styrene（GR-S）とも呼ばれる。加硫反応も行うことができる。

8－14

た。二人は一九六三年度のノーベル化学賞を受賞する。こうしてゴム系のポリマーは、さらに強いもの、硬いもの、柔軟性、耐久性があるもの、溶媒や紫外線に強いもの、衝撃、熱、低温に耐えられるものなども作られるようになった。

世界はゴムによって形作られてきたといえる。ゴム製品のための原料調達は、社会と環境に莫大な影響を与えた。アマゾン低地におけるゴムの木の伐採はその一例に過ぎない。熱帯雨林の資源を搾取し、かけがえのない自然環境を破壊した。この地域における先住民への恥ずべき行為は今も変わっていない。現在も探鉱者や農民たちは、かつてラテックスを採取していた先住民の子孫が代々住む土地を侵略し続けている。また、ベルギー人による残虐なコンゴ植民地の経営は、情勢不安、暴力、国内対立という遺物を残し、それは今日でも根強く続いている。東南アジアのゴム農園で働くため、人々が大量に移民したのは、一世紀以上前のことであった。しかしその影響は、今日まで続き、マレーシアとスリランカの民族、文化、政治に現れている。

世界は現在もゴムによって形作られているといえる。ゴムがなければ、機械化によってもたらされた巨大な変革は、不可能であっただろう。機械化は、天然ゴムまたは合成ゴムでできた重要な機械部品を必要とする。ベルト、ガスケット、連結部品、バルブ、Oリング、ワッシャー、タイヤ、密閉用部品、その他数え切れない。機械化された交通手段——自動車、トラック、船、列車、飛行機——は、人や品物の移動手段を変えた。工業の機械化によって、我々の職業は変わり、仕事の方法も変わった。農業の機械化によって、都市の成長が可能となり、農村部から都市部に至るまで、我々の社会は変わった。ゴムはこれらの変革すべてにおいて決定的な役割を果たしてきたといえよう。

未来の世界の宇宙開発もゴムによって形作られるかもしれない。この物質は宇宙ステーション、宇宙服、ロケット、スペースシャトルにはなくてはならないものだ。ゴムによって我々は自分自身を超えた世界を探索できるようになった。しかし、古くから知られたゴムの性質を十分考慮しなかったことで、宇宙への進出に躓(つまず)いたことがある。NASAはポリマー技術に関して最高の知識を持っていたが、ゴムが低温に弱いということ——ラ・コンダミーヌもマッキントッシュもグッドイヤーも知っていた性質——は、スペースシャトル、チャレンジャーの運命を決めた。一九八六年一月の寒い朝だった。打ち上げのときの気温は、二・二度で、それまで最も寒かった打ち上げの時の温度より八・四度も低かった。スペースシャトルの固体燃料補助ロケットの尾部接続部において、太陽と反対側の日陰にあったOリングは、おそらくマイナス二・二度まで冷えていたと考えられる。このような低温では正常な柔軟性を失う。正しい形に戻らないために機密性が保てなかっただろう。その結果、化学燃焼ガスが漏れ、爆発、宇宙飛行士七人の命を奪った。これは、我々が「ナポレオンのボタン」効果と呼ぶ現象、すなわち、よく知られた分子の性質を無視することが大きな悲劇につながるという最近の例である。つまり「……すべてはOリングが無かったせいだ」。

九章　染料　近代化学工業を生んだ華やかな分子

染料のおかげで衣服には色がある。家具もアクセサリーも、それから自分自身の髪さえ、彩色されている。そして私たちは、もっと違った色をとか、より明るい色、柔らかい色調、さらに深い色を、などとうるさく注文する。しかしその割には、色に対する我々の欲望を満足させてくれる様々な化学物質について、わずかでも考えが及ぶことはめったにない。染料、染色剤は、天然のものも人工のものも数多くあるが、その起源は数千年前までさかのぼる。そして染料の発見と利用は、現代の巨大化学メーカーの創立、成長とつながっている。

染色剤の抽出、調製は、中国の文献によれば、紀元前三〇〇〇年頃から行われていたという。恐らく人類最初の化学実験であったに違いない。初期の染料は、主に植物の根、葉、樹皮、果実などから得られた。抽出操作はしっかり確立され、しばしば複雑なものだった。多くの物質は、何も処置していない繊維に対し、永久に付着することはないから、織物は最初に媒染剤などで処理しなくてはならなかった。媒染剤とは、色素を繊維に固定しやすくする化学物質である。初期の染料は、誰もが強く欲し、非常に高価で、しかし実際に使うとなると数多くの問題があった。まず入手が困難である。産地は限られていた。色もそれほど鮮やかではない。日光ですぐに退色し、鈍い、くすんだ色になった。褪せない染料はめったになく、洗うと出血するように色落ちした。

基本となる色

青は特に人気があった。赤や黄色と比べると、植物にはあまりない。しかし *Indigofera tinctoria* は、古くから青色染料インディゴの主たる原料として知られていた。この植物はマメ科に属し、有名なスウェーデンの植物学者リンネが名前をつけた。熱帯から亜熱帯にかけて生育し、背丈は一・八メートルほどになる。インディゴはまた、温帯にも生える *Isatis tinctoria* からもとれる。イギリスでは woad（ホソバタイセイ）、フランスでは pastel と呼ばれ、染料植物としては、ヨーロッパとアジアで最も古くから知られているものの一つである。七百年前、マルコ・ポーロはこの色素がインダス川流域で使われているのを見たという。ここからインディゴという名前が来ている。しかしインディゴは、マルコ・ポーロ以前から東南アジア、アフリカなど世界各地で使われていた。

インディゴ産生植物の新鮮な葉は青く見えない。しかしアルカリ状態で発酵させ、続いて酸化させると青くなる。この過程は、世界中の多くの民族が独力で発見したようだ。おそらく葉っぱにたまたま尿や灰がかかり、そのあと発酵したのかもしれない。この状況ならば、インディゴの強い青色が現れるだろう。

インディゴの前駆化合物はインディカンである。インディゴを産生する植物にはすべて含まれ、グルコースが一つ結合した分子である。インディカンそのものに色はない。しかしアルカリ条件での発酵でグルコースが離脱し、インドキソール分子ができる。インドキソールは空気中の酸素と反応し、青いインディゴ（化学者はインディゴチンと呼ぶこともある）ができる（9－1）。

インディゴは非常に高価な物質だった。しかし古代の染料で最も高価だったものは、非常によく似た分子のティルス紫（ティリアンパープル）である。古来、複数の国、地域で、紫をまとうことは法律で王や皇帝だけに限られていた。ここからこの染料は、ロイヤルパープルという異名を持つ。また「紫に生まれ」というフレーズは、高貴な生まれを意味した。今日でも紫は帝王の色とみなされ、王の象徴である。紀元前一六〇〇年ころまで遡る文書にも現れるティルス紫は、インディゴの二臭化誘導体である。すなわち、インディゴ分子に臭素原子が二つ付いたものだ。さまざまな海性巻貝、とくにホネガイ類 *murex* が分泌する不透明な粘液から得られる。軟体動物から得られるこの化合物は、インディゴ植物の場合と同じように、グルコース分子が結合している。ティルス紫の鮮やかな色を出すには、空気による酸化だけでよい（9-2）。

臭素は、陸上の植物や動物にはほとんど見られない。しかし海水には塩素やヨウ素とともに豊富に存在する。だから海産物の分子に取り込まれていることは驚くにあたらない。驚くべきは、まったく異なる起源をもつ、これら二つの分子——植物のインディゴと動物のティルス紫——の類似性である。

神話によれば、ティルス紫はギリシャの英雄ヘラクレスが発見したとされる。彼は、飼い犬が貝を嚙み砕いて口が濃い紫に染まるのを見たという。この染料の製造は、地中海に面したフェニキア王国（現レバノンの一部）の港町、ティルスで始まったといわれている。一グラムのティルス紫を作るのに、約九千個の貝が必要だった。ティルスや、フェニキアの別の町シドンの海岸には、今でも *Murex brandaris* や *Purpura haemastoma* の貝塚が見られる。

染料を得るには、これらの貝の身を鋭い棒で引き出し、血管のような小さな分泌腺を取る。分泌腺から作った液に布を浸し、空気にさらすと色が出る。初めは薄い黄緑色だが、やがて青くなり、最後は深い紫になる。ティルス紫はローマの元老院議員やエジプトのファラオ、ヨーロッパの貴族、王族の衣服を染めるのに使われた。これらの貝は、あまりにも大量に採取されたため、紀元四〇〇年ころ、絶滅の危機に瀕したという。

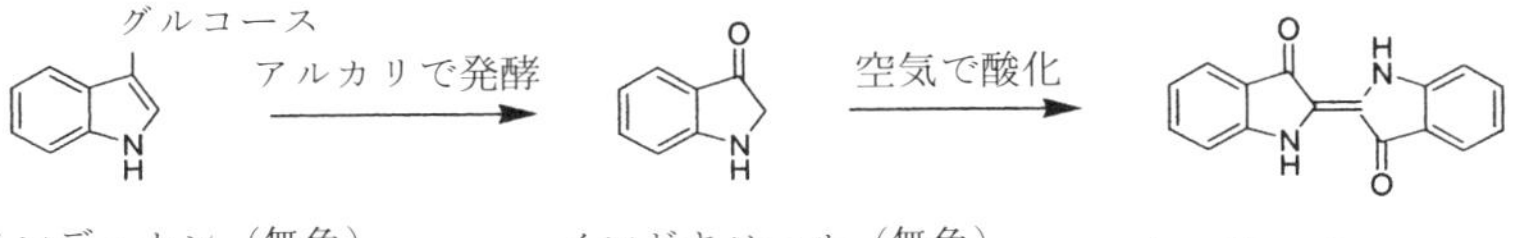

インディカン（無色）　インドキソール（無色）　インディゴ、
インディゴチン（青）

9－1

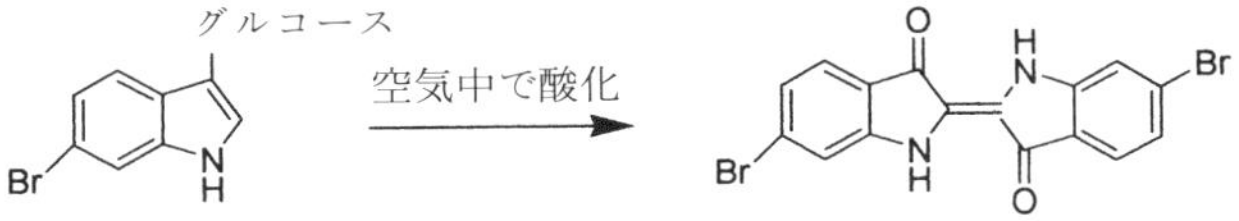

軟体動物から分泌されるもの
（ブロモインディカン）

ティルス紫
（ジブロモインディゴ）

9－2

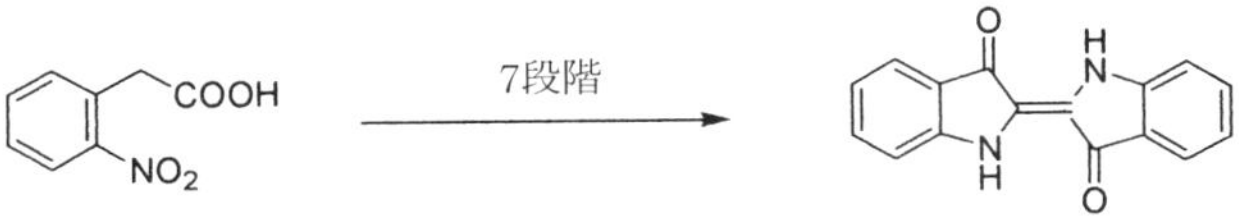

バイヤーが初めてインディゴを合成したときは、七段階の化学反応を必要とした。

9－3

インディゴとティルス紫は、何世紀にもわたって、このように労力を要する手作業で生産されていた。インディゴの合成品が登場するのは十九世紀の終わりである。一八六五年、ドイツの化学者、ヨハン・フリードリッヒ・ヴィルヘルム・アドルフ・フォン・バイヤーはインディゴの構造について研究を始めた。一八八〇年には実験室で簡単に入手できる原料からインディゴを合成する方法を見出す。しかしドイツの化学会社バーデン・アニリン&ソーダ製造所（BASF）が別ルートでインディゴを合成、市場に送り出したのは、さらに十七年後だった（9－3）。

これによって巨大な天然インディゴ産業の衰退が始まる。インディゴ植物の栽培や染料抽出などに従事していた無数の人々の生活は大きく変えられた。今日、合成インディゴは主要な合成染料として年間生産量一万四千トンを超える。合成インディゴは天然もの同様、色褪せすることで悪名高い。しかしジーンズを染めるのにしばしば使われ、その性質が逆にファッション性の利点となっている。現在、わざと色落ちさせたインディゴ染めのデニムから何百万本ものブルージーンズが作られている。インディゴの二臭化体であるティルス紫もまた、インディゴと似た反応経路で合成された。しかし今は、他の紫系合成染料がこれに取って代わっている。

染料の本体は、色を持った有機化合物である。これが布の繊維に入っていく。これらの化合物は、その分子構造に応じて、可視光線のうち特定の波長の光を吸収することができる。我々が目にする実際の色は、吸収されずに反射してくる可視光線の波長で決まる。もしすべての波長で吸収されれば、光はまったく反射して来ないので、我々が見る服の色は黒である。もしすべての波長で吸収されなければ、すべての光が反射するから白に見える。もし赤の波長の光だけ吸収されれば、反射する光はそれ以外の総和となり、（補色である）緑に見える。吸収される波長と化学分子の関係は、日焼け止め製品と吸収（カット）される紫外線の波長の関係とよく似ている。すなわち、吸収されるかどうかは、二重結合と単結合が交互に並んでいるかどうかによる。しかし吸収される波長が紫外領域でなく、可視領域にあるためには、二重結合と単結合の繰り返しがずっと長く続いていなくてはならない。このことは、図に示すβカロテンの分子構造で分かる。この分子はニンジンやカボチャのオレンジ色の本体である（9－4）。

　二重結合は、単結合と一つおきに繰り返し並ぶと「共役」しているという。βカロテンの場合、共役した二重結合が十一個ある。酸素、窒素、硫黄、臭素、塩素のような原子が、この二重結合が一つおきに来る構造の一部にあれば、共役はそこにも拡張され、吸収波長も変わる。

　インディゴ植物やホソバタイセイからとれるインディカン分子は、いくつか共役二重結合を持つが、色が出るには十分ではない。しかしインディゴ分子は、二重結合、単結合が交互に並ぶ共役構造を、インディカンの二倍持つ。さらには共役に参加する酸素原子もある。だから可視領域の光を吸収できるのだ。これこそインディゴが鮮やかな色を持つ理由である（9－5）。

　有機染料とは別に、細かくすりつぶした鉱物や無機化合物も、古代より色を出すのに使われてきた。洞窟絵画、墓石の装飾、絵画、壁画、フレスコ画などに見られるこれらの色素もまた、可視領域にある波長の光を吸収することで色を出す。しかしこの場合は、共役二重結合と関係ない。

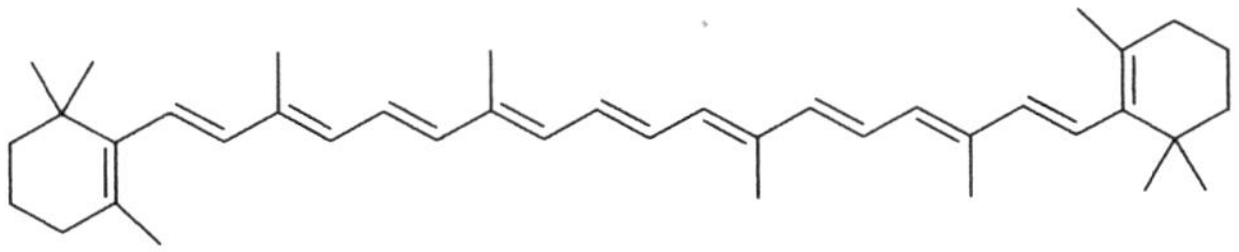

βカロテン（オレンジ色）

9－4

　古代より良く使われてきた赤色の染料は二つあって、まったく違う原料から取れるのだが、その化学構造は驚くほど似ている。一つはセイヨウアカネの根から取れる。セイヨウアカネは、アカネ科に属し、アリザリンという色素を含む。アリザリンが最初に使われたのは、恐らくインドであろう。しかし古代ギリシャ、ローマの人々が使うずっと前からペルシャ、エジプトの人々も知っていた。アリザリンは媒染染料である。すなわち、繊維に定着させるには他の化学物質、たとえば金属イオンを必要とする。最初に繊維を処理するとき、媒染剤としての金属塩を他のものに変えると色も変わる。アルミニウムイオンならばバラのような赤となり、マグネシウムならスミレ色（青っぽい紫）、クロムだと茶色がかったスミレ色、カルシウムなら赤紫である。媒染剤としてアルミニウムとカルシウムを同時に使うと、鮮やかな赤となる。これは染料を作るとき、アカネの根を乾燥、粉砕して土に混ぜることで得られた。この染料と媒染剤の組み合わせは、紀元前三二〇年、アレクサンドロス大王が敵を無用の戦いに引き込むための計略に使った。大王は、兵士たちの軍服に、血のように赤い、大きな斑点を染めさせた。ペルシャ軍は敵が負傷して抵抗しないだろうと見て襲いかかる。しかし逆に数で劣るマケドニア軍に敗れてしまったという。もしこれが本当なら、ペルシャ軍はアリザリン分子に敗れたことになる。

　染料は昔から軍の制服に関係がある。アメリカ独立戦争のとき、フ

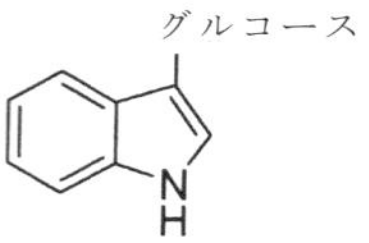

インディカン（無色）

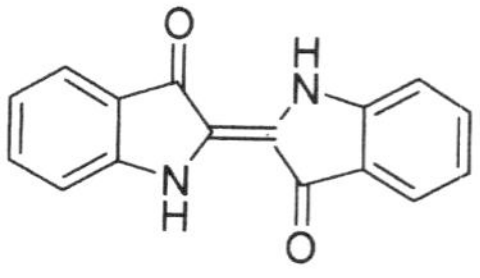

インディゴ（青）

9-5

ランスはアメリカ軍に青いコートを送った。これはインディゴで染めたものだ。フランス陸軍はアリザリン染料を使った。それはトルコ赤（ターキーレッド）として知られ、何世紀も前から中東で使われていたが、恐らくインドが発祥で、ペルシャ、シリアと西に広がり、トルコに至ったのであろう。植物のアカネは一七七六年にフランスに伝わり、十八世紀終わりには富を生む源として国家にとっても重要な産物となった。政府による産業の保護育成は、染色業者に対して行ったものが最初かもしれない。すなわち、フランス王ルイ・フィリップは、布告によりフランス陸軍の兵士はトルコ赤で染めたズボンをはくよう定めた。その百年以上前には、イングランド王ジェームズ二世が国内の染色業者を保護するために、染めていない織物の輸出を禁じている。

天然色素による染色は、常に同じ結果になるとは限らないし、手間と時間のかかる作業でもあった。しかしトルコ赤は、ひとたび染まれば実に鮮やかで色落ちもなかった。当時、染色操作の化学的背景はもちろん理解されていない。今日から見れば、奇妙で不要なものも多かった。当時の染色職人たちが書き残した染色工程は、十ほどのステップだが、その多くは何回も繰り返されている。様々な段階で、糸や織物は、灰汁や石鹼液で煮られ、オリーブ油、明礬、少量のチョークといった媒染剤で処理される。さらに羊の糞やタンニンのなめし剤、錫の塩を使う工程もあり、そして川の水で一晩洗われた。アカネによる染色以外にこれだけの操作があった。

今日の我々は、アカネからとれるトルコ赤や他の赤色染料に関与する分子、すなわちアリザリンの分子構造を知っている。アントラキノンの誘導体である。アントラキノンは数多くの天然色素の親化合物で、この誘導体は昆虫、植物、カビ、地衣類などから五十以上発見されている。インディゴと同じように、親化合物のアントラキノンは無色である。しかしアリザリンは二つのOH基が環の右のほうにあり、これが分子の残りの環部分にある一つおきに並ぶ二重結合と共役している。つまりアリザリンが可視光を吸収するに十分な分子構造を与えている（9－6）。

これらの化合物では、色を出すのに環の数（すなわち共役二重結合の総数）よりOH基のほうが重要である。このことはナフトキノン――環三つのアントラキノンと違い、環が二つの分子――の誘導体を見ても分かる（9－7）。

ナフトキノン分子は無色である。色を持つナフトキノン誘導体には、胡桃（くるみ）に含まれるジュグロン、インドのヘナに含まれるローソンなどがある。ヘナは髪や皮膚を染めるのに何世紀も前から使われてきた。色を持つナフトキノンは、ウニ類の赤色素として知られるエキノクロームのように、OH基を複数持つものも多い（9－8）。

別のアントラキノン誘導体としてカルミン酸がある。化学的にはアリザリンに似ている。これこそ古代から知られる赤色染料二つのうちのもう一つ、コチニールの主要色素分子である。雌のエンジムシ *Dactylopius coccus*（カイガラムシ科）から得られ、多くのOH基をもつ（9－9）。

コチニールは新世界の染料である。一五一九年、スペイン人征服者ヘルナン・コルテスが来るずっと前から、アステカの人々が使っていた。コルテスは、コチニールをヨーロッパに持ち帰る。しかし原料は十八世紀になるまで明かされなかった。この貴重な緋（スカーレット）色の染料をスペインが独占するためだった。また、イギリスの兵士たちは、後にコチニールで染めたジャケットを着たことから「レッドコート」と呼ばれた。イギリスの染色業者がこの目立つ色の布を納入する契約は、二十世紀初めまで生きていた。これは恐らく染色産業を国が保護したもう一つの例であろう。当時、西インド諸島のイギリス植民地は、コチニールの主要産地であったからだ。

カーマインとも呼ばれるコチニールは、高価であった。わずか五百グラムの染料をとるのに七万匹ものエンジムシを必要とした。虫はメキシコ、中南米のサボテンプランテーションで集められ、染料とす

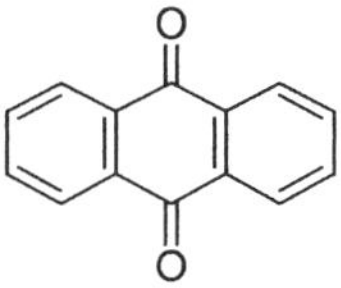

アントラキノン（無色）

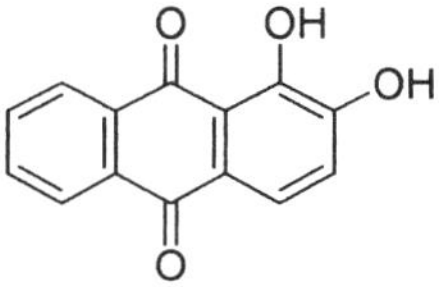

アリザリン（赤）

9-6

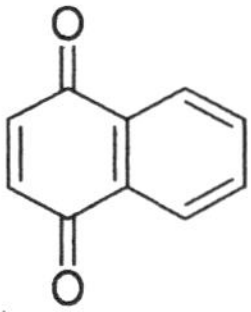

ナフトキノン
（無色）

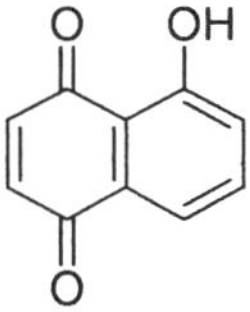

ジュグロン（くるみ）
（茶色）

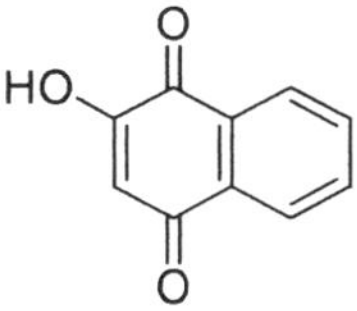

ローソン（ヘナ）
（赤橙色）

9-7

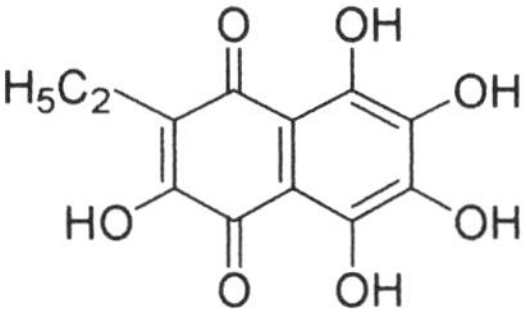

エキノクローム（赤）

9-8

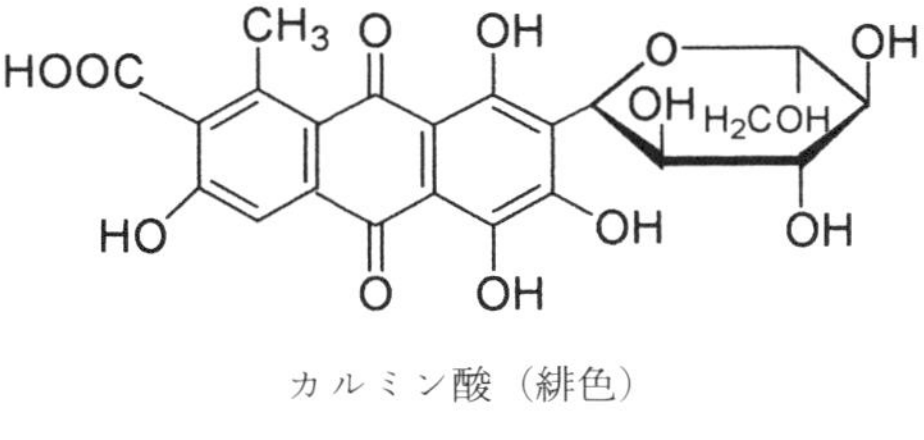

カルミン酸（緋色）

9-9

るためにスペインに送られた。乾燥した小さなエンジムシは、穀粒に少し似ている。ここから虫を入れた袋の内容物は、しばしば「スカーレット穀粒」という名前で呼ばれた。今日、この染料の主要生産国はペルーである。年間四百トンほどになり、世界生産量の八五%を占める。

染料として昆虫の抽出物を使ったのは、アステカの人々だけではない。古代エジプトでは、ケルメス虫 *Coccus ilicis* をつぶした赤い汁で、衣服(そして婦人は唇)を染めた。この虫の赤い色素は主にケルメス酸である。新世界の同類染料、コチニールのカルミン酸と異様なほど似ている。しかしカルミン酸と異なり、広い地域で使われたことは一度もなかった(9-10)。

ケルメス酸、コチニール、ティルス紫は動物から得られるが、染料の原料はほとんどが植物であった。インディゴやホソバタイセイからとれる青、アカネの赤はその代表例だ。主要な色として三番目に挙げられるのは、サフラン *Crocus sativus* からとれる明るい橙黄色である。染料のサフランは、子房のために花粉を受ける柱頭から得られる。このクロッカス属の植物は、地中海地方東部に自生し、紀元前一九〇〇年ころ、クレタ島の古代ミノア文明で利用されていた。中東地方でも広く見られ、ローマ時代には染料だけでなく、スパイス、医薬、香料としても使われた。

サフランはヨーロッパ中に広まったが、その生産の伸びは産業革命で

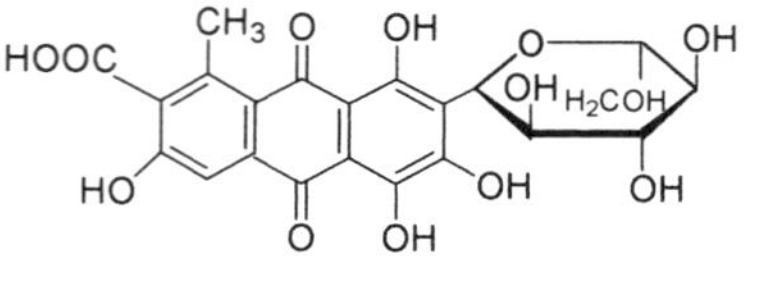

カルミン酸(緋色)

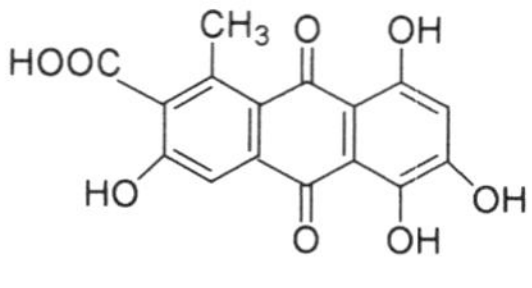

ケルメス酸(明るい赤)

9-10

鈍化した。理由は二つある。まず、花は手で摘み、三本の柱頭は一本ずつ分けなくてはならない。これは非常に手間のかかる作業で、当時、労働者は工場で働くために都市に移動してしまっていた。二つ目の理由は化学染料である。サフランは美しく鮮やかな染料であるが、羊毛を染めるときは、色の固着が弱かった。人工染料が登場すると、かつて栄えたサフラン産業は衰退した。

サフランは今でもスペインで栽培されている。花は昔ながらの伝統にのっとり、日の出直後に手で摘まれている。収穫されたものは主に、スペインのパエリヤ、フランスのブイヤベースなど伝統料理の色、香りをつけるのに使われる。その収穫の方法からして、サフランは現在世界で最も高価なスパイスだ。わずか一オンス（二十八・三五グラム）を作るのに一万三千本もの柱頭が必要である。

サフラン特有の橙黄色に関係する分子は、クロセチンである。構造は橙色色素のβカロテンを思い出させる。双方とも図に示すように、一つおきの二重結合が七つある鎖を持つ（9－11）。

染色は間違いなく小屋の中での自家用目的から始まった。実際、こうしたやり方は今でも一部で続いている。しかし何千年も前から商売としても成立していた。紀元前二三六年に書かれたエジプトのパピルスは、染色業者のことを「魚のような悪臭を放ち、疲れた目をして、せわしなく手を動かす」と記している。染色業者の組合（ギルド）は中世にできた。産業と

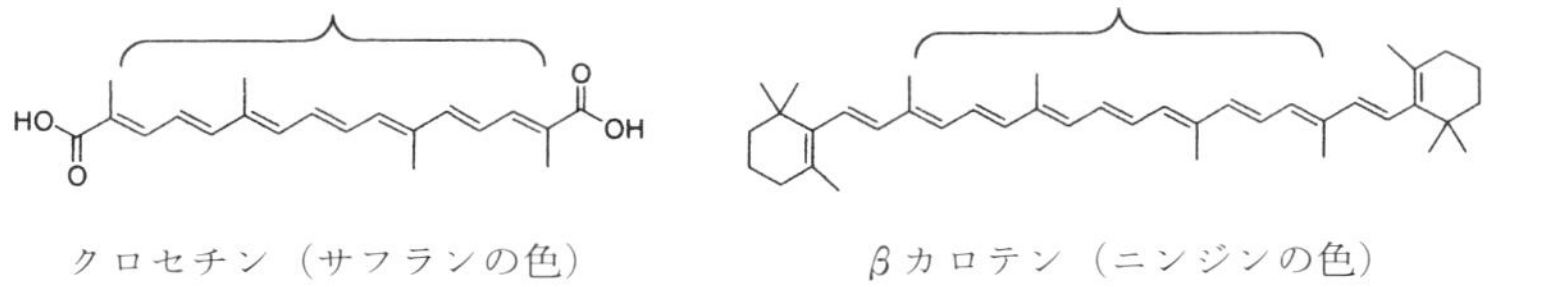

クロセチン（サフランの色）　　βカロテン（ニンジンの色）

9－11

しては、北部ヨーロッパの羊毛貿易、イタリア、フランスのシルク生産と歩調を合わせ、発展していった。十八世紀になると、アメリカ南部諸州ではインディゴが奴隷によって栽培され、重要な輸出品となっている。イギリスでは、綿製品が重要な商品になるにつれ、技術を持つ染色職人が大いに珍重された。

合成染料

合成染料は、一七〇〇年代の終わりから作られ始め、数世紀にわたる染色職人の生活を大きく変えてしまった。最初に作られた人造染料はピクリン酸である。三重にニトロ化された分子で、第一次世界大戦では軍需品だった（9－12）。

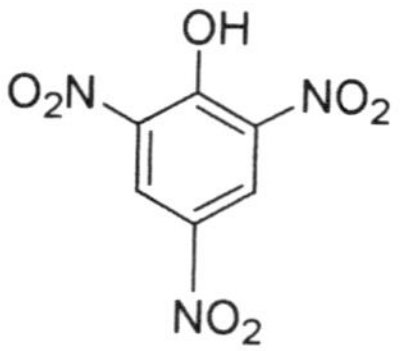

ピクリン酸
（トリニトロフェノール）

9－12

ピクリン酸は、フェノール誘導体の一つとして一七七一年に初めて合成され、一七八八年頃から羊毛、シルクの染料として使われるようになった。すばらしく鮮やかな黄色を染め出すが、欠点もあった。多くのニトロ化合物と同じように、爆発の可能性があるのだ。これは職人たちが天然黄色染料を使っていた頃は心配しなくてもよいことだった。さらに光で退色しやすく、入手しにくいという難点もあった。

一方、合成アリザリンは、一八六八年には質、量とも満足のいくものが市場に出た。合成インディゴが使えるようになったのは一八八〇年である。これらに加えて、まったく新しい人造色素も作られた。それらは明るく鮮やかで、色あせもせず、常に安定した染め具合が得られた。その嚆矢は一八五六年、十八歳のウィリアム・ヘンリー・パーキンが合成した化合物で、染料産業を根底から変えた。パーキンは、ロンドンの王立化学専門学校にいた学生であった。父親は建築業で、ほとんど化学に関心はなかった。なぜなら将来儲かる仕事につながるとは考えていなかったからだ。しかしパーキンは父親が間違っていたことを証明する。

一八五六年、イースターの休暇中、パーキンは抗マラリア薬のキニーネを合成しようと決めた。場所は、自宅に自分で作った小さい実験室である。彼の先生は、王立化学専門学校の教授、ドイツ人のアウグスト・ホフマンという人だった。ホフマンは、コールタールの中の物質を使ってキニーネが合成できると信じていた。コールタールは、その数年後に外科医、ジョセフ・リスターの使ったフェノールが取れる、あの油状廃棄物である。キニーネの構造は分かっていなかった。しかし、その抗マラリア活性によって供給は不足し、需要は大きかった。大英帝国をはじめヨーロッパ各国は、熱帯のインド、アフリカ、東南アジアといった、マラリアが猛威を振るう地域に植民地を広げていた。当時知られていた唯一の治療、予防法はキニーネである。これは南米に生えるキナの樹皮からとれるが、だんだん品不足になっていた。

キニーネを合成すれば偉大な業績となったであろう。しかしパーキンの実験は一つも上手くいかなかった。あるとき真っ黒な物質が得られた。エタノールに溶かすと深い紫色になる。パーキンがここにシルクの糸を二、三本つけるときれいに染まった。試しにこの絹糸を熱湯や石鹼液で洗っても色は落ちない。日光にさらしても退色せず、依然として鮮やかなラベンダーの紫色を保っていた。紫は業界でも貴重で高価な染料である。綿にもシルクにも固着するものは商業的に成功するかもしれないとパーキンは考えた。それで、染めた布の見本をスコットランドの有力染料会社に送る。返事は好意的なものだった。「あなたの発見は、商品を異常に高価なものにしない限り、間違いなく近年稀に見る、最も価値あるものの一つでしょう」。

この励ましこそ、パーキンに必要なものだった。彼は王立化学専門学校をやめ、父親からの資金援助でこの発見を特許化する。また、自分の染料を大量に、安価に作るための工場を建てた。そしてウールと綿もシルクと同じように染めるために、種々の問題を研究した。一八五九年、パーキンの紫は、モーブと呼ばれ、ファッション界に旋風を起こす。モーブは、ナポレオン三世の皇后、ウジェニーとフランス宮廷のお気に入りの色となった。ビクトリア女王は、娘の結婚式、それから一八六二年のロンドン博覧会の開会式にモーブのドレスを着た。イギリスとフランスの王室に認められてモーブの人気は高まった。一八六〇年代はしばしばモーブの十年といわれる。実際、モーブは一八八〇年代終わりまでイギリスの郵便切手の印刷にも使われた。

パーキンの発見は広範囲に影響を及ぼす。ある有機化合物が、多段階の反応で実際に合成されたのは初めてであった。すぐに似たような研究が無数に続き、多くの染料が石炭ガス生産の残り滓、コールタールから合成された。これらの染料は総称してコールタール染料あるいはアニリン染料と呼ばれた。十九世紀終わりになると、染料業者は約二千の合成染料をレパートリーに持っていた。化学染料産業は、何千年も天然素材から色素を抽出していた人々に、速やかにとって代わった。

パーキンはキニーネ分子で金を儲けられなかったけれども、モーベイン（モーブの深く美しい紫を生む分子に対し、彼がつけた名前）と、その後に発見したほかの色素分子によって、大きな富を手にした。パーキンは、化学の研究が非常に儲かること——父親が当初抱いていた悲観的意見を間違いなく撤回させるものだった——を示した最初の人物である。彼の発見はまた、構造有機化学の重要さを浮き彫りにした。構造有機化学は化学の一分野で、分子の中で様々な原子がどのように結合しているのか正確に決める学問である。アリザリンやインディゴなど古い天然色素だけでなく、新しい染料の化学構造も知る必要があった。

　パーキンの本来の実験は、誤った化学的仮説に基づいたものだった。当時すでにキニーネの分子式は$C_{20}H_{24}N_2O_2$と分かっていた。しかし構造は未知である。彼はもう一つの分子、アリルトルイジンの分子式が$C_{10}H_{13}N$であることも知っていた。そこでパーキンは、アリルトルイジンを二分子結合させればキニーネができると考えたようだ。足りない酸素（O）は、重クロム酸カリウムなど酸化剤の存在下に反応させれば入ると思ったらしい（9－13）。

　化学反応式だけから見れば、パーキンのアイデアはそれほど不合理でもないように見える。しかし今日の我々は、この反応がまったく起きないことを知っている。アリルトルイジンとキニーネの実際の構造式を知らないままで、ある分子から別の分子に変換するのに必要な一連の化学反応を考え出すことは無理なのだ。パーキンの合成した分子モーベインが、意図した分子キニーネとまったく違っていたのは当然である。

　今日でもモーベインの構造はよく分かっていない。パーキンが出発材料としてコールタールから抽出したものは純粋ではなかった。現在、彼の紫色素は非常に似た化合物の混じったものと考えられている。図はその中の主要色素と目されるものだ（9－14）。

　パーキンが染料、モーブを商業的に製造しようと決意したことは、間違いなく、深くは考えていない行動である。彼は若く、未熟な化学の学生だった。染料産業の知識もない。大規模スケールでの合成経験は当然なかった。さらに彼の合成反応は収率が低く、

$$2C_{10}H_{13}N \quad + \quad 3O \quad \longrightarrow \quad C_{20}H_{24}N_2O_2 \quad + \quad H_2O$$

アリルトルイジン　　酸素　　キニーネ　　水

9－13

恐らく良くて理論値の五%ほどだっただろう。また出発原料コールタールの安定した供給にも問題があった。もう少し経験のある化学者ならば、こうした問題に二の足を踏んだと思われる。パーキンは、経験不足から行動にブレーキをかけなかった。彼の成功の一部は、この事実によるかもしれない。当時は手本となるような似た製造工程もなかったため、パーキンは装置や処理方法を自ら考え出さねばならなかった。化学反応をスケールアップするにあたっては問題も生じたが、やがて解決されていく。鉄の容器では反応液の酸にやられてしまうから、大きなガラス容器が作られた。反応中に過熱するのを防ぐために冷却装置も工夫された。爆発や毒ガスなどの災害も抑えられた。パーキンはこの工場を十五年使って一八七三年に売却する。彼は富豪としての生活から引退し、自宅の実験室で化学の研究をしながら余生を送った。

染料の遺産

染料会社は、現在も主に化学合成で人工色素を作っている。しかし一部の会社は、抗生物質、爆薬、香水、塗料、インク、殺虫剤、プラスチックなども作るようになり、有機化学メーカーの母体となった。飛び始めた雛鳥のような有機化学産業は、モーブの故郷、イギリスでは発展しなかった。染料と染色産業を何世紀にもわたって重用してきたフランスでもない。基盤となる技術と科学の発達に歩みを合わせ、有機化学の大

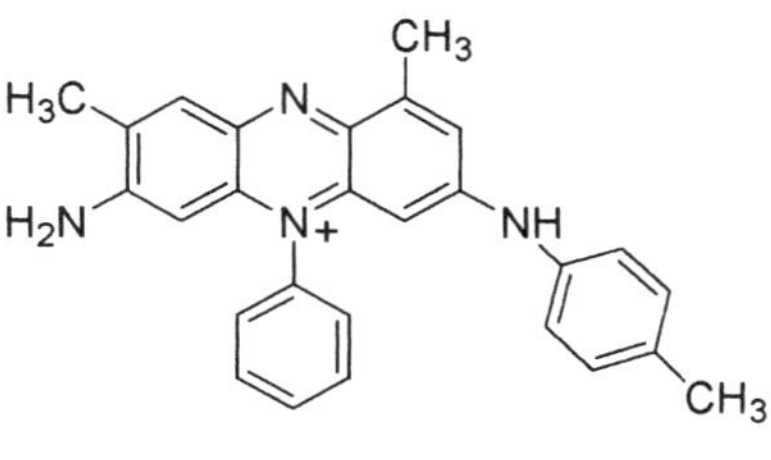

パーキンの染料、モーブの成分、モーベインの一つと目される分子。

帝国を築いたのはドイツであった。イギリスでは既に巨大な化学工業が発達し、漂白、印刷、陶磁器製造、ガラス工芸、皮なめし、醸造、酒の蒸留などに必要な原料を供給していた。しかしそれらは主に無機化合物であった。炭酸カリ、石灰（酸化カルシウム）、塩、重曹、酸、硫黄、チョーク（炭酸カルシウム）、粘土といった「材料」である。

ドイツと（規模は小さいけれども）スイスが、合成有機化学分野で主要プレーヤーとなったのには、いくつか理由がある。まず、一八七〇年代までにイギリスとフランスでは、無数の染料メーカーがビジネスから締め出されてしまった。染料と染色法をめぐって起きた果てしない特許紛争の結果である。また、イギリスの有力企業家、パーキンは既に引退してしまっていた。必要な化学知識、製造技術、それからビジネスセンスを持ち、彼の代わりを務められる人物もいなかった。だからイギリスはこの事態が国益に反しているとは思わず、成長しつつあった合成染料産業のための原材料を単に輸出する国になってしまっていた。イギリスは既に工業至上主義の国だった。すなわち原材料を輸入し、最終製品に加工して輸出する。だからコールタールの有用性と合成化学の重要性を認識できなかったことは、ドイツを利することになる痛恨の失敗だった。

ドイツで染料産業が発展したのには、もう一つ重要な理由がある。それは産業界と大学の協力である。他の国では、化学研究は大学の特権だった。しかしドイツの大学人は、産業界にいる仲間と緊密に仕事をする傾向にあった。このパターンこそ、ドイツ化学工業が成功した秘訣である。有機化合物の分子構造に関する知識や、合成経路の各段階についての理解がなければ、やがては医薬品に繋がるような、洗練された技術など開発できるわけがない。

ドイツの化学工業は三つの会社を軸に発展した。一つ目の会社、バーデン・アニリン&ソーダ製造所（BASF）は一八六一年、ライン川に沿ったルードヴィヒスハーフェンで創業した。もともとはソーダ灰や苛性ソーダなどの無機化合物を生産するために設立されたのだが、すぐに染料生産に乗り出した。一八六八年、大学にいた二人のドイツ人研究者カール・グラーベとカール・リーベルマンが、アリザリンの合成を初めて発表する。BASFの主任化学者ハインリッヒ・カーロはベルリンの二人と契約し、アリザリンの商業生産を開始した。二十世紀初めまでに、BASFはこの重要な色素を約二千トン生産し、現在の世界を支配する五大化学メーカーの一角となるべく歩み始めた。

ドイツ化学系大企業の二つ目はヘキストである。創業はBASFに遅れることわずか一年、もともとはアニリンレッドを作ることから始まった。アニリンレッドは鮮やかな赤色染料で、マゼンタあるいはフクシンとも呼ばれる。また、ヘキストの化学者はアリザリンの独自の合成法で特許を取り、これが非常に利益を上げた。数年にわたる研究と、かなりの資金投入で生まれた合成インディゴもまた、BASF、ヘキスト双方が発展する元となった。

三つ目のドイツ化学系大企業もかつて合成アリザリン市場に参入した歴史を持つ。一八六一年創業のバイエルである。バイエルの名前はアスピリンとともによく聞くが、最初はアニリン染料を作っている会社だった。アスピリンは一八五三年に合成された。しかしバイエルが合成染料、特にアリザリンによる収益で医薬品生産に乗り出し、アスピリンを売り出したのは一九〇〇年頃である。

一八六〇年代、合成染料の生産高において、これら三社が占める割合は、世界全体から見るとほんのわずかであった。しかし一八八一年には三社で全世界の生産量の半分を占めるようになる。世紀が変わる頃には、合成染料の生産が爆発的に増えたにもかかわらず、ドイツが世界の染料市場の九〇%を占めた。三社は、染料生産を支配するとともに、有機化学ビジネスにおける先導役となり、ドイツの工業発展に重要な役割を果たした。第一次世界大戦が始まると、ドイツ政府は染料会社を軍に徴用することができた。彼らは爆薬、毒ガス、医薬品、肥料など、戦争を支援する化学物質の優れた生産者となった。

第一次世界大戦が終わると、ドイツ経済もドイツ化学業界も苦境に陥った。一九二五年、市場の不況に対処するため、ドイツの主要化学系企業は合併して、一般にはIG（イーゲー）ファルベンと呼ばれる巨大複合体、Interessengemeinschaft Farbenindustrie Aktiengesellschaft（染料工業会社の連合体）となった。文字通り訳せばInteressengemeinschaftは「利益共同体」を意味する。この統合は間違いなくドイツの化学業界のためのものだった。再編されて再び力を得たIGファルベンは、世界最大の化学企業連合体となり、かなりの利益と経済力を研究開発に投入した。そして将来の化学業界を独占支配すべく、新しい製品に手を広げ、新しい技術を開発していく。

第二次世界大戦が始まると、既にナチスの支持団体であったIGファルベンは、アドルフ・ヒトラー率いる戦争マシーンの有力プレーヤーとなった。ドイツ軍が欧州大陸を征服するにしたがって、IGファルベンは支配した国々の化学会社や製造工場を接収、監督した。ポーランドのアウシュビッツ強制収容所にも合成ガソリンやゴムを作る大規模な工場が建てられた。収容されていた人々は工場で働き、また新薬の人体実験にも使われた。

終戦後の裁判で、IGファルベンの幹部九人が、占領地域における略奪と財産侵害で有罪とされた。別の幹部四人は、奴隷的労働を強制して戦争捕虜と市民を非人道的に扱ったとして有罪を宣告される。IGファルベンの成長と影響力はここに停止した。巨大化学グループは解体され、その結果有力企業としてBASF、ヘキスト、バイエルが復活した。この三社は繁栄と拡大を続け、現在はプラスチック、繊維から医薬品、合成オイルまで扱いながら、いまだに有機化学業界でかなりの存在感を示している〔訳注・ヘキストは九九年、ローヌ・プーランと合併してアベンティスとなり、現在サノフィ・アベンティスとなっている〕。

染料分子は歴史を変えた。天然物に含まれるこれらの分子群は、何千年にもわたって人類を魅了し続け、ついには人類最初の工業の一つを起こしたと言ってもよい。染料の需要が高まるにつれ、同業者組合（ギルド）、工場が作られ、町が発展して交易も盛んになった。しかし合成染料の登場によってこの世界も変わる。天然染料を作るための伝統的な仕組みは消滅した。その代わりを果たすようになった巨大化学メーカーは、染料市場だけでなく、育ち始めた有機化学産業をも支配した。パーキンが初めてモーブを合成してから一世紀も経っていなかった。これによって蓄えられた財務資本と化学知識が、今日の抗生物質や鎮痛薬など医薬用化合物の活発な開発、生産に繋がっている。

パーキンのモーブは、この注目すべき変革に関わった合成色素分子の一つに過ぎない。しかし多くの化学者は、この分子によって有機化学が大学で行うものから、世界的重要産業に関わるものに変わったと考えている。イギリスの十代の若者が休暇中に作った分子は、紫の染料から独占企業の登場に至るまで、世界的な出来事の流れに大きな影響を及ぼした。

十章　医学の革命　アスピリン、サルファ剤、ペニシリン

ウィリアム・パーキンにとって、モーブの合成が巨大な染料メーカーを生む元になったことは、恐らく驚くことではなかっただろう。結局、彼はモーブの生産が儲かると確信していたから、夢のために父親を説得して出資してもらった。そして生涯を通じて見事に成功した。しかし、その彼をもってしても、自分の遺産、すなわち染料工業から派生し大きく発展した「あるもの」は予測できなかったに違いない。それは医薬品である。合成有機化学を駆使するこの方面の生産高は、染料のそれをはるかに追い越した。そして医学の現場をすっかり変え、無数の命を救った。

一八五六年、パーキンがモーブを合成した年、イギリスにおける平均寿命は約四十五歳だった。この数字は十九世紀を通じてほとんど変わらない。一九〇〇年のアメリカでは、ほんのわずかに延びて、男性で四十六歳、女性で四十八歳だった。しかし一世紀経つと、これらの数字は男性七十二歳、女性七十九歳に跳ね上がる。

平均寿命の短い時代が何世紀も続いていたのに、このように劇的に延びたということは、何か驚くべきことが起きたに違いない。寿命が長くなった大きな要因の一つは、二十世紀になって医薬化学の発達により、ある分子群、とくに抗生物質が登場したことだ。この一世紀で文字通り何千もの医薬品分子が合成され、そのうち何百もの分子が人々の命に影響した。その化学と開発過程を見るに、本章では二種類の医薬品を例に挙げよう。鎮痛薬アスピリンと二つの抗菌剤である。アスピリンの利益によって、製

薬会社は、医薬品には将来があると確信した。そのとおり、最初の抗菌薬サルファ剤とペニシリンは、今でも処方されている。

薬用植物は何千年にもわたって傷を治し、病を癒し、痛みを鎮めるのに使われてきた。人類は、どの時代、どの社会にあっても独自の伝承薬を持っていた。そこから非常に有用な化合物が抽出されたり、化学的に修飾されたりして、現代の医薬品になったものも数多い。南米ペルーのインディオたちが熱病に使っていたキナの木からとれるキニーネは、今日でもマラリアの薬として使われている。キツネノテブクロは、現在でも強心薬として処方されるジギタリスを含むが、ずっと昔から西ヨーロッパで心臓病に使われていた。ケシの未熟果から出る汁の鎮痛作用は、ヨーロッパからアジアに至るまで広く知られていた。そこから抽出されるモルヒネは、今でも痛みを軽減するときの主役である。

しかし歴史的に見て、細菌感染に効くものは、あったとしても極少ない。わりと最近まで、小さな切り傷や刺し傷でさえ、もし感染すれば命が危なかった。アメリカ南北戦争では負傷兵の五〇%が細菌感染で死んでいる。第一次世界大戦では、滅菌操作と、ジョセフ・リスターが広めたフェノールのような分子のおかげで、この数字はぐっと小さくなった。しかし、殺菌剤の使用は手術での感染を防いだけれども、一たび感染が始まると止めることはできなかった。一九一八―一九年に大流行したインフルエンザでは、世界中で二千万人以上が死んだ。第一次世界大戦の死者よりも多い。インフルエンザそのものはウィルスが原因である。しかし実際の死因は、たいてい二次感染による細菌性の肺炎だった。破傷風、結核、コレラ、腸チフス、ハンセン病、淋病、その他様々な感染症があり、それらに罹るとしばしば死を意味した。ところでイギリスの医師、エドワード・ジェンナーは一七九八年、天然痘ウィルスに対し、人工的に免疫する方法を見出している。このように免疫を得る方法は、昔から他の国々で知られていたものだ。細菌に対しても同様に免疫を得る方法は、十九世紀の終わり頃から研究され、いくつかの細菌感染症に対し予防接種が可能となった。一九四〇年代になると、小児に多かった猩紅熱とジフテリアの恐怖も、ワクチンプログラムがある国々では弱まった。

アスピリン

二十世紀初め、ドイツとスイスの化学業界は、染料の製造に投資したことで繁栄した。そしてこの成功は財務面以上のものがあった。染料販売による利益とともに、化学知識という新しい富も蓄積されたのだ。大規模反応の経験、分離・精製の技術。これらは医薬品という新規の化学ビジネスに進出するために必須のものだった。ドイツのバイエル社はアニリン染料からスタートしたのだが、医薬品合成——特にアスピリン——に商業的可能性を見出した最初の企業の一つである。アスピリンは現在、世界で最も多くの人々に使われている。

一八九三年、バイエルにいた化学者、フェリックス・ホフマンは、サリチル酸に関連した化合物の性質を調べようと決めた。サリチル酸は、もともとヤナギ属 *Salix* の樹皮から一八二七年に単離された鎮痛物質サリシンから得られる分子である。ヤナギや、ポプラを含むその類縁植物の薬理効果は、何世紀

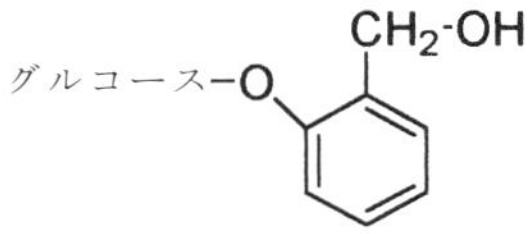

サリシン

10-1

も前から知られていた。高名な古代ギリシャの医師ヒポクラテスは、ヤナギ樹皮の煎じ液を解熱と鎮痛に使っている。サリシン分子は、その構造にグルコースを含むが、残りの部分構造が糖の甘さを圧倒し、全体としては苦い（10－1）。

グルコースを含むインディカンがインディゴを生ずるように、サリシンはグルコースとサリチルアルコールの二つに分かれる。サリチルアルコールは酸化されるとサリチル酸になる。サリチルアルコールもサリチル酸もフェノール類に含まれる。OH基がベンゼン環に直接結合しているからだ（10－2）。

これらの分子はまた、クローブ、ナツメグ、生姜に含まれるイソオイゲノール、オイゲノール、ジンゲロンと構造が似ている。恐らくサリシンはこれらの分子と同様、天然の殺虫剤として働き、ヤナギを守っているのであろう。サリチル酸は、ヨーロッパから西アジアの湿地に生えている多年草、シモツケソウ *Spiraea ulmaria* の花にも含まれる。

サリシン分子から生ずるサリチル酸には、解熱鎮痛作用だけでなく、炎症を抑える作用もある。作用は天然に存在するサリシンよりずっと強力だ。しかし胃の粘膜を激しく痛めるため、医薬品としての価値は低い。サリチル酸関連化合物にホフマンが興味を持ったのは、父親が原因である。彼の父は関節リウマチであったが、サリシンで良くならなかった。サリチル酸の抗炎症作用を維持したまま、胃への傷害がなくなることを

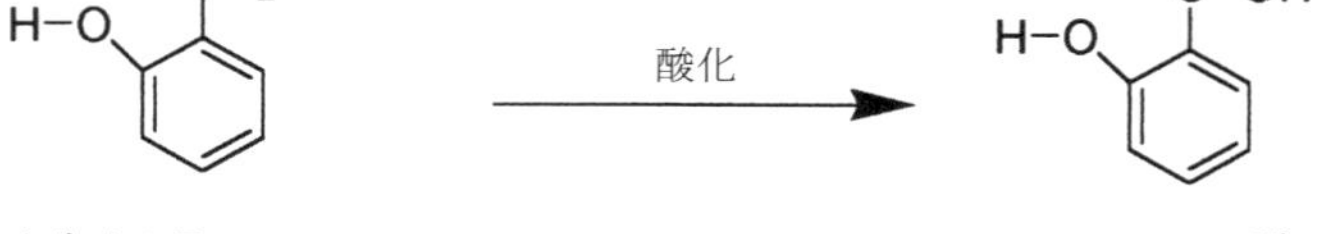

10－2

期待して、ホフマンはサリチル酸の誘導体を作って父親に手渡した。それは四十年前に別のドイツ人化学者が初めて合成したアセチルサリチル酸だった。この化合物はＡＳＡとも呼ばれ、サリチル酸にあるフェノール性OHのHをアセチル基CH_3COに置換したものだ。フェノール分子は腐食性である。ホフマンはおそらく、芳香環に結合するOHをアセチル基でマスクすれば胃への傷害がなくなるかもしれないと思ったのだろう（10－3）。

ホフマンの実験は、父親にもバイエルにも価値あるものだった。サリチル酸のアセチル誘導体は、有効で耐用性も高いことが分かった。その強力な抗炎症作用と鎮痛作用は、一八九九年、バイエル社をして、小さな包みの販売に踏み切らせた。粉末にした「アスピリン」である。この名前はacetyl（アセチル）のaと*Spiraea ulmaria*（シモツケソウ）のspirから来ている。バイエルの名前はアスピリンと同義語になった。アスピリンこそバイエルが医薬品化学の世界に入るきっかけとなった分子である。

アスピリンの人気が高まってくると、天然資源――シモツケソウとヤナギ――からサリチル酸を取るのでは、世界の需要を満たすことができなくなった。そこで出発原料としてフェノール分子を使う新しい合成法が導入される。アスピリンの売り上げは急増し、第一次世界大戦中、バイエルのアメリカ支社は、十分な供給を保証するため、国内外から可能

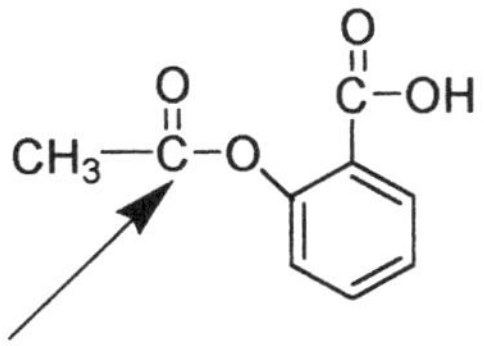

アセチルサリチル酸
矢印はフェノール水酸基のHがアセチル基に置換された場所を示す。

10－3

な限りフェノールを大量に購入した。バイエルにフェノールを供給した国々では、同じ出発原料から作る爆薬、ピクリン酸（トリニトロフェノール。五章参照）の生産能力が低下したほどだ。これが第一次世界大戦の成り行きにどう影響したかは想像するしかない。しかし、アスピリンの生産により、軍需物資としてはピクリン酸への依存が低下し、TNTを中心とする爆薬の開発が促進されたかもしれない（10-4）。

今日、アスピリンは病気や怪我に対するすべての医薬品の中で最もよく使われている。アスピリンを含む製剤は優に四百を超え、アメリカだけでも年間二万トン近いアスピリンが生産されている。痛みを和らげ、体温を下げ、炎症も抑える。血液をさらさらにする効果もある。低用量のアスピリンは、脳梗塞や深部静脈血栓（飛行機に長時間座っていると起きる「エコノミークラス症候群」として知られる）の予防薬としても推奨されている。

サルファ剤の物語

ホフマンが自分の父親で実験していた――推奨されない薬物試験方法である――そのころ、ドイツの医師パウル・エールリッヒは自分自身で人体実験をした。衆目の見るところ、エールリッヒは非常に風変わりだった。毎日葉巻を二十五本吸い、ビアホールでは哲学を何時間も議論した。しかしこのユニークさとともに、一九〇八年のノーベル医学賞をと

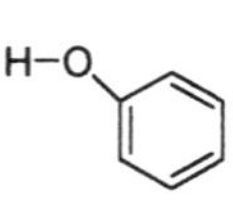

フェノール

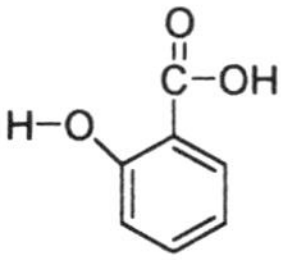

サリチル酸

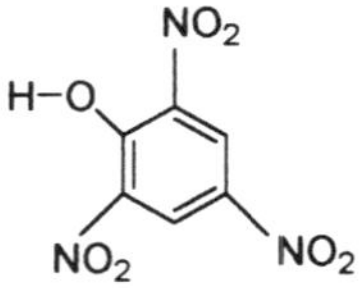

トリニトロフェノール
（ピクリン酸）

10-4

るもとになる決断力、洞察力も持っていた。彼は、実験化学や応用微生物学に関して正式なトレーニングは受けていない。しかし様々なコールタール染料が、ある組織や微生物を染める一方、ある組織、微生物は染めないことに気が付いた。もし、ある染料が、ある微生物に吸着し、他の微生物に吸着しないなら、この差は、有毒な色素を使えば、それが結合する組織を殺し、染めない組織には害がないということを可能にするかもしれない。宿主に害を与えず、病原微生物だけ退治することも出来るかもしれない。エールリッヒは、これを「魔法の弾丸」理論と名づけた。魔法の弾丸は色素分子で、それで染まる組織が標的である。

エールリッヒの最初の成功は、トリパンレッドI（ワン）という色素であった。これは実験用マウスに寄生するトリパノソーマ原虫に対して期待通りに効いた。しかし不幸なことに、彼が治したいと思っていたアフリカ睡眠病など、ヒトの病気に関係するトリパノソーマには効かなかった。

エールリッヒは挫けることなく続けた。彼は既にこの方法が正しいことを証明していたから、あとはただ、適当な「魔法の弾丸」とちょうど合う病気を見つけることだけの問題だと考えていた。そして梅毒の研究を始める。この病気は、スピロヘータというコルク栓抜きのようなスクリュー型をした細菌で起きる。梅毒がどうしてヨーロッパに来たかということには諸説ある。最も受け入れられているのは、コロンブスの船員たちによって新世界からもたらされたというものだ。しかしコロンブス以前からあるとされる〝レプロシー（ハンセン病）〟の中のあるタイプは、感染力が強く、性的交渉でうつると言われた。梅毒のように水銀で治ったともいう。ただし、これらの観察は、今日我々が知るところのハンセン病とは一致しない。恐らく実際は梅毒であったのだろう。

エールリッヒがこの細菌に対する魔法の弾丸を探し始めたころ、水銀は四百年以上にもわたって梅毒に効くとされていた。しかし水銀はとうてい魔法の弾丸とはいえない。しばしば患者を殺してしまったからだ。患者はオーブンの中で水銀ガスを吸いながら熱せられ、心不全、脱水、窒息で死んだ。この治療法で生き残っても、典型的な水銀中毒――髪や歯が抜け、涎をたらす。さらには貧血、抑うつ、そして腎不全、肝不全――で死亡する者が多かった。

一九〇九年、エールリッヒは六百五個の化合物を調べた後、ついによく効いて、安全な化合物を発見した。ヒ素を含む芳香環化合物「六〇六番」は、梅毒スピロヘータに有効だった。彼の研究に協力していたヘキスト染料会社は、一九一〇年、この化合物をサルバルサンの名前で売り出す。水銀療法の残酷さと比べると、新しい治療法は大いに改善されていた。いくつか副作用があり、また何回治療しても治らない患者がいるという事実はあった。しかしサルバルサンは、それが使われるところではどこでも梅毒の発症を大きく減らした。この薬はヘキスト染料会社に大きな利益をもたらす。そして他の医薬品にも手を伸ばすための資金を提供した。

サルバルサンの成功を受け、化学者たちはさらなる魔法の弾丸を探した。何万もの化合物について微生物に対する作用を調べ、化学構造に少しずつ変化を加えて、再び調べる。しかし一つも成功しなかった。あたかも、エールリッヒが「化学療法」と名づけたものの将来性が、期待通りでないことを示しているようだった。しかしその後、一九三〇年代初めにIGファルベンの研究グループで働いていた医師、ゲルハルト・ドーマクが赤色プロントジルという染料の作用を見い出す。彼は自分の娘にも使った。彼女はちょっとした刺し傷から連鎖球菌に感染し、絶望的な状態だった。彼はIGファルベンの実験室で赤色プロントジルの研究をしていたが、培養した細菌に対しては作用がなかった。しかしマウスに感染させた連鎖球菌には効いた。ドーマクはここに

赤色プロントジル　　スルファニルアミド

10-5

至り、失うものは何もないと決心して、自分の娘にまだ試験中の染料を飲ませたのである。果たして彼女は急速に、そして完全に回復した。

最初は染料の作用——実際に細胞を染めること——が赤色プロントジルの抗菌活性に関係すると考えられた。しかし研究者たちは、すぐに抗菌活性は染料の作用と関係ないことを知った。プロントジル分子は、体内に入ると分解されて無色のスルファニルアミドを生じ、これが抗菌活性を持つのである(10-5)。

もちろん、これこそプロントジルが試験管(イン・ビトロ)で作用がなく、動物(イン・ビボ)で作用があった理由である。スルファニルアミドは、連鎖球菌感染以外にも、肺炎、猩紅熱、淋病など多くの感染症に有効なことが分かった。スルファニルアミドに抗菌活性があると分かると、化学者たちはすぐに似たような化合物を合成し始めた。分子構造を少し変えれば有効性が増し、副作用も減ることが期待される。赤色プロントジルが活性分子でないという情報は、非常に重要だった。構造から分かるように、プロントジルは複雑な分子で、合成も構造変換もスルファニルアミドより難しい。

一九三五年から四六年にかけて五千以上のスルファニルアミド誘導体が作られた。そのうちの多くはスルファニルアミドより優れていた。スルファニルアミドは発疹、発熱などのアレルギー反応や、腎臓傷害を起こすという副作用がある。スルファニルアミドの構造を変えてみて、最もよい結果は、SO_2NH_2 の水素原子を他のものに換えたときに得られた(10-6)。

こうして得られた分子は、総称してスルファニルアミド類、あるいはサルファ剤と

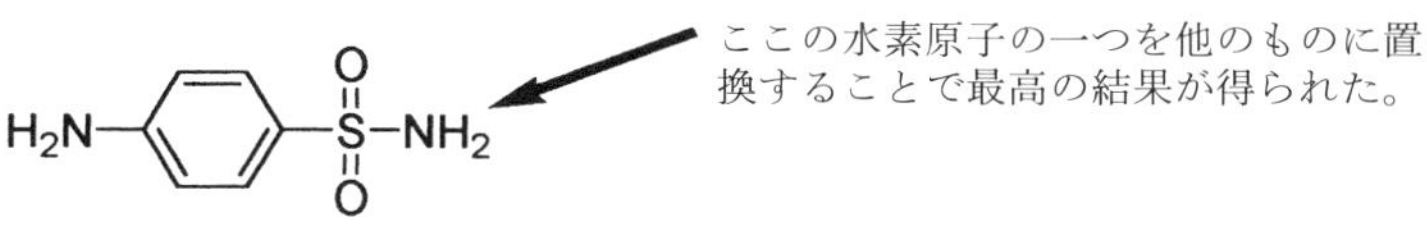
ここの水素原子の一つを他のものに置換することで最高の結果が得られた。

10-6

いう抗菌薬のグループを形成した。多くの中から二、三の例を図に示す（10－7）。

サルファ剤は、すぐに魔法の薬、奇跡の治療薬として報じられた。細菌感染症に対して様々な対処法のある現代から見ると、そうした報道は随分大げさに見える。しかし二十世紀前半の数十年、これらの化合物で得られた効果は、尋常ではなかったと言ってよい。例えば、スルファニルアミド類の登場以来、肺炎による死亡者数は、アメリカだけで年間二万五千人も減った。

一九一四年から一八年まで続いた第一次世界大戦では、傷口からの感染症で死んだ兵が、戦場で負傷戦死した者と同じくらい多くいた。塹壕や野戦病院で大きな問題となったのは、ガス壊疽として知られる感染症である。ガス壊疽は、非常に悪性のクロストリジウム属（この属は致死性ボツリヌス食中毒にも関係する）の細菌で起きる。たいてい爆弾や砲弾によって、組織に穴が空いたり押しつぶされたりしてできた傷の深いところで菌が繁殖する。この細菌は酸素のないところで急速に増えるのだ。茶色の臭い膿が出て、細菌から出るガスが皮下にたまり、特徴的な悪臭を放つ。

抗菌剤ができる前は、ガス壊疽の治療法はたった一つしかなかった。感染した四肢を感染部位の上で切断することである。壊疽になった部分をそっくり除去することが目的だった。もし切断が不可能なら死ぬしかなかった。第二次世界大戦では、壊疽に有効なスルファピリジンやスルファチアゾールなどの抗菌剤のおかげで、無数の負傷兵が、見るも憐れな四肢切断から免れた。死を免れたことは言うまでもない。

現代の我々は、これらの化合物が細菌に作用して、彼らの生存に必要な葉酸を作るのを邪魔することも、その有効性がスルファニルアミド分子の大きさと形に関係することも知っている。葉酸はビタミンB群の一つで、ヒトの細胞にも必要なものだ。葉野菜（ここから葉酸の名前が来ている）、レバー、カリフラワー、酵母、小麦、牛肉など、いろいろなものに含まれる。我々の体は葉酸を作ることができない

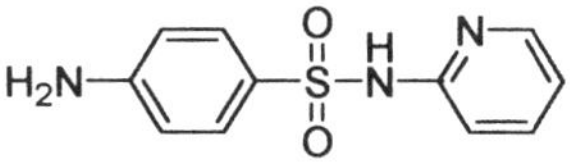

スルファピリジン——肺炎に有効

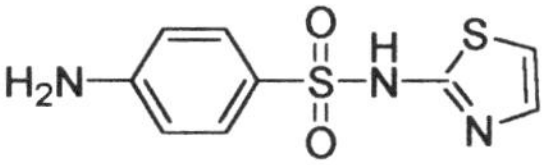

スルファチアゾール——消化管の感染に有効

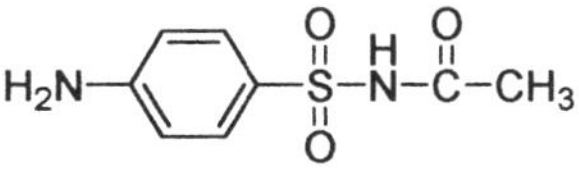

スルファセタミド——尿道感染に有効

10−7

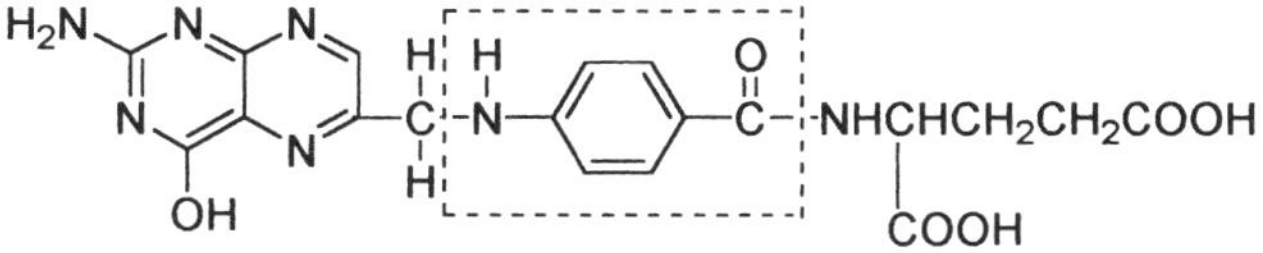

葉酸分子。中央の点線内はpアミノ安息香酸部分

10−8

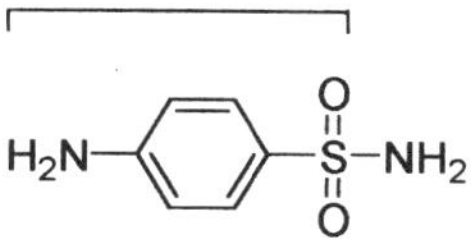

スルファニルアミド

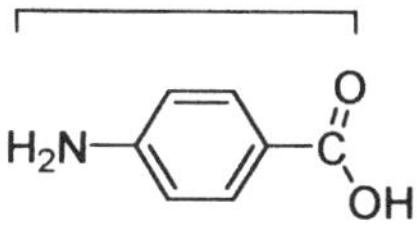

pアミノ安息香酸

10−9

ため、これを食べ物から摂らねばならない。一方、ある種の細菌は葉酸を摂る必要がない。自分自身で作れるからだ。

葉酸はわりと大きな分子で少々複雑である（10－8）。図の四角の中にある部分構造に注目して欲しい。葉酸分子の真ん中の部分は、（自身で葉酸を作る細菌では）より小さな分子、pアミノ安息香酸から来ている。だからこれらの細菌にとってpアミノ安息香酸は必須栄養素である。

pアミノ安息香酸とスルファニルアミドの化学構造を見ると、その形と大きさは驚くほど似ている。この類似性こそ、スルファニルアミドの抗菌活性を説明するものだ。図で示した二つの分子の長さ、すなわちNH_2の水素原子から二重結合で繋がっている酸素原子までの距離は、両者で三％しか違わない。同様に幅もほとんど同じである（10－9）。

葉酸を合成する細菌の酵素は、この二つの分子、すなわち実際に必要とするpアミノ安息香酸と、よく似たスルファニルアミド分子とを区別できないようである。こうして細菌はpアミノ安息香酸の代わりにスルファニルアミドを間違えて使おうとし、最終的には十分な葉酸を作ることができずに死んでしまう。我々は食事から摂る葉酸に頼っているので、スルファニルアミドの作用で具合が悪くなることはない。

用語的に、スルファニルアミドを基本とするサルファ剤は抗生物質ではない。抗生物質とは「少量でも抗菌活性を持つ微生物由来の物質」と定義される。スルファニルアミドは生きた細胞から得られた物ではない。人工物であり、微生物の成長を抑える代謝拮抗物質に分類される。しかし現在、抗生物質という語は天然、人工にかかわらず、細菌を殺すすべての物質に使われることもある。

サルファ剤は最初の合成抗菌薬ではない――その栄誉はエールリッヒの梅毒攻撃分子、サルバルサンに与えられる——しかし、細菌感染症に対し広く使われたということでは、最初の分子群である。無数の傷病兵や肺炎患者の命を救っただけでなく、出産時に死亡する婦人の数を劇的に減らした。なぜなら、産褥熱を起こす連鎖球菌にもサルファ剤が効くからである。しかし最近は世界的にサルファ剤の使用が減っている。理由はいくつかある。長期にわたる副作用の心配、スルファニルアミドに抵抗する細菌の出現、そして新しい、より強力な抗生物質の登場である。

ペニシリン

最初の真の抗生物質、ペニシリン類は、現在でも世界中で使われている。一八七七年、ルイ・パスツールは、ある微生物を使って別の微生物を殺せることを初めて示した。彼は、尿中での炭疽菌の成長が、ありふれた細菌を加えることで抑えられることを発見した。続いてジョセフ・リスターは、殺菌薬フェノールの価値を医学界に示した後、自分の患者の頑固な膿瘍を治したカビの性質について研究している。彼は、ペニシリウム属のカビの抽出液に湿布を浸し、それを膿瘍に貼った。

しかし、カビの持つ治療効果に関するそれ以上の研究は、一九二八年までほとんど行われていない。この年、ロンドン大学医学部セントメリー病院に働くスコットランド人医師アレクサンダー・フレミングは、研究中だったブドウ球菌の培養皿に、ペニシリウム属のカビが生えたことに気が付いた。カビのコロニーのところが透明になっている。いわゆる細胞溶解現象が起きていた。それまでの人と違ってフレミングは好奇心を抱き、さらなる実験で追究する。彼はカビによってある物質が作られ、それがブドウ球菌に対して抗菌活性を示していると仮定した。そして実験はそのことを証明する。カビ（現在、これは *Penicillium notatum* と分かっている）の濾過した培養液は、シャーレに培養したブドウ球菌に対し極めて有効であり、その液を八百倍に薄めても抗菌作用を示した。また、彼がペニシリンと呼ぶようになったこの液をマウスに注射しても毒性はなかった。ペニシリンはフェノールと違い、腐食性はない。患部に直接つけても大丈夫であった。抗菌活性もフェノールより強力に見えた。多くの細菌に対して有効で、髄膜炎や淋病、また溶連菌咽頭炎など連鎖球菌感染症にも効いたのである。

フレミングは結果を医学雑誌に発表したが、ほとんど反響はなかった。彼のペニシリン液は非常に薄く、活性成分を単離する試みは失敗に終わった。ペニシリンは実験室によくある薬品や溶媒、熱で簡単に不活性化されてしまうことが今では分かっている。

ペニシリンは十年以上も臨床試験されなかった。この間、スルファニルアミド類が細菌感染症に使われるようになっていく。一九三九年、サルファ剤の成功に触発された、オクスフォード大学の化学者、微生物学者、医師らのグループが、ペニシリンを生産、単離する研究に着手した。最初の臨床試験は、未精製のペニシリンを使って一九四一年に行われる。悲しいことに、結果は古いジョークのように「治療は成功したが、患者は死んだ」というものだった。患者は警察官で、重篤なブドウ球菌、連鎖球菌感染を起こしており、ペニシリンを静脈注射された。二十四時間後に症状の改善が見られ、五日後に熱は下がって感染症状は消える。しかしそれまでに手持ちのペニシリン――未精製の抽出物がスプーン一杯だけ――を使い切ってしまっていた。患者の感染症状は悪化して制御不能となり、まもなく死んだ。二人目の患者も死んだ。三人目の患者は十五歳の少年で、このときは十分なペニシリンが用意されていて、連鎖球菌感染は完全に消えた。この成功のあと、ペニシリンは別の子供のブドウ球菌敗血症にも効き、オクスフォードのグループは勝利を確信する。ペニシリンは様々な細菌に効き、サルファ剤で報告された腎毒性など重篤な副作用もなかった。その後の研究によると、ペニシリンのあるものは、五千万分の一という驚くべき低濃度に希釈しても、連鎖球菌の増殖を抑えたという。

この時点でペニシリンの化学構造は分かっていなかった。つまり合成することは不可能であり、ペニシリンは依然としてカビから抽出せねばならなかった。だから大量生産は、化学者ではなく、微生物学者と細菌学者の仕事となる。イリノイ州ペオリアにあるアメリカ農務省の研究室は、微生物の培養に関し専門技術を持っていて、大規模生産を研究する中心となった。一九四三年七月までにアメリカ中の製薬企業は全社で、この新しい抗生物質を八億ユニット生産する。それが一年後には月産千三百億ユニットに跳ね上がった。

第二次世界大戦中、アメリカとイギリスの三十九の研究室で、約千人の化学者がペニシリンの構造決定と合成法確立について研究していたという。そして一九四六年、ついに化学構造が明らかにされた。しかし合成に成功したのは、なんと一九五七年である。

ペニシリンの構造は、これまで述べてきたほかの分子と比べて、それほど大きくもなく、また複雑にも見えないかもしれない。しかし化学者が見ると非常にユニークな分子なのである。すなわち、その中にβラクタム環という四員環がある（10－10）。

自然界には、四員環を持つ分子が他にも存在する。しかし少ない。化学者はそうした分子を合成することもできる。ただし非常に難しい。理由は、四員環——四角形——の結合角度が九十度であるからだ。普通、炭素や窒素の単結合が無理なく作る角度は、約百九度である。また、二重結合のある炭素の場合、無理のない角度は百二十度になる（10－11）。

有機化合物の四員環は平面ではなく、やや歪んでいる。しかし、それでも化学者の言うところの「環のひずみ」を軽減することはできない。ひずみは、本来の結合角から非常に異なる結合角を強いられた原子が生む、不安定さのことである。そしてペニシリン分子の抗菌活性を説明するのは、まさにこの四員環の不安定さなのだ。細菌は細胞壁を持ち、また細胞壁を作るための酵素も持っている。この酵素が存在すると、ペニシリン分子のβラクタム環は開き、ゆがみから開放される。この過程で細菌の酵素に

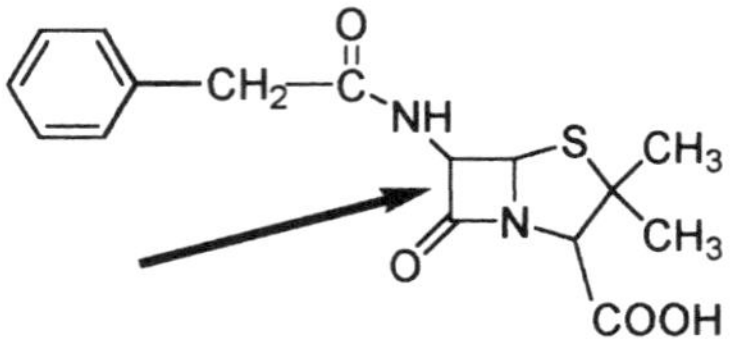

ペニシリンGの構造。矢印はβラクタムの四員環。

10－10

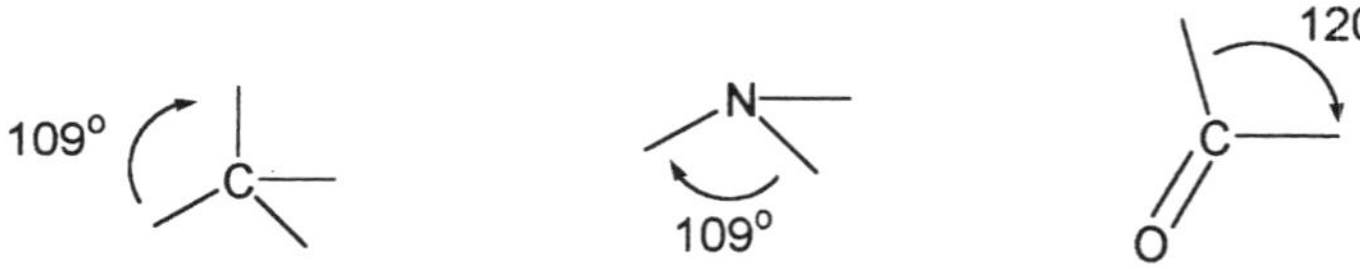

炭素原子、窒素原子の単結合は、立体的に広がる。一方、炭素一酸素の二重結合と二つの単結合は同一平面状に広がる。

10－11

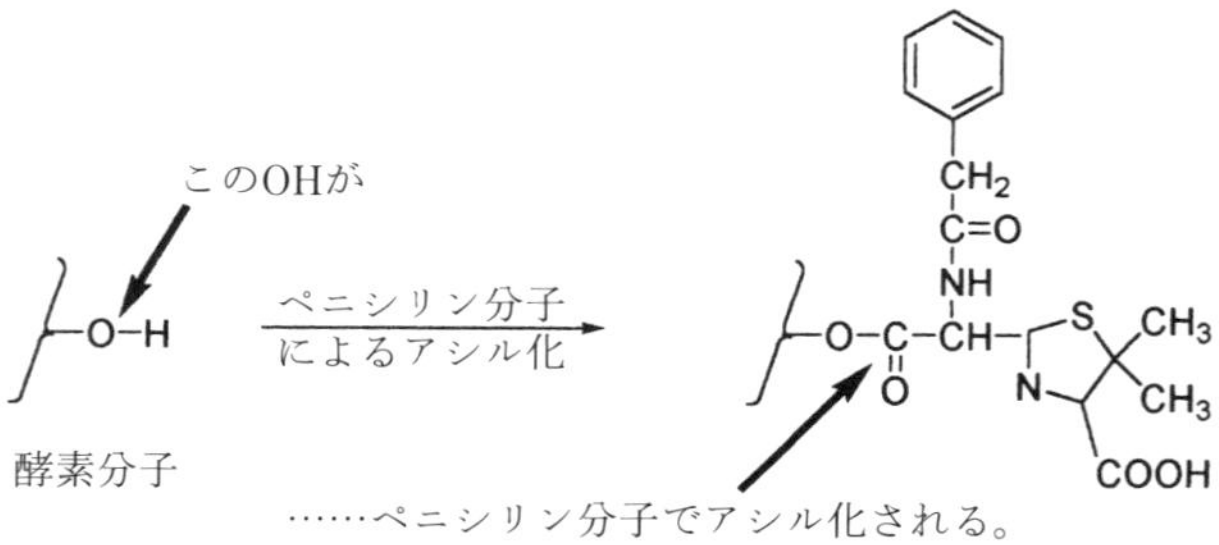

ペニシリン分子が、このアシル化反応によって、細菌の酵素に結合する。

10－12

あるOH基がアシル化されるのだ（アシル化というのはサリチル酸がアスピリンに変換されるときの反応でもある）。このアシル化反応でペニシリン分子は、環の開いた状態で酵素に結合する。五員環はそのままで、四員環が開いたことに注目してほしい（10‐12）。

アシル化は、細胞壁を作る酵素を不活性化する。細胞壁を作れなければ、体内の細菌は新たに増殖することができない。一方、動物細胞には細胞膜があるが、細胞壁はないため、これらの細菌と同じ細胞壁合成酵素はない。だから我々はペニシリン分子によるアシル化反応の影響は受けない。

ペニシリンの四員環、βラクタムの不安定さは、ペニシリンがサルファ剤と違って低温で保存しなくてはならない理由にもなっている。ひとたび環が開くと――熱で促進される過程である――分子はもはや抗菌活性を持たない。また、細菌は、彼ら自身で環が開く秘密を発見したようである。ペニシリン耐性菌は、βラクタム環を開く酵素を生産する。つまりペニシリンによって細胞壁合成酵素が不活性化される前に、攻撃して環を開いてしまうのだ。

図のペニシリンは、ペニシリンGである。一九四〇年に初めてカビによって作られ、今でも広く使われている。他にも多くのペニシリン分子がカビからとられてきた。また、天然に存在するペニシリンを原料にして多くの誘導体が化学合成された。さまざまなペニシリンの構造は、実は図の円の部分だけが変わっている（10‐13）。

アンピシリンは、ペニシリンGに耐性を持つ細菌にも有効な合成ペニシリンであるが、構造はほんのわずか違うだけである。NH_2基が一つついているだけだ（10‐14）。

アモキシシリンは現在アメリカで最もよく処方される薬の一つである。その側鎖はアンピシリンと非常に似ている。OHが一つついているだけだ。様々な側鎖には、ペニシリンOのように非常に単純なものから、クロキサシリンのようにもっと複雑なものまである（10‐15）。

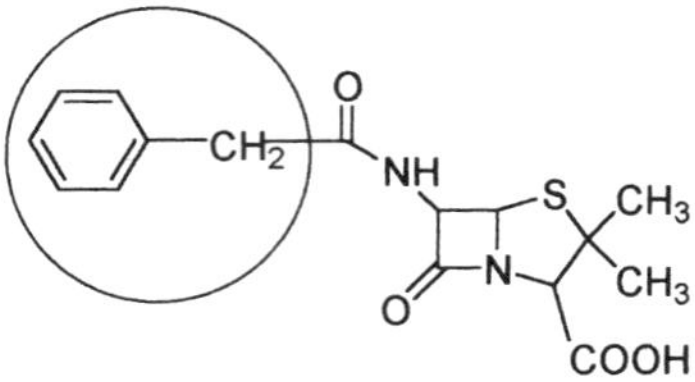

ペニシリンG。分子の可変部分を円で囲ってある。

10－13

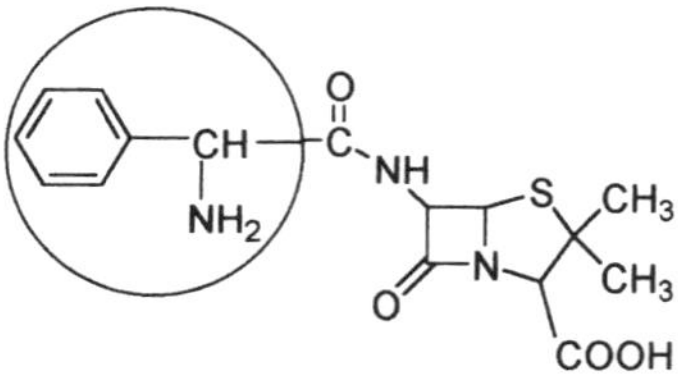

アンピシリン

10－14

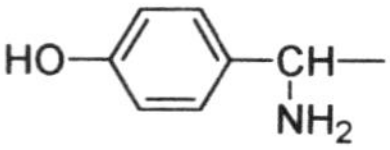

アモキシシリン

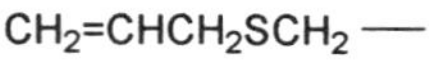

ペニシリンO

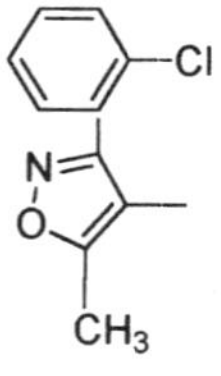

クロキサシリン

各種ペニシリンの可変部分（前図の円で囲んだ側鎖部分）。

10－15

現在使われている十以上のペニシリンのうちの四つだけ示した（かつてはもっとあったが、もはや臨床では使われていない）。分子の同じ場所（円で示したところ）をいろいろ置換して、さまざまなペニシリンを作ることは可能である。しかし四員環、すなわちβラクタム構造は、常になくてはならない。もしあなたにペニシリンが必要になったとき、あなたの命を救うのは、分子構造のこの部分なのである。

過去の死亡率について、正確な数字を知るのは不可能である。しかし人口統計学者は、さまざまな社会における平均寿命を推定してきた。紀元前三五〇〇年から紀元一七五〇年頃まで、五千年以上にわたり、ヨーロッパではどこでも、平均寿命は三十年から四十年といったところであった。紀元前六八〇年頃の古代ギリシャでは、四十一歳と高い。紀元一四〇〇年のトルコではわずか三十一歳だった。これらの数字は現代の開発途上国のそれに近い。これらの高い死亡率の理由は三つある。食料の不足、衛生状態の悪さ、疫病である。これらは互いに関連しあっている。栄養が悪ければ感染症にかかりやすくなるし、衛生状態が悪ければ疫病が流行しやすい。

農業が発達し、輸送システムも普及した地域では、食料の供給が増えた。同時に個人レベルでも公的レベルでも衛生状態が大きく改善された。きれいな飲み水、汚水処理システム、ごみ収集、害虫駆除、さらには大規模なワクチン接種プログラム。こうした施策は疫病を減らし、病気にかかりにくい健康な人々を増やす。こうした変化によって、一八六〇年代以降、先進国では死亡率が下がり続けた。しかし、何世代にもわたって言語に絶する悲劇と死を与えてきた病原細菌に、最後のとどめを刺したのは、抗菌剤である。

一九三〇年代から、これらの分子は、感染症による死亡率に目立って影響を与えてきた。はしかウィルスに感染すると合併症として肺炎になることが多い。肺炎に対する治療法としてサルファ剤が登場すると、はしかによる死亡率は急速に低下した。肺炎、結核、胃炎、ジフテリア、これらは一九〇〇年のアメリカで主な死因になっていたが、今日ではまったく問題にならない。ペスト、コレラ、発疹チフス、炭疽病など細菌感染症が突発的に起きた地域では、放置すれば広がるのを抗生物質が食い止めた。また、近年のバイオテロ行為は、細菌感染症が大流行する可能性について、人々の心配を集めている。しかし現在我々が持つ数々の抗生物質を使えば、まずそうした攻撃には対処できるであろう。

バイオテロとは別の形だが、抗生物質の使用量の増加、あるいは過剰投与などに細菌が適応して起きる、もう一つの心配がある。ありふれているが場合によっては致死性となりうる細菌の、抗生物質耐性株が広がりつつあるのだ。しかし生化学者たちは細菌の——それからヒトの——代謝経路についてさらに研究を進めているし、また、今までの抗菌物質がなぜ効いたかを考えている。だから細菌の特定の反応を狙う、新しい抗菌剤を合成することも可能であろう。分子の化学構造と、なぜそれらが細胞に作用するのかについて理解することは、病原細菌との果てしない戦いで優位に立つために、きわめて重要である。

十一章　避妊薬(ピル)　女性の社会進出を後押しした錠剤

二十世紀半ばまでに抗菌剤と抗生物質が広く使われるようになり、死亡率は劇的に下がった。特に女性と子供の死亡率低下が著しく、家族はもはや、大人まで育つ頭数(あたまかず)をそろえるという理由で子供をたくさん作る必要もなくなった。子供を感染症で失うという心配が消えるにつれ、妊娠を避けることにより家族のサイズを制限したいという欲求が出てくる。こうして一九六〇年、現代社会の形に大きな影響を与えた避妊薬が登場する。

我々はもちろん、最初の経口避妊薬、一般には「ザ・ピル（錠剤の意味）」と呼ばれたノルエチンドロンのことを言っている。この分子は、一九六〇年代に起きた性の革命において救世主、あるいは（その人の観点により）悪の張本人とみなされた。性の革命とは、女性解放運動、フェミニズムの台頭、働く女性の増加、そして家族の崩壊さえも指す。この分子には賛否両論あるが、登場以来四十年以上にわたって、社会の大きな変化に重要な役割を果たしてきている。

二十世紀前半、避妊知識と避妊具が合法的に入手できるよう、アメリカのマーガレット・サンガーやイギリスのマリー・ストープスなど著名な運動家が戦ったことは、我々から見ると隔世の感がある。二十世紀初めの数十年、多くの国では避妊法を教えるだけで罪になった、と聞いても、現代の若者は容易に信じない。しかし避妊の必要性は明らかに存在した。都市部の貧困地域に見られた乳幼児と出産婦の高い死亡率は、しばしば大家族であることと関係している。中産階級は当時利用できるようになった避妊手段をすでに使っていた。一方、労働者階級の女性たちは、何とかしてその情報と避妊具を入手しようとした。大家族の母親たちが産児制限の提唱者宛に書いた手紙は、彼女たちが望まぬ妊娠に直面したときに感ずる必死の思いを詳しく伝えている。一九三〇年代になると産児制限――容認しやすい「家族計画」という用語がしばしば使われた――を受け容れる社会も増えてきた。診療所や医療関係者は、避妊具を配布し始め、少なくともいくつかの地域では法律も変わった。法律が残っているところでも、起訴はまれになる。とくに避妊が控えめに行われたのなら、訴えられることはなくなった。

初期の経口避妊薬

何世紀にもわたり世界中どの社会でも、女性は妊娠したくないと願い、多くの物質を飲んできた。これらの物質のうち目的を達成したものは一つもない。ただし飲んだ女性の体調がひどく悪化し、妊娠しなかったというのは別である。それらのいくつかは、わりとまともである。パセリやミントの煎じ茶、サンザシ、ツタ、ヤナギ、ニオイアラセイトウ、ギンバイカ、ポプラなどの葉や樹皮の煎じ汁などだ。クモの卵や蛇が入った混ぜ薬もあった。果物、花、そら豆、杏の種、各種薬草も薦められた。ラバが避妊に良いとされたこともあった。おそらくラバはメスのウマとオスのロバから生まれ、不妊であったからだろう。伝えられるところによると、女性がラバの腎臓か子宮を食べると妊娠しなかったという。ラバによる男性の不妊に関しても同じようなものだ。男性は取り出した精巣を焼いて食べることになっていた。七世紀の中国では女性が水銀を飲んだ。もし彼女が死ななければ、水銀中毒は不妊となる有効な方法だったかもしれない。古代ギリシャや一八〇〇年代のヨーロッパのある地域では、さまざまな銅の塩（えん）の水溶液が避妊薬として飲まれた。中世には奇妙な方法もあった。女性がカエルの口の中に三回唾を吐くというものだ。不妊になりたいのは女性であってカエルではない！

ステロイド

妊娠を避けるために体のさまざまな場所に塗った物質のうち、いくつかは精子を殺す作用があったかもしれない。しかし、二十世紀半ばに登場した経口避妊薬こそ、産児制限に使える、初めての安全で有効な化学的手段だった。ノルエチンドロンは、ステロイドと呼ばれる化合物群の一つである。ステロイドという言葉は、一部のスポーツ選手が不法に使う能力増強薬に対して呼ぶ場合でも、完全に妥当な化学用語である。そのような薬物は確かにステロイドであるが、運動能力とは関係ない多くの化合物もまたステロイドである。本章ではステロイドを、より広い化学的な意味で使う。

多くの分子では、ほんの小さな構造上の変化が、効果の上で非常に大きな変化をもたらしうる。このことは、男性ホルモン（アンドロゲン類）、女性ホルモン（エストロゲン類）、黄体ホルモン（プロゲスチン類）など、性ホルモンの構造で最も顕著である。

ステロイドに分類されるすべての化合物は、四つの環が縮合した同じ基本構造を持つ。四つのうち三つは炭素原子六つの環で、四番目の環は炭素が五つである。これらの環はA、B、C、D環と名前がついており、D環が五員環である（11－1）。

コレステロールは、最も広く存在する動物ステロイドである。ほとんどの動物組織に見られ、とくに卵の黄身やヒトの胆石に多く含まれる。不当に悪い評価を受けている分子であるが、我々の体にはコレステロールが必要だ。胆汁酸（脂肪や油を消化吸収するために必要な化合物）や性ホルモンなど、他のすべてのステロイド化合物の原料として重要な物質である。必要でないのは、食事に含まれる大量の余分なコレステロールである。なぜなら我々は自分自身でも十分合成できるからだ。コレステロールの構造を見ると、縮合した四つの環と側鎖があり、多くのメチル基（CH_3、都合によりH_3Cと描かれることもある）

も見える（11－2）。

テストステロンは主要な男性ホルモンで、一九三五年、すりつぶした雄牛の精巣から初めて単離された。しかし初めて単離された男性ホルモンはアンドロステロンだ。テストステロンが代謝された類似物質で、作用はテストステロンより弱く、尿に分泌される。二つの構造式を見て分かるように、両者にほとんど違いはない。アンドロステロンは、テストステロンのOHが二重結合の酸素に換わっていて、酸化された形になっている（11－3）。

男性ホルモンが初めて単離されたのは一九三一年である。男ばかりのベルギー警察で集められた一万五千リットルの尿から、十五ミリグラムのアンドロステロンが得られた。

最初に単離された性ホルモンとなると、女性ホルモンのエストロンである。一九二九年、妊娠女性の尿から得られている。アンドロステロンとテストステロンの関係と同じように、エストロンは、第一の、そしてより強力な女性ホルモン、エストラジオールの代謝物である。同じような酸化反応により、エストラジオールのOHが二重結合でつながる酸素に換わっている（11－4）。

両者とも我々の体内ではほんの微量だけ存在する。わずか十二ミリグラムのエストラジオールが初めて単離されたときは、ブタの卵巣を四トン必要とした。

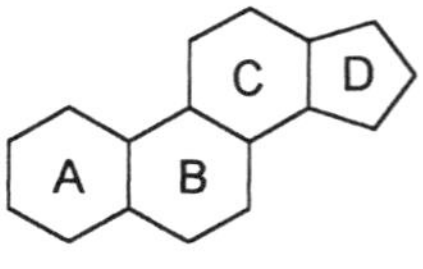

ステロイド骨格の構造。A、B、C、Dの四環の位置。

11－1

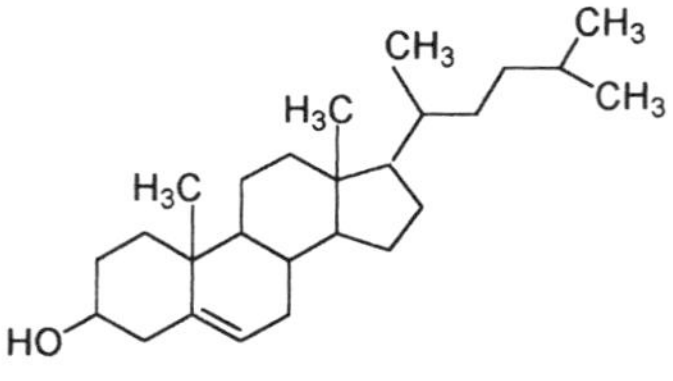

コレステロール。最も広く見られる動物性ステロイド。

11－2

男性ホルモンのテストステロンと女性ホルモンのエストラジオールが、構造の上で非常に似ているのは興味深い。分子構造のほんの二、三の変化が、大きな差を生む（11－5）。

思春期になったとき、もしあなたのホルモンのCH_3が一つ少なく、二重結合のOの代わりにOHがあって、C＝C結合が二つ多ければ、男性の第二次性徴（顔と体の毛、太い声、筋肉の発達）は起きない。その代わりに、胸が大きくなり、ヒップが広がり、月経が始まる。

テストステロンは同化ステロイドである。すなわち筋肉を発達させるステロイドだ。人工テストステロン類――同様に筋肉増強を促す合成化合物――もテストステロンと似た構造を持つ（11－6）。これらは、怪我や筋力低下を起こす疾患に使うために開発された。臨床で投与される量では、筋肉増強作用も最小レベルであり、リハビリを助ける。しかし運動選手が「体格向上」を目指して、ダイアナボルやスタノゾロールのようなこれら合成ステロイドを常用量の十倍あるいは二十倍使うと、深刻な副作用も出てくる。

肝臓がんと心臓病リスクの増加、攻撃性の亢進、激しいにきび、不妊、精巣萎縮。これらは同化ステロイドの乱用による副作用の一部である。男性二次性徴を促進する合成アンドロゲン性ステロイドが精巣萎縮を起こすのは、少々奇妙に見えるかもしれない。しかし人工テストステロン類が体外から与えられると、精巣は――もはや働く必要がなくなり――

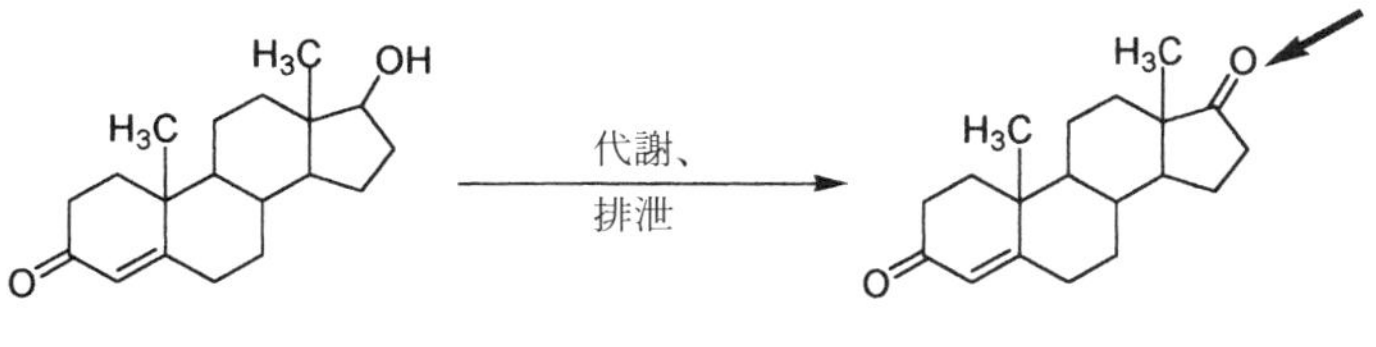

テストステロン　　　　アンドロステロン

アンドロステロンは、テストステロンと一ヶ所だけ（矢印）違う。

11－3

退化するのだ。

ある分子がテストステロンと構造が似ていても、それは必ずしも男性ホルモンとして働くことを意味しない。主要な妊娠ホルモン（黄体ホルモンともいう）のプロゲステロンは、構造がスタノゾロールよりテストステロン、アンドロステロンに近い。そればかりではなく女性ホルモンのエストロゲンと比べても男性ホルモンに近い。プロゲステロンではテストステロンのOHがCH_3COに換わっているだけだ（図の円部分）（11－7）。

プロゲステロンとテストステロンの構造上の違いはこれだけである。しかしこれが分子の働きに大きな違いを生む。プロゲステロンは、子宮内膜に信号を送り、受精卵を取り込むための準備をさせる。妊娠している女性は、プロゲステロンの分泌が続いて排卵が抑えられるため、再び受胎することはない。このことが、化学的に避妊するときの生物学的な基盤となる。プロゲステロンあるいはプロゲステロン様物質を外から与えれば、排卵が抑えられるのだ。

避妊薬としてプロゲステロン分子を使う場合、大きな問題がある。プロゲステロンは注射されなくてはならない。飲んだ場合は効果が著しく落ちる。胃酸などで分解するのかもしれない。もう一つの問題は（数ミリグラムのエストラジオールをとるのに数トンのブタ卵巣を必要としたように）天然のステロイドホルモンは動物体内に極微量しか存在しないこと

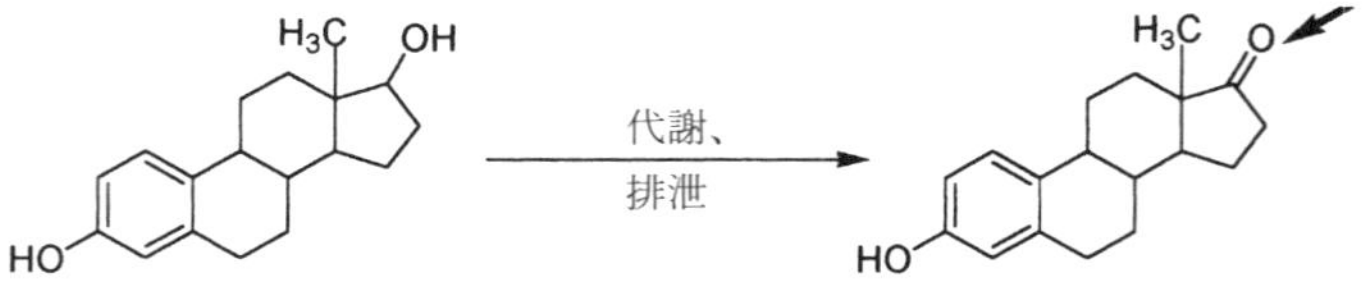

エストラジオール　　エストロン

エストロンは、エストラジオールと一ヶ所だけ（矢印）違う。

11－4

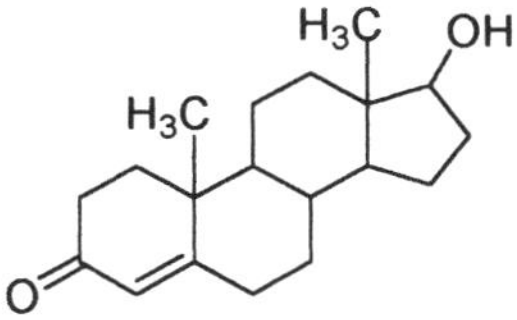

テストステロン

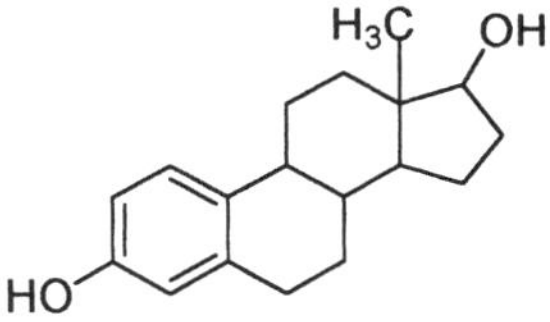

エストラジオール

11－5

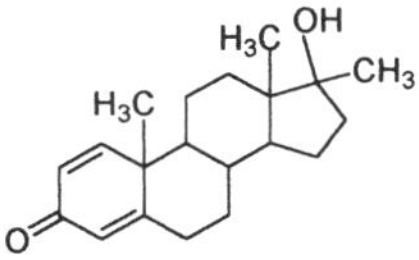

ダイアナボル

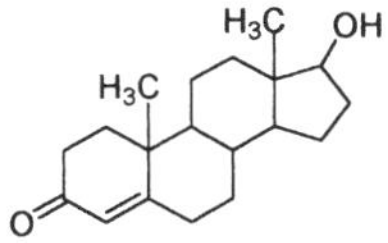

テストステロン

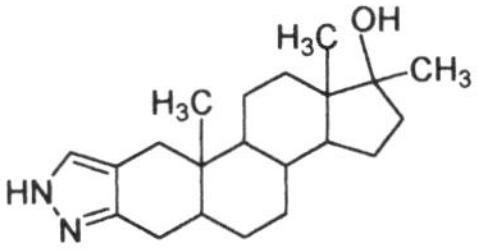

スタノゾロール

合成同化ステロイドのダイアナボル、スタノゾロールと天然ステロイドのテストステロンとの比較

11－6

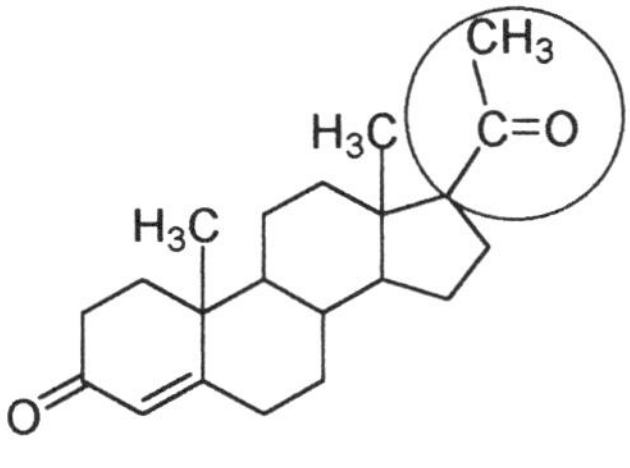

プロゲステロン

11－7

だ。そのような材料から抽出するのは現実的でない。

こうした問題の解決は、飲んでも活性を保つ人工プロゲステロンを合成することだ。大量合成には、四つの環からなるステロイド骨格と、ちょうど良い位置にCH_3基を既に持つような出発原料が必要である。言い換えると、プロゲステロンの働きを模倣する分子を合成するには、実験室の普通の反応で構造変換できる、手ごろなステロイドが大量に必要ということだ。

ラッセル・マーカーの驚くべき冒険

今、化学的な問題を述べてみたが、これはすべて終わった後で述べていることに注意せねばならない。最初の避妊薬は、全く別の問題を解くための研究から生まれた。それに関係した化学者たちは、最終的に社会変革を進めるような分子を作ることになろうとは思ってもいなかった。つまり、この分子によって女性たちは自分の人生をコントロールできるようになり、伝統的な性の役割も変わったのである。ピルの開発に決定的な仕事をしたアメリカ人化学者ラッセル・マーカーも例外ではなかった。彼の実験の目的は、避妊薬を作ることではなく、別のステロイド分子、コルチゾンを合成するためのルートを見つけることだった。

マーカーの人生は、常に伝統や権威との戦いだった。彼の学問上の業績は、伝統、権威と戦うことになる分子の創出に繋がったのだから、そのような人物の人生としては似合っている。彼は高校を出ると、物納小作人だった父親の希望に反してメリーランド大学に進み、一九二三年、化学の学士号をとった。大学院に進んだのは「農場の仕事から逃げるため」と言っているが、マーカーの能力と化学に対する興味もまた、博士号を取ろうと決意した要因だったに違いない。

彼は博士号のための研究を完成させ、成果を『アメリカ化学会雑誌(JACS)』に発表した。ところが、博士号を取得するには、さらに物理化学のコースを取らねばならないと言われる。それはマーカーにとって貴重な時間の無駄使いに思えた。その時間は実験室でもっと生産的に使える、と彼は考えたのだ。博士号がなければ化学研究の分野で仕事につく機会も得られないぞ、という教授の再三の警告にもかかわらず、彼は大学を去った。三年後に彼は、マンハッタンにある有名なロックフェラー研究所の研究員となる。彼の能力は、博士号を取っていないというハンディキャップに明らかにうち勝っていた。

ここでマーカーはステロイドに興味を持つ。とくに大量に生産する方法の開発に興味を持った。大量にあれば、化学者たちがステロイドの四つの環にある様々な側鎖の構造を変える方法について実験できる。当時、妊娠した馬の尿から単離したプロゲステロンの値段は、一グラム千ドル以上であった。これは化学者の使える金額をはるかに超える。プロゲステロンは、同じ材料から抽出したものが少量だけ、主に金持ちの競走馬オーナーによって使われていた。貴重な種を宿した妊娠馬の流産を防ぐためだった。

マーカーは、ステロイドを部分構造に持つ物質が、多くの植物に含まれていることを知っていた。キツネノテブクロ、スズラン、サルサパリラ、キョウチクトウなどだ。それまで四環のステロイド核だけ取り出されたことはなかったが、植物に含まれるこれらの量は、動物のものよりはるかに多かった。マーカーにとって、これは明らかに追究すべきルートである。しかしここで再び伝統と権威にぶつかった。ロックフェラー研究所では、植物化学は薬理部門に属する。マーカーのいた部門ではない。権威は、ロックフェラー研の所長の名前で、マーカーが植物ステロイドについて研究することを禁じた。

マーカーはロックフェラー研を去った。そのあとペンシルベニア州立大学の研究員となり、製薬会社のパーク・デイビスと共同研究を行いながら、ステロイドの仕事を続けた。そしてついに研究に必要な大量のステロイドを植物から得る。彼は、つる性植物サルサパリラの根を使って研究を始めた。この根は、ルートビアなどのハーブ飲料に使われ、サポニンと呼ばれる物質を含むことが知られていた。サポニンは水に溶かすと泡立つ（soapy）ことからこの名がある。セルロースやリグニンなどのポリマーほど大きくはないが、複雑な分子である。サルサパリラから得られるサポニン、すなわちサルササポニンは、ステロイド核に糖が三分子ついており、またD環に環が二つ縮合している（11－8）。

三つの糖――グルコース二分子と、ラムノースという別の糖一分子――を除くのは簡単だと分かっていた。酸で処理すれば図の矢印のところで切れる（11－9）。

問題なのは、残った部分、サルササポゲニンである。このサポゲニンから四環のステロイド核を得るためには、図の円で囲んだ部分を除去せねばならない（11－10）。当時の化学の常識では、ステロイド骨格の他の部分を壊さずに除去することは不可能であった。

マーカーはできると確信していた。そして彼は正しかった。彼の開発した方法を使うと、四環のステロイド核が得られ、さらに二、三の工程で純粋なプロゲステロンに変換された。合成されたものは、女性の体内で作られるものと化学的に同一であった。ひとたび側鎖が除去されると、多くのステロイド化合物の合成が可能となる。この工程――ステロイドを含有するサポゲニンから側鎖を除くこと――は現在でも、数十億ドル産業と

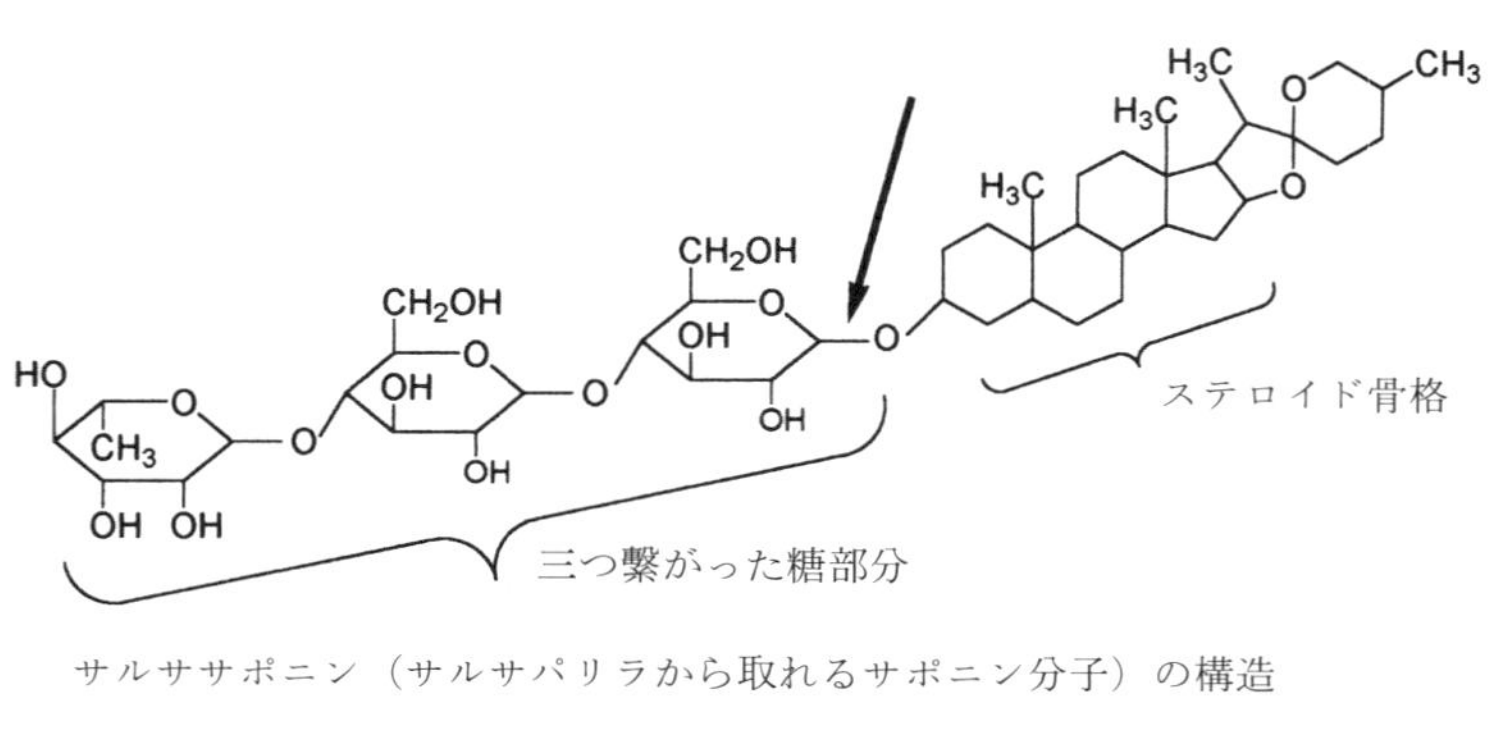

サルササポニン（サルサパリラから取れるサポニン分子）の構造

11－8

言われる合成ホルモン業界で使われている。なお、この反応は「マーカー分解」という。

マーカーの次の挑戦は、サルサパリラよりもっと大量の出発原料を含む植物を見つけることだった。ステロイドであるサポゲニンは、親化合物のサポニンから糖を除去して得られるが、これはサルサパリラ以外にも無数の植物に含まれている。エンレイソウ、ユッカ、キツネノテブクロ、リュウゼツラン、アスパラガスなどだ。彼は、数百もの熱帯、亜熱帯植物を調査し、最終的にメキシコ、ベラクルス地方の山に生えるヤマイモにたどり着く。ときは一九四二年の初め、アメリカは第二次世界大戦に入っていた。メキシコ当局は、植物採集の許可証を発行せず、マーカーはヤマイモの生えるような地域に立ち入らぬよう勧告を受ける。それまで彼は、そのような勧告で思い留まったことはなかったし、今回も自分の進む道に割り込ませなかった。ローカルバスを乗り継いで、ヤマイモが生えていると教えられた地域にたどり着く。そこで長さ三十センチほどの根をバッグ二つ採集した。このヤマイモは、現地でカベザ・デ・ネグロ（黒い頭）と呼ばれていた。

ペンシルベニアに戻った彼は、サルサパリラのサルササポゲニンに非常によく似たサポゲニンを抽出する。唯一の違いは、ヤマイモのサポゲニン、すなわちディオスゲニンには二重結合が一つあることだ(11-11)。

ディオスゲニンにマーカー分解を行うと不要な側鎖が除去され、さらなる化学反応によって、かなりの量のプロゲステロンが得られた。ここに至って彼は、ステロイドホルモンを安く大量に作る方法は、メキシコに工場を作り、メキシコヤマイモに含まれる大量の原料を使うことだ、と確信する。

しかし、たとえそのアイデアがマーカーにとって現実的で分別あるものであったとしても、製薬大企業にはそう見えなかった。彼はこうした会社に興味を持ってくれるようアプローチしていたが、伝統と権威はまたしても彼の道を塞いだのである。メキシコでは複雑な化学合成が行われた歴史がない。製薬

サルササポニン $\xrightarrow[\text{酵素}]{\text{酸または}}$ サルササポゲニン ＋ 2グルコース ＋ ラムノース

11－9

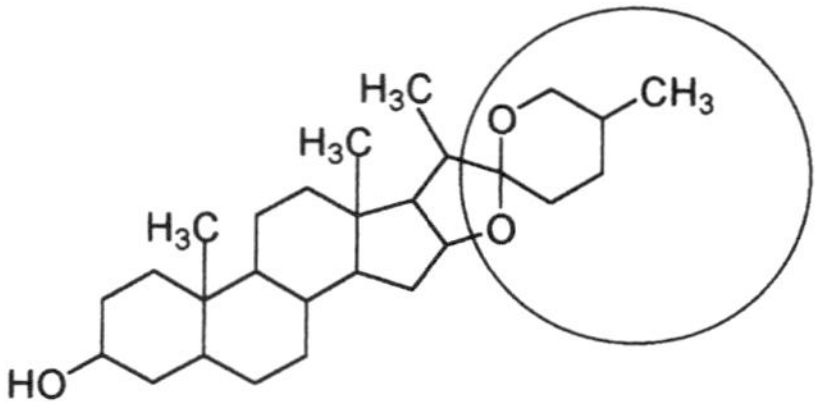

サルササポゲニン（サルサパリラから取れるサポゲニン）

11－10

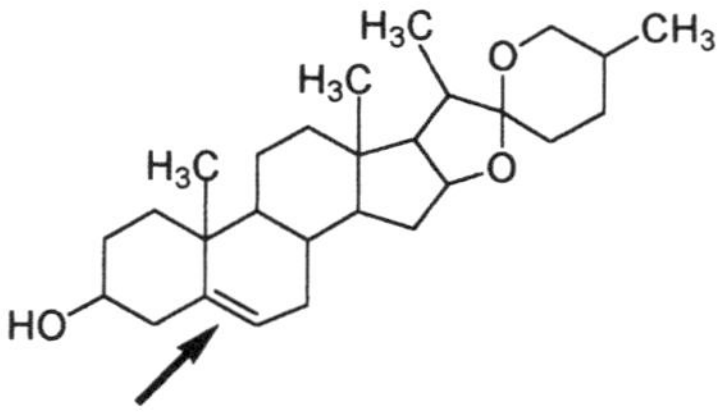

ディオスゲニン

ディオスゲニン（メキシコヤマイモ）は、サルササポゲニン（サルサパリラ）と、二重結合が一つある（矢印）という点だけが違う。

11－11

会社の幹部は彼にそう答えた。既存の製薬企業から資金面での支援が受けられないと分かると、マーカーは自分自身でホルモン生産ビジネスに乗り出す。彼はペンシルベニア州立大学を辞め、メキシコシティーに移った。一九四四年、他の人と組んでシンテックス社（合成 Synthesis とメキシコ Mexico から命名）を設立する。その後この製薬会社は、ステロイド生産において世界的企業となった。

しかしマーカーとシンテックス社の関係は長くない。支払い、収益、特許などをめぐって争いが起き、彼は会社を去っている。彼が作ったもう一つの会社、ボタニカ・メクス（メキシコ植物会社）も最終的にヨーロッパの製薬会社に買収された。

ラッセル・マーカー。彼がマーカー分解という一連の化学反応を開発したおかげで、化学者たちは大量の植物ステロイドを利用できるようになった。

それまでにマーカーは別種のヤマイモを発見していた。ステロイドの原料となるディオスゲニンをさらに多く含むため、合成プロゲステロンの製造コストは一段と低下した。これらのヤマイモは、かつて地元民が魚獲りの毒――魚は気絶するが食べられる――に使うだけの目立たない根っこに過ぎなかったが、今日ではメキシコの商品作物に成長している。

マーカーは自分の発見した方法で特許を取ることに乗り気でなかった。自分の発明は皆が使えるべきだと考えていた。同僚の化学者たちにもうんざりした。今や利益追求は研究のモチベーションにすらなっており、その姿勢にも失望した。このような理由から一九四九年、彼は実験ノートと測定記録のすべてを廃棄し、化学の世界から退いた。こうした行為にもかかわらず、マーカーが開発した化学反応は、今日、経口避妊薬を可能にした業績として高く評価されている。

他のステロイドの合成

一九四九年、オーストリアからアメリカに移民してきた若者が、メキシコシティーにあるシンテックスの研究所に入所した。カール・ジェラッシはウィスコンシン大学で博士号を取ったばかりであった。テーマはテストステロンからエストラジオールへの化学変換である。シンテックス社は今や、野生のヤマイモから比較的豊富に取れるようになったプロゲステロンをコルチゾンに変換する方法を探していた。コルチゾンは、副腎皮質（腎臓に付着している分泌腺である副腎の外側部分）から単離された二十八種以上のホルモンの一つである。強力な抗炎症作用を持ち、とくに関節リウマチによく効く。他のステロイド同様、コルチゾンは動物組織に極微量しか存在しない。実験室で合成できるが、その方法では非常に高くついた。デオキシコール酸を出発原料として三十二工程もの反応を要したからだ。そのデオキシコール酸もウシの胆汁から採らねばならず、豊富とはいえない。

ジェラッシは、マーカー分解を使ってディオスゲニンのような植物由来物質から非常に安いコストでコルチゾンができることを示した。コルチゾンを合成する上で大きな障害となったのは、C環にある11位の炭素に二重結合で酸素を導入することだった（11-12）。この位置は胆汁酸でも性ホルモンでも置換基が入っていない。

この場所に酸素原子を付加するために、カビ *Rhizopus nigricans* を使う新しい方法が発見された。カビと化学者という組み合わせによって、プロゲステロンからわずか八工程——微生物による一工程と化学反応の七工程——で合成できるようになったのである（11-13）。

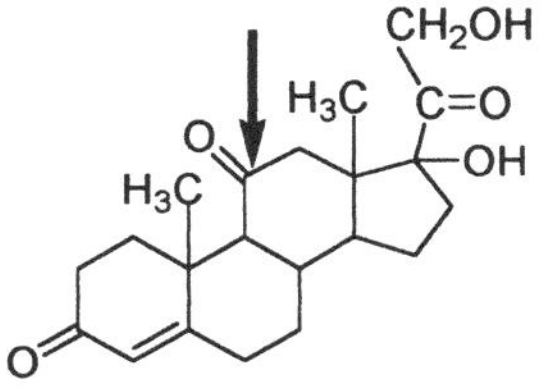

コルチゾン。矢印はC-11のC＝Oを示す。

11－12

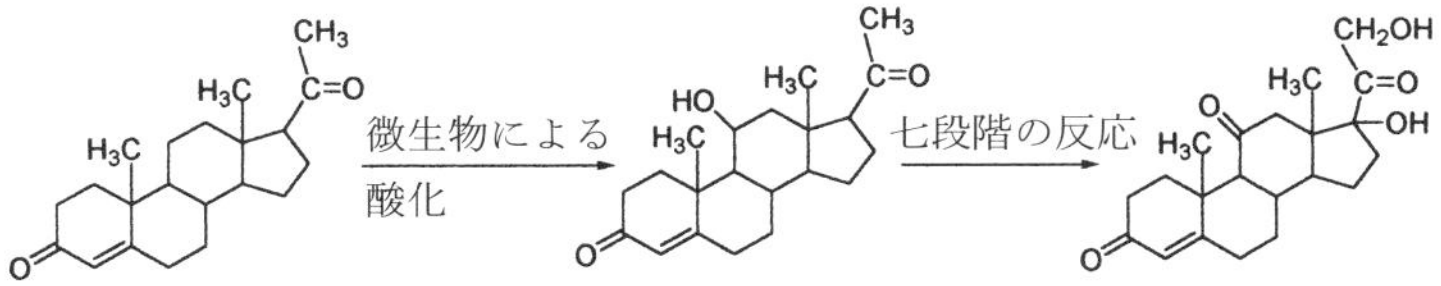

プロゲステロン　　　　　　　　　　　　　　　　　　コルチゾン

11－13

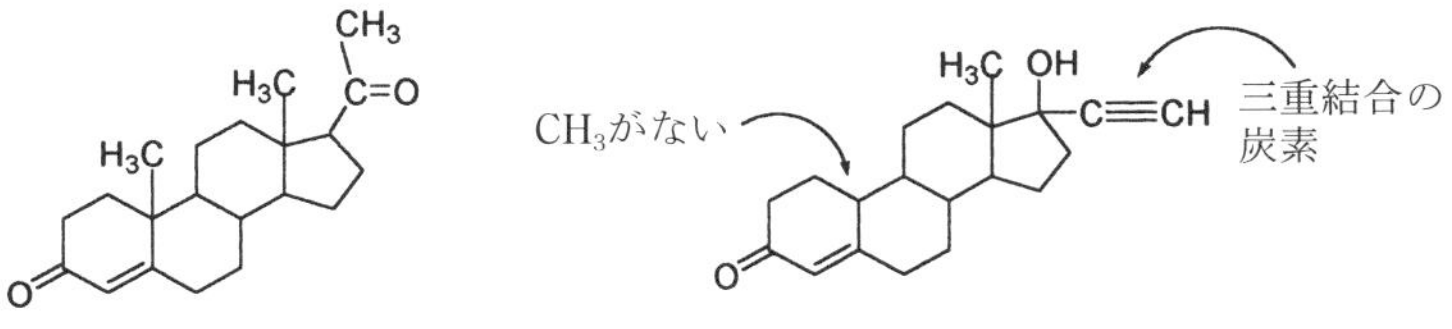

プロゲステロン　　　　　　　　ノルエチンドロン

天然のプロゲステロンと人工黄体ホルモン、ノルエチンドロンの比較

11－14

ジェラッシはコルチゾンを作ることに成功したあと、エストロンとエストラジオールをディオスゲニンから合成した。これによってシンテックス社は、ホルモンとステロイドの世界的メーカーとして不動の地位を築く。彼の次のプロジェクトは人工的に黄体ホルモン類似物質（プロゲスチン）を作ることだった。プロゲステロンのような性質を持ち、飲んでも効く分子である。目的は避妊薬を作ることではなかった。プロゲステロンは、今でこそ安く——一グラム一ドル以下——で得られるが、かつては流産の経験のある女性の流産防止に使われていた。しかしかなり大量に注射せねばならない。ジェラッシは化学論文を読んで、三重結合の炭素（C≡C）をD環に付加すれば、飲んでも活性が維持されるかもしれないと考えた。他の論文にはCH_3基——19番とつけられた炭素——を除去すれば、プロゲステロン様分子の活性が強まるようだと書いてあった。そして一九五一年十一月、ジェラッシのチームは、プロゲステロンより八倍強く、しかも飲んで効く分子を合成する。特許も取り、ノルエチンドロンと命名された。「ノル」はCH_3が一つ少ないことを意味する（11-14）。

避妊薬を批判する人は、女性の飲むものが男性によって開発されたことを指摘する。実際、ピルとなる分子を合成した化学者たちは皆男性であった。しかし、現在「ピルの父」と呼ばれることもあるジェラッシが後年語ったように、「この物質が、やがて世界中で使われる経口避妊薬の約半分の活性成分になろうとは、夢想だにしなかった」。ノルエチンドロンは、妊娠を維持するため、あるいは貧血になるほどの激しい生理不順を治療するため開発されたのである。そして一九五〇年代前半、二人の女性がこの分子の役割を変える推進力となる。不妊治療に限定されていたものが、無数の女性の日常生活に使われるようになったのだ。

ピルの母たち

一九一七年、国際家族計画連盟（ＩＰＰＦ）の創立者、マーガレット・サンガーは投獄された。ブルックリンの診療所で移民の女性たちに避妊具を配布したという罪である。彼女は生涯を通じて、女性は自身の体と妊娠について自分で決定する権利を持つという考えを熱烈に信奉した。一方、キャサリン・マコーミックは、マサチューセッツ工科大学で生物学の学士号をとった最初の女性たちの一人である。夫の死後、たいそうな資産家にもなっていた。彼女はマーガレット・サンガーと三十年以上親交があり、違法な避妊用ペッサリーをアメリカへ密輸することを助けさえした。産児制限運動のために資金援助もしている。彼女ら二人は、グレゴリー・ピンカスに会うため、マサチューセッツ州シュルーズベリーを訪ねたとき、共に七十代になっていた。ピンカスは女性の不妊治療の専門家であり、ウスター実験生物学財団という小さな非営利組織の創立者の一人でもあった。サンガーは、ピンカス博士に安くて安全で信頼できる、いわば「アスピリンのように飲める」「完全な避妊薬」を作るよう促す。マコーミックは、友人の冒険的挑戦を資金面で支えた。すなわち、以後十五年にわたり三百万ドル以上を運動のために拠出する。

ピンカスと、ウスター財団の同僚たちは、最初にプロゲステロンが排卵を抑えることを確かめた。これはウサギを使った研究である。ピンカスは、同じ結果がヒトでも得られていることを、生殖医学の研究者、ハーバード大学のジョン・ロック博士に会うまで知らなかった。ロックは不妊患者を治療する産婦人科医でもある。不妊治療にプロゲステロンを使うという彼のアイデアは、数ヶ月排卵を抑えれば、プロゲステロン注射を止めたとき「リバウンド現象」が起こるだろう、というものだった。

一九五二年のマサチューセッツ州には、産児制限に関する法律がいくつかあったが、アメリカで最も厳しいものだった。産児制限そのものは違法でない。しかし避妊具を展示、販売、処方、供給すること、さらには避妊法を教えることは、すべて重罪となった。この法律は一九七二年三月にようやく撤廃されている。これらの法規制もあって、ロックは患者にプロゲステロンを注射するとき、特に説明が慎重になった。この治療はまだ実験段階であったから、インフォームドコンセントは必要である。彼は、排卵を抑制することは説明したが、妊娠の確率が高まるという真の目的のための、一時的な副作用であると強調した。

しかしロックもピンカスも、プロゲステロンそのものの大量注射が、長期間使う避妊薬になるとは思わなかった。そこでピンカスは、今まで開発された人工プロゲステロンの中で、より低用量でも活性があり、飲んでも効くものがないかどうか探し始める。製薬会社とコンタクトをとると返事はすぐ来た。条件に合う合成プロゲステロンは二つあった。一つはシカゴにある製薬会社G・D・サールが特許を取っていた分子で、もう一つの分子、シンテックスのジェラッシが合成したノルエチンドロンと非常に構造が似ていた。その化合物ノルエチノドレルはノルエチンドロンと二重結合の場所が違うだけである(11-15)。活性本体はノルエチンドロンと考えられる。つまり、胃酸によってノルエチノドレルの二重結合の位置が変わり、構造異性体——同じ分子式で違った原子配置——であるノルエチンドロンに変化するのだ。

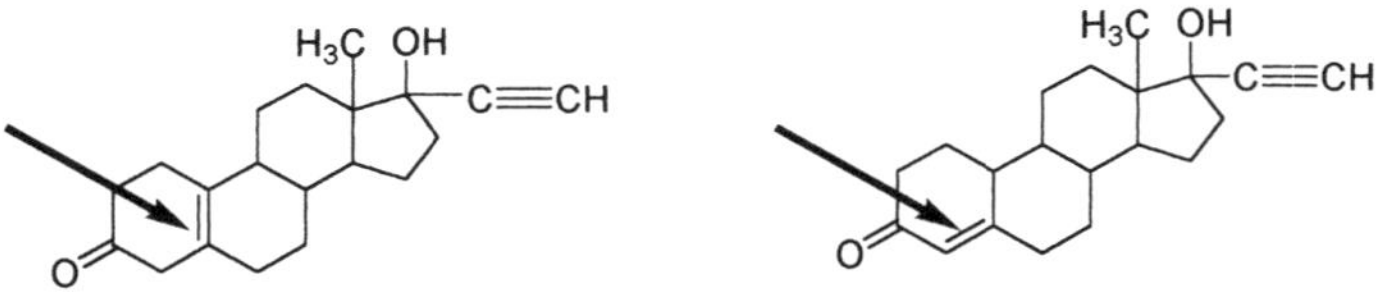

ノルエチノドレル　　　　　　　　　　ノルエチンドロン

サール社のノルエチノドレルとシンテックス社のノルエチンドロンの唯一の違いは、二重結合の場所（矢印）である。

11-15

両者とも特許が成立していた。体内で変化して別のものになるような分子は、特許侵害に当たるかどうか、という法律上の問題は今まで誰も考えてこなかった。

ピンカスは両方の分子について、ウスター財団でウサギの実験を行い、排卵抑制を確認する。唯一の副作用は子供が生まれないことだった。そのあとロックは、今やエノヴィッドと呼ばれるようになったノルエチノドレルの試験を、自分の患者を使って注意深く開始した。彼が依然として不妊と月経不順を研究しているという虚構は、まだ信じられていた。ある程度の真実が無いわけでもなかった。彼の患者は依然として不妊について救いを求めている。彼は、どの点から見ても以前と同じような実験を行った——妊娠確率を高めるため、二、三ヶ月排卵を止めたのである。少なくとも一部の女性の不妊には、これが効くと思われた。しかし彼は人工プロゲスチン類（黄体ホルモン）を使い、プロゲステロンよりも低用量を経口投与したのである。注意深く患者を観察すると、リバウンド効果は、はっきりしなかったが、エノヴィッドは排卵抑制に一〇〇％有効であることが分かった。

こうなると必要なのは大規模臨床試験である。それはプエルトリコで行われた。貧しく、教育を受けていない女性を告知せずに利用したということで「プエルトリコ実験」として近年、非難されたものだ。しかしプエルトリコは、産児制限に対する理解度という点では、マサチューセッツより進んでいた。この住民は大部分がカソリックであったが、一九三七年に——マサチューセッツより三十五年早い——法律を改正し、避妊具を配布することは違法でなくなっていた。「妊娠前クリニック」という家族計画を相談する診療所があり、プエルトリコの医学校にいる医師たちは、公衆衛生機関の職員や看護師と共に、経口避妊薬の大規模試験を支援した。

試験に参加する女性たちは慎重に選ばれ、経過は細心の注意をもって観察された。彼女らは貧しく、教育も受けていなかったかもしれない。しかし慣習に囚われず、現実的であった。女性の複雑なホルモン周期などは理解していなかっただろう。しかし子供を今以上多く持つことの危険性は十分理解していた。ある三十六歳の母親は十三人の子を持ち、二部屋しかないボロ小屋で、自分たちが食べるだけの作物を作りながら、やっとのことで暮らしていた。彼女にとって、避妊薬に予想される副作用など、望まない妊娠と比べたらずっと安全なものだった。一九五六年のプエルトリコで試験の志願者が不足することはなかった。その後、ハイチ、メキシコで行われた試験においても同様である。

この三ヵ国で行われた試験には、合計二千人以上の女性が参加した。避妊に失敗したのは約一％である。一方、他の避妊法の場合、失敗率は三〇から四〇％だった。こうして経口避妊薬の試験は成功した。制限のない妊娠がいかに過酷で悲惨であるか、それを見てきた年老いた二人の女性によって提案された計画は、実現可能であったのだ。皮肉なことに、もしこの試験がマサチューセッツで行われていたら、試験の目的を参加者に説明することすら違法になっただろう。

一九五七年、この薬エノヴィッドは、ＦＤＡから月経不順の治療薬として限定的に承認された。因習と権威の力はまだ強かった。この薬に避妊作用があることは広く知られていたが、女性が毎日避妊薬を飲むことはないだろう、かなり高価な値段（一ヶ月約十ドル）が抑止力になるだろうと皆信じた。ところが、ＦＤＡ承認の二年後、五十万人もの女性がエノヴィッドを〝月経不順〟で飲んでいたのである。

Ｇ・Ｄ・サール社は、とうとうエノヴィッドを経口避妊薬としてＦＤＡに承認申請した。一九六〇年五月、正式に承認を得る。一九六五年には約四百万人ものアメリカ人女性が〝ピルに頼る〟状態になった。その二十年後には、マーカーのメキシコヤマイモの研究から生まれた分子は全世界に広まり、恩恵を受ける女性は八千万人に達した。

試験の時の投与量は十ミリグラムであった（今日プエルトリコ試験を批判するときのもう一つのポイントである）。その後すぐに五ミリグラムとなり、二ミリグラム、後にはそれ以下に減らされた。この合成黄体ホルモンは、少量のエストロゲンを併用すると副作用（体重増加、吐き気、破綻出血、情緒不安定）の減ることが分かっている。一九六五年までにはシンテックスの分子ノルエチンドロンも、パーク・デイビス社とオルト製薬（ジョンソン&ジョンソンの子会社）へライセンス供与され、避妊薬市場で大きなシェアを占めた。

男性用の避妊薬はなぜ開発されなかったのだろうか？　数多くの流産を経験しながら十一人の子供をもうけたあと五十歳で亡くなった母親を持つマーガレット・サンガー、それからキャサリン・マコーミックはピルの誕生に決定的な役割を果たした。二人とも、女性こそが避妊をコントロールするべきだと信じていた。避妊薬が男性用であった場合、彼女らがその開発を支援したかどうかは疑わしい。もし経口避妊薬の初期の研究者たちが男性用の分子を合成していたなら、例の批判は「男性の化学者が、男性こそ妊娠をコントロールできるように薬を開発した」となるのだろうか。恐らくそうだろう。

男性用避妊薬の難しさは、生物学の問題である。ノルエチンドロン（それから他の人工黄体ホルモン）は、天然のプロゲステロンが人体に命令していること——すなわち排卵を止めること——を真似ているだけである。男性にはそのようなホルモン周期がない。現在のところ、毎日数千万個に及ぶ精子の生産を止めることは、一ヶ月に一個だけの卵子の成熟を止めることよりはるかに難しい。

それでも男性用ピルとして様々な分子が研究されている。避妊は性に関係なく等しく責任を持ったほうが良いという動きに対応したものだ。ホルモンと関係ないアプローチの一つとして、ゴシポール分子がある。綿実油から抽出された有毒ポリフェノールである（七章）（11‐16）。

一九七〇年代に行われた中国の試験では、精子の生産を抑えることが示された。しかし、服薬を止めたときに精子の生産が戻るかどうかはっきりしないこと、それから不整脈に通じるカリウム濃度の低下が見られることが問題となった。中国とブラジルで行われた最近の試験では、より低用量のゴシポールを使えば（一日、十―十二・五ミリグラム）、こうした副作用はコントロールできることが分かった。この分子に関しては、さらに大規模な試験が計画されている。

将来どんなに新しく、素晴らしい避妊薬が登場したとしても、かつてのピルほど社会を変革するものはないと思われる。ピルは普遍的に受け入れられてきたわけではなかった。モラル、家族観、副作用、長期服用の影響、その他の心配が今なお議論されている。しかし、ピルによって起きた大きな変化――女性自身による妊娠のコントロール――が一つの社会革命をもたらしたことは疑いない。ノルエチンドロンあるいはその類似分子が広く使われるようになった国々では、この四十年で出生率が減少した。そして女性はより教育を受けられるようになり、前例のない数が労働力として進出した。政治、ビジネス、売買取引の分野でも女性はもはや珍しい存在ではない。

ノルエチンドロンは、単なる妊娠をコントロールする薬以上のものであった。その登場によって、女性たちは、妊娠と避妊だけでなく、自己の開放と機会の到来について意識し始めた。そして何世紀もタブーであった話題――乳がん、家庭内暴力、近親相姦といったことも口にし（そして行動する）ようになった。こうした変化がわ

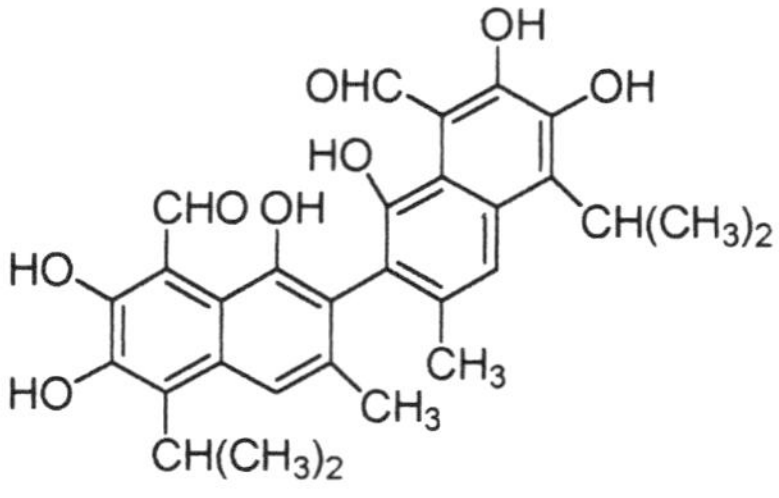

ゴシポール

ずか四十年で起きたことは驚くべきである。いまや、子供をもうけ家族を作ることに選択権を持つ女性たちは、国を統治し、ジェット戦闘機を操縦し、心臓手術を行い、マラソンを走り、宇宙飛行士になり、会社を経営し、世界中を航海している。

十二章　魔術の分子　幻想と悲劇を生んだ天然毒

十四世紀半ばから十八世紀の終わりまで、ある一連の分子が無数の人々の悲しい運命に関係した。その何世紀もの間、ヨーロッパのほとんどすべての国で、いったい何人もの人々が魔女として磔(はりつけ)にされて焼かれたり、絞首刑にされたり、拷問にかけられたりしたか、正確な数は分からない。四万人から数百万人まで数字はさまざまだ。悪魔の使いとされたものは男、女、子供、貴族、農民、聖職者もいたが、指を指されるものはたいてい女――しばしば貧しく、年老いた女性だった。数世紀にわたって全ての住民を恐怖に陥れたヒステリーと錯覚の波。その主たる被害者がなぜ女性だったか、多くの理由が提出されている。我々は、ある化学分子が――数世紀にわたる迫害のすべてに関与しているというわけではないが――この悲惨な差別事件に何らかの役割を果たしたと考えている。

魔法や妖術を信じることは、中世の終わりに魔女狩りが始まるずっと前から、人間社会ではごく普通のことだった。女性を彫った石器時代の像は、繁殖という魔法の力を崇拝したものと考えられている。どんな古代文明の伝説にも、超自然現象を扱ったものがたくさんある。動物の姿をした神々、怪物、魔法をかける女神、妖術使い、妖怪、悪鬼、幽霊、半人半獣の恐ろしい生き物、精霊、それから天上、森、湖、海、地中にいる神々。キリスト教以前のヨーロッパも、魔術と迷信に満ちた世界であり、決して例外ではない。

キリスト教がヨーロッパに広がったとき、古くからある異教徒たちのシンボルや祭りは教会の儀式や祝典に組み入れられた。十月三十一日のハロウィーンは、死者のためのケルト人の大きな祭りだった。教会は異教徒の祭りから民衆の関心をそらすために十一月一日に諸聖人の日を定めたが、我々は依然として冬の始まりを告げるハローウィンを祝っている。クリスマスイブは、もともとローマのサートゥルナーリア祭である。我々がクリスマスに関係していると考えるクリスマスツリーやほかの多くのシンボル（ヒイラギ、ツタ、ろうそく）は本来異教徒のものだ。

わなと災難

一三五〇年以前、魔女術（ウィッチクラフト）は、妖術（ソーサリー）（神秘的な力）――すなわち自分自身の利益（りやく）のために自然をコントロールする手段――の実施とみなされていた。魔術は、農作物や人々を守ると信じられ、それを使うことや、精霊に働きかけ、供養すること、またそれを招くことは、普通のことだった。ヨーロッパのほとんどの地域では、妖術が人間生活の一部として受け入れられており、魔女術は害を起こしたときだけ罪とみなされた。マレフィキウム（魔術によって行う悪事）の被害者は、魔女に対し法的に償還請求ができた。しかし事件との関係が証明できなければ、被害者自身が処罰と裁判費用に法的責任を負わねばならない。こうしたことから、これと言った根拠のない告発はなされなかった。つまり魔女が死罪になることは稀だった。魔女術は体系だった宗教でもないし、反宗教でもなかった。きちんと定義、整理すらされておらず、単なる民間伝承の一部だった。

しかし十四世紀半ばになると、魔女に対する新しい動きが明らかになってきた。キリスト教は魔法に対して反対ではなかった。教会はこれを支持し、奇跡とみなした。しかし、教会の外で行われる魔法は悪魔の仕業とする。魔女は悪魔と結び付けられた。ローマカトリック教会の異端審問所（インクワジション）は、もともと主に南フランスの異端者を裁くため一二三三年ごろ設立された裁判所だ。それが拡大して魔女を扱うようになった。ある専門家によれば、異端者がほとんどいなくなってしまったため、新しい被害者を必要とした異端審問所が魔女など妖術者に目を向けたのだという。魔女の疑いがある者は、ヨーロッパ全土で無数にいた。有罪とされた者の財産は没収され、地方役人と審問官が分かち合った。すなわち彼らの潜在的収入源も莫大だった。まもなく魔女たちは、悪い行為をしたという理由ではなく、悪魔と契約したということで有罪宣告されるようになる。

この裁判は非常に恐ろしかったと考えられる。十五世紀半ばには、普通の法律は魔女裁判に適用されなくなっていた。訴えのみが証拠となった。拷問は許されたばかりでなく、日常的に行われた。今日から見るとおかしなことだが、拷問なしの自白こそ信頼できないとされた。

魔女がするとされる行為——夜中に大騒ぎする儀式、悪魔との性交、ほうきに乗って飛ぶ、子を殺し、赤ん坊を食べる——は、ほとんどが合理性を欠いていたが、それでも熱心に信じられていた。告発された妖術師の九〇%は女性、すなわち魔女だった。いわゆる魔女狩りが女性に対する集団ヒステリーであったかどうかは今も議論が続いている。洪水、旱魃、凶作など自然災害が起きたところは、どこでも貧しい女、あるいは複数の女たちを指して、悪魔と一緒にサバト（魔女が集まる夜中の会合）ではしゃいでいたとか、村はずれの空を飛び回っていたとか、使い（ネコとか、動物の形をした邪悪の精霊）を従えていたとか、そういう証言に事欠かなかった。

狂気はカトリックの国でもプロテスタントの国でも同じように起きた。魔女狩りの最盛期、すなわち一五〇〇年頃から一六五〇年頃にかけては、スイスで女性がほとんどいない村ができてしまったほどだった。ドイツでは小さな村の全員が火あぶりにされたこともある。しかしイングランドとオランダでは魔女騒ぎは他の国ほど激しいものにならなかった。イングランドの法では拷問が禁止されていた。しかし、容疑をかけられた魔女には水試験が課せられた。縛って池に投げ込み、真の魔女なら浮き上がるから救い上げて正しく処罰――絞首刑にした。もし被告が沈んで溺れたら、魔女の容疑に関しては無罪とみなされた――家族は安堵したが、溺れ死んだ被害者は救われない。

魔女狩りはなかなか無くならなかった。しかし多くのものが摘発されて、経済的損失も大きかった。封建主義が後退し、啓蒙の時代が来ると、絞首刑、火あぶりの刑のリスクを冒しながらも、狂気に反対する勇気ある人々の声が大きくなっていった。そしてヨーロッパを数世紀にわたって席巻した狂騒は徐々に下火になって行く。オランダにおける魔女の最後の処刑は一六一〇年、イングランドでは一六八五年だった。スカンジナビアにおける魔女の最後の処刑――一六九九年八十五人の老女が火あぶりにされた――は、女性たちと空を飛んでサバトに行ったという子供の証言のみで、有罪にされたものだ。

十八世紀までには魔術を理由とする処刑が公式に廃止された。スコットランドは一七二七年、フランスでは一七四五年、ドイツ一七七五年、スイス一七八二年、ポーランド一七九三年である。教会と国家は魔女を処刑しなくなったが、一般人による裁判は、迫害の数世紀に培われた魔術に対する恐怖と嫌悪感をなかなか捨てられなかった。遠く離れた地方では、古くからの迷信が依然として影響力を持ち、魔女と疑われた多くの女性が、非公式に、悲惨な運命をたどった。

魔女として告発された女性の中には、薬草採集者が多くいた。土地の植物を使って、病気を治し、痛みを癒す技術に長けている。彼女らはまた、媚薬を出し、魔法をかけ、呪いを解くということでも、しばしば頼りにされた。実際、薬草のいくつかに効果があったことは、彼女らが行う所作の中の呪文や儀式と同様、魔術のように見えたに違いない。

薬草を使ったり治療に処方することは、当時（現在でもそうだが）、危険な仕事だった。植物でも使う部位が異なれば、含まれる有効物質の量が違う。違う場所から採ってきた植物は、治療効果に差がある。違った季節に採ったなら、投与するのに必要な植物の量が違ってくる。甘い霊薬（エリクシール）に含まれる多くの植物はあまり効かなかったかもしれない。一方、あるエリクシールは非常に効くが致死的有毒成分が入っていたかもしれない。これら植物に含まれる分子は、魔術師として薬草採集者の名声を高めただろう。しかし、あまりに成功することは最終的に彼女らに死をもたらすことになった。治療技術が最も高い薬草採集者は、真っ先に魔女として認定されたかもしれない。

癒す草、毒する草

サリチル酸を含むヤナギやシモツケソウはヨーロッパ全土にあり、その薬効は一八九九年にバイエル社がアスピリン（十章）を販売する前から、何世紀にもわたって知られていた。野生のセロリの根は筋肉痙攣を防ぐために使われ、パセリは流産を起こすと信じられていた。ツタは喘息に使われた。ジギタリスは、よく見られるキツネノテブクロという植物 *Digitalis purpurea* から抽出され、心臓に強い作用をもつことで知られる分子群——強心配糖体——を含む。これらの分子は心拍数を減らし、リズムを整え、収縮力を高める（なお、強心配糖体は、サルサパリラや野生のメキシコヤマイモからとれるサポニン——十一章で述べたように経口避妊薬ノルエチンドロンの原料——と非常によく似ている）。強心配糖体の一つにジゴキシンがある。これは現在アメリカで最もよく処方される薬の一つで、民間伝承に基づいて作られた医薬品の良い例である。

一七九五年、ウィリアム・ウィザリングというイギリスの医師が、キツネノテブクロの持つ薬効のうわさを聞き、その抽出物をうっ血性心不全に使った。しかし、化学者がその有効成分を単離できたのは一世紀以上も後のことである（12－1）。

ジギタリス抽出物の中には、ジゴキシンに非常によく似た分子が他にも含まれている。例えばジギトキシン分子がある。これはジゴキシンの構造式の OH を一つ欠くだけだ。同じような強心配糖体は、ユリ科やキンポウゲ科など、他の植物にも見られる。しかし今日の医薬品はキツネノテブクロを主な原料としている。昔から薬草採集者は、自分の庭や地元の草原から、難なく強心植物を見つけてきた。古代のエジプトやローマの人々は、強心薬として海葱（カイソウ）の抽出物を使った。この植物はヒアシンスの仲間で、大量に使えば殺鼠剤にもなった。海葱は、また別の強心配糖体分子を含むことが分かっている。

これらの分子の構造式は皆似ている。それゆえ皆、心臓に似たような作用を持つのだ。どの分子も図のように、ステロイド構造の端に五員環のラクトンをもち、ステロイドC環、D環の間にもう一つOH基を持っている（12−2）。

心臓に作用する分子は、植物だけから見つかっているわけではない。強心配糖体に構造がよく似た有毒化合物は、動物にも存在する。これらの分子は糖を含まない。強心薬としても使われない。むしろ痙攣毒であり、医薬品にはならない。これら毒素は両生類にある。カエルやヒキガエルからの抽出物は、世界各地で矢毒として使われてきた。興味深いことに、民間伝承の中でヒキガエルは、ネコに次いで魔女の使いとしてよく出てくる動物なのである。いわゆる魔女が作る多くの薬は、ヒキガエルの一部を使っているといわれた。ブフォトキシンという分子は、ヨーロッパによくいるヒキガエル *Bufo vulgaris* が含む毒素の活性成分で、最も毒性の強い分子の一つである。その構造を見れば、ステロイド部分がジギトキシン分子と驚くほど似ている。すなわち、C環とD環の間にOHがあり、（五員環ではないが）六員環のラクトンがついている（12−3）。

しかしブフォトキシンは心臓の薬というより心臓毒である。いわゆる魔女とされた人たちは、キツネノテブクロの強心配糖体からヒキガエルの心臓毒まで含む、強力な有毒物質の道具箱を持っていた。

ヒキガエルのイメージに加え、魔女たちにまつわる最も有名な伝承の一つは、空を飛ぶということである。しばしば箒にまたがり、サバト——夜中に行われる、キリスト教のミサをもじった乱交の宴会

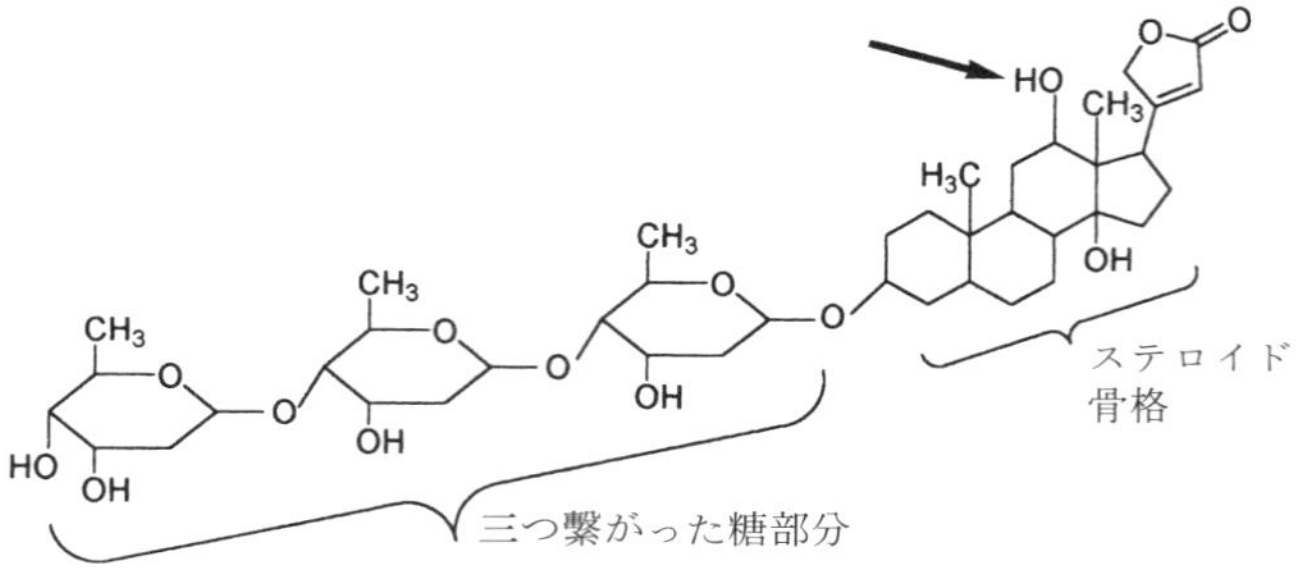

ジゴキシンの構造。三つの糖は、サルサパリラやメキシコヤマイモに含まれるサポニンの糖とは違っている。また、ジギトキシンにはジゴキシンのステロイド部分のOH基（矢印）がない。

12－1

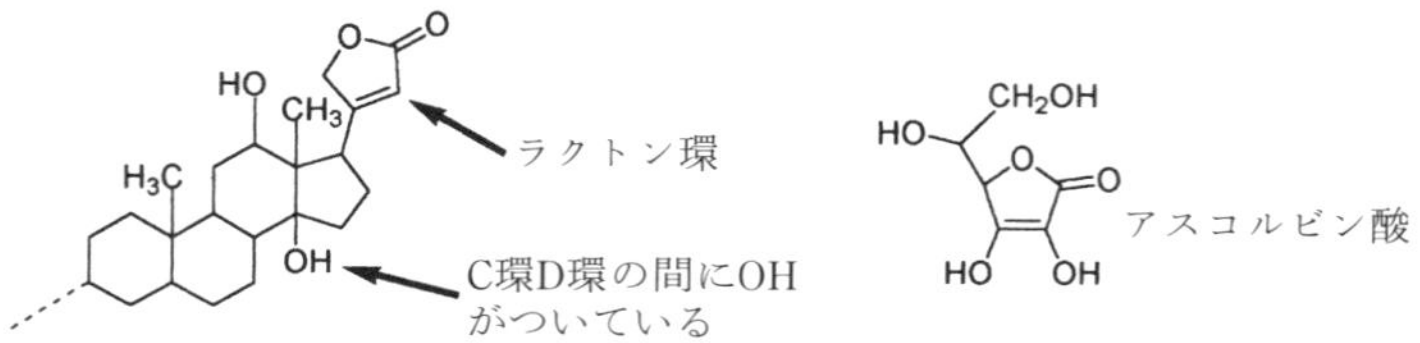

ジゴキシンの糖を除いた部分。心臓への作用に関係するOHとラクトン環を矢印で示す。ラクトン環は、アスコルビン酸（ビタミンC）分子にも見られる。

12－2

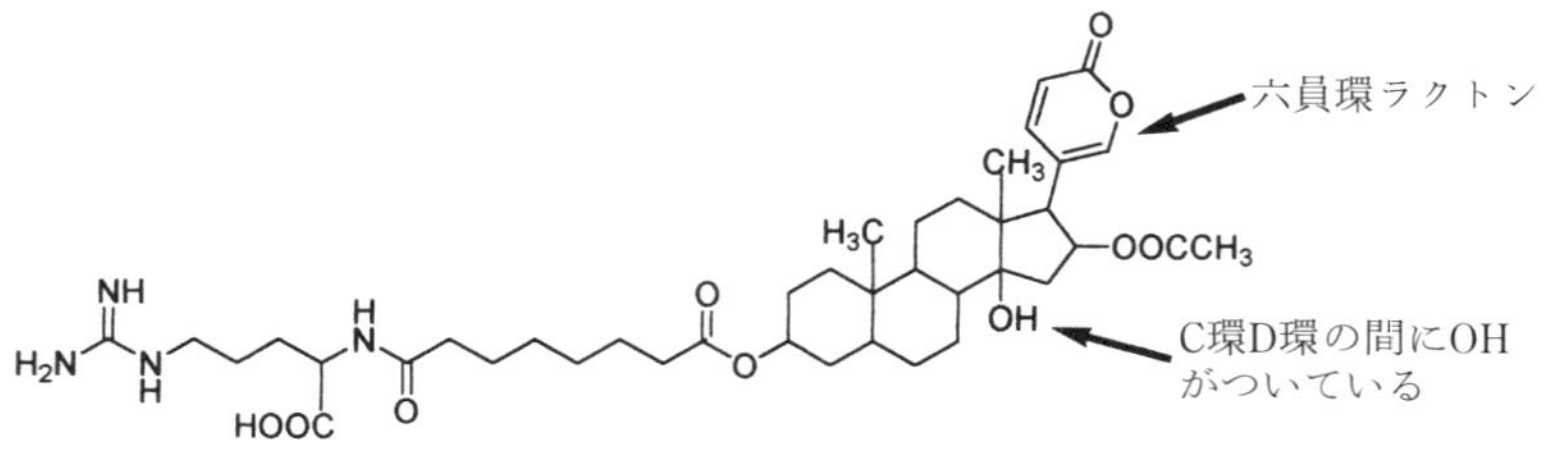

ありふれたヒキガエルに存在するブフォトキシンの構造。ステロイドの部分は、キツネノテブクロに含まれるジギトキシンに似ている。

12－3

――に出るため飛んでいくのだ。魔女として訴えられた人たちは、拷問を受けて、サバトに飛んで行ったと自白した。これは驚くことではない。我々も尋問で同じように恐ろしい苦痛にさらされれば、たぶん自白してしまうだろう。驚くべきことは、箒にまたがり空を飛んでサバトへ行ったなどという有り得ない話を、魔女として訴えられた人々の多くが、拷問の前に、認めたことである。そのような自白をしたからといって、拷問から逃げられるとは思えないので、彼女らは、どうも本当に自分が飛んだと信じていたようだ。箒にまたがり煙突を超えて飛び、あらゆる倒錯的性行為に耽っていたと思い込んだらしい。彼女らの精神状態は、化学的に――アルカロイドと呼ばれる一連の化合物で――上手く説明できるかもしれない。

アルカロイドは、植物に含まれる化学物質で、ふつう炭素原子からなる環構造の一部に一個以上の窒素原子を含む化合物のことである。我々は既に幾つかアルカロイド分子を見てきている。胡椒のピペリン、唐辛子のカプサイシン、インディゴなどだ。アルカロイドは、人類の歴史の中で、どんな化合物群よりも大きな影響を与えてきたかもしれない。この化合物群はヒトに対し生理活性を持つものが多い。中枢神経系にも作用し、一般に毒性が強い。これら天然化学物質のいくつかは数千年にわたり医薬品として用いられてきた。アルカロイドから作られた誘導体は、現在使われている医薬品のかなりの数を占める。鎮痛薬のコデイン、局所麻酔薬のベンゾカイン、マラリア薬のクロロキンなどである。

植物が自らを守るにあたり、化学物質が重要な役割を果たしていることは、すでに述べてきた。植物は危険から走って逃げることはできない。捕食者が現れそうだといって隠れることもできない。とげのような物理的防御手段は、決然たる草食動物を前にして、常に有効とは限らない。一方、化学物質は受動的ではあるが、動物、カビ、細菌、ウィルスから身を守るものとしては非常に有効である。アルカロイドは、天然の抗カビ剤であり殺虫剤、殺菌剤である。ある推計では、我々は食事中の植物あるいは植物製品から、毎日一人当たり、平均一・五グラムの天然殺菌剤を摂っているらしい。食品中に残存する合成殺菌剤、殺虫剤の摂取量は一日〇・一五ミリグラムほどである。天然物由来の一万分の一だ。

アルカロイドは少量使うと、しばしば好ましい生理作用を持つ。多くは何世紀にもわたって医薬として使われてきた。檳榔樹（ビンロウジュ） *Areca catechu* の果実（檳榔子（ビンロウジ））に含まれるアルカロイド、アレカイジンは、アフリカと東洋で長い間、覚醒薬として使われてきた。砕いたビンロウジを檳榔樹の葉で包み、噛む。ビンロウジ常習者はすぐ分かる。汚く染まった歯をして、赤褐色の唾液を多量に吐く癖があるためだ。麻黄 *Ephedra sinica* は、数千年前から中国で薬用植物として使われてきた。そこから取れるエフェドリンは、現在西洋でもうっ血除去薬、気管支拡張薬として使われる。ビタミンB群、例えばチアミン（B_1）、リボフラビン（B_2）、ナイアシン（B_4）もアルカロイドに分類してよい。高血圧の治療やトランキライザーとして使われるレセルピンは、インド蛇木 *Rauwolfia serpentina* から単離されたものだ。

いくつかのアルカロイドは、毒性だけで有名になっている。ドクニンジン *Conium maculatum* は紀元前三九九年、哲学者ソクラテスの死に関係したとされるが、その有毒成分はアルカロイドのコニインである。ソクラテスは、アテネの若者が堕落し神を信じなくなったことに責任があるとされ、有罪となった。ドクニンジンの果実と種から作った毒薬を飲んで死ぬ刑を宣告された。コニインはアルカロイドの中でもっとも簡単な化合物の一つである。しかし、もっと複雑な構造をしたアルカロイド、例えばアジアに生える *Strychnos nux-vomica* の種から取れるストリキニーネと同じくらい致死性が高い（12–4）。

魔女たちは、「空飛ぶ軟膏」――飛行を可能にするとされる脂、塗り薬――にしばしばマンドレイクやベラドンナ、ヒヨスの抽出物を入れた。これらの植物は、みなナス科に属す。マンドレイク、すなわち *Mandragora officinarum* は地中海地方に自生し、ヒトの形に似ているという枝分かれした根をもつ。古代より性的能力回復用に、また催眠薬として使われてきた。この植物をめぐっては多くの奇妙な伝説がある。例えば地面から引き抜かれるとき、つんざくような悲鳴を発するという。そばにいる者は誰でも、その臭いと、この世のものとは思えない悲鳴によって、命も危ないといわれた。そのようなことが当時の常識だったことは、シェイクスピアの『ロミオとジュリエット』を読めば分かる。ジュリエットはこう言う。「……胸が悪くなるような臭い、それからマンドレイクが大地から引き抜かれるときのような金切り声／それを聞いたものは皆、気が狂うというわ」。マンドレイクは絞首台の下に生えるとされた。そこで首をくくられた罪人の漏れ出た精液から生まれたというのである。

飛ぶための軟膏に使われた二番目の植物は、ベラドンナ、すなわちオオカミナスビ *Atropa belladonna* である。この名前はイタリアの女性たちがよく行っていた習慣から来ている。この植物の黒い実を絞った汁を目にたらす。すると瞳孔が開き、美しくなるというのだ。ここからイタリア語で「美しい婦人」を意味するベラドンナと呼ばれるようになった。さらに大量に内服すれば、死んだように眠ってしまう。このことも恐らく古くから知られていて、多分ジュリエットが飲んだ薬はこれである。シェイクスピアは『ロミオとジュリエット』の中で書いている。「すべての血管を通って／冷たく眠気を誘う体液が流れ、脈も無くなっていく」しかし、やがて「こわばった死のような状態が四十二時間続くと／まるで心地よく眠った後のように、自然に目覚める」。

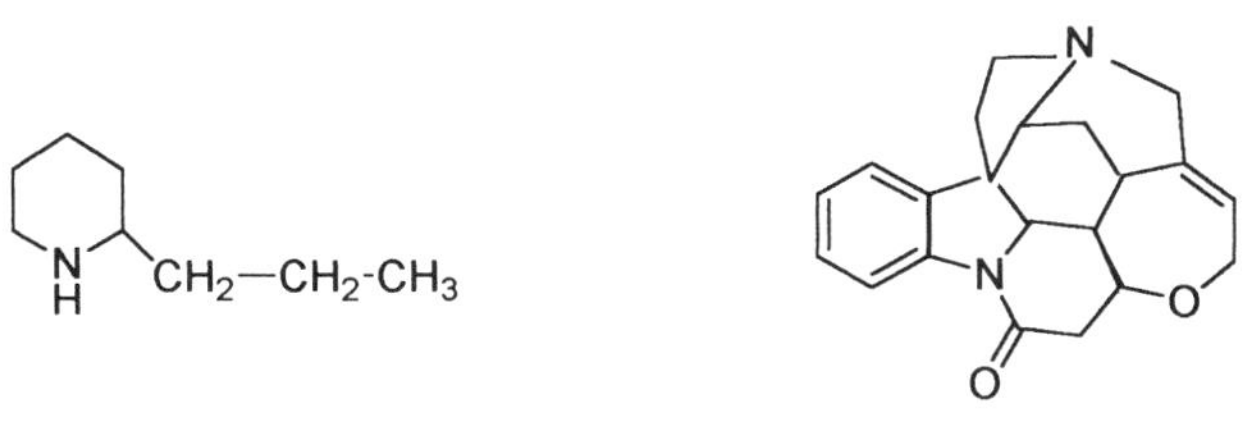

コニイン（左）とストリキニーネ（右）

12－4

ナス科の三番目は、ヒヨス（ヘンベイン）である。魔女の毒薬には他の種類の植物も使われたかもしれないが、恐らく*Hyoscyamus niger*であっただろう。催眠剤、鎮痛薬（特に歯痛）、麻酔薬、それから毒薬として、長い歴史を持つ。ヒヨスの恐ろしさも、世間によく知られていたようだ。シェイクスピアの作品から、当時の常識がうかがえる。すなわちハムレットは父の亡霊からこう言われる。「汝の叔父はこっそり忍び込み／小瓶に入れたヘボナの液を／わが耳の穴にたらしこんだのだ／らいのように肉をただらす毒汁だ」。ヘボナという言葉は、ヒヨスのほかに黒檀やイチイの木も指す。しかし化学的に考えれば、ヒヨスのことであろう。

マンドレイク、オオカミナスビ、ヒヨス、これらは多くのアルカロイドを含むが、化学構造はみな非常に似ている。そのなかで主なものは、ヒヨスチアミンとヒヨスチンである（12－5）。この二つは、含量は違うが三つの植物のどれにも含まれている。アトロピンは、ヒヨスチアミンを抽出したもので、操作中にラセミ体となる。その非常に薄い溶液は、眼科の検査で瞳孔を広げるために現在でも使われている。濃い溶液では、目のかすみ、振顫（しんせん）、譫妄（せんもう）を引き起こす。アトロピン中毒の最初の徴候の一つは、体液の分泌抑制である。この性質により、過剰な唾液や粘液分泌が手術の邪魔をするときなど、アトロピンを投与すると良い。ヒヨスチンはスコポラミンとも呼ばれ、自白剤として一時有名になった。しか

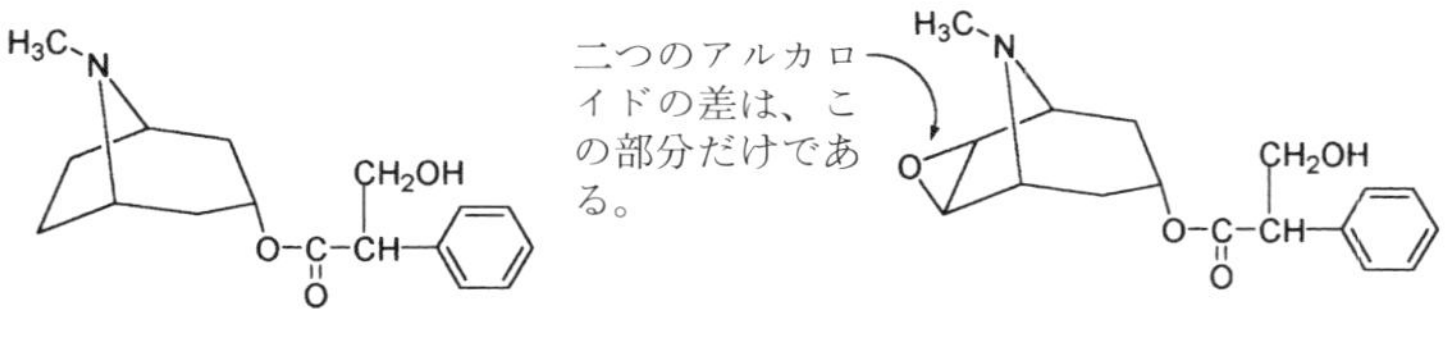

ヒヨスチアミンから抽出されるアトロピン

スコポラミン（ヒヨスチン）

12－5

し、それは恐らく間違っている。

　スコポラミンは、モルヒネと一緒に麻酔薬として使われ、「半覚醒の状態」を作る。しかし、真実をべらべらしゃべるのか、あるいは意味のない言葉を発するだけなのか、はっきりしない。それでも探偵小説の作家たちは、自白の場面が好きで、スコポラミンは今後もそのように扱われ続けるだろう。スコポラミンはアトロピンと同様、分泌抑制作用と精神興奮作用を持つ。少量なら乗り物酔いに良い。アメリカの宇宙飛行士はスコポラミンを宇宙酔いの薬に使っている。

　面白いことに、有毒物質のアトロピンは、さらに強い毒性物質に対しては解毒剤となる。一九九五年三月、テロリストが東京の地下鉄でサリンをまいた。サリンのような神経ガス、それからパラチオンのような有機リン系殺虫剤は、神経伝達物質アセチルコリンの分解を抑える。アセチルコリンは、神経の連結部（シナプス）で信号を伝える。だから分解されなければ、神経は過剰なアセチルコリンで常に刺激された状態になる。その結果、痙攣したり、また、もし心臓や肺で起きれば死に至る。アトロピンはこのアセチルコリンの働きを抑える。だからちょうど良い投与量ならば、サリンやパラチオンによる中毒の治療薬になる。

　この二つのアルカロイド、アトロピンとスコポラミンについて現在知られていること、それからヨーロッパの魔女たちが明らかに知っていたことは、両方とも水に溶けないということである。それから彼女らは、これらの薬を飲み込むと、望んでいる陶酔感とか興奮とかを得るよりも、むしろしばしば死んでしまうことを知っていたようだ。そのため、マンドレイク、ベラドンナ、ヒヨスの抽出物は脂肪や油に溶かし、そのグリースを皮膚に塗った。皮膚からの吸収――経皮投与は、現在でも医薬品によっては標準的な投与方法である。禁煙を試みる人々のニコチンパッチ、それからある種の乗り物酔いの薬、ホルモン補充療法などでも、この投与ルートを使う。

魔女の空飛ぶ軟膏に関する記録が示すように、この投与法は数百年も前から知られている。今日、われわれの知るところによれば、吸収が一番良いのは、皮膚が最も薄くて、血管がすぐその皮下を走っている場所である。この理由から、医薬品を速やかに吸収させるためには、膣や肛門の座薬が使われる。魔女たちは解剖学的なこの事実も知っていたに違いない。空飛ぶ軟膏は全身に塗られたが、腋の下や、（婉曲的な表現であるが）「また別の毛の生えているところ」に塗られたという。ある研究によると、魔女たちは箒の長い柄にグリースを塗り、またがって、アトロピンあるいはスコポラミンのエキスを性器の粘膜にこすり付けたといわれる。これが言外に性的なものを意味していることは明らかである。また、古い版画にも、全裸あるいは半裸の魔女たちが箒にまたがり、軟膏を塗って、大釜の周りで踊っているものがある。

もちろん化学的に説明すれば、魔女とされた女性たちは、箒に乗ってサバトに行ったりはしていない。飛行は、アルカロイドの幻覚作用によっておきた幻影、錯覚の産物である。スコポラミン、アトロピンの幻覚作用を見れば、魔女たちの「深夜の行動」はよく説明できるように思われる。すなわち空を飛ぶような、あるいは落下するような感覚、歪んだ視覚、多幸感、ヒステリー（異常興奮）。幽体離脱が起きて、周囲がぐるぐる回り、人間が野獣に見えたりする。この過程の最終ステージは、深い、ほとんど昏睡のような眠りである。

魔術や迷信がしっかり信じられていた時代であった。空飛ぶ軟膏を使った人間は、夜の空を飛んで猛烈な踊りや狂ったような宴会に参加したと、実際に信じてしまったのだろう。想像するに難くない。アトロピンやスコポラミンによる幻覚はとくに生々しいとされている。空飛ぶ軟膏の効き目が単なる気のせいだったと、彼女たちが敢えて考える理由はなかった。また、このすばらしい秘密の知識がどのようにして人に伝わったか、想像するのも難しくはない――そしてなおもすばらしい秘密とされたであろう。

当時の女性の生活は過酷だった。一日の仕事は決して終わることはなく、病や貧困には常に苦しんでいた。女性たちが自分の運命を自ら決めることなどありえなかった。彼女らは、ほんのわずかな空いた時間に空を飛んで集会に行く。そこでは性的狂宴が繰り広げられ、やがて自分のベッドで安全に目覚める。これは大きな楽しみだったに違いない。しかし、アトロピン、スコポラミンによる一時的な現実逃避は、やがて死を覚悟せねばならなくなる。空想に過ぎない真夜中の行為を告白し、魔女とされた女性たちは、磔にされて焼かれたからだ。

空飛ぶ軟膏には、マンドレイク、オオカミナスビ、ヒヨス以外の植物も使われた。キツネノテブクロ、パセリ、トリカブト、ドクニンジン、チョウセンアサガオなどである。トリカブトとドクニンジンには有毒アルカロイド、キツネノテブクロには有毒配糖体、パセリには幻覚作用のあるミリスチシン、そしてチョウセンアサガオにはアトロピンとスコポラミンが含まれている。チョウセンアサガオは、ナス科ダチュラ属の植物である。エンジェル・トランペット、ジムソンウィードなどもこの仲間だ。ダチュラ属は世界中の暖かい地方に自生し、アジア、アメリカでは成人式などの儀式に使われ、ヨーロッパでは魔女が使った。これらの国々における民族伝承によれば、ダチュラは、魔女の飛行と同じく、動物が出てくる幻覚を引き起こすようだ。アジアとアフリカの一部では、ダチュラの種を草に混ぜて火をつけて吸う。肺を通して血液に吸収させると、非常に速くアルカロイドの〝ヒット〟が得られる。後に十六世紀のヨーロッパ人もタバコでこのことを発見した。アトロピンの中毒は現在でも見られる。スリルを求める人々が、ダチュラ属の花、葉、種を使って恍惚状態を得ようとするからだ。

コロンブスの航海の後、たくさんのナス科植物が新世界からヨーロッパにもたらされた。アルカロイドを含むいくつか——タバコ（ニコチアナ属）、唐辛子（カプシクム属）はすぐに受け入れられたが、驚くべきことに、ナス科のほかの植物——トマトとジャガイモ——は最初疑念の目で見られた。

いくつかのエリスロキシロン属の植物――たとえば南米に自生するコカの木の葉には、アトロピンと化学構造の似たアルカロイドが含まれている（12－6）。コカの木はナス科植物ではない。構造の似た化学物質は、ふつう近縁の植物に含まれることが多いから、これは珍しい。しかし植物は歴史的に形態から分類されたものだ。現在、分類の見直しもあるが、そこでは化学的な知見とDNAが考慮されている。

コカの木に含まれる主なアルカロイドはコカインである。ペルー、エクアドル、ボリビアの高地では、コカの葉が何百年にもわたって覚醒剤として使われてきた。葉は石灰のペーストと混ぜ、歯茎と頬の間に挟む。するとアルカロイドが徐々に放出され、疲労、飢え、渇きを癒す。この方法で吸収されるコカインの量は一日当たり〇・五グラム以下で、依存性は生じないとされる。このコカアルカロイドの伝統的な摂取法は、我々がコーヒーや紅茶でアルカロイドのカフェインを摂るのに似ている。しかし抽出され精製されたコカインとなると、また別の問題である。

コカインは一八八〇年代に単離され、かつては奇跡の薬とみなされた。局所麻酔薬としては驚くほど効果がある。精神科医であったジークムント・フロイトは、コカインを万能薬とみなし、その覚醒作用を治療に用いた。彼はモルヒネ依存症の患者にも使っている。しかしコカイン自体にも、他の薬物に負けないほど強い依存性があることがすぐに分かった。これを飲むと速やかに多幸感が生じ、その後、同じくらい強い抑うつ状

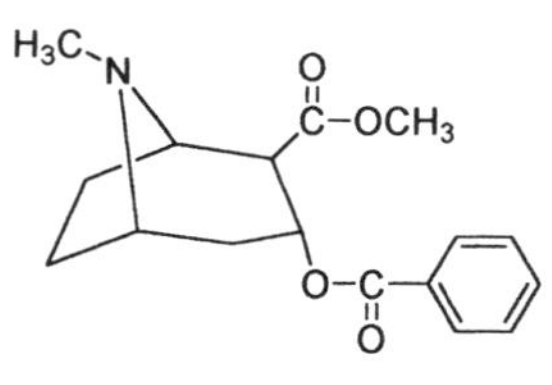

コカイン

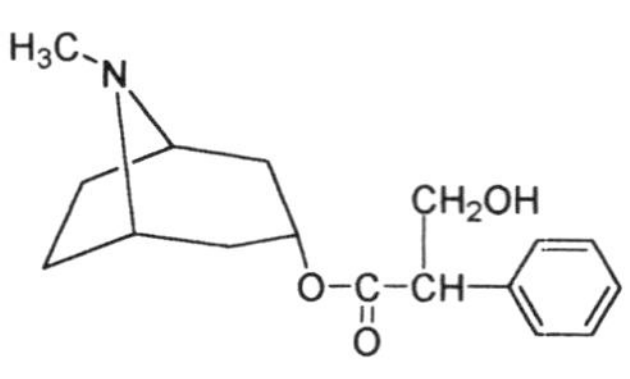

アトロピン

12－6

態となり、使用者はさらに強い多幸感を求めるようになる。コカインの乱用が、健康と現代社会に対し破滅的な影響を与えることはよく知られている。ベンゾカイン、ノボカイン、リドカインは、コカインのもつ鎮痛作用を真似た薬物である。ナトリウムチャネルを阻害することで、神経インパルスの伝導をブロックする。しかしこれらはコカインのように中枢神経を刺激したり心臓の拍動リズムを乱したりしない。我々の多くは、歯科医院の椅子の上で、あるいは病院の緊急治療室で、これらの化合物がもつ麻痺作用の恩恵にあずかっている。

麦角アルカロイド

アトロピンやコカインなどとはまったく構造の違う一群のアルカロイドがある。間接的ではあるが、ヨーロッパではこのアルカロイド群によっても、おそらく何千人もの〝魔女〟たちが火あぶりにされた。しかしそれらの化合物は幻覚作用のある軟膏に使われたわけではない。そのアルカロイド分子の作用は凄まじく、村人全部が恐ろしい病にかかったようになり、彼らはその災厄が地元の魔女たちの仕業と考えた。この一群のアルカロイドは、多くの穀物、特にライ麦に生える麦角菌 *Claviceps purpurea* が作る。麦角病すなわち麦角中毒は、微生物による死亡事故としては、わりと最近まで、バクテリアやウィルスについで多かった。そのアルカロイドの一つ、エルゴタミンは血管を収縮させる。またエルゴノビンは人や家畜を流産させる。さらに、神経、精神状態を乱す麦角アルカロイドもある。麦角中毒の症状はさまざまで、アルカロイドの種類と量による。痙攣、卒倒、下痢、嗜眠、躁状態、幻覚、手足のかゆみ、嘔吐、ひきつけ、皮膚のむずむず感、手足の麻痺、それから血液循環が悪くなって壊死が起こると焼けるように激しく痛む。中世、この病はさまざまな名前で呼ばれた。聖なる火、聖アントニウスの火、神秘の火、聖ビトスのダンスなどだ。火というのは、四肢が燃えるように激しく痛み、壊死がすすんで黒くなることによる。手、足、性器が取れてしまうこともしばしばあった。聖アントニウスは火、疫病、てんかんに対し特別な力を持つと考えられており、麦角中毒からの救いも期待できる聖人となった。聖ビトスのダンスにある「ダンス」は、ある麦角アルカロイドの神経作用によって手足が痙攣したり歪んだりしたことによる。

多くの村人や町の住民がどのようにして麦角中毒で倒れたか、想像するのは難しくない。収穫直前に雨が続くと、ライ麦に麦角菌が生えやすくなる。穀物を湿気のある状態で保存すると菌はさらに成長する。挽いた粉にほんのわずかの麦角が入っただけで中毒には十分である。恐ろしい症状を示す住民が増えれば増えるほど、人々は疑い始めたかもしれない。なぜ我々の村が選ばれたのか？　特に隣村に病がなければ、なおさらだ。このようなとき、村に魔術がかけられているというのは実に説得力があっただろう。多くの自然災害のときと同様、疑いはしばしば無実の老女に向けられた。彼女らはもはや出産能力もなく、家族のサポートもないものが多かった。そのような女性はたいてい村のはずれに住み、おそらく薬草採集者としての技術で生きていて、製粉業者から粉を買うわずかばかりのお金さえなかった。この貧困さゆえに彼女らは麦角中毒にならなかったかもしれない。しかし皮肉なことに、中毒にならない唯一の人間ということで、魔術をかけた犯人として訴えられるときわめて不利だった。

麦角中毒は古くから知られていた。その原因は早くも紀元前六〇〇年ころの文書にほのめかされている。アッシリア人が「穀物の耳の有毒な吹き出物」と書いているのだ。「毒のある草」が牛に流産を起こしたというのは、ペルシャ人が紀元前四〇〇年ころに記している。穀物に生える菌あるいはカビが問題の原因だという知識は——たとえ伝わっていたとしても——中世のヨーロッパでは忘れられてしまったようだ。冬に湿気があって保存状態が悪いとカビや菌は繁殖した。飢饉のときは汚染した穀物でも捨てるよりは食べられたことだろう。

ヨーロッパにおける麦角中毒で初めて記録に残っているのは、紀元八五七年、ドイツのライン川流域のものだ。フランスで九九四年に四万人、一一二九年に一万二千人が死んだという記録は麦角中毒によるものとされる。中毒は数世紀にわたり定期的に発生し、二十世紀まで続く。一九二六年から二七年にかけてロシア、ウラル山脈地方では一万一千人以上が発症した。イングランドでも一九二七年二百人が中毒になっている。一九五一年フランス、プロバンスでは、汚染したライ麦が製粉され、粉が製パン業者に売られて、四人が死亡、数百人が発症した。このときは農民、製粉業者、パン職人全員が、汚染を知っていたらしい。

麦角アルカロイドが歴史に影響を及ぼしたとされるのは、少なくとも四回ある。紀元前一世紀、ガリア戦役では、ユリウス・カエサルの軍団で麦角中毒が発生した。戦力が大いに減退し、おそらくローマ帝国の拡張という彼の野望はブレーキをかけられたに違いない。また、一七二二年夏、ピョートル大帝のコサック軍はアストラハンで野営した。カスピ海に注ぐボルガ川の河口である。ここで兵士も馬も汚染したライ麦を食べ、その結果、二万人ほどが死亡したとされる。ツァーリの軍隊は大いに弱まり、トルコへの進軍は断念せざるを得なかった。こうしてロシアが黒海に港を得るという野望は、麦角アルカロイドによって潰えたのである。

一七八九年七月、フランスで数千人の農民が地主階級に対し暴動を起こした。この「大恐怖(グランプール)」と呼ばれる事件は、単にフランス革命に関連した暴動というだけではなかったようだ。記録によれば、この破壊的行動は農民の間に狂気の発作が起きたせいで、その原因に「悪い粉」を挙げている。一七八九年の春と夏、フランス北部では異常なほど雨が多く暑かった。麦角菌の成長に理想的な条件である。麦角中毒は、かびたパンも食べざるを得ない貧困な民衆ほど罹りやすい。この中毒がフランス革命の鍵となる要因となったのだろうか？　そして一八一二年秋、ロシアの平原を行軍するナポレオン軍にも麦角中毒が流行したという。だからモスクワからの退却で「大陸軍」が崩壊した原因には、軍服のボタンの錫に加え、麦角アルカロイドもいくらかは関係している。

また、一六九二年、マサチューセッツ州セーラムで約二百五十人（大部分は女性）が魔術を使ったとして捕らえられた。多くの専門家はこの事件には麦角中毒が関係したと主張する。状況証拠は麦角アルカロイドの関与を示す。この地方では十七世紀終わりからライ麦が作られていた。記録によると一六九一年の春から夏にかけては暑くて雨が多かった。セーラムの村は沼地のほとりである。これらの事実から、村人の食べた粉に使われた穀物にカビが生えていた可能性は否定できない。なにより、多くの病人の症状は麦角中毒、とくに痙攣性麦角症に一致した。下痢、嘔吐、痙攣、幻覚、意識喪失、さらには、意味のないことばを発し、四肢が奇妙に動き、ひりひり痛む感覚、それから急性の感覚異常もあった。

セーラムの魔女狩りは、少なくとも初期においては、おそらく麦角中毒が原因だっただろう。魔術をかけられたとする三十人の被害者は、ほとんどが少女か若い女性だった。若い人ほど麦角アルカロイドに敏感なことが知られている。しかし後には、しばしば村人以外の人間を含め次々に犯人が告発され、証拠なしに捉えられた〝魔女〟の裁判が続いた。こうなると、もうヒステリー、あるいは単なる悪意によるものであっただろう。

麦角中毒の症状は急に消えたり現れたりしない。裁判でよく見られた光景——被害者が、訴えられた「魔女」に引き合わされると痙攣発作を起こした——は麦角中毒に一致しない。被害者とされた者は、間違いなく注目されることを楽しみ、権力の発揮を味わいながら、よく知る隣人、あるいは聞いたこともない町の人を告発した。セーラムの魔女裁判における真の被害者——絞首刑にされた十九人、石を積まれて圧死した一人、拷問にかけられ収監され家族を破壊された多くの人々——が捕らえられたのは、麦角アルカロイドが原因だったかもしれないが、真の原因は人間としてのもろさであったに違いない。

コカイン同様、麦角アルカロイドは毒性があって危険であるが、治療薬としても長い歴史を持ち、今でもその誘導体が医薬品として使われている。数世紀にわたって薬草採集者、助産婦、医師は、麦角のエキスを分娩促進、あるいは堕胎に使ってきた。現在、麦角アルカロイドあるいはそれらの誘導体は、血管収縮剤として偏頭痛や分娩後の出血の治療に、あるいは出産時に子宮を収縮させるのに使われている。

麦角に含まれるアルカロイドは、皆共通の化学構造を持っており、リセルグ酸と呼ばれる分子の誘導体である。図に示したように、エルゴタミン（激しい偏頭痛に使う）やエルゴビン（分娩後出血に使用）は、リセルグ酸のOH基（図の矢印）の代わりにもっと大きな側鎖が付いたものである（12－7）。

一九三八年、アルベルト・ホフマンは、リセルグ酸の新しい誘導体を作った。彼はバーゼルにあるスイスの製薬メーカー、サンド社の研究室にいた化学者で、すでに多くのリセルグ酸関連分子を合成していた。そのリセルグ酸ジエチルアミドは、彼の作った二十五番目の誘導体であったので、LSD―25と名づけられた（12－8）。もちろん現在LSDとして知られる物質のことである。LSDの性質には特に変わった点は見られなかった。

ホフマンが再びこの物質を作り、一九六〇年代に流行する「アシッド・トリップ」を自らの不注意から初めて経験したのは、五年後の一九四三年になってからである。LSDは皮膚からは吸収されない。だから恐らく指についたものを口にしたのだろう。ほんの少量のはずであったが、ホフマンは「強烈な色の、万華鏡のような異常な形、幻想的な映像が絶え間なく流れる」という経験をした。

ホフマンはこの化合物が幻覚を起こしたと推定し、それを確かめるため、念入りにLSDを飲むことを決意する。エルゴタミンなどリセルグ酸誘導体を治療に使う場合、その投与量は、一番少量でも数ミリグラムであった。彼は（間違いなく）慎重を期して、わずか一ミリグラムの四分の一を飲んだ。しか

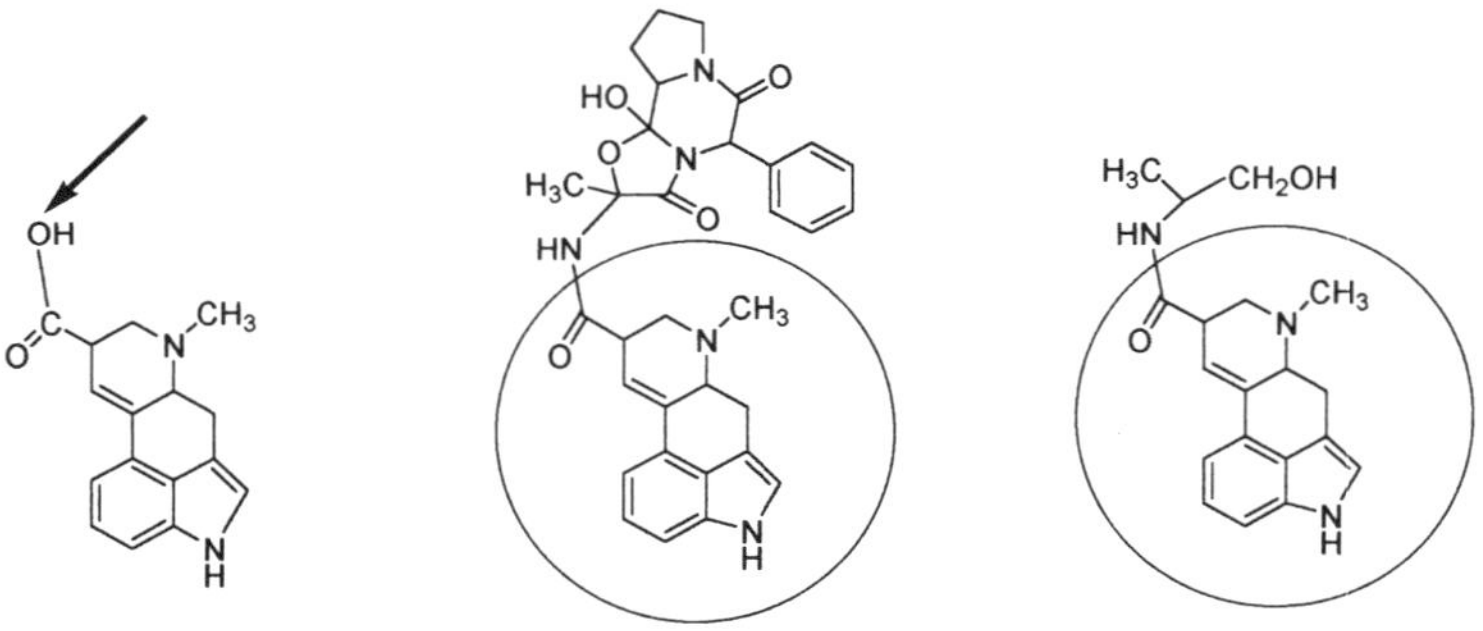

リセルグ酸　　エルゴタミン　　エルゴビン

12－7

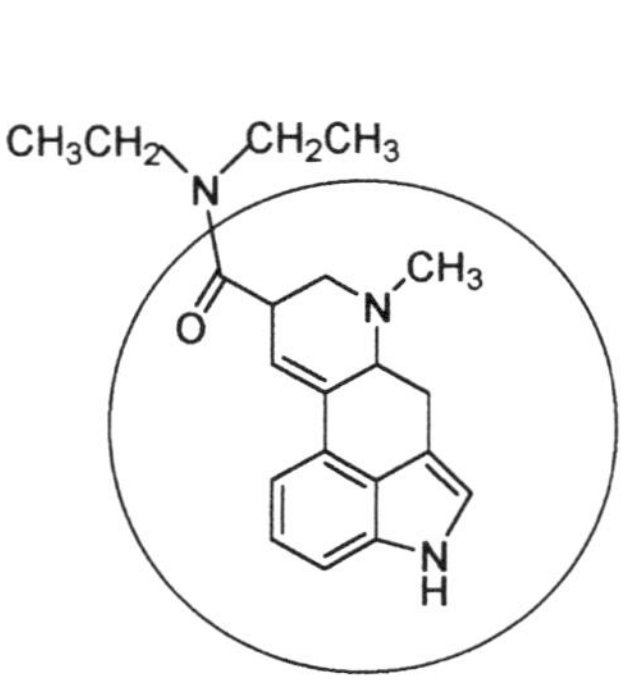

リセルグ酸ジエチルアミド（LSD–25）の構造。単にLSDとも呼ばれる。円内がリセルグ酸の部分。

12－8

しこれは現在よく知られている幻覚作用を起こす五倍以上の量だった。LSDは、幻覚剤として天然に存在するメスカリンより一万倍強力である。メスカリンは、テキサスから北部メキシコにかけて自生するペヨーテというサボテンに含まれ、アメリカ先住民が数世紀にわたり宗教的儀式に使っていたものだ。

ホフマンは急にめまいがしてきて、バーゼルの町を自転車に乗って帰宅するのに、助手についてきてくれるよう頼んだ。続く二、三時間の間、彼は、のちに使用者が「バッド・トリップ」と呼ぶ、激しい経験をすることになる。視覚的幻想に加え、わけもない恐怖に襲われ、強烈な不安感と麻痺状態を行ったり来たりした。つじつまの合わない話をわめき、窒息の恐怖を感じ、幽体離脱も味わい、物音を映像で感じた。ある時点でホフマンは、自分の脳が永久的にダメージを受けてしまったかもしれないとすら考えた。やがて、視覚的な乱れはしばらく続いたものの、症状はだんだん弱まっていく。翌朝ホフマンは、まったくいつもと同じように目覚めた。何が起きたか記憶は完全で、副作用もないようだった。

一九四七年サンド社は、LSDを精神療法、とくにアルコール性統合失調症の治療の研究薬として市販し始めた。一九六〇年代になるとLSDは世界中の若者の間で、有名な薬になっていく。その流れを煽ったのは、ハーバード大学人格研究センターにいた精神医学者のティモシー・リアリーである。彼は二十一世紀の宗教の道具として、また精神的、創造的な活動を推進するための手段として、LSDを使おうとした。数千人もの人々が「turn on, tune in, drop out（スイッチを入れ、波長を合わせ、社会に背を向けよ）」という彼の呼びかけに続いた。二十世紀に起きたこのアルカロイドによる日常からの逃避は、二、三百年前、魔女として告発された女性たちの経験とどこが違うだろう？

時代は離れているけれども、両者とも幻覚経験は、必ずしも好ましいものではなかった。一九六〇年代の若者たちにとって、アルカロイド誘導体のLSDを飲むことは、フラッシュバックや永久的な精神障害につながり、極端な場合は自殺に至った。一方、ヨーロッパの魔女にとって、アトロピンやスコポラミンなどのアルカロイドを空飛ぶ軟膏から吸収することは、火あぶりの刑につながった。

アトロピンと麦角アルカロイドは、魔術を引き起こさなかった。しかしその作用は、無数の無実の女性——たいてい社会で最も貧しく弱い人々——を訴えるときの証拠になった。魔女を告発する人は、化学的な作用を話したのである。「彼女は魔女に違いない。自分で飛べると言っている」あるいは「彼女は有罪に違いない。村人全部が魔術にかけられている」。火あぶりの刑はなくなったが、四世紀にわたって女性を魔女として迫害した態度は、すぐには変わらなかった。女性に対する偏見は、はっきり残っており、われわれの社会にも続いている。アルカロイド分子の作用は、こうした習慣のきっかけになったのではないか？

中世のヨーロッパでは、処刑された女性こそ、世界各地の民族と同様に薬用植物の知識を伝承していた人々だった。これらの知識がなければ、我々は多くの医薬品を作ることができなかったかもしれない。今日、植物世界からの有効成分を評価する人間が処刑されることはない。しかし、その代わり植物そのものが滅ぼされつつある。世界の熱帯雨林は、毎年約二百万ヘクタールずつ減っているという。このことにより、我々は新たなアルカロイドの発見の機会を失うかもしれない。その分子は、さまざまな状態や病気を治すのに極めて有効かもしれないのだ。

抗がん活性を持つ分子、ＨＩＶに有効な分子、あるいは統合失調症、アルツハイマー病、パーキンソン病に効く分子。これらが日々絶滅の危機に瀕する熱帯雨林の植物に存在しているかもしれない。しかし、それは未だ分からない。未来を生き抜くためには——分子レベルから見ると——過去の民間伝承が鍵になるかもしれない。

十三章　モルヒネ、ニコチン、カフェイン　阿片戦争と三つの快楽分子

人間はもともと快感を欲する傾向がある。それを考えれば、三つの異なるアルカロイド分子――ケシから取れるモルヒネ、タバコのニコチン、お茶・コーヒー・ココアに含まれるカフェイン――が数千年にわたって求められ、珍重されてきたことも驚くにあたらない。しかしこれらの分子は、人類に恩恵を与えてきた一方、災厄ももたらした。習慣性があるにもかかわらず、あるいはそれゆえに、様々な形で多くの社会に影響を及ぼしてきた。そして三つの分子は、思いもかけず歴史の交差点で出会っている。

阿片戦争

アヘンの原料であるケシ *Papaver somniferum* は、近年でこそ黄金の三角地帯――ミャンマー、ラオス、タイの国境地帯――が有名であるが、地中海東部が原産である。ケシの液は先史時代から注目され採取されていたかもしれない。人類最初の文明が生まれたとされるユーフラテス川流域で、五千年以上前にケシとアヘンの性質が知られていたという証拠がある。キプロスでは少なくとも三千年前にアヘンが使われていたことを示す遺物が出土した。ギリシャ、フェニキア、ミノア、エジプト、バビロニア、その他の古代文明では、薬草あるいは治療薬のリストにケシが含まれている。ケシは恐らく紀元前三三〇年ころ、アレクサンドロス大王によってペルシャ、インドにもたらされた。ここから栽培は東に広がり、七世紀ころには中国に達した。

ケシは数百年の間、薬草であった。苦い煎じ液を飲むか、丸めたアヘンの小塊を口にした。十八世紀、とくに十九世紀なるとヨーロッパ、アメリカの美術家、作家、詩人たちは、創造力が生まれるという夢のような状態を得るためにアヘンを使った。アルコールより安かったため、手軽に酔えるものとして貧しい人々も利用した。当時、習慣性はたとえ認識されていたとしても、あまり問題にならなかった。こうしてアヘンは広がり、乳幼児さえも飲まされた。シロップや甘いリキュールは、泣く子をなだめると宣伝されたが、モルヒネを一〇%も含んでいた。また、アルコール溶液であるアヘンチンキは、女性に勧められた。処方箋なしであらゆる薬局で手に入り、よく売れた。こうした形でのアヘンは、二十世紀初めに禁止されるまで社会に受け入れられていた。

中国では、アヘンは数百年にわたって医薬として見られてきた。しかし新しいアルカロイドを含む植物、タバコが登場した結果、中国社会におけるアヘンの位置が変わるのである。そもそも喫煙は、クリストファー・コロンブスが二回目の航海で新世界の住民がタバコを吸うのを見て、それを持ち帰った一四九六年まで、ヨーロッパでは知られていなかった。その後、多くのアジア、中東の国々では、所持、輸入すると厳罰に処せられたにもかかわらず、タバコは急速に広まった。中国では十七世紀の半ば、明の最後の皇帝がタバコを禁止した。ある研究によると、中国の人々は恐らく禁じられたタバコの代わりにアヘンを吸い始めたという。また、フォルモサ（現台湾）とアモイの居留地にいたポルトガル商人が、タバコにアヘンを混ぜるアイデアを中国商人に伝えたのだという歴史家もいる。

モルヒネやニコチンのようなアルカロイドは、煙を肺で吸えば直接血流に乗るため、その効果は驚くほど速く、強烈である。アヘンはこのように摂取すると、すぐに習慣性となる。十八世紀初めまでにアヘンの吸引は中国全土に広まった。一七二九年、中国におけるアヘンの輸入と販売が勅令によって禁止される。しかし遅すぎたであろう。アヘンを吸う文化、アヘンの供給、販売に関わる広大なネットワークは既に確立していた。

ここで三番目のアルカロイド、カフェインが物語に登場する。ヨーロッパの商人は以前から中国との貿易に不満を感じていた。中国が西洋から買いたいと思う商品はほとんどなかった。オランダ、イギリス、フランスなど欧州諸国が売りたいと願う工業製品のうち、買いたいと思うものがなかったのだ。しかし中国の製品はヨーロッパで売れた。特にお茶である。お茶に含まれるカフェインは、わずかに習慣性のあるアルカロイド分子だ。これはヨーロッパ人の飽くことのない欲望を刺激した。彼らは、中国で古代から知られる乾燥した低木の葉を求めた。

中国人はお茶を売ることに異存はなかったが、支払いは銀貨か銀塊を希望した。イギリスにとって貴重な銀でお茶を買うことは、もはや貿易とはいえない。このとき中国人が欲し、そして持っていない品物が一つあることに気付くまで時間はかからなかった。こうして違法ではあるが、イギリスはアヘンビジネスに乗り出す。ベンガル地方はじめ英領インドの各地で生産されたアヘンは、イギリス東インド会社の商人から、まず独立系の商人に売られた。その後中国人の輸入商人に転売されるのだが、たいてい賄賂をもらった中国の役人は大目に見た。一八三九年、中国政府はこの違法な、しかし繁盛していた取引をやめさせようとする。広東（現広州）の倉庫と広東港で荷揚げを待つイギリス船にあった一年分にもなるアヘンを没収し廃棄した。この数日後にイギリス船員のグループが酔っ払って土地の農民を殺害する。イギリスは船員の引渡しを拒否したこともあり、中国との関係が悪化、ついには宣戦布告した。今日、第一次アヘン戦争（一八三九―四二年）と呼ばれるものである。戦争にイギリスが勝利したことで貿易収支は逆転した。中国は多額の賠償金を払うことを余儀なくされ、イギリスとの交易のために五つの港を開き、香港を割譲した。

約二十年後に起きた第二次アヘン戦争で中国は再び敗れた。このときはイギリスだけでなくフランスも関わった。中国は一段と譲歩を余儀なくされ、多くの港が外国貿易のために開かれた。ヨーロッパ人は居住、旅行の権利、キリスト教布教のための移動の自由を得、さらにはアヘンの交易が合法化された。アヘン、タバコ、お茶はこうして数百年にわたる中国の鎖国を破ったのである。中国は激動の時代に突入し、一九一一年の革命に繋がって行く。

モルペウスに抱かれて

アヘンは二十四種類ほどのアルカロイドを含む。最も多く存在するのはモルヒネで、未精製のアヘンでも一〇％ほどある。アヘンというのは、ケシの未熟果の分泌液を乾燥させた、粘りの濃い抽出物のことだ。純粋のモルヒネは一八〇三年、ドイツの薬剤師フリードリヒ・ゼルチュルナーによって、ケシの樹液から初めて単離された。彼はこの物質をローマ神話の夢の神モルペウスにちなんでモルフィンと名づけた。モルヒネには麻酔作用がある。すなわち、感覚を麻痺させ（ゆえに痛みを取り去る）、眠りを誘う。

ゼルチュルナーの発見のあと、化学面での研究が精力的に行われた。しかし化学構造が明らかになったのは、やっと一九二五年になってからである。百二十二年もかかったのは研究成果が上がらなかったからと見るべきではない。反対に、モルヒネの構造決定で行われた多くの作業が、この分子の鎮痛作用と同じくらい人類に恩恵をもたらしたと見る有機化学者もいる。このマラソンのような化学の謎解きから、構造決定の基本的方法、新しい実験操作、有機化合物の三次元構造の理解、新たな合成法などが成果として生まれた。他の重要な化合物の構造決定は、モルヒネで行われた研究のおかげで可能となったものも多い（13－1）。

今日、モルヒネとその類縁化合物は、依然として最も強力な鎮痛剤である。不幸なことに、鎮痛作用はその習慣性と関係しているように見える。アヘンに微量（約〇・三%から二%）含まれるコデインはモルヒネの類縁体で、習慣性は弱いが、鎮痛作用も弱い。構造上の差異はほんのわずかである。コデインでは矢印のように、OH が CH_3O に換わっている（13－2）。

モルヒネの構造が完全に分かるずっと前から、その化学的な変換が行われている。習慣性がなくて強い鎮痛作用を持つ化合物を得るのが目的であった。一八九八年、ドイツの染料メーカー、バイエル社の実験室で化学者たちはモルヒネにアセチル化反応を仕掛けた。ここはその五年前、フェリックス・ホフマンが父親のためにアセチルサリチル酸を作ったところである。化学者たちはサリチル酸をアスピリンに変換したのと全く同じ反応をモルヒネに適用したのだ。彼らの発想は理にかなっている。アスピリンはサリチル酸より鎮痛作用が強まり、毒性が弱まったからだ（13－3）。

しかしモルヒネのアセチル化、すなわち OH の H を CH_3CO に換えたものは別物だった。初めは有望に見えた。ジアセチルモルヒネは、モルヒネよりずっと麻酔作用が強く、ほんの少量で効いた。しかしその有効性の陰には大きな副作用が隠れていた。そう、ジアセチルモルヒネのよく知られる別名を知ればお分かりであろう。ヘロイン――英雄（ヒーロー）の薬を意味する――の名で当初販売されたこの分子は、今まで知られた中で最も強力な習慣・依存性を持つ。生理作用はモルヒネと同じである。ヘロインの二つのアセチル基は脳内で脱離し、もとの OH が再び現れ、モルヒネとなる。しかしヘロイン分子はモルヒネより血液―脳関門を通りやすい。そのため、依存的になった人々が渇望する急速、強烈な多幸感を生む。

バイエルのヘロインは、当初モルヒネによくみられた副作用、すなわち吐き気や便秘がないように思われ、それゆえ依存性もないと考えられて市場に出た。咳止め、頭痛薬として、また喘息、肺気腫、さらには結核にも効くとして売り出されたのである。しかし彼らの「スーパーアスピリン」の副作用が明らかになるにつれ、バイエル社は何事もなかったかのように宣伝をやめた。一九一七年にアスピリンの

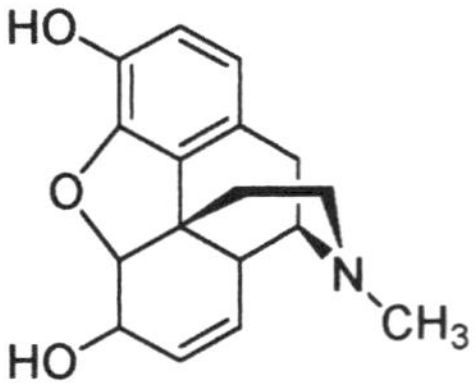

モルヒネの構造。楔形をした太線の結合は、紙面の上（手前）に出ている。

13－1

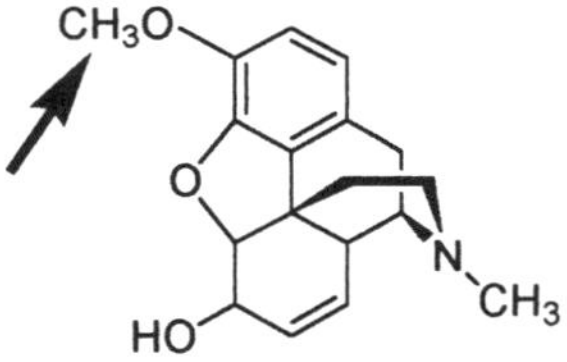

コデイン

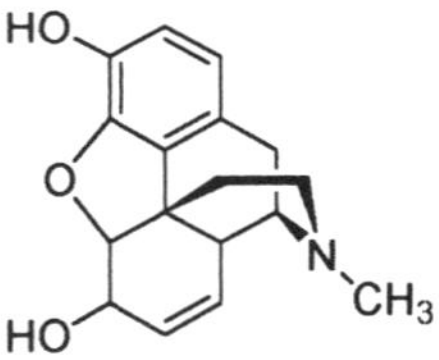

モルヒネ

コデインの構造。矢印はコデインとモルヒネの唯一の違いを示す。

13－2

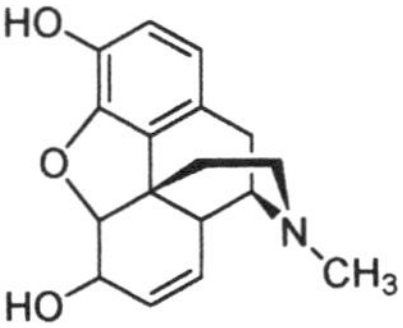

モルヒネ

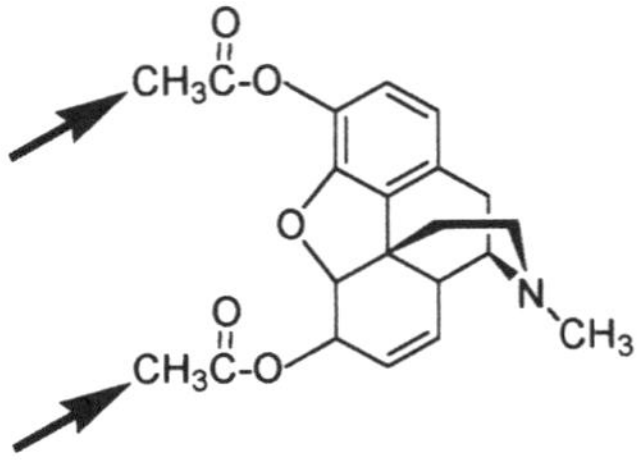

ジアセチルモルヒネ

モルヒネのジアセチル誘導体。モルヒネの二つのOHにあるHがアセチル基CH_3COに置換され（矢印）、ヘロインとなる。

13－3

基本特許が切れ、他社がアスピリンを生産し始めたとき、バイエルはその名称使用をめぐり商標権の侵害を訴えた。しかし、驚くことでもないが、ジアセチルモルヒネの商品名ヘロインの商標権侵害に対する訴えは未だかつて一度もない。

現在ほとんどの国はヘロインの輸入、製造、所持を禁じている。しかし法律は、この分子の違法取引を止めさせるにはほとんど効果がなかった。モルヒネからヘロインを製造するために作られた作業場は、酢酸を廃棄せねばならないという大きな問題を抱えている。酢酸はアセチル化反応の副産物で、非常に特徴的な、食酢のような臭いがする（食酢はこの酸の五％水溶液である）。この臭いは、しばしば当局にヘロイン不法製造者の存在を教えてくれる。特別に訓練された警察犬は、ヒトの感じないほどの極微量の酢の臭いでも感ずることができる。

なぜモルヒネとその類縁アルカロイドは、優れた鎮痛作用があるのか。研究の結果、モルヒネは脳へ行く神経の信号を遮るのではないことが分かった。その代わり、モルヒネはこれらの信号を受け取る脳の状態を、すなわち伝えられた痛みを脳がどのように感じるかを変えていたのである。モルヒネ分子は、脳の痛みに関する受容体を占有して信号をブロックするように見える。これは、受容体に嵌まるには化学構造に特別な形が必要だというアイデアに沿うものだ。

モルヒネはエンドルフィンの作用を真似る。この物質は脳内に極微量存在し、天然の鎮痛薬として働いている。ストレスがあると濃度が高まる。エンドルフィンはアミノ酸が繋がったポリペプチドだ。この構造はシルク（六章）のようなタンパク質と基本的には同じである。ただし、シルクの分子が数百からときに数千ものアミノ酸がつながっているのに対し、エンドルフィンはいずれもわずか数個のアミノ酸からなる。今まで単離されたエンドルフィンのうち、二つはペンタペプチド、すなわちアミノ酸が五つつながったものだ。この二つのペンタペプチドとモルヒネは共通した構造をもつ。すなわち三者とも

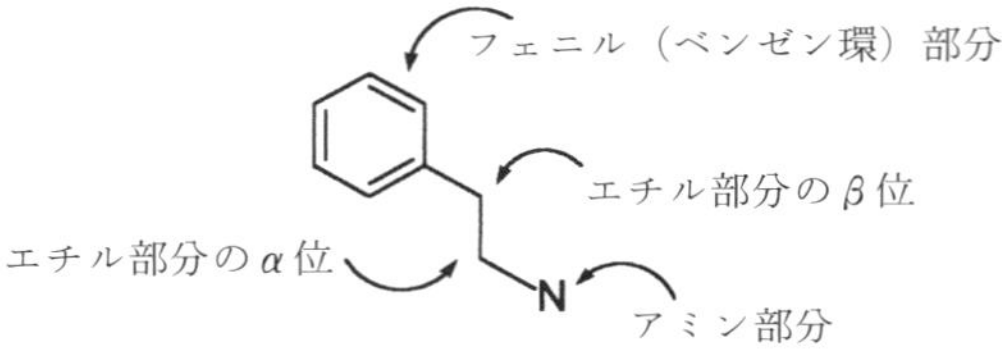

βフェニルエチルアミン部分

13－4

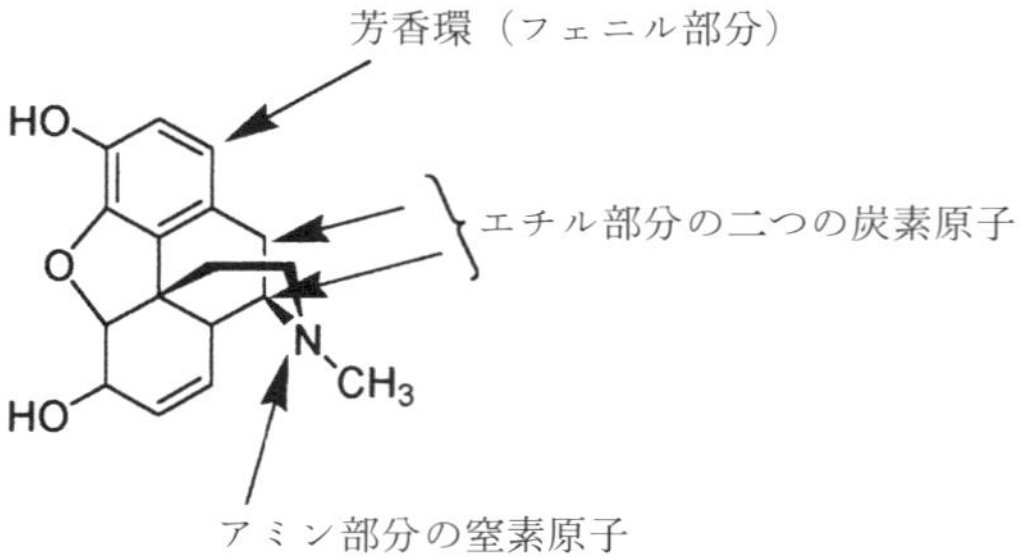

βフェニルエチルアミン部分をもつモルヒネの構造。

13－5

βフェニルエチルアミン構造を含む（13－4）。これはＬＳＤ、メスカリンなど幻覚を起こさせる分子にも共通して存在し、脳に影響を与えると考えられている。

ペンタペプチドのエンドルフィンは、他の部分でモルヒネとは似ていないが、この部分の類似性によって、脳内に共通の結合サイトがあることを説明できると思われる（13－5）。

しかしモルヒネとその類縁体は、麻酔作用――鎮痛、催眠、依存性――があることで他の幻覚物質と生物活性が異なっている。これらは化学構造におけるいくつか他の特徴によると思われる。整理すると①フェニル基あるいは芳香環、②四級炭素すなわち四つの炭素に直接結合している炭素原子、③CH_2－CH_2、④三級Ｎ原子（すなわち三つの炭素原子に結合している窒素原子）（13－6）。

まとめると、この条件――モルヒネ則として知られる――は図のようになる（13－7）。

モルヒネの構造にこれら四つの要素がすべてあることが分かるだろう。もちろんコデインやヘロインにもある（13－8）。

分子のこの部分が麻酔作用を説明するかもしれないという発見は、化学におけるセレンディピティの例である。合成物質のメペリジンをラットに注射していた研究者たちは、尾が特徴的に上がることに気がついた。モルヒネで見られる作用だった。

メペリジン分子は特にモルヒネに似ているわけではなかった（13－9）。メペリジンとモルヒネが共通して持っていたものは、①芳香環あるいはフェニル基、②それにつながる四級炭素、③さらに続くCH_2－CH_2と三級窒素である。言い換えると後にモルヒネ則として知られるものと同じ構造であった（13－10）。

メペリジンを試験すると鎮痛作用のあることが分かった。一般にはデメロールという商品名で、モルヒネの代わりによく使われる。効き目は弱いが、吐き気を起こしにくいとされる。しかしこの物質も依

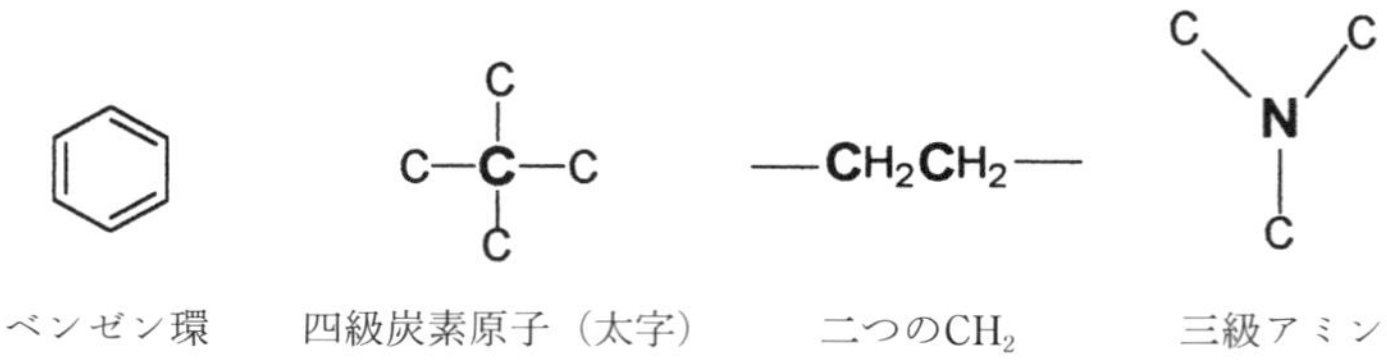

13－6

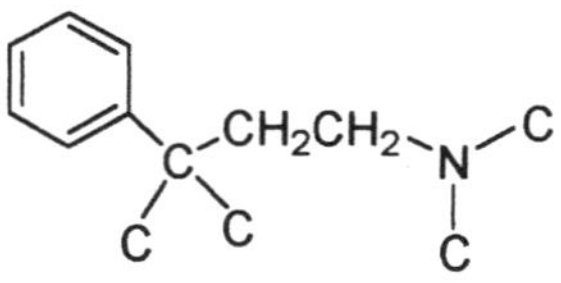

モルヒネ則に必要な部分

13－7

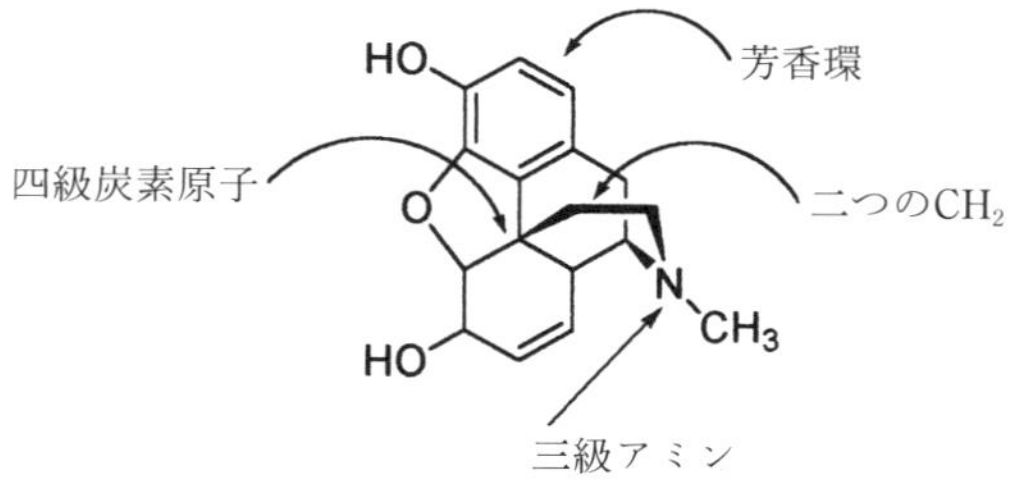

モルヒネの構造。生物活性に必要なモルヒネ則に、いかに合致しているか示す。

13－8

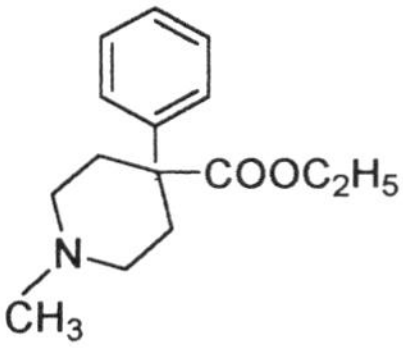

メペリジン

13－9

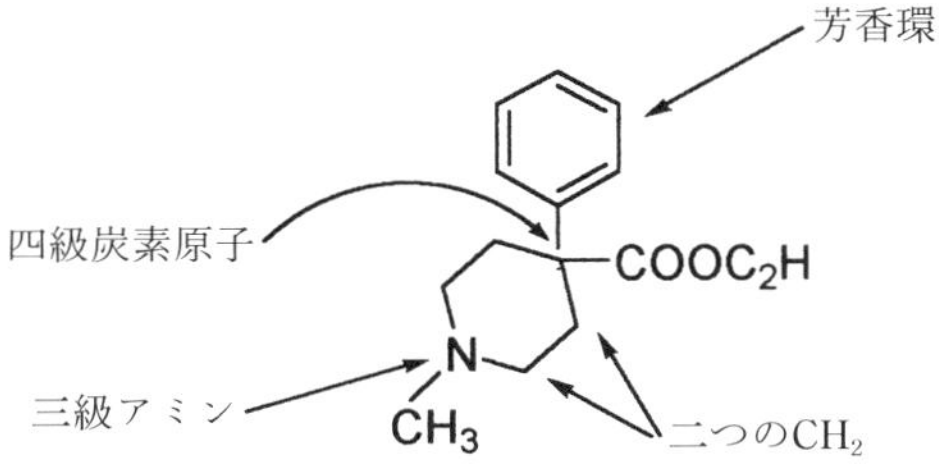

メペリジン（デメロール）の構造とモルヒネ則

13－10

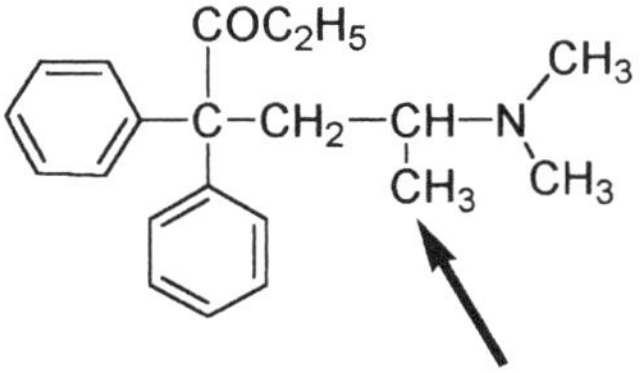

メタドンの構造。矢印のCH_3は、モルヒネ則からほんのわずか、はずれている箇所であるが、生物活性の差に影響しているかもしれない。

13－11

存性がある。もう一つの合成物質で非常に強力な鎮痛薬メタドンは、ヘロイン、モルヒネと同じように神経系を抑える。しかしアヘン類のような眠気、多幸感は起こさない。メタドンの構造は、モルヒネ則の要件に完全には一致しない。CH_2－CH_2の二つ目の炭素原子にCH_3が付いている。この構造上の小さな変化が、生物活性の差に関係しているかもしれない（13－11）。

しかしメタドンも依存性がある。ヘロインの依存をメタドンの依存にすりかえることはできる。しかしこれがヘロイン依存の諸問題を解決する良い方法であるかどうかは今なお議論になっている。

煙を飲む

アヘン戦争に関係した第二のアルカロイド、ニコチンは、クリストファー・コロンブスが新世界に上陸したとき、ヨーロッパでは知られていなかった。彼は、そこで男も女も葉を巻いて鼻孔に挿し、火をつけて煙を〝飲む〟ように吸っているのを見る。ニコチアナ属の植物、タバコの葉を採ってきて、咬んだり、煙を吸ったり、粉末状態のものを鼻から吸入することは、南米、メキシコ、カリブ海の原住民たちの間で広く行われていた。タバコが使われるのは主に儀式のときだった。パイプから、あるいは巻いた葉から吸うタバコの煙、あるいは赤々とした残り火に撒き散らした葉っぱの煙を直接吸い込むことで、儀式の参加者は催眠状態になったり幻覚を見ていたと言われる。このことは彼らのタバコが、ヨーロッパはじめ世界に広められた *Nicotiana tabacum* より活性成分を高濃度に含んでいたことを示唆する。コロンブスの見たタバコは、*Nicotiana rustica* の可能性が高い。これはマヤ文明で使われたタバコで、作用の強い種類として知られている。

タバコはヨーロッパ全土に速やかに広まり、その栽培もすぐに始まった。その名を植物とアルカロイドの名前に残す、駐ポルトガル・フランス大使ジャン・ニコ（J.Nicot）は、熱心なタバコ愛好家であった。彼のほかにも十六世紀には注目すべき愛煙家がいる。イングランドのウォルター・ローリー卿、フランス王妃カトリーヌ・ド・メディシスなどだ。しかし喫煙は万人に受け入れられたわけではない。ローマ教皇の勅令は教会内でタバコを吸うことを禁じた。イングランド王ジェームズ一世は一六〇四年、「目におぞましく、鼻にむかつき、脳に害あり、肺に危ない習慣」だと書いて非難したという。一六三四年、ロシアでは喫煙が違法となる。法を破った罰は、唇を引き裂く、鞭で叩く、去勢、国外追放など、非常に厳しいものだった。しかし五十年ほど後にこの禁は解かれる。ピョートル大帝が愛煙家で、タバコを奨励したからである。スペインとポルトガルの船員たちは、カプサイシンアルカロイドを含む唐辛子を世界中に広めたように、ニコチンアルカロイドを含むタバコも訪れる港々に広めていった。十七世紀までに喫煙は東洋まで広がる。拷問を含む厳しい罰則は、その蔓延を抑えることが出来なかった。トルコ、インド、ペルシャなど、様々な国ではしばしばタバコ依存を止めさせるために究極の処方薬——罰としての死——が与えられた。しかし現在これらの国々でも喫煙は、他の国と同じように広く浸透している。

南米での喫煙を示す初期の銅版画（ブラジル、1593年ごろ）。このチュピインデイアンの祭では、長い筒を使って植物の煙を吸っている。

当初からタバコは、ヨーロッパにおける栽培では需要をまかなえなかった。新世界におけるスペインとイギリスの植民地は、すぐに輸出用タバコの生産を始める。タバコ栽培は非常に労働力を要した。雑草は常に取らねばならない。ちょうど良い高さに刈りそろえ、株芽は除去し、害虫は駆除する。葉は手で収穫し、乾燥させる。これらは主に奴隷を使うプランテーションで行われた。その意味でニコチンは、新世界の奴隷制度に関連した分子としてグルコース、セルロース、インディゴと並べられる。

タバコには、ニコチンを筆頭に十種以上のアルカロイドが含まれている。葉のニコチン含有量は二―八%で、栽培法、気候、土壌、加工条件によって異なる。ニコチンは極少量の場合、中枢神経系や心臓を刺激する。しかし最終的には、あるいは服用量を増やせば、抑制作用が出る。このちょっと逆説的に見える現象は、神経伝達物質を模倣するというニコチンの作用によって説明できる。

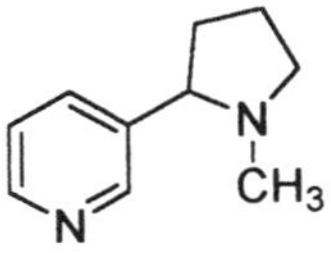

ニコチン

13－12

ニコチン分子（13－12）は、神経細胞の間の連絡を橋渡しするため、最初は神経インパルスの伝達を促進する。しかしこの分子による連絡は、インパルスがなくなっても十分クリアされない。やがては伝達に関係する部位がニコチンでふさがってしまう。するとニコチンや神経伝達物質による刺激作用は消失し、筋肉とくに心臓の活動はゆっくりとなる。こうして血液循環が遅くなると、体、脳への酸素供給も低下し、全体的な鎮静効果が現れる。このことは、神経を鎮めるためにタバコが必要だという、ニコチン常習者の言い分を説明する。しかしニコチンは実際のところ、注意力が必要な状況では逆効果である。また、長年吸ってきた人は、壊疽のような感染症にかかりやすいという。この細菌は、血液循環が悪くて酸素不足の状態のときに繁殖するからかもしれない。

ニコチンは、さらに用量が増えると、命に関わる毒となる。わずか五十ミリグラムという低用量でも、体内に入れれば成人の場合、二、三分で死ぬ。しかしその毒性は、量だけでなく、どのように体内に入ったかによる。ニコチンは、口から入るより皮膚を通して入ったほうが約千倍も強い。恐らく胃酸がある程度、ニコチンを分解するのだろう。喫煙した場合、タバコに含まれる大部分のアルカロイドは、火の高温によって酸化されて低毒性のものになる。このことは喫煙が無害と言っているのではない。ただ、もしこれらタバコアルカロイドの酸化がなかったら、喫煙は二、三本で致死的なものになるだろう。実際、煙に含まれるニコチンは特に危険である。肺から吸収されて直接血流に乗るからだ。

ニコチンは強力な天然の殺虫剤である。合成殺虫剤が出る前、一九四〇年代、五〇年代には何百万キログラムものニコチンが生産された。しかしニコチンと構造が似ているニコチン酸とピリドキシンは毒性がない。それどころか、両者はビタミンB群に含まれ、我々の健康、生存に必

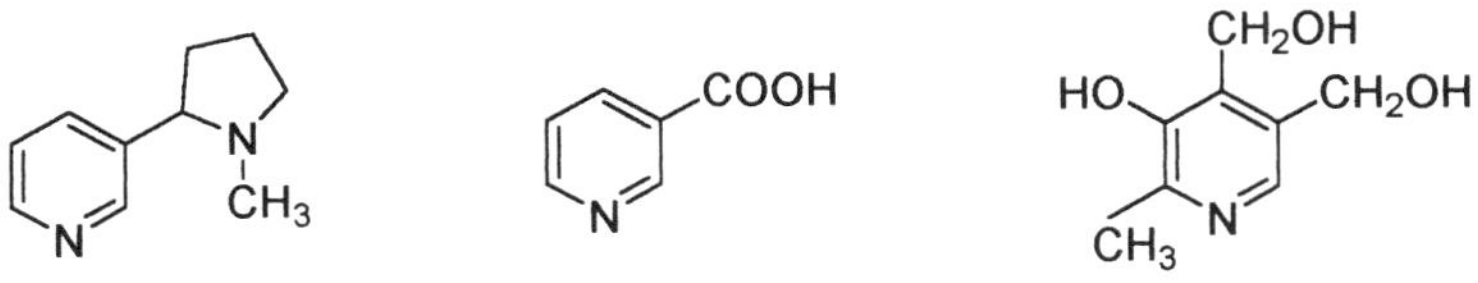

ニコチン　　ニコチン酸（ナイアシン）　　ピリドキシン（ビタミンB_6）

13－13

要な栄養素である。化学構造のほんの少しの変化によって、大きく性質が変わる例がここにも見られる（13－13）。

ヒトの場合、食事からのニコチン酸（ナイアシンともいう）が不足すると、ペラグラという病気になる。皮膚炎、下痢、認知障害という三つの症状が特徴である。トウモロコシを主食とする地域によく見られ、最初は感染症、例えばある種のハンセン病ではないかなどと疑われていた。ナイアシンの不足によることが分かるまで、認知障害の出た患者の多くは精神病院に収容されたという。ペラグラは二十世紀初めまでアメリカ南部でよく見られたが、ジョセフ・ゴールドバーガー医師やアメリカ公衆衛生局の努力で、医学界もようやくこれが栄養失調による病気であると認識した。なお、製パン業者がビタミン添加の白パンを作ったとき、「ニコチン酸」という名前が「ナイアシン」に変えられた。彼らは、ニコチンに非常に似た名前を使いたくなかったのである。

カフェインの刺激的な構造

アヘン戦争に関わる三番目のアルカロイドはカフェインである。これも精神に作用するが、世界中ほとんどどこでも自由に手に入る。人工的に添加された飲み物が作られ、その旨が宣伝されるほど、この化合物には規制がない。カフェインとその類縁アルカロイドであるテオフィリン、テオブロミンの構造式を以下に示す（13－14）。

茶に含まれるテオフィリン、ココアに含まれるテオブロミンとカフェインの違いは、環に結合するCH_3基の数だけである。カフェインは三つ、テオフィリンとテオブロミンは二つで場所が少し違う。この分子構造上の非常に小さな変化が、生理作用の違いになるのだ。カフェインはコーヒー豆や茶の葉には当然のこと、量は少なくなるがカカオの実（ポッド）、コーラの種（ナッツ）、それから南米のマテの葉、ガラナの種（たね）、ヨコの樹皮など、多くの植物に含まれる。

カフェインは中枢神経系に対する強力な刺激剤で、世界で最も研究されてきた薬物の一つである。ヒトの精神に対する作用を説明しようと長年にわたって多くの研究が行われてきた。その最新の説によると、カフェインは脳内あるいは体の各部位で、アデノシンの作用をブロックするという。アデノシンは神経伝達を調節する物質である。神経の自発的な発火を減らし、他の神経伝達物質の遊離を抑え、その結果、眠気を引き起こす。カフェインは我々を目覚めさせるように感じられるが、それ自体に目覚めさせる作用があるとは言えない。その作用は、我々を眠らそうとするアデノシンの本来の役割を邪魔することなのだ。カフェインが体の他の場所にあるアデノシン受容体に結合すると、カフェイン・バズというものが起きる。すなわち、心拍が速くなり、血管がある場所で縮む一方、ある場所で広がったり、また、筋肉が痙攣しやすくなったりする。

カフェインは医薬品でもある。喘息の治療や予防に、また偏頭痛を軽減したり、血圧を上げたりするのに使われる。利尿剤にもなるし、多くの症状に対して処方される。市販薬としても処方薬としてもよく目にする薬である。カフェインに有害作用があるかどうか、多くの研究が行われてきた。すなわち種々のガン、心臓病、骨粗しょう症、胃潰瘍、肝臓病、月経前症候群、腎臓病、精子の運動能、妊娠機能、胎児発達、注意

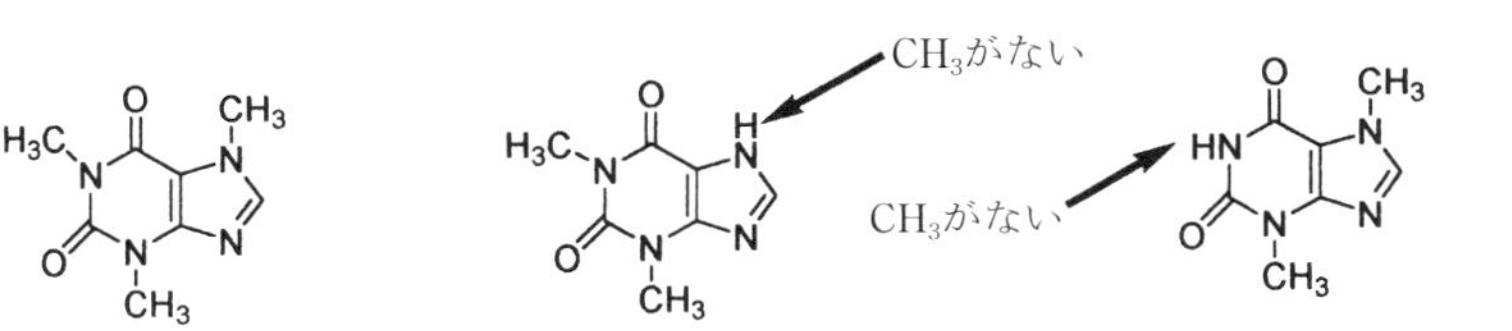

カフェイン　　テオフィリン　　テオブロミン

13－14

散漫、運動能力、精神疾患、これらとカフェインの間に関係があるかどうかである。通常の摂取量では、これらにカフェインが関係するというはっきりした証拠は今のところ得られていない。

しかしカフェインにも毒性はある。致死量は、経口の場合、平均的な成人で約十グラムである。一杯のコーヒーに含まれるカフェインは、入れ方によるが、八十から百八十ミリグラムであるから、致死量となるには五十五から百二十五杯を一度に飲まなくてはならない。このような場合が絶対にあり得ないことはないにしても、常用量のカフェインに毒性はありそうもない。お茶の葉は、乾燥重量でみると、コーヒー豆よりカフェインを二倍多く含む。しかし一杯あたりに使われる茶葉の重量はコーヒーより少なく、また普通の入れ方では抽出されるカフェインの量もより少ない。ゆえに一杯のお茶に含まれるカフェインは、一杯のコーヒーに含まれるものの約半分である。

お茶にはテオフィリンも少量含まれている。この分子の作用はカフェインに似ており、今日、喘息の治療に広く使われる。気管支拡張薬すなわち気管支組織を緩める薬物としては、カフェインよりも優れ、中枢神経系への作用も弱い。また、ココアやチョコレートの原料であるカカオ豆には、テオブロミンが一―二%含まれている。このアルカロイド分子の中枢神経系への作用はテオフィリンよりさらに弱い。しかしカカオ製品のテオブロミン量はカフェインより七倍から八倍高いので、その効果は無視できない。カフェインには(それからテオフィリン、テオブロミンも)、モルヒネやニコチンのように習慣性がある。禁断症状としては頭痛、疲労、眠気、さらには――それまでのカフェイン摂取が大量であった場合――吐き気、嘔吐さえある。幸いなことに、この症状は比較的早く(たいてい一週間で)なくなる。ただし我々のほとんどは、この世界中で好まれている習慣を止めるつもりはない。

カフェインを含む植物は恐らく先史時代から知られていた。それらはほぼ間違いなく古代から使われていたが、お茶、カカオ、コーヒーが最初であったかどうかは分からない。言い伝えによると、古代中国の伝説の皇帝、神農は病を防ぐために、宮廷では水を沸騰させてから飲む習慣を始めた。ある日彼は、侍従が用意していた沸騰水に近くの藪から葉が落ちているのに気が付いた。それを飲んだことが、今日までの五千年間に楽しまれた何億兆杯ものお茶の最初の一杯とされる。このように神話では初期のお茶について述べているが、文献にお茶、あるいはその「考える能力を高める」作用について書かれるのは、紀元前二世紀になってからだ。他の中国の古い文献は、お茶が北部インド、あるいは東南アジアから入った可能性も示唆している。起源はどこであれ、お茶は何世紀にもわたって中国人の生活の一部になってきた。また多くのアジア諸国、特に日本では、文化においても重要な位置を占めるようになった。

マカオに商館を持っていたポルトガル人は、中国と小規模ながら交易し、初めてお茶を飲むようになったヨーロッパ人である。しかしお茶を商品として初めてヨーロッパにもたらしたのは、十七世紀初めのオランダ人だ。最初は非常に高価で、金持ちしか飲めなかった。輸入量が増え、関税も下げられるにつれ、価格も徐々に安くなった。イングランドでは十八世紀初頭から、国民的飲料であったエールに置き換わり始めた。そしてアヘン戦争と中国の開国において、お茶（カフェインを含む）が演ずる大役のために、舞台が整って行くのである。

お茶はアメリカ革命において、しばしば大きな原因と見られることがある。しかし実際には象徴的な意味合いが強い。一七六三年までにイギリスは、北米大陸からフランスを追い払っていた。そして先住民と条約交渉を行い、植民地の拡大と貿易の管理を目指していた。移民たちは、自分たちの問題と考えていたことまでイギリス議会が管理しようとすることに不満を持つ。苛立ちを反逆へと変えていくおそれがあった。とくに反発を招いたのは、地域内交易にも海外交易にも課された高い税金だった。一七六四―六五年の印紙法――ほとんどすべての書類に収入印紙を貼らせることで税金を取り立てる――は廃止され、砂糖、紙、ペンキ、ガラスにかかる関税は撤廃されたけれども、お茶は依然として高い関税のかかる商品だった。一七七三年十二月十六日、怒った市民グループがボストンの港でお茶の船荷を海に投げ込んだ。怒りの対象はお茶ではなく、「代表なくして課税なし」という抗議であった。しかし後にボストン茶会事件と呼ばれることになるこの出来事は、しばしばアメリカ独立戦争の始まりとされる。

考古学的な研究から、新世界における最初のカフェインはカカオの豆由来とされる。紀元前一五〇〇年ころにはメキシコで飲まれ、後のマヤ、トルテカ文明もこのアルカロイドを含む中南米原産の植物を栽培した。一五〇二年、新世界への四回目の航海から戻ったコロンブスは、カカオの実をスペイン国王フェルディナンドに献上した。しかしヨーロッパ人がこのアルカロイドの刺激的な作用を知ったのは、エルナン・コルテスがアステカ帝国モンテスマ二世の宮殿で苦い飲み物を飲んだ一五二八年のことである。コルテスはカカオのことを、アステカ人の言う「神の飲み物」と記した。ここから主要なアルカロイド、テオブロミンの名前が生まれた。すなわち、テオブロミンは熱帯樹木 *Theobroma cacao* の、足ほどもある鞘の中の種（豆）に含まれる。この名はギリシャ語で神を意味する theos と、食べ物を意味する broma から来ている。

やがてチョコレートと呼ばれるようになったこの飲み物は、十六世紀の間は、スペインの富豪や貴族のものであったが、次第にイタリア、フランス、オランダ、そしてヨーロッパ全土に広まった。こうしてカカオに含まれるカフェインは、含有量は少ないけれども、お茶やコーヒーのカフェインよりも早く欧州に登場したのである。

チョコレートは、もう一つの興味深い物質、アナンダミドを含む。この分子は、脳内でフェノール化合物のテトラハイドロカンナビノール（ＴＨＣ）と同じ受容体に結合することが示された。ＴＨＣはマリファナの活性成分である。ただし、アナンダミドの構造はＴＨＣと全く違う（13‐15）。チョコレートを食べたとき多くの人がいう気分の良さがアナンダミドによるものならば、一つ物議をかもす質問が出る。我々が不法としたいものはいったい何か？　THC分子か？　それとも気分を変えるその作用か？　もし気分を変えるその作用が問題ならば、チョコレートを違法とすることを考えるべきだろうか？

カフェインはチョコレートを通じてヨーロッパに入った。このアルカロイドがもっと濃縮された飲み物、コーヒーの形で入ったのは、一世紀以上後である。しかしこれ以前、コーヒーは中東で何百年にもわたって飲まれてきた。現存する最も古い記録は、十世紀に生きたアラビアの医師、ラーズィーによるものだ。コーヒーは、エチオピアのヤギ飼い、カルディの伝説にあるように、間違いなくそれ以前から知られていた。カルディのヤギは、彼がそれまで気が付かなかった木の葉っぱと実を食べて活発になり、後ろ足で立って踊り始めた。カルディは意を決して自分でも鮮やかな赤い実を食べ、元気になることを知る。彼は実を取って地元のイスラム僧のところに持っていった。僧は話を認めず、実を火の中に投げ捨ててしまう。すると炎の中から何ともいえぬ芳香が立ちのぼった。燃えさしの中から焦げた豆が取り出され、コーヒーの最初の一杯になったという。これは素敵な話だが、カルディのヤギが *Coffea arabica* に含まれるカフェインの発見者だという証拠はほとんどない。しかしコーヒーは、エチオピア高地のどこかに源を発し、北東アフリカに広がりアラビアに入ったのかもしれない。コーヒーの形でのカフェインは常に受け入れられたわけではなく、ときに禁じられたこともある。それでも

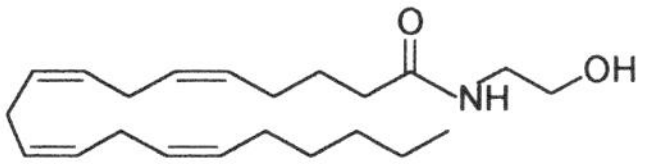

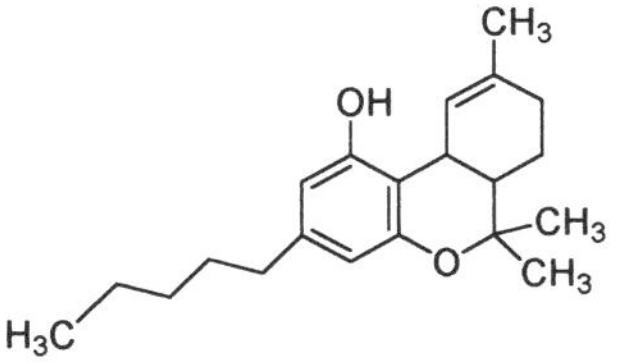

チョコレートに含まれるアナンダミド（左）とマリファナのTHC（右）は、構造的にはまったく異なる。

13－15

十五世紀終わりには、巡礼者たちがイスラム世界の隅々まで広めていった。

十七世紀にコーヒーがヨーロッパに入ったときも、これと同じパターンが起きた。しかし最終的に、カフェインの魅力は医師や教会、統治者が当初抱いた心配にうち勝つ。イタリアの路上、ベニスやウィーンのカフェ、パリやアムステルダム、さらにはドイツやスカンジナビアでも売られ、コーヒーはヨーロッパで酒の消費を大きく減らしたとされる。南部ヨーロッパではワイン、北部ではビールのかなりの部分がコーヒーに置き換わり、もはや労働者が朝食にエールを飲むこともなくなった。ロンドンでは一七〇〇年ごろ二千を越えるコーヒーハウスがあった。顧客はすべて男である。多くは特定の宗教、商売、専門職などとの交流を求めてやってきた。船員や商人はエドワード・ロイドのコーヒーハウスに集まった。船荷のリストを読み通すためである。こうした活動からやがて航海の船荷の保険が生まれ、有名なロンドンの保険組合、ロイズが誕生した。さまざまな銀行、新聞、雑誌、証券取引所もロンドンのコーヒーハウスに起源を持つという。

コーヒーの栽培は、新世界とくにブラジルと中米諸国の発展に大きな役割を果たした。この地域での栽培は一七三四年にハイチで始まる。五十年後、世界のコーヒーの半分はここで取れた。今日のハイチにおける政治的、経済的環境は、奴隷の暴動という血塗られた長い歴史によって影響を受けている。奴隷たちはコーヒーと砂糖の生産に従事していて、一七九一年に始まった暴動は、彼らに課された過酷な条件に対する反抗だった。西インド諸島でのコーヒー取引が減ると、他の国々――ブラジル、コロンビア、中米諸国、インド、セイロン、ジャワ、スマトラ――のプランテーションが、急速に拡大する世界市場に向けてこぞって出荷し始めた。

特にブラジルでは、コーヒーの栽培が農業、商業を支配するようになった。既に砂糖のプランテーションとして利用されていた広大な土地が、コーヒーの木の栽培に転用された。豆から得られる巨大な利益を期待したのだ。ブラジルではコーヒー生産者の政治力によって奴隷制の廃止が遅れた。彼らは安価な労働力を必要としたのである。ブラジルで新たな奴隷の輸入が禁止されたのは一八五〇年であった。一八七一年以降、奴隷から生まれた子供はすべて法的には自由とされた。徐々にではあるが、最終的に奴隷制の廃止を確かにするものであった。そして一八八八年、他の西半球諸国から数年遅れて、ブラジルの奴隷制は完全に違法となった。

コーヒー栽培はブラジルの経済成長を促進した。産地から主要な港まで鉄道が引かれたからだ。奴隷制がなくなると、数千人の新しい移民がコーヒープランテーションで働くためにやってきた。主に貧しいイタリア人で、この国の人種構成、文化を変えてしまった。

コーヒー栽培の拡大が続いて、ブラジルの環境は大きく変わった。広大な土地が整地され、天然林は伐採されたり燃やされた。野生動物は、奥地へ広がって行くコーヒープランテーションのために全滅した。プランテーションはコーヒーの単一栽培であるため、土地の養分が急速に消耗する。生産力が落ちてくると新しい土地を開かなくてはならない。熱帯雨林は再生するために数世紀を要する。侵食された土地を覆う適当な植物が無いと、なけなしの土が流され、森林再生のどんな希望も粉砕されてしまう。単一作物に頼りすぎるということは、地元民が伝統的に必要な作物を作らなくなることを意味し、人々は世界市場の予期せぬ変動に翻弄された。単一栽培はまた、コーヒー葉さび病など大きな病害に大変弱い。病気が発生すればプランテーションは数日で壊滅する。

こうした土地利用のパターン、環境は、コーヒーを生産するほとんどの中米諸国でも同様である。十九世紀後半から、グアテマラ、エルサルバドル、ニカラグア、メキシコでは、コーヒーの単一栽培が丘陵地帯に広がるにつれ、先住のマヤの人々が組織的、強制的に居住地から追い出された。丘の斜面はコーヒーの木の生育に最適なのだ。労働力は退去させられた人々を強制的に使った。男、女、子供はわずかな生活費を稼ぐために長時間働いた。労働者としての権利などない。プランテーションのオーナーなどごく一部の人々が国家の富を握り、利益を追求して政策の方向を指示した。このことは社会的不平等という数十年にわたる苦痛を助長した。これらの国々の政治的動揺と暴力的革命の歴史は、コーヒーに対する人々の憧れの遺産と言えなくもない。

古くから地中海東部で使われていたケシは、価値ある薬草としてヨーロッパ、アジアに広がった。しかし今日、不法なアヘン取引で生まれる利益は、組織犯罪や国際テロリズムの財源となっている。ケシに含まれるアルカロイドは、直接、あるいは間接的に無数の人々の健康と幸せを破壊してきた。それと同時に、分別をもって医学的に使うことで、その驚くべき鎮痛作用が無数の人々に恩恵をもたらしてきたことも事実である。

アヘンが交互に認可されたり違法になったりしたように、ニコチンも奨励されたり禁止されたりした。タバコはかつて健康に良いとされ、さまざまな病気の治療に使われたこともある。しかし、それ以外の時代、地域では、有害な堕落した習慣として禁じられた。二十世紀前半についていうと、タバコは容認される以上のものがあった。つまり、多くの社会で奨励されたのである。喫煙は解放された女性、知的な男性のシンボルとして持ち上げられた。ところが二十一世紀に入ると振り子は反対に振れた。多くの地域で、ニコチンは規制、課税、追放、禁止といったアヘンアルカロイドに近い扱いを受けつつある。

反対にカフェインは——かつては勅令や宗教的禁制の対象であったが——現在は自由に口に入る。子供や十代の若者からこのアルカロイドを遠ざけようという法律も規制もない。実際、多くの国で親たちは普段から子供にカフェインの入った飲み物を与えている。政府はアヘンアルカロイドの使用を管理された医学目的だけに制限している。しかしカフェインとニコチンについては、その売り上げから莫大な税収を得ている。このことから各国政府が、これら二つのアルカロイドを禁止して安定した大きな収入源を捨てるとは考えにくい。

一八〇〇年代半ば、アヘン戦争に至る出来事を引き起こしたのは、三つの分子——モルヒネ、ニコチン、カフェイン——に対する人類の渇望であった。今日、この戦争は結果として、何世紀にもわたって中国人の生活を支配してきた社会システムの変革を促したとされる。しかし、歴史においてこれら三つの化合物が果たした役割は、もっとずっと大きい。原産地から遠く離れた土地に植えられたケシ、タバコ、お茶、コーヒーは、地方の人口動態や栽培する人々に多大な影響を与えてきた。多くの場合、これら地域の生態環境は劇的に変わった。天然の植物相は、ケシやタバコの畑、お茶やコーヒーの木が青々と茂る丘に土地を譲り、すっかり破壊されてしまった。これらの植物のアルカロイド分子は、交易を促し、富を生み、戦争を起こした。ときに政府を支え、クーデターの資金源となり、そして何百万人もの奴隷を生んだ——すべては化学的にすばやく快楽を得たいという、我々の永遠の願いから起きたものである。

十四章　オレイン酸　黄金の液体は西欧文明の神話的日常品

商品を取引するときの最高の条件というものを化学の面で言うと、「非常に好ましい分子で、世界的に見て産地が偏っているもの」となる。今まで見てきた化合物の多く――スパイス、お茶、コーヒー、アヘン、タバコ、ゴム、染料に含まれる分子――はこの定義に合う。オレイン酸もそうである。この化合物は、オリーブの小さな緑の実をつぶして絞った油に多く含まれる。オリーブ油は、数千年にわたって価値ある商品であった。そして、地中海沿岸に発達した社会の血液とさえ呼ばれてきた。この地域で幾多の文明が興り、そして亡んでいくときでさえ、オリーブの木と、その黄金色の油は、常に繁栄の基盤に、そして文化の中心に存在した。

オリーブの言い伝え

オリーブの木とその起源に関する神話や伝説は多い。古代エジプトでは、女神イシスがオリーブとその豊かな収穫を人間に与えたとされる。ローマ神話ではヘラクレスがオリーブを北アフリカから持ち込み、そしてローマの女神ミネルバが、この木の育て方と油の絞り方を教えたという。人類最初の男にまで遡り最初のオリーブの木がアダムの墓の上に生えたとする伝説もある。

古代ギリシャ人は、海の神ポセイドンと、平和と知恵の女神アテナとの競争について語っている。アッティカと呼ばれる地域に新しく都市が作られ、そこの住民に最も役立つ贈り物を作り出した神を、勝者とすることになった。ポセイドンが三叉の槍で岩を叩くと、泉が湧き出た。水が流れ始め、泉から馬が現れる——すなわち強さと力の象徴であり、戦時には貴重な助けになるものだった。一方、アテナの番が来ると、彼女は槍を地面に刺した。するとそれがオリーブの木となる——すなわち平和の象徴であり、食糧と燃料になるものだった。ここでアテナの贈り物の方が大きいとみなされ、新しい都市は彼女の栄誉を称えてアテネと命名された。オリーブは今でも神聖な贈り物と考えられており、アテネのアクロポリスの丘の上にも、一本のオリーブの木が育っている。

オリーブの地理的な起源については解決していない。現在のオリーブの祖先と思われる木の化石がイタリアとギリシャで見つかっている。最初に栽培されたのは、一般に地中海東部周辺の地域と考えられている。現在の国で言えばトルコ、ギリシャ、シリア、イラン、イラクなどだ。オリーブの木 *Olea europaea* は、*Olea* 属の中で果実を目的に栽培されるものとしては唯一の種である。少なくとも五千年、恐らくは七千年もの間、栽培されてきたという。

オリーブの栽培は地中海東部沿岸からパレスチナ、そしてエジプトに広がった。ある専門家によれば、栽培はクレタ島に始まったという。ここでは油の製造業が栄え、紀元前二〇〇〇年にはギリシャ、北アフリカ、小アジアに輸出していたらしい。ギリシャ人たちが各地に入植し始めると、彼らはオリーブをイタリア、フランス、スペイン、チュニジアにもたらした。そしてローマ帝国の拡大により、オリーブの栽培も地中海世界全体に広がった。この地域では数世紀にわたり、オリーブ油が最も重要な貿易品であった。

オリーブ油には、高カロリー供給源という、食品としての明らかな役割がある。それに加え、この油は地中海沿岸に住む人々の日常生活において、さまざまな場面で使われた。オリーブ油を満たしたランプは、暗い夜の明かりとなった。化粧目的にも使われた。ギリシャやローマの人々は、風呂から出るとこの油を皮膚に塗った。また、運動選手も使った。彼らは筋肉の柔軟性を保つのにオリーブ油によるマッサージが必須と考えた。レスリング選手は、お互い相手の体を摑めるように、油を塗った上に砂や土をつけた。そして競技の後は、痛みをとって傷を癒すために、入浴してオリーブ油をたっぷり塗り、マッサージするのが習慣となっていた。女性は肌を若く見せるために、また髪に輝きを与えるためにオリーブ油を使った。ハゲを防ぎ、強さを保つとも考えられた。

薬草の香りに関係する化合物は、油に溶けることが多い。このため、月桂樹、胡麻、薔薇、ウイキョウ、薄荷、ビャクシン、サルビアなどの葉や花はオリーブ油に漬け込んで使われた。異国風の素晴らしい香りのエキスができたという。ギリシャの医師たちは、オリーブ油やこうしたエキスを吐き気、下痢、潰瘍、不眠症など、さまざまな病気に処方した。エジプト初期の医学文書をみると、オリーブ油についての言及は内服、外用とも膨大な数に上る。オリーブの葉っぱでさえも使われた。マラリアの熱を下げ、苦痛を癒したという。オリーブの葉っぱはサリチル酸を含むことが分かっている。ヤナギやシモツケソウにも含まれ、フェリックス・ホフマンが一八九三年、アスピリンを作るとき原料にした分子と同一のものである。

地中海地方の人々にとってオリーブ油が重要であったことは、彼らの著作に反映されているし、法律にも現れている。ギリシャの詩人ホメロスは「黄金の液体」と呼んだ。ギリシャの哲学者デモクリトスは、蜂蜜とオリーブ油の食事を続ければ百歳という並外れた高齢まで生きられると信じた。平均寿命が四十歳ほどであった時代である。また紀元前六世紀、アテネの執政官ソロン――彼は人間味ある法律、民衆のための司法、集会の権利を確立し、評議会を作った――は、オリーブの木を守る法律を作った。一つの果樹園では年に二本しか切ってはならないというものだ。この法を破るものは死刑を含め、厳罰に処せられた。

聖書には、オリーブとオリーブ油について書かれた箇所が百以上ある。例えば、洪水のあとノアの放った鳩はオリーブの小枝をくわえて戻ってきた。モーゼは香料とオリーブ油を混ぜて香油を作るよう指示されている。善きサマリア人は強盗の被害者の傷にワインとオリーブ油を注いだし、賢い乙女たちはランプにオリーブ油を満たしていた。エルサレムにはオリーブ山がある。ヘブライ王ダビデは、彼のオリーブ園と倉庫を守るための守衛を任命した。ローマの歴史家プリニウスは、紀元一世紀、地中海で最高のオリーブ油を産するのはイタリアだと記している。ウェルギリウスはオリーブをこう称える――「こうして汝らは平和の女神に愛される、豊かなオリーブを育てなさい」（農耕詩）。

宗教、神話、詩、そして日常生活にこれほどまでオリーブの話があることを考えれば、多くの文化でオリーブの木が何かの象徴となったことも驚くことではない。古代ギリシャでは、オリーブが「平和の時代」と同義語となった。食料、ランプの燃料としてオリーブ油の供給が十分なことは繁栄を意味し、戦時にはありえなかったからだ。今でも和平を提案するという意味で、オリーブの枝を差し出すという言い方をする。オリーブはまた勝利のシンボルでもあった。古代オリンピック競技の勝者は、オリーブの葉で作られたリースで栄誉を称えられ、その油も授与された。また、戦時、オリーブ園はしばしば標的にされている。重要な食料源を断つだけでなく、大きな心理的打撃を与えるために敵のオリーブ園を破壊するのだ。そしてオリーブの木は知恵と再生をも表した。オリーブは燃えたり倒れたりしてダメになったように見えても、しばしば新しい芽を出し、やがては再び実を付けたからだ。

最後にいうと、オリーブは強さ（オリーブの幹はヘラクレスの武器になった）と犠牲（キリストが磔にされた十字架は、オリーブの木で作られたと考えられている）を表す。さまざまな時代、さまざまな文化において、オリーブは力、富、純潔、繁殖のシンボルとなってきた。何世紀にもわたって王、皇帝、高僧は戴冠式、就任式においてオリーブ油を使っている。イスラエル最初の王サウルは、戴冠式のとき額にオリーブ油を塗った。その千五百年ほど後、地中海を挟んだ反対側ではフランク族の初代王クロヴィスが戴冠式でオリーブ油を注がれ、最初のフランス王となった。さらに三十四人のフランス君主が、梨形をした同じ小ビンからオリーブ油を注がれている。この小ビンはフランス革命で壊された。

オリーブの木は非常に丈夫である。実を結ぶための短い寒気の後は、春先に花を傷める霜のないような気候を必要とする。長く暑い夏と穏やかな秋によって、実は熟す。地中海は、アフリカの海岸を冷やし、また欧州側を温めることから、沿岸はオリーブ栽培に理想的な地域になっている。内陸はこの大量の水による緩衝効果を受けないため栽培に適さない。オリーブの木は、雨がほとんど降らないところでも生きていける。まっすぐの根は水を求めて深く伸びる。葉は狭くて堅く、裏は毛羽立って銀色である――蒸発で水が失われないように適応したわけだ。日照りがあっても生き残り、岩場や石の多い台地でも育つ。ひどい霜や雹は枝や幹を傷めるかも知れないが、この木は丈夫である。たとえ寒さにやられたように見えても、次の春には緑の吸枝（新しい株芽）を出して再生する。この木に何千年も頼ってきた人々が崇拝の対象とするのも驚くにあたらない。

オリーブ油の化学

油は多くの植物から取られてきた。いくつか上げれば、胡桃、アーモンド、とうもろこし、胡麻、亜麻の種、ひまわりの実、ココナッツ、大豆、ピーナッツなどだ。油（オイル）と脂肪（ファット）（ふつうは動物由来。化学的には油と非常に近く、従兄弟のようなもの）は食料に、燃料に、また化粧品や医薬品にも重宝されてきた。しかしオリーブの実から取れる油ほど、文化や経済に大きな位置を占めたものはない。人々の心と精神に深く絡み合い、これほどまで西洋文明の発展に重要であった油や脂肪はなかった。

オリーブ油と他の油、脂肪との化学的差異はほんの少しである。しかしいつものことだが、これらの違いこそ人類史の大きな部分を説明する。オリーブ olive から名づけられたオレイン酸 oleic acid は、オリーブ油と他の油脂との違いを生んでいる分子である。この分子がなかったら、西洋文明と民主主義の発達は違った道筋をたどったかもしれない、と主張するのもそれほど的外れではない。

脂肪と油の多くはトリグリセリドとして存在する。トリグリセリドとは、グリセロール（グリセリンともいう）（14－1）と、脂肪酸三分子が結合した化合物の総称である。

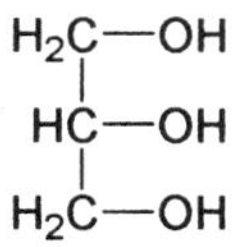

グリセロール分子

14－1

脂肪酸は炭素原子が長く繋がった化合物で、一方の端に酸の構造（COOH あるいは HOOC）を持つ（14－2）。

脂肪酸は単純な構造であるが、炭素原子が多いのでジグザグの構造式のほうが分かりやすい。すなわち各屈折点や線の端が炭素原子一つを表し、水素原子のほとんどは描かれない（14－3）。

グリセロールの三つの OH から H がとれ、三つの脂肪酸の COOH から OH がとれると、すなわち水 H_2O が三分子脱離すると、トリグリセリド分子ができる。この縮合反応——水の脱離による分子の結合——は、多糖類の生成のときの反応と似ている（四章）（14－4）。

図のトリグリセリド分子は、三つの脂肪酸が同じである。しかし二つだけ同じというものもあるし、三つとも異なっていてもよい。脂肪も油も同じグリセロール部分を持ち、違うのは脂肪酸である。この

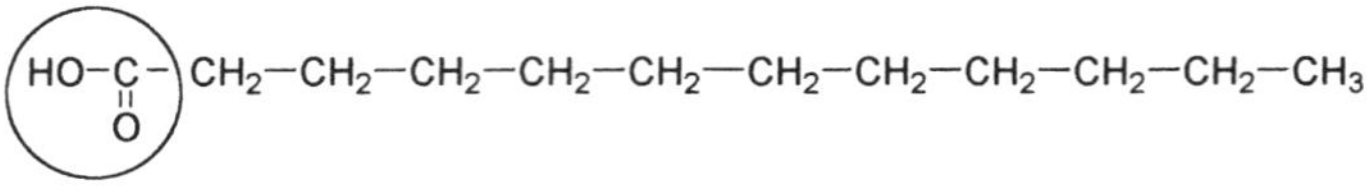

炭素数12の脂肪酸。酸部分は左にある（円内）。

14－2

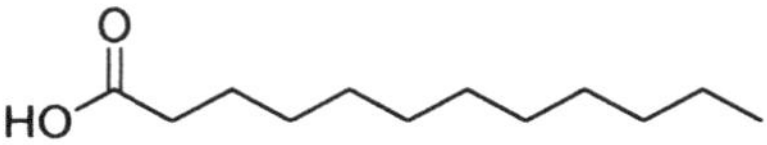

このように描いても炭素数12の脂肪酸である。

14－3

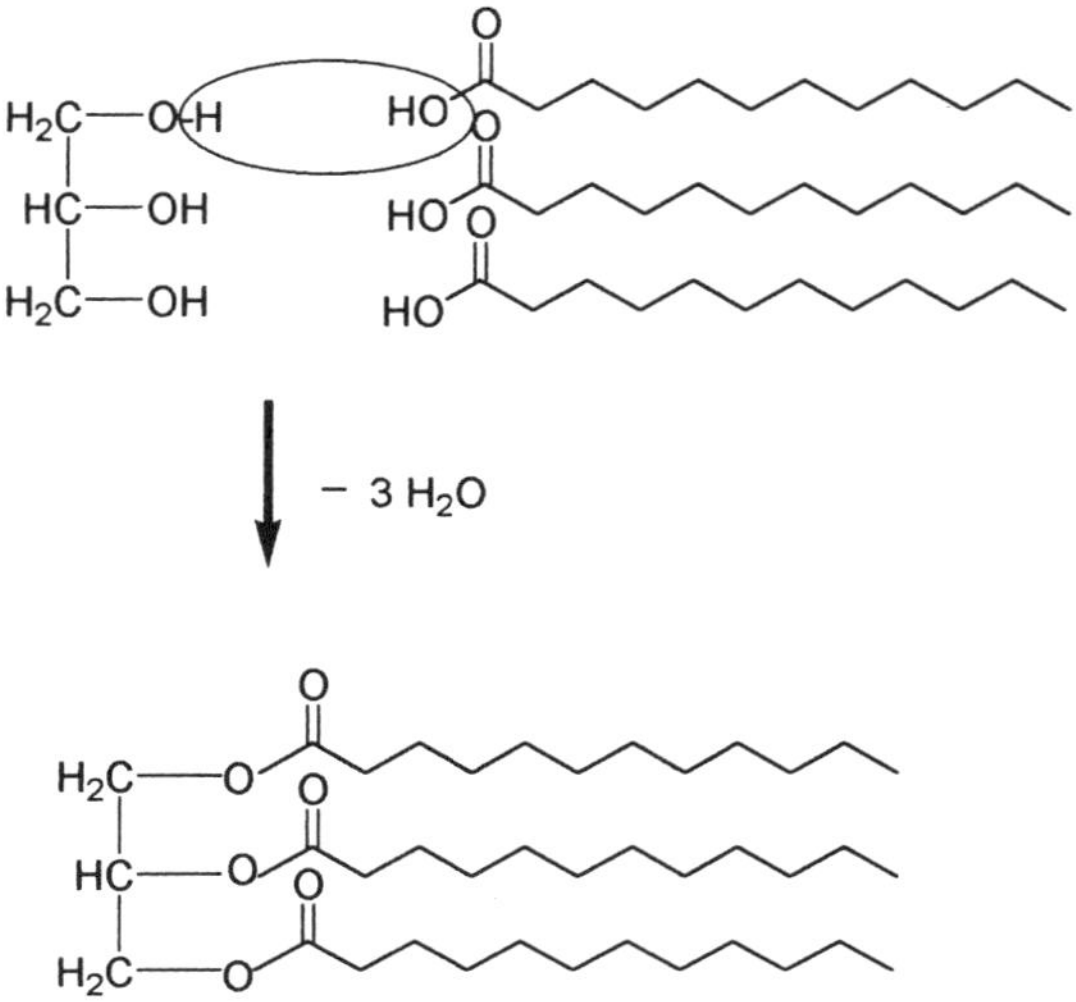

グリセロールと三分子の脂肪酸

これらが結合すると

トリグリセリドができる

14－4

図では、いわゆる飽和脂肪酸というものが使われている。この場合、「飽和」というのは、水素で飽和されていること、すなわち脂肪酸にこれ以上水素を付加できないということを意味する。炭素—炭素の間の二重結合が一つもなく、水素原子が新たに結合できないからだ。もし脂肪酸に二重結合があれば、それは「不飽和」という。よく知られている飽和脂肪酸は図のようなものだ（14－5）。

名前を見ればステアリン酸が牛の脂肪（ギリシャ語で stear は牛または羊の脂肪を意味する）、パルミチン酸が椰子（palm）の油に多く含まれることを想像するのはそれほど難しくない。

ほとんどの脂肪酸の炭素原子は偶数である。この四つは最もよく知られる脂肪酸であるが、他にも多くある。バターは酪酸 butyric acid を含む。この名前は butter から来ている。これは炭素原子が四つしかない。カプロン酸もバターやヤギの乳の油（caper はラテン語でヤギを意味する）に含まれ、炭素原子は六つある。

不飽和脂肪酸は、炭素—炭素の二重結合を少なくとも一つ持つ。もし二重結合が一つだけなら、脂肪酸は「モノ不飽和」という。二重結合がもっと多ければ「ポリ不飽和」という。次に示すトリグリセリドは、モノ不飽和脂肪酸二つと飽和脂肪酸一つからできている。二重結合はシスである。すなわち長い炭素鎖が二重結合の同じ側に来ている（14－6）。

このことは鎖に「もつれ」を生む。そのようなトリグリセリドは、飽和脂肪酸だけからなるトリグリセリド（14－7）ほど、緊密に並ぶことはできない。

脂肪酸の二重結合が増えれば増えるほど、分子鎖の屈折も増え、コンパクトに並びにくくなる。きちんと並ばないということは、分子を凝集させている引力に打ち勝つためのエネルギーが少なくて済むことを意味する。それゆえ、そういう分子は低温でも固まらない。不飽和脂肪酸の多いトリグリセリドは、室温では固体であるよりも液体であることが多い。そういうものを我々は油（オイル）と呼ぶ。たいてい植物由来

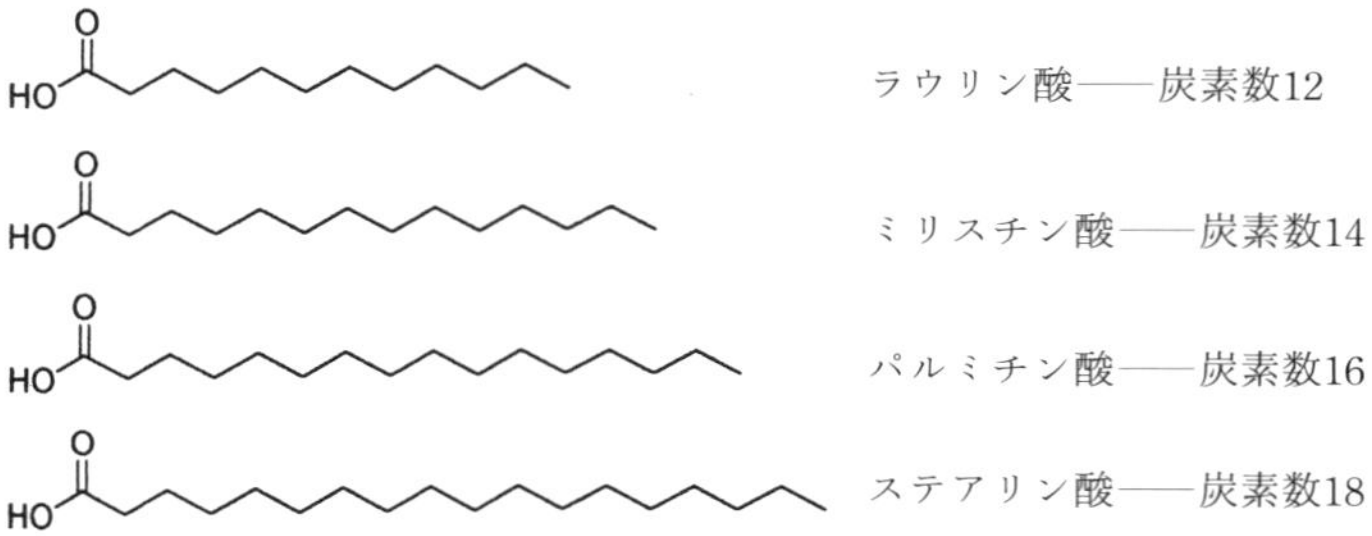

14－5

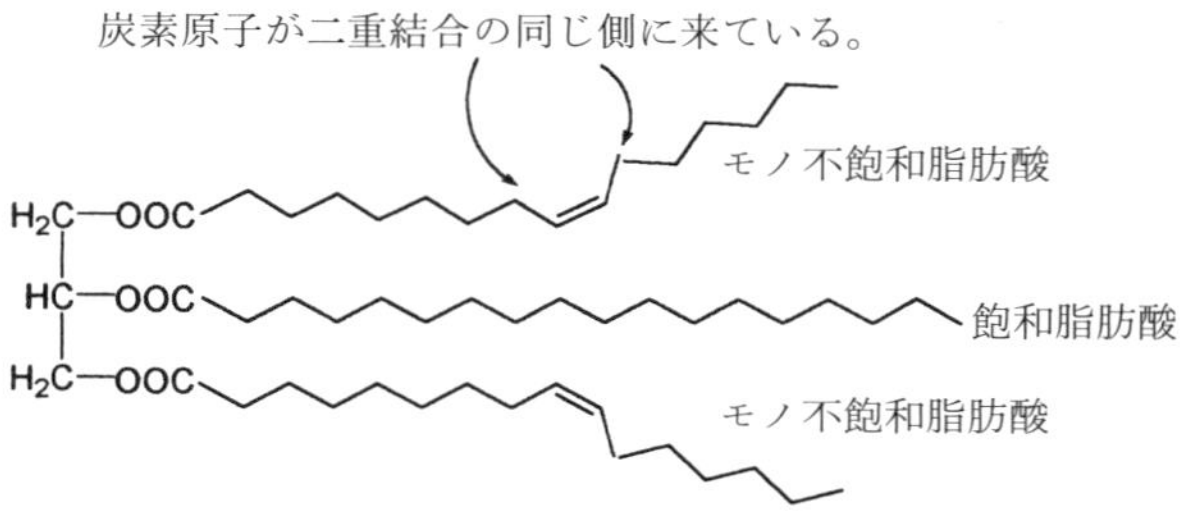

二つのモノ不飽和脂肪酸と一つの飽和脂肪酸からなるトリグリセリド。

14－6

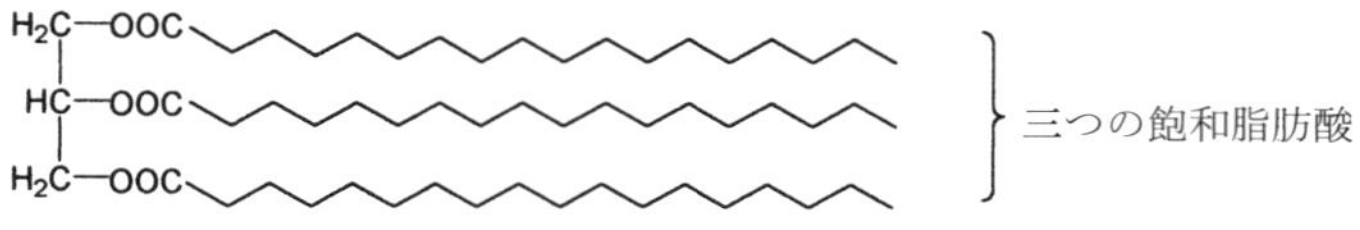

飽和脂肪酸三つからなるトリグリセリド。

14－7

である。一方、きちんと並ぶことができる飽和脂肪酸は、分子をばらばらにするのに多くのエネルギーを必要とする。だから高温にしないと融けない。動物由来のトリグリセリドは、油よりも飽和脂肪酸の割合が高く、室温では固体である。我々はこれを脂肪と呼ぶ。

よく知られる不飽和脂肪酸を図に示す（14－8）。

炭素原子が十八個、モノ不飽和のオレイン酸こそ、オリーブ油に含まれる主な脂肪酸である。オレイン酸は他の油、脂肪にも含まれるが、オリーブ油はもっとも重要な原料である。オリーブ油は他のどんな油よりもモノ不飽和脂肪酸の割合が高い。オリーブ油中にオレイン酸は約五五―八五％含まれる。この値は産地や生育条件によって変わる。寒い地域の油はオレイン酸含量が高い。

今日、飽和脂肪酸の多い食事を取ると心臓病になりやすいという証拠が得られている。地中海地方では心臓病の発生が他所と比べて低いという。ここではオリーブ油、すなわちオレイン酸を大量に消費する。飽和脂肪酸が多く含まれる脂肪は血中コレステロールを増やすとされるが、ポリ不飽和脂肪酸の多い脂肪や油はコレステロールを下げる。ただしオレイン酸のようなモノ不飽和脂肪酸は、血中コレステロールレベルを上げも下げもしない。

心臓病と脂肪酸の関係については、コレステロールレベル以外に他の要因も絡んでいる。高密度リポプロテイン（HDL）と低密度リポプロテイン（LDL）の比率である。リポプロテインは、コレステロール、タンパク質、トリグリセリドの凝集体である。しばしば「善玉」リポプロテインと呼ばれるHDLは、細胞に溜まりすぎたコレステロールを、肝臓に輸送して排出する。これで過剰なコレステロールが動脈壁に溜まるのを防ぐ。「悪玉」リポプロテインのLDLは、コレステロールを肝臓あるいは小腸から若い成長しつつある細胞に運ぶ。これは生理的に必要なことである。しかし血流中に過剰なコレステロールがあると、やがて動脈壁にプラークができ、血管が狭くなっていく。もし心臓の筋肉に行く

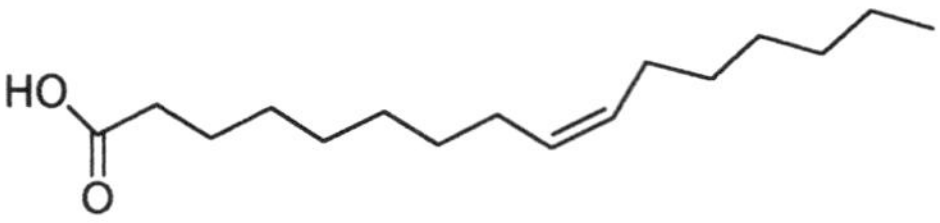

パルミトレイン酸——炭素数16——モノ不飽和脂肪酸

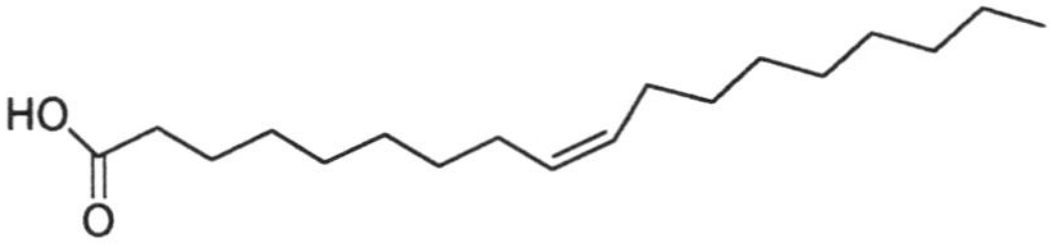

オレイン酸——炭素数18——モノ不飽和脂肪酸

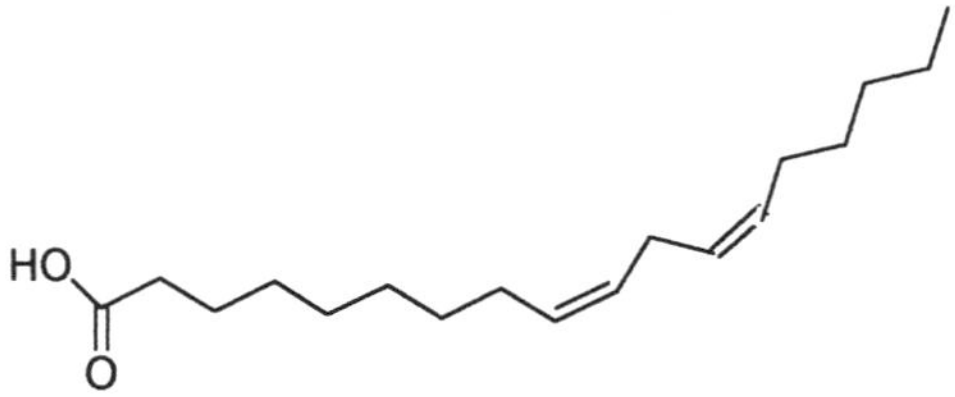

リノール酸——炭素数18——ポリ不飽和脂肪酸

リノレン酸——炭素数18——ポリ不飽和脂肪酸

14-8

冠動脈が詰まれば、血流が減って胸が痛み、心筋梗塞となる。

心臓発作のリスク要因として重要なのは、総コレステロール量とともに、HDL／LDLの比率である。ポリ不飽和トリグリセリドは、血中コレステロールを下げるという良い方向に働くが、一方でHDL／LDLの比率も下げる。これは悪い方向である。オリーブ油に含まれるモノ不飽和トリグリセリドは、血中コレステロール値を下げないけれども、HDL／LDL比すなわち悪玉リポプロテインに対する善玉リポプロテインの比率を上げる。一方、飽和脂肪酸の中でパルミチン酸C_{16}とラウリン酸C_{12}はLDLを有意に上げる。椰子の実などからとれるいわゆる熱帯の油は、これらの脂肪酸の比率が高く、とくに心臓病との関係が疑われている。これらの脂肪酸は、血中コレステロール量もLDLも上げるからだ。

古代の地中海諸国において、オリーブ油は健康に良いとされた。どの社会も重用し、また長寿とも関連付けられた。しかしこうした評判を裏付ける化学的知識は何もなかった。実際、当時は食に関する問題といえば、単に十分なカロリーを得ることだったから、血中コレステロールとかHDL／LDL比などは重要でなかった。一方、北部ヨーロッパの大部分の人は、数百年にわたって主に動物脂肪由来のトリグリセリドを食事から摂っていた。しかし彼らの寿命は四十年以下であったから、動脈硬化は問題でなかった。冠動脈心疾患が大きな死因となったのは、平均

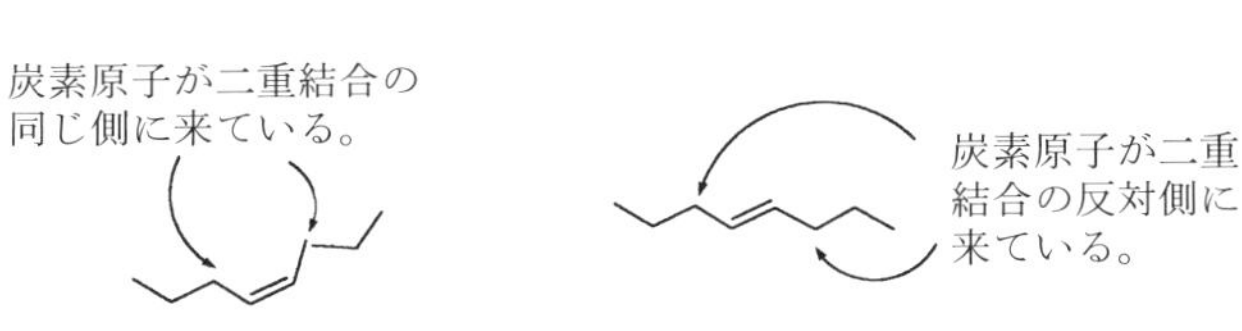
炭素原子が二重結合の
同じ側に来ている。
炭素原子が二重
結合の反対側に
来ている。

シス二重結合　　トランス二重結合

14－9

寿命が延びたことと、経済的繁栄に伴い飽和脂肪酸の摂取が高まったからである。

オリーブ油の化学的側面は、この油が古代世界で珍重されていた理由も説明する。油は、脂肪酸の炭素—炭素二重結合の数が増えれば増えるほど、酸化すなわち劣化する傾向が増す。オリーブ油中のポリ不飽和脂肪酸の割合は、他の油よりずっと低い。普通一〇%以下である。このことから棚に置いていてもどんな油よりも長持ちする。また、オリーブ油はポリフェノールやビタミンE、Kも少量含む。いずれも抗酸化作用があり、天然の保存料として働いている。オリーブ油は低温圧搾という伝統的な方法で絞られてきた。これらの抗酸化分子は高温だと壊れやすいが、この方法だと壊れない。

今日、油分子の安定性を改善し賞味期限を延ばす一つの方法は、水素化によって二重結合のいくつかをなくすことである。つまり不飽和脂肪酸の二重結合に水素原子を付加するのだ。その結果、固まりやすいトリグリセリドができる。これは油からマーガリンのようなバター代用品を作る時に使う方法である。しかし、この水素付加反応は残った二重結合をシスからトランスに変えてしまう。トランス体は炭素鎖が二重結合の異なる側に来る（14－9）。

トランス脂肪酸はLDLレベルを上げることが知られている。しかし飽和脂肪酸ほどではない。

オリーブ油と交易

オリーブに抗酸化剤として天然の保存料が含まれていることは、古代ギリシャの油商人にとって非常に重要なことであっただろう。この文明は、共通の言語、共通の文化をもつ都市国家がゆるやかに連合したものであった。共通の農業経済基盤を持ち、小麦、大麦、ぶどう、イチジク、そしてオリーブを作っていた。地中海沿岸の地域は、数世紀にわたって森が現在よりもずっと多かった。土地も肥え、泉から湧く水も今より多かった。人口が増えるにつれ、作物栽培は初期の小さな谷から、海岸の斜面にまで広がって行く。オリーブの木は急峻な石の多い土地でも育ち、旱魃にも耐えるので、その重要性はだんだん増した。その油は輸出商品として、さらに価値あるものだった。というのは紀元前六世紀、アテネのソロンがオリーブを無断で切ったら処罰するという厳しい法律を制定するとともに、輸出できる唯一の農業製品としてオリーブ油を指定したからだ。その結果、海岸沿いの森は伐採され、多くのオリーブが植えられた。かつて穀物が植えられていた畑もオリーブ園になっていった。

オリーブ油の経済的価値は、誰の目にも明らかだった。都市国家はそれぞれ交易の中心となった。帆やオールで進む大きな船は何百もの油壺を積めるように作られていて、地中海全域の港に油を運び、金属、香料、布などを持ち帰った。交易に伴い植民地も広がる。紀元前六世紀の終わりには、ギリシャの世界はエーゲ海を越え、西はイタリア、シシリー、フランス、バレアレス諸島、東は黒海沿岸、さらには地中海南岸のリビアにも及んだ。

しかしオリーブ油の生産を上げるためにソロンが取った方法は、ギリシャの環境を変え、それは現在にも影響している。破壊された森、もはや植えられなくなった穀物は、網の目のような根を持っていた。表面近くの水を集め、それと一緒に土も保持していたのだ。しかしオリーブの長い直根は、表面より深いところから水を吸い、表土を保持する機能がない。泉は徐々に枯れ、土は洗われて畑は侵食された。かつて穀物が育てられた畑やぶどうが植わっていた斜面は、もはやこれらの作物を再び作ることができなくなってしまった。家畜もほとんどいなくなった。ギリシャはオリーブ油の中に沈みかけていたが、大帝国を維持するためには、ますます多くの食糧を輸入しなくてはならなかった。古代ギリシャの衰退には多くの理由が挙げられている。都市国家間の争い、数十年も続いた戦争、優れたリーダーの不在、宗教的伝統の崩壊、外敵の侵入などだ。恐らくもう一つ加えることができるだろう。オリーブ油の貿易のために重要な農地を失ったことである。

オリーブ油から石鹸を作る

オリーブ油は古代ギリシャ崩壊の一つの要因となったかもしれない。しかし紀元八世紀ころ、オリーブ油から石鹸が作られたことは、ヨーロッパ社会にとってもっと重要な事件であったかもしれない。今日、石鹸はあまりにもありふれた物であるため、文明社会において果たしたその役割の重要さについて気が付かない。ためしに石鹸、洗浄剤、シャンプー、洗濯用粉石鹸などのない生活というものをちょっと想像してみよう。我々は石鹸の洗浄能力を当然のことと考えている。しかし石鹸がなかったら現代の巨大都市は存在できないと思われる。このような条件では汚染や病気が生活を危うくし、恐らく暮らせないだろう。中世の町は汚かった。住人は今の巨大都市よりずっと少なく、その不潔さを石鹸がなかったせいにすることはできないが、この重要な物質がないことを考えれば、清潔にすることは著しく困難であったと想像できる。

人類は古くから植物が持つ洗浄力を利用してきた。そうした植物はサポニンや配糖体を含む。ラッセル・マーカーが経口避妊薬の出発原料のサポゲニンを得た物質や、薬草採集者や魔女とされた人々が使ったジゴキシンのような強心配糖体もこれらの仲間である(14-10)。

soapwort(ソープワート)、soapberry(ムクロジ)、soap lily(セッケンユリ)、soap bark(セッケンボク)、soapweed(ユッカ)、soaproot(サボンソウ)と言った植物の名前は、これら広範囲にわたるサポニン含有植物の性質をよく表している。これらにはユリ科植物、ワラビ、センノウ、ヘンルーダ、ワトル、またムクロジ科の植物などが含まれる。これらの植物から得られるサポニンのうち、デリケートな服の洗濯用やシャンプーとして今日も使われているものもある。泡が非常にきめ細かく、優しい洗浄効果があるのだ。

石鹸の作り方は恐らく偶然発見されたものだろう。焚き火で調理すると食べ物から滴る脂肪や油が灰に混じる。古代の人々は、その灰を水に溶かすと泡立つことに気付いたに違いない。そこに含まれる物質が洗剤として役に立ち、また脂肪や油と木灰からいつでも作れることを発見するのに時間はかからなかったと思われる。こうした発見は間違いなく世界各地で起きた。多くの文明で石鹸が作られたことを示す証拠があるからだ。例えばバビロニア時代の発掘現場で約五千年前の粘土の円筒が見つかり、ある種の石鹸とその作り方を書かれたものが入っていた。紀元前一五〇〇年までさかのぼるエジプトの記録には、脂肪と木の灰から石鹸が作られると書かれており、何世紀もわたり織物や染色の職人が石鹸を使っていたことも示唆されている。古代のフランスにいたガリア人は、ヤギの脂肪と苛性カリから石鹸を作っていたことが知られている。彼らは髪を輝かせたり赤く染める時に使っていた。この石鹸は、髪を固めるポマードとしても使われた。初期のヘアジェルである。ケルト人もまた石鹸の製法を発見し、風呂や衣服を洗うのに使ったとされる。

ローマの伝説によれば、サポーの丘の下を流れるテベレ川で洗濯をしていた女性たちが石鹸を発見したという。サポーの神殿で生贄にされた動物の脂肪と、儀式で焚かれた火の灰が混じったの

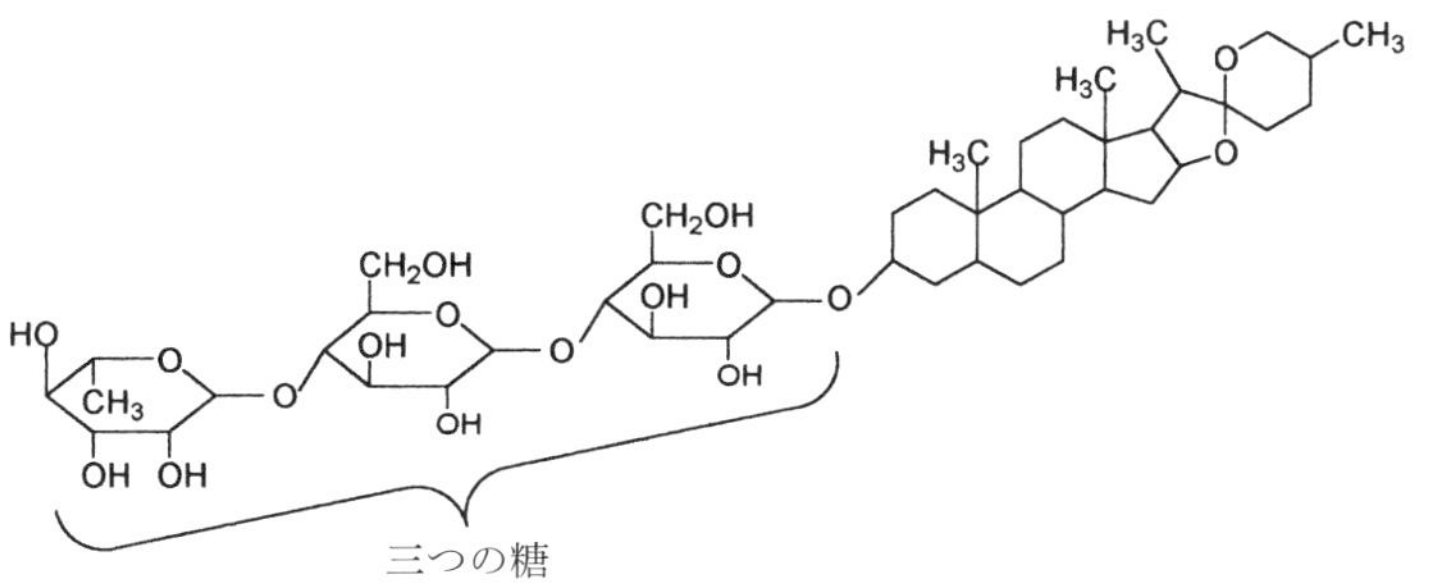

サルササポニン。植物サルサパリラのサポニン。

14－10

であろうか。雨が降れば、捨てられた灰は泡立つ流れとなって丘を下りテベレ川に入る。ローマの洗濯婦人たちはこれを使ったのだろう。脂肪や油に含まれるトリグリセリドとアルカリ（つまり灰）との反応は、化学用語で鹼化 saponification という。これは Mount Sapo（サポーの丘）から来ている。英語の soap をはじめ、多くの言語で石鹼を意味する単語も同様にここに由来する。

石鹼は既にローマ時代から作られていたが、その用途は主に衣服の洗濯であった。ほとんどのローマ人は、古代ギリシャ人と同様、体を洗うときはオリーブ油と砂を混ぜたもので全身をこすった。そして特別に作られた垢すり用具で掻き落とす。この方法でグリース、汚れ、老化した皮膚などを洗い流した。しかしローマ時代も後年になると浴場で石鹼が使われるようになる。ローマ帝国領内に広がる多くの都市の特徴であった公衆浴場は、石鹼とその製造に関わっていただろう。ローマの衰退と共に、西ヨーロッパにおける石鹼の使用も製造もなくなったようである。ただし、ビザンチン帝国やアラブ世界では依然として使われていた。

八世紀に入ると、スペインとフランスで石鹼製造が復活する。原料はオリーブ油であった。できあがった石鹼は、スペインの地域の名をとって「カスティーリャ」と呼ばれた。非常に高品質で不純物もなく、白く輝いていた。カスティーリャ石鹼はヨーロッパ各地に輸出され、十三世紀までにスペインとフランス南部は、このぜいたく品を産することで有名になった。一方、北部ヨーロッパの石鹼は、動物や魚の油が原料だった。その品質は良くなく、主に織物を洗うのに使った。

石鹼を作るときの化学反応——鹼化——は、トリグリセリドをその成分の脂肪酸とグリセロールに分解する。このとき水酸化カリウム KOH や水酸化ナトリウム NaOH などのアルカリ（塩基）を使う（14−11）。

カリウム石鹼はソフトで、一方ナトリウムで作る石鹼はハードである。本来ほとんどの石鹼はカリウム石鹸だっただろう。というのは、もっとも簡単に手に入るアルカリといえば、木材や泥炭を燃やして得られる灰であったからだ。そもそもpotash（カリウム）という言葉は火鉢potの灰ashを意味する。実際には炭酸カリウムK_2CO_3のことで、水に溶かせば、弱いアルカリ溶液となる。一方、ソーダ灰（炭酸ナトリウム$NaCO_3$）が手に入るところは、硬石鹸を作った。スコットランドやアイルランドの海岸地方では、ケルプなど海草の収集が主な収入源だった地域がある。これらは燃やすとソーダ灰が取れた。ソーダ灰も水に溶かすとアルカリ溶液になる。

ヨーロッパでは、入浴の習慣がローマ帝国と歩調を合わせて衰退した。ただし公衆浴場は中世の終わりごろまで残り、多くの町にあった。しかし十四世紀にペストが流行すると、当局が公衆浴場を閉鎖し始めた。黒死病の広がりに関連するかもしれないと考えたからだ。十六世紀までに入浴は流行遅れの習慣というだけでなく、危険で邪悪とさえみなされるようになった。経済的に余裕あ

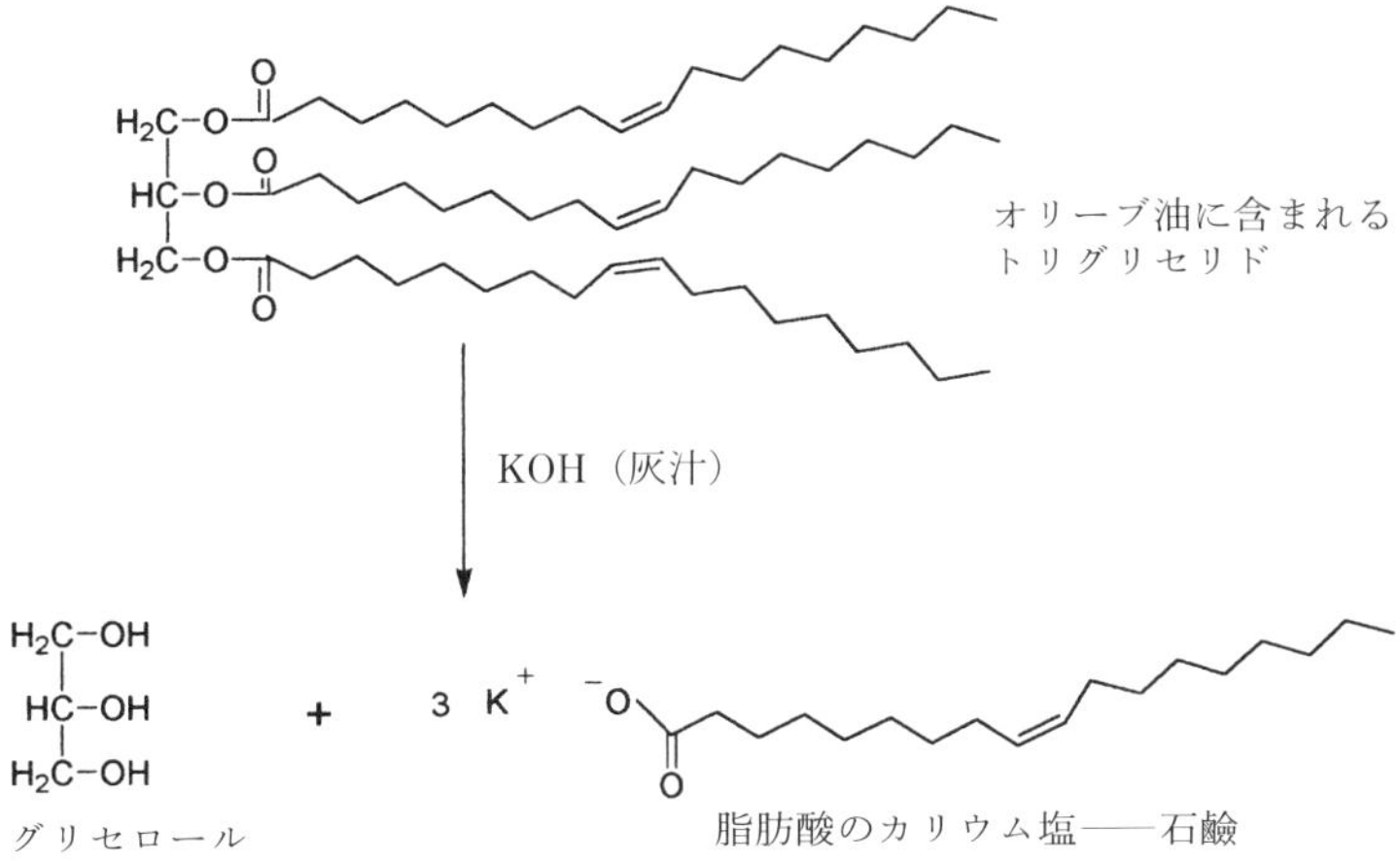

オレイン酸トリグリセリドは、鹸化反応によりグリセロールと石鹸三分子ができる。

14-11

るものは、香水などを気ままに使い体臭をごまかした。個別に浴室のある家はほとんどなかった。入浴が一年に一回というのも普通であった。洗わない体の悪臭は耐えられないほどだったに違いない。しかしこれら数世紀の間も石鹼の需要はあった。金持ちは衣服やシーツを洗わせた。石鹼はポット、鍋、皿、刃物、床、調理台などを洗うのにも使われる。手や、ときには顔も石鹼で洗った。眉を顰(ひそ)められたのは全身を洗う、とくに裸で洗うことだった。

商業的に石鹼が作られたのは、十四世紀のイングランドが最初であろう。ほとんどの北部ヨーロッパ諸国と同様、獣脂とくに牛の脂から作られた。牛の脂の脂肪酸は四八%がオレイン酸である。また、ヒトの脂肪は約四六%がオレイン酸であり、この二つの脂肪は動物界で最もオレイン酸含量が高い部類に入る。ちなみに乳製品のバターはオレイン酸が二七%で、クジラの脂肪は三五%である。一六二五年、チャールズ一世がイングランド王になったとき、石鹼製造は重要な産業だった。彼は増税を求めたが議会に拒否される。そこで歳入源を求めて、石鹼製造の独占権を売り出した。生活の糧を失った他の石鹼業者は、怒って議会の支持に回った。このことから石鹼は、一六四二―五二年のイングランド内戦、チャールズ一世の処刑、そしてイギリス史で唯一となる共和制の確立につながる原因の一つとされたこともある。ただし石鹼業者の支持は大した要因ではないので、この主張はこじつけに聞こえる。税制、宗教、外交など諸問題に関する議会と王の対立が原因であろう。いずれにしろ、王を引きずり下ろしても石鹼製造業者には何のメリットもなかった。その後にできたピューリタン政権は、洗面、化粧用品を軽薄なものとみなし、清教徒のリーダーであったイングランドの護国卿オリバー・クロムウェルは石鹼に重税を課した。

しかし石鹼は、十九世紀後半のイギリスにおける乳幼児死亡率の低下に関与したと考えられている。十八世紀後半に産業革命が始まったときから、人々は工場での仕事を求めて都市に集まった。急速な都市人口の増大に伴い、スラム街ができる。当時石鹸は、農村部では主に家庭で作っていた。家畜を屠殺したあと、廃棄物となる獣脂を集め、昨晩の灰と混ぜる。こうすると品質は良くなくとも十分使える石鹸ができた。しかし都市の住人はそうした獣脂の入手源がない。牛脂は金を出さねば手に入らなかったし、食品としても価値があり、とても石鹸作りには使えなかった。木灰もまた手に入りにくかった。都市貧困層の燃料は石炭であったが、灰は少なく、脂肪を鹸化するのに必要なアルカリは得られない。たとえ材料が揃ったとしても、多くの工場労働者が住む家は、最高でもごく簡単な台所があるだけで、石鹸作りの場所も道具もなかった。もはや石鹸は家庭で作るものではなかった。買い求めねばならないが、一般の工場労働者には身分不相応な品物だった。衛生レベルはもともと高くはなかったが、さらに悪くなった。こうして不衛生な住環境が高い乳幼児死亡率の原因となっていた。

しかし十八世紀の終わりにフランスの化学者ニコラ・ルブランが普通の塩からソーダ灰を効率的に作る方法を発見していた。アルカリ製造のコストが低下し、脂肪が入手しやすくなり、ついには一八五三年石鹸にかかっていた税金がすべてなくなると、石鹸の価格は下がり、手軽に使うことも可能となった。ちょうどこのころから始まる乳幼児死亡率の低下は、石鹸と水の持つ単純だが強力な洗浄作用によると考えられている。

石鹸分子は、一端に電荷を持つことで水に溶け、他方の端は水になじまずグリース、油、脂肪になじむことで洗浄作用を持つ。分子構造は図のようになる（14−12）。

またこのようにも描ける（14−13）。

次の模式図は、多数の石鹸分子が炭素鎖の部分をグリース粒子の中に突っ込み、ミセルという凝集体を作っているところを示す。石鹸ミセルは、マイナスに荷電した端を外側に向け、お互い反発しながら水に流され、グリース粒子を運び去る（14−14）。

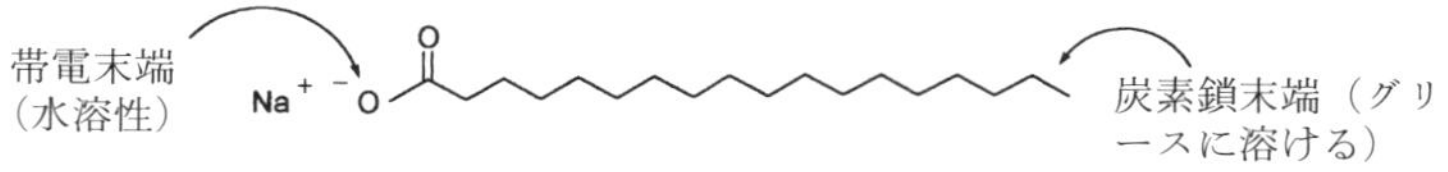

ステアリン酸ナトリウム——牛脂からできる石鹸分子。

14-12

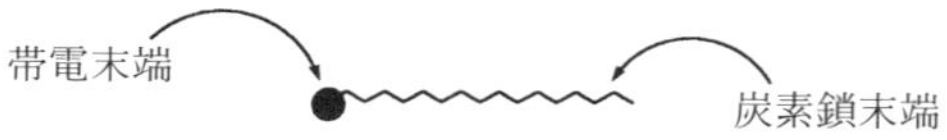

14-13

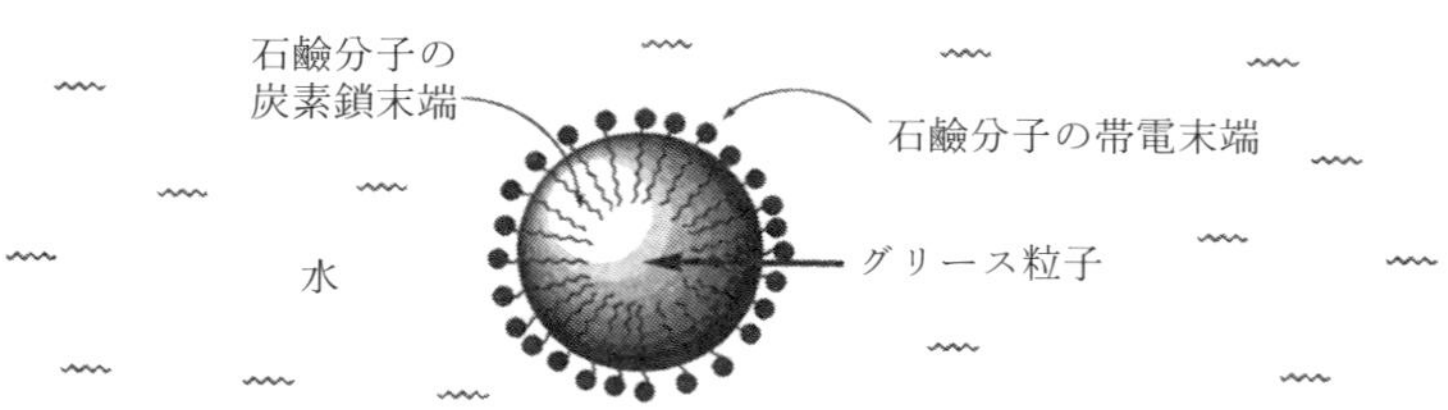

水中の石鹸ミセル。石鹸分子の帯電末端が水中にあり、炭素鎖末端がグリースに入り込んでいる。

14-14

石鹸は数千年にわたって使われ、商業的にも数百年にわたり作られてきたが、その製造法に関する化学原理は長い間誰も知らなかった。石鹸は、広範囲にわたる、さまざまな物質――オリーブ油、獣脂、ヤシ油、鯨油、豚脂などから作ることができた。これらの成分の化学構造は十九世紀初めまで分からなかったので、含まれるトリグリセリドの基本的な類似性も認識されていなかった。認識されたのは十九世紀になってからで、それから石鹸の化学が理解されるようになる。このころまでに入浴に対する社会の見方も変わり、労働者階級も徐々に豊かになった。病気と清潔さの関係も理解されるようになった。これらは石鹸が日常生活の必須アイテムになっていたことを意味する。さまざまな油脂から作られた高品質の石鹸は、長い伝統を持つ高級品、オリーブ油から作られたカスティーリャ石鹸と競合するようになった。しかし約千年のあいだ人々の衛生をある程度保ったのは、カスティーリャ石鹸――そして原料のオリーブ油であった。

今日、オリーブ油は一般に心臓病の予防に良いとか、料理に使うと美味しいといった理由で重宝されている。石鹸作りの伝統を保ち続け、それゆえに中世、汚れや病気を防いだという役割についてはあまり知られていない。しかしオリーブ油が古代ギリシャにもたらした富によってこそ、現在なお評価される多くの文化的事物が生まれたのである。今日の西洋文明のルーツは、古代ギリシャの政治文化によって育まれた概念の中に見出すことができる。民主主義や自治の思想、哲学、論理、合理的考え方の基本、科学・数学上の発見、教育、芸術などだ。

ギリシャ社会の豊かさは、何千人もの市民が疑問を発し、激しく議論し、政治的な選択に参加することを可能にした。男たち（女性と奴隷は市民ではなかった）は、自らの生活に影響する決定事項に、他のどんな古代社会の人々よりも、強く関わることができた。この社会の繁栄は、多くがオリーブ油の交易によるもので、教育や都市機能がそれを補った。今日の民主的社会の原型と考えられているギリシャ、その「ギリシャなる栄光」（エドガー・アラン・ポー）は、オレイン酸のトリグリセリドがなかったなら、存在しえなかっただろう。

十五章　塩　社会の仕組みを形作った人類の必須サプリメント

我々が知る普通の塩——塩化ナトリウム、化学式は NaCl ——の歴史は、文明の歴史と重なっている。非常に価値があり、強く必要とされ、極めて重要であった。だから地球規模で盛んに取引されただけでなく、経済制裁、独占の対象になり、戦争、町の成長、社会的・政治的規制の仕組み、産業の発達、人々の移動、こういったものにも大きく関わってきた。今日、塩は謎めいた物質といえる。これがなくては死ぬというほど生命に大切である一方、摂りすぎは命に関わるから注意しろと言われる。現在、塩は安く、大量に作られ大量に消費される。しかし記録に残るほとんど全ての歴史において、また恐らく記録されるずっと前から、塩は貴重なものであり、しばしば非常に高価であった。十九世紀初めの平均的人間は、我々が普段から氷を融かすために道路へ大量の塩をまいていることなど信じられないだろう。

多くの化学物質の値段は、化学者の努力によって下がって来ている。すなわち、今や実験室や工場で作られるようになったり(アスコルビン酸、ゴム、インディゴ、ペニシリン)、あるいは天然品の重要性が低下するほど性質がよく似た人工代用品や合成化合物が作られたりしているからだ(繊維、プラスチック、アニリン染料)。香料の分子についても、今日では食品を保つのに新しい化学物質(冷蔵庫の冷媒)を使うため、かつてのような高い価値はない。また殺虫剤や肥料など、新たな化学物質によって作物の収量は高まり、その結果、グルコース、セルロース、ニコチン、カフェイン、オレイン酸の供給量は増えた。しかし、すべての化合物の中で最も生産量が増加し、その価格も大いに下がったのは、おそらく塩である。

塩を得る

歴史が始まって以来、人類は常に塩を集めたり作ったりしてきた。塩の生産には主に三つ方法があった。海水を集めて蒸発させる、塩水泉の鹹水（かんすい）を煮詰める、岩塩を掘る、といったものである。いずれも古代から知られ、今日でも行われている。熱帯の海岸地方では、海水を天日で乾かすことが、過去（そして現在も）最も普通の製造法であった。このやり方は時間がかかるが費用がかからない。もともとは燃える炭に海水をかけていた。そして火が消えたら塩をかきとる。しかし海岸の岩場にある潮溜りの縁からは、もっと多くの塩が取れた。必要な時に海水を引き込めるような場所に人工的な浅い池、つまり「鍋」を作れば、ずっと大量の塩が取れるということに気付くには、大した想像力も必要ではなかっただろう。

海の水から作った天然の塩は、食塩や岩塩と比べると純度がずっと低い。海水には塩類が約三・五％溶けている。しかしそのうち塩化ナトリウムは七八％に過ぎない。残りは塩化マグネシウム $MgCl_2$ や塩化カルシウム $CaCl_2$ などの混合物である。この二つの塩化物は塩化ナトリウムより溶けやすく量も少ないので、溶液からは NaCl が最初に結晶化する。だから残った塩水を捨てれば、大部分の $MgCl_2$ や $CaCl_2$ を除くことができる。しかし不純物は十分量残り、海水塩の味に関与している。塩化マグネシウムも塩化カルシウムも潮解性であるため、空気中の水分を吸収する。だからこれらを含む塩は固まって振り掛けることができなくなる。

暑く乾燥した気候では、海水を蒸発させるのが一番効率的である。しかし濃厚食塩水の地下資源である塩水泉も、採取源として優れている。水分を蒸発させるに必要な焚き木があればよい。ヨーロッパでは塩の生産のためだけに森林伐採が進んだところもある。海水塩に含まれるマグネシウムやカルシウムは、食塩のもつ食品保存能力を下げている。その点、塩水泉の塩はこれらの成分が少ないため、人々に好まれるが、値段も高かった。

岩塩（地中にあるNaClの鉱物名はハライトという）の鉱床は世界各地に見られる。ハライトは古代の海が乾燥してできたもので、特に地表近くにある鉱床は、何世紀もの間採掘されてきた。しかし塩は重要な物質であったため、ヨーロッパでは鉄器時代から人々は地中深くの塩にも目を向けた。長い縦穴が掘られ、トンネルは数キロメートルに及び、塩を掘り出した後は大きな空洞ができた。これらの塩鉱山の周りには人々が住み着き、掘り出しが続くことで町や市に発展した。もちろん塩の経済活動による富で成長したものだ。

ボリビア、ウユニ塩湖のそばにある塩でできたホテル。

中世を通じて、塩の製造や採掘は、ヨーロッパ各地で盛んに行われた。塩は非常に価値があったので「白い黄金」とも呼ばれた。ベニスは、数世紀にわたってスパイス貿易の中心であったが、もともとは潟（ラグーナ）の塩水から食塩をとって生計を立てていた村落から出発したものだ。また、塩を意味するギリシャ語は hals であり、ラテン語では sal である。ザルツブルク Salzburg（オーストリア）、ハレ Halle（ドイツ）、ハルシュタット Hallstatt（オーストリア）、ハライン Hallein

（オーストリア）、ラ・サル La Salle（フランス）、モゼル川 Moselle（フランス）など、ヨーロッパの都市、町、川の名前には、塩の採掘、生産と関連して名づけられたものがある。トルコ語で塩は tuz で、ボスニア・ヘルツェゴビナの町 Tuzla は塩の産地だ。同名、あるいは似たような名前の町はトルコの海岸沿いにもいくつかある。

これらの古い塩の町では、観光資源として今なお、塩が富を生んでいるところもある。オーストリアのザルツブルクでは塩の鉱山がアトラクションの目玉であるし、ポーランドのクラクフの近く、ヴィエリチカには塩を掘った後の巨大な空洞があって、中にはダンスホールや祭壇付きの教会、岩塩を彫った様々な像がある。そして地底湖は多くの観光客を魅了する。なお、世界最大の天然塩田は、ボリビアのウユニ塩湖である。ここにはすべて塩でできたホテルがあり、旅行者が泊まることもできる。

塩の交易

昔から塩が交易商品であったことは、古い文明の記録から分かる。古代エジプト人が売買した塩は、ミイラを作るときも必要であった。ギリシャの歴史家ヘロドトスは、紀元前四二五年、リビア砂漠の塩鉱山を訪ねたことを記録している。エチオピアのダナキル砂漠にある広大な塩原で採られた塩は、ローマやアラブで商いされ、遠くはインドまで運ばれた。ローマ人はオスティアの海岸に大きな塩の工場を作った。当時ここはテベレ川の河口にあり、紀元前六〇〇年ころ、海岸からローマに塩を運ぶため道路が作られた。その道の一つが現在もローマに残っており、名前はサラリア街道 Via Salaria ——塩の道——という。オスティアの製塩所に燃料を供給するため森は伐採された。その結果土地の侵食が進み、大量の土がテベレ川に流れ込んだ。沈殿物が増えると河口の三角州が広がる。数世紀後、オスティアはもはや海岸になかった。製塩所は再び海水を求めて移転せねばならなかった。このことは、人間の経済活動が環境に大きな影響を与えた最初の例の一つとされている。

塩は世界的規模の大きな三角貿易の一つに深く関係した。この交易は同時にイスラム世界のアフリカ西海岸への拡大に関わっている。何世紀もの間、灼熱と乾燥のサハラ砂漠は、地中海に面する北アフリカの国々と大陸南部の国々を隔てる障壁であった。この砂漠には巨大な塩の鉱床があったとはいえ、サハラの南では塩が大いに必要とされていた。八世紀、北アフリカに住むベルベル人の商人たちがサハラ（現在のマリ、モーリタニア）にある大鉱床でとれる塩のブロックを求めて、穀物、乾燥フルーツ、布、家庭用雑貨を運び始めた。この地域は塩が豊富にあったため、町全体が塩のブロックで作られたテガザなどの都市が塩床の周りに発展していた。ベルベル人隊商（キャラバン）はときに千頭を超えるラクダからなり、塩の板を積んだ隊列は砂漠を横切りトンブクトゥまで続いた。この町はもともとサハラ南縁、ニジェール川の支流にあった小さなキャンプだった。

十四世紀までにトンブクトゥは大きな交易拠点となっていた。西アフリカの金をサハラの塩と交換するのだ。この町はまた、ベルベル人商人によってもたらされたイスラム教が拡大していく中心にもなった。十六世紀のほとんどに及ぶその最盛期、トンブクトゥはコーランを教える大学、壮麗なモスクや塔、見事な宮殿を誇った。トンブクトゥを発つ隊商は、黄金そしてときに奴隷や象牙を積んで地中海沿岸のモロッコ、さらにはヨーロッパに向かった。数世紀にわたって何トンもの金が、このサハラの金と塩の交易ルートを使ってヨーロッパにもたらされた。

サハラの塩は、ヨーロッパで塩の需要が高まるにつれ北へも向かった。海で獲った魚はすぐに保存しなくてはならない。船上で燻製や干物にするのはほとんど無理でも、塩漬けなら可能である。バルト海や北海はニシンやタラで満ちていた。十四世紀以前から何百万トンもの魚が海上で、あるいは近くの港で塩に漬けられ、ヨーロッパ中で売られた。十四、十五世紀にはドイツ北部の各都市を結んだ経済連合、ハンザ同盟がバルト海沿岸諸国の塩漬け魚（それからほとんどすべての品物）の取引を支配した。

北海での漁業はオランダとイングランド東岸が中心だった。しかし保存のための塩が使えるようになると、さらに遠洋で操業することも可能になる。十五世紀終わりまでには、イングランド、フランス、オランダ、スペインのバスク地方、ポルトガルなどのヨーロッパ諸国の漁船がニューファンドランド島沖のグランドバンクスまで定常的に出かけるようになった。それから四世紀の間、この北大西洋の漁場で漁船団は大量のタラを獲り続ける。無尽蔵にも見える魚を何百万トンも獲って洗って塩漬けにし、港に運んだ。しかし悲しいかな無限ではなかった。一九九〇年代、グランドバンクスのタラは絶滅の危機に瀕する。一九九二年にカナダで始まったタラの禁漁には、現在、全てではないが、他の多くの漁業国も参加している。

塩がこれほどまでに強く求められることを考えれば、交易商品というよりしばしば戦争の目的とされたことも大して驚くことではない。古代、死海の周りの村落は、貴重な塩を持つことから攻撃された。中世、ベニス人は近隣の海岸都市を攻めている。彼らの非常に重要な塩の独占を脅かしたからだ。また、敵の塩の供給地を占領することは、長い間、有効な戦術と考えられてきた。アメリカ独立戦争では、イギリスがヨーロッパや西インド諸島からかつての植民地への貨物輸送を妨害した結果、塩の不足が起きた。イギリスはまた、ニュージャージーの海岸にあった製塩工場を破壊し、値段の高い輸入食塩で植民地の人々を苦しめ続けた。アメリカ南北戦争では一八六四年、北軍がバージニア州ソルトビル Saltvillを占領した。このことは市民の士気を下げ、南軍が敗退に向かう大きな一歩になったとみなされている。

食事用の塩が欠乏すれば、外傷の治りが遅くなるかもしれない。一八一二年ナポレオン軍がモスクワから退却するとき、これが一つの原因で何千人もの死者が出たと言われている。このときはアスコルビン酸の欠乏（その結果、壊血病が起きる）も塩の欠乏と同様に元凶となったであろう。化学物質としてはさらに錫と麦角アルカロイドがナポレオンの夢を砕いた。

塩の構造

ハライトは百グラムの冷水に約三十六グラム溶ける。他のどんな鉱物よりも水溶性が高い。生命が海で生まれたこと、また塩が生命に不可欠であることから考えるに、我々が知るような生物は、この塩の高い水溶性がなかったなら存在し得なかったと思われる。

一八八七年、スウェーデンの化学者スヴァンテ・アウグスト・アレニウスは、塩の構造、性質、さらには溶解を説明するものとして正と負に帯電したイオンという概念を初めて発表した。それまで一世紀以上のあいだ、科学者たちは塩水の不思議な性質――電気を通す能力――に頭をひねっていた。雨水は電気を通さない。しかし塩水や他の塩(えん)の水溶液は非常によく電気を通す。アレニウスの理論はこの電気伝導性をよく説明した。彼は実験して、塩を多く溶かせば溶かすほど、電気を運ぶための荷電粒子(イオン)の濃度が大きくなることを示す。

アレニウスの提出したイオンの概念は、構造が異なる様々な酸がなぜ似たような性質を示すのかという問題にも答を与えた。すべての酸は水中で水素イオン(H+)を生じ、これが酸味や化学反応性に関係するのだ。当時、アレニウスの主張は、多くの保守的な化学者に受け入れられなかった。しかし彼はイオン説の正当性について決然と宣伝活動を行い、賞賛すべきほどの忍耐力と外交的駆け引きを見せた。その結果、彼を批判していた者たちも信じるようになる。アレニウスは電解質の解離の理論により、一九〇三年のノーベル化学賞を受賞した。

このころになると、イオンがどうしてできるかについて、理論的にも実験的にも説明がなされていた。一八九七年、イギリスの物理学者ジョセフ・ジョン・トムソンは、すべての原子に電子が含まれることを示した。電子は負（マイナス）に帯電した素粒子で、マイケル・ファラデーが一八三三年に初めて発表したものだ。ゆえに、もしある原子が電子を一つ以上失えば正（プラス）に帯電したイオンとなる。また、もしある原子で電子を受け取るものがあれば、それは負の電荷を持つイオンとなる。

固体の塩化ナトリウムは二つの異なるイオン――正の電荷を持つナトリウムイオンと負の電荷を持つ塩素イオン――が規則正しく並んだものだ。正と負の電荷の間に働く強い力によって互いに引き合っている（15−1）。

水分子はイオンではないが、部分的に帯電している。分子の片側（水素原子側）がわずかにプラスになり、他方（酸素原子側）がわずかにマイナスとなっている。これこそ塩化ナトリウムが水に溶ける理由である。プラスのナトリウムイオンと水分子のマイナス側の間に働く引力（それからマイナスの塩素イオンと水分子のプラス側の間に働く力も）は、Na^+イオンとCl^-イオンの間の引力と同類のものだ。しかし塩の溶解性を最終的に説明するものは、これらイオンのランダムに拡散しようとする性質である。

水分子は図のように描ける（15−2）。

ここでδ−は部分的にマイナスとなった端で、δ＋はプラス端である。すると水溶液中でマイナスの塩素イオンは、水分子のプラスに帯電したほうの端に囲まれた形で描ける（15−3）。

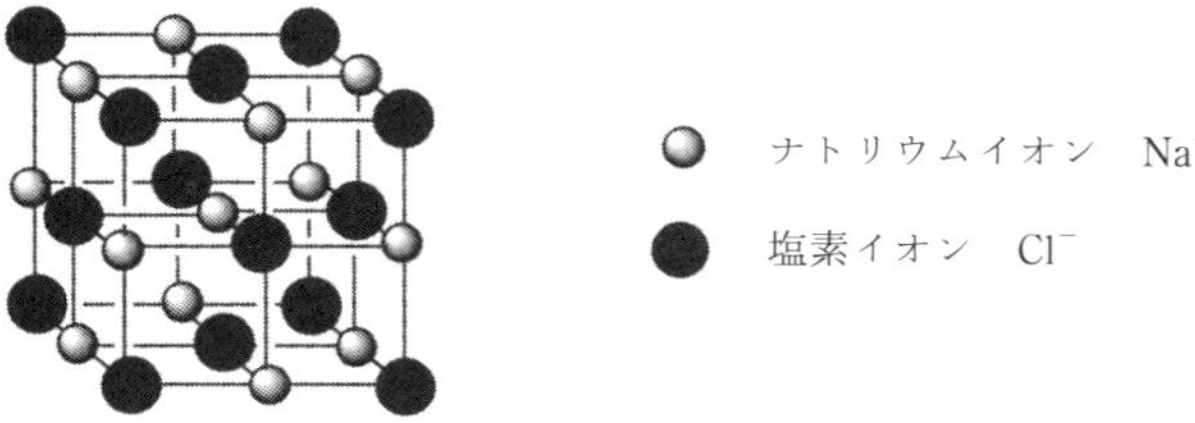

塩化ナトリウム結晶の三次元構造。各イオンを結ぶ線は存在しない――イオンの立方体的配置を表すために描いてある。

15−1

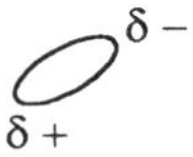

15－2

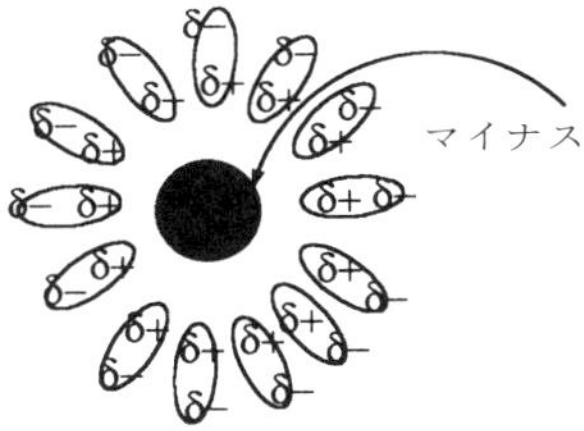

マイナスに荷電した塩素イオン
〔訳注：それぞれのイオンには大きさ、形があるので必ずしもこのような
イオン数比と方向で並んでいるわけではない。〕

15－3

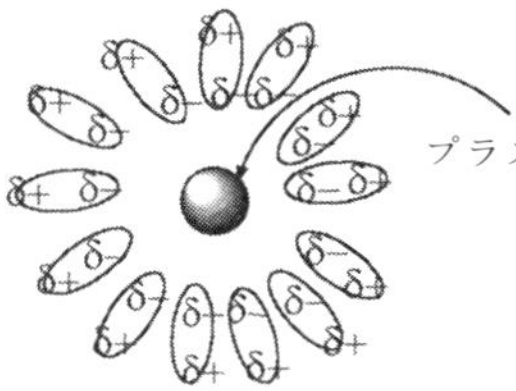

15－4

水溶液中でプラスのナトリウムイオンは、水分子のマイナス端で囲まれている（15－4）。塩が――水分子を引き付けることにより――優れた保存料となるのは、塩化ナトリウムにこの高い溶解性があるからである。塩は組織から水を奪うことで肉や魚を保存する。水分が減り、塩濃度が高くなった状態では、腐敗を促す細菌が生育できない。それゆえ、塩は味を良くするために丁寧に加えるというよりも、食品の保存を目的として大量に使われた。食事の塩分を主に肉から摂る地域では、保存用に添加された塩が命を維持するのに重要なものとなった。別の伝統的保存法である燻製や乾燥も、その工程の一部でしばしば塩を必要とした。すなわち食品は燻したり乾かしたりする前に塩水に漬けられた。地元で塩が採れない地域は、交易商品の塩分に頼らねばならなかった。

人体と塩

たとえ食品保存に塩を使うことはなくとも、人類は原始時代より口から塩分を摂らねば生きられないことを知っていた。塩から生成するイオンは、人体で細胞の内側と外側の電解質バランスを維持するという重要な働きをする。例えば神経系の神経細胞（軸索）に沿って伝わる信号の発生には、いわゆるナトリウム・カリウムポンプが関わっている。このポンプは、細胞内にK^{+}（カリウム）イオンを汲み入れるが、その数以上にNa^{+}（ナトリウム）イオンを細胞外に汲み出している。その結果、細胞内の正味の電荷は細胞外と比べてマイナスとなる。こうして電荷の差による膜電位が生まれ、これが電気信号を伝える原動力となる。さらに刺激が来たときも、ナトリウムイオンが穴（チャネル）を通って細胞内に流入することで細胞の興奮が起こる。ゆえに塩は、神経機能そして筋肉活動に決定的に関わっている。

キツネノテブクロに含まれるジゴキシンやジギトキシンなどの強心配糖体分子は、このナトリウム・カリウムポンプを阻害し、その結果、Na^{+}イオンが細胞内で高まる。するとナトリウム・カルシウム交換機転が働き、カルシウムが流入し、心筋の収縮力が増す。強心配糖体が心臓を刺激するのは、このようなメカニズムによる。塩を構成する塩素イオンもまた人体に必要だ。胃の消化液の中心といえる塩酸の成分である。

健常人の血中塩濃度は非常に狭い範囲で決まっている。失われれば補充されるし、過剰な塩分は排泄される。塩分が欠乏すると体重と食欲が減退し、痙攣、吐き気、無気力といった症状が表れる。欠乏が激しい場合――例えばマラソン走者――は循環器系が破綻し、死に至ることもある。しかし逆のナトリウムイオンの過剰も、心血管系疾患の重要なリスクファクターである高血圧に関係することが知られている。また腎臓、肝臓の疾患にも関わっていると言われる。

平均的成人の体内には NaCl 換算で二百五十グラムほどの塩が存在する。しかし発汗や尿排泄で絶えず失われ続けるから、毎日補充しなくてはならない。原始時代の人々は狩で仕留めた動物の肉から塩分を摂った。たいてい草食動物であったが、生肉は塩の良い補給源であった。農業が始まり、穀物や野菜が食事の大きな部分を占めるようになると、添加物としての食塩が必要となってきた。肉食動物は塩を舐めることはないが、草食動物は舐める。ほとんど肉を食べない地域の人々や菜食主義者は、塩を意識して摂らねばならない。人類は定住農耕生活を始めるや否や（サプリメントとしての）食塩が必要となり、それは自力で採取するか交易で入手しなくてはならなかった。

塩と税金

塩に対する人々の需要が高いことや、その生産方法が独特であることから、この鉱物は古くから政治的な規制、専売、課税に適していた。為政者にとって、塩から得られる税金は安定した収入源だった。塩に代用品はなく、どんな人間でも必要とする。だからこの税はすべての人間が払わねばならなかった。塩は原料の在りかが分かっている。こっそり生産することは難しい。塩自体もかさばるから隠せない。だから流通を規制し課税することは容易であった。中国では紀元前二〇〇〇年ころ、夏王朝を開いた禹が山東省地方の塩を宮廷に供出するよう命じたという。それ以後、歴代中国政府にとって塩は生産から流通、消費までの各段階で課税できる大きな収入源だった。聖書の時代には、塩はスパイスと同様にみなされ課税されている。キャラバンの道筋に沿った多くの休憩地で塩は関税の対象となった。シリアやエジプトでは、アレクサンドロス大王の侵攻に伴い、ギリシャ人たちによって塩税が導入されている。これは紀元前三二三年の大王の死後も為政者によって続けられた。

これらすべての歴史を通して、税金を集めるには徴税人が必要だった。彼らの多くは税率を上げたり、さらに税を上乗せしたり、免税特権を売ったりして私腹を肥やした。ローマも例外ではなかった。テベレ川三角州にあったオスティアの製塩所は、もともと国家が運営していたから、民衆は比較的安い値段で塩が買えた。しかしこの寛大さは続かなかった。塩税による歳入は非常に魅力的であり、塩は課税対象となる。ローマ帝国が拡大するにつれ、塩の専売と塩税も周辺地域に広がった。ローマ属国での徴税人は、派遣されている総督の監督下にはあったが、独立していた。役人ではない彼らは、税が取れるところはどこからでも取り立てた。塩の生産地から離れて暮らす人々にとって塩は高価であった。その価格は輸送費だけでなく、長い道中の各段階で課せられた様々な税金、関税を反映したものだった。

ヨーロッパでは中世を通して塩の課税が続いた。それはしばしば、塩鉱山や海岸の製塩所から運び出される荷船や荷馬車の通行料という形をとった。フランスではそれが高じて悪名高き塩税、ガベルが生まれる。この重苦しく、過酷で、嫌悪された税の起源には諸説ある。一二五九年にプロバンスのアンジュー伯シャルル（フランス王ルイ九世の末弟）が導入したという説もあるし、また十三世紀終わりに常備軍の維持費を捻出するため小麦、ワイン、塩などに課した一般税が始まりという説もある。その起源が何であれ、ガベルは十五世紀までにはフランスの主要な国家税収の一つとなり、その名も塩税だけを指すようになっていた。

しかしガベルは単なる塩税ではなかった。八歳以上のすべての男、女、子供は王の決めた値段で毎週一定量の塩を買わねばならなかった。つまり、税そのものが上がるだけでなく、強制的に配給される量も君主の気まぐれで増やすことができたのである。フランスの民衆に均一の税を課そうとした制度も、すぐにある地域では他所よりも重い負担となった。一般に、大西洋の製塩所の塩を使う地域は重いガベルとなり、地中海の塩を供給される地域よりも二倍以上の税金がかかった（前者は大ガベル地区、後者は小ガベル地区と呼ばれる）。政治的圧力や交渉により、ある地域では免税となったり軽減されたりした。例えばブルターニュ地方はしばしばガベルがない時期があり、ノルマンディーも特に税率が軽かった。一方、大ガベル地区では、ひどいときは塩の値段が原価の二十倍以上になった。

民衆から税を取り立てる塩税徴収請負人は、割り当て消費量を達成するため、一人当たりの塩の消費具合をチェックした。塩の密売は発覚すると厳罰に処せられる。しかし禁制品に手を出すものは後を絶たなかった。このような場合、よくある刑罰はガレイ船漕ぎの労働であった。この過酷で不公正な税に最も苦しんだのは農民や都市貧民である。王に軽減を嘆願しても聞き入れられるはずもなかった。ガベルは民衆の大きな不満であり、フランス革命の遠因の一つとされる。一七九〇年、革命の最中にガベルは廃止され、三十人以上のガベル徴収人が処刑された。しかしこの状態は続かない。一八〇五年、ナポレオンはイタリアとの戦争の費用を捻出するため再びガベルを導入した。最終的に撤廃されたのは第二次世界大戦のあとである。

生活必需品に重税をかけた国はフランスだけではない。スコットランド沿海部、とくにフォース湾近辺では、課税される以前から数世紀にわたって塩が作られていた。寒くて湿気のある気候では天日による蒸発乾燥が期待できない。そのため海水を大釜に入れ、薪、後には石炭を燃やして塩を作った。一七〇〇年代までにスコットランドにはこうした製塩所が百五十ヶ所以上、この他に泥炭（ピート）を燃料とする簡易製塩所も無数にあった。スコットランド人にとって製塩業は重要であったため、一七〇七年のスコットランドとイングランドの間で交わされた連合条約 Treaty of Union 第八条では、スコットランドには七年間塩税が適用されず、その後の税率も低く抑えられることが保証された。一方、イングランドの製塩業は岩塩の採掘と鹹水を煮詰める方法が主であった。いずれもスコットランドの海水を石炭で煮詰める製法よりはるかに効率的、経済的である。スコットランドの製塩業は生き残るためにイングランドの塩税制度から免れる必要があったのだ。

一八二五年、この連合王国は塩税を廃止した最初の国となった。これは数世紀にわたる民衆の税に対する怒りによるというよりも、塩の役割が変化し、それが認識されたということが大きい。産業革命はふつう機械革命と考えられている。すなわち、飛び杼（ひ）（flying shuttle 織機の付属用具。舟形の胴部に収めた横糸を引き出しながら縦糸の間を左右にくぐらせる）、多軸紡績機、水力紡績機、蒸気機関、自動織機などの発達である。しかし化学革命でもあった。繊維産業、漂白、石鹸製造、ガラス産業、窯業、製鉄、皮なめし、製紙、酒造などの発達は、化学薬品の大量生産を必要とする。化成品製造業者や工場主は塩税の撤廃を訴えた。塩は、食品の保存や調味料というよりも、化成品製造の出発原料として重要なものになっていた。イギリスにおいて民衆が何世代にもわたって廃止を求めてきた塩税は、産業発展に塩が重要な物質であるとみなされただけで撤廃されたのである。

塩税に対するイギリスの開明的なスタンスは、植民地までは広がらなかった。インドではマハトマ・ガンジーが独立運動を指導するとき、イギリスの課す塩税を植民地に対する圧制のシンボルとした。インドにおける塩税は単なる税金ではなかった。数世紀にわたる多くの征服者が見出したように、塩の供給を支配することは、政治的、経済的な支配をも意味する。イギリス領インドでは政府規制によって、非政府系の塩の販売、生産が犯罪になった。海岸の岩場にある潮溜りの縁で、自然と蒸発乾固した塩を集めることさえ違法となった。塩はイギリスからもしばしば輸入され、イギリスが決めた値段で政府の販売人から買わねばならなかった。インドは菜食主義者が多く、また酷暑の気候は汗による塩の損失を促す。だから食事に加える塩は特に重要だった。彼らは伝統的にほとんど、あるいはまったく費用をかけずに塩を集めたり作ったりしていた。ところが植民地となったために、この鉱物に対し金を支払うように強いられたのである。

一九二三年、イギリス本国が自国民に対し塩税を撤廃してからほぼ一世紀経つのに、インドの塩税は二倍に引き上げられた。一九三〇年三月、ガンジーと数人の支持者は、三百八十キロメートル離れたインド西北の海岸にあるダンディーという小さな村を目指して出発する。行進が進むにつれ、参加する民衆は数千人に膨れ上がった。彼らは海岸に着くと岩場でかさぶたのようになっている塩のかけらを集め始めた。海水を煮詰めてそれを売るものも現れる。さらに数千の人々が集まり法を破った。違法な塩はインド全土の村や町で売られ、しばしば警察と衝突が起きた。ガンジーの支持者たちは残忍な仕打ちを受け、数千人が投獄される。しかしさらに無数の人々が塩を作り始め、ストライキ、ボイコット、デモが続いた。翌年三月、インドにおける過酷な塩の専売法は修正される。地方の人々は地元で塩を集めたり、近くにある原料から塩を作ったりすることが可能となった。村の中に限って他人に売ることも許された。塩には依然として税金がかかったが、イギリス政府による独占はここに崩れた。ガンジーの理想とした非暴力、市民的不服従は有効であったことが証明され、イギリスによるインド支配も終焉の日が見え始めたのである。

工業材料としての塩

イギリスにおける塩税の撤廃は、製造工程に塩を使う業界だけでなく、塩を出発原料として無機化合物を製造する会社にも重要なことであった。とくにソーダ灰、あるいは石鹸ソーダと言われた炭酸ナトリウム Na_2CO_3 のようなナトリウム化合物の製造には影響が大きい。石鹸を作るときに使われるソーダ灰は、石鹸の需要が高まるにつれ、大量に必要となった。もともと主に天然資源、例えば干上がったアルカリ湖の周りのかけらとか、ケルプなどの海草を燃やした灰から得ていたのだが、不純物が多く生産量も限られていた。ここで大量に存在する塩化ナトリウムから炭酸ナトリウムを作る試みが注目を集める。一七九〇年代に、第九代ダンドナルド伯爵アーチボルド・コクランは塩を〝人造アルカリ〟に変換する方法について特許を取った。今日、彼はイギリスの化学革命のリーダーの一人、またアルカリ製造業の創始者とされる。スコットランドのフォース湾にあった先祖伝来の土地の周りには無数の製塩釜があったという。しかしコクランの製造法は商業的には成功しなかった。フランスでは一七九一年にニコラ・ルブランが塩と硫酸、石炭、石灰石から炭酸ソーダを作る方法を開発している。しかしフランス革命によってルブランの方法は完成が遅れた。結局、採算の取れるソーダ灰の工業的生産が始まった場所はイングランドであった。

一八六〇年代、ベルギーのエルネスト・ソルベイとアルフレッド・ソルベイの兄弟が塩化ナトリウムから炭酸ナトリウムを作る方法を改良した。彼らは石灰石とアンモニアガスを使った。鍵となる反応は、濃厚食塩水にアンモニアガスと二酸化炭素（石灰石から）を注入し、重炭酸ナトリウム $NaHCO_3$ を沈殿させることだった（15－5）。

そのあと重炭酸ナトリウムを加熱して炭酸ナトリウムを得る（15－6）。

現在でもソーダ灰を合成するときは、主としてソルベイ兄弟の方法を使う。しかし天然ソーダ灰の大鉱脈がいくつか発見された（例えばワイオミング州のグリーン川流域）。全世界の埋蔵量は百億トンを超えるとされ、塩から工業的に作る必要性が減ってきている。

もう一つのナトリウム化合物、苛性ソーダ NaOH もまた古くから需要がある。苛性ソーダすなわち水酸化ナトリウムを工業的に作る場合は、塩化ナトリウム溶液に電流を流す。電気分解である。苛性ソーダは、アメリカでの生産量を見ると化成品の中で十位以内に入る。ボーキサイトからアルミニウム成分を抽出するとき、レーヨン、セロファン、石鹸、洗剤、石油製品、パルプ、紙などを製造するときになくてはならないものである。また、食塩水の電気分解では塩素ガスも発生する。当初は生産工程で出る副産物とみなされた。しかし塩素は優れた漂白剤であり、また消毒薬としても使えることがすぐに分かった。今日、NaCl 溶液の工業的電気分解では、NaOH と同じくらい、塩素の生産が重要になっている。現在、塩素は殺虫剤、ポリマー、医薬品など多くの有機化合物の合成にも使われている。

おとぎ話から聖書の寓話まで、スウェーデンの民族神話から北米先住民の伝説まで、世界中さまざまな社会に塩の物語がある。塩は

$$NaCl_{(aq)} + NH_{3(g)} + CO_{2(g)} + H_2O_{(l)} \longrightarrow NaHCO_{3(s)} + NH_4Cl_{(aq)}$$

塩化ナトリウム　アンモニア　二酸化炭素　水　重炭酸ナトリウム　塩化アンモニウム

15-5

$$2\,NaHCO_{3(s)} \longrightarrow Na_2CO_{3(s)} + CO_{2(g)}$$

重炭酸ナトリウム　炭酸ナトリウム　二酸化炭素

15-6

行事や儀式に使われる。もてなしと幸運のシンボルであり、邪悪や災厄から守ってくれるとされる。人類社会を形成する上で塩の果たした重要な役割は、言語の中にも見て取れる。我々は給料（サラリー）salary をもらう。この言葉はローマの兵士が塩で給料を支払われたという事実から来ている。サラダ salad（もともとは塩を振りかけただけ）、ソース sauce、サルサ salsa、ソーセージ sausage、サラミ salami などはすべて同じラテン語にルーツを持つ。他の言語と同じように、我々の日常会話は、塩を使ったさまざまな暗喩で味付けされて（salted）いる。例えば、地の塩 salt of the earth（「マタイ伝」。世の模範となる人々）、老練な水夫 old salt、給料に見合う働きをする worth his salt、下座 below the salt（食卓の塩入れから遠い）、話半分に聞く take one's story with a grain of salt、仕事に戻る back to the salt mine といった具合である。

塩の物語には決定的な皮肉がある。塩をめぐる多くの戦争、重い税金や通行料に対する抗議と闘争、採取のための人々の移住、密輸によって投獄された無数の人々の絶望感。それでもようやく新たな地下資源の発見と近代技術によってその値段は大いに下がった。しかしこのとき、食品保存のための塩はもう必要なくなってしまったのである。すなわち、食物の腐敗を防ぐには、冷蔵が標準的な方法になっていた。この化合物は歴史を通じて賞賛され、尊ばれ、強く求められ、また争われ、そしてときには黄金よりも価値があった。それが今では安価で簡単に手に入るだけでなく、陳腐で平凡な存在とみなされている。

十六章　有機塩素化合物　便利と快適を求めた代償

一八七七年、フランスのルーアンの港に向けてフリゴリフィーク（冷蔵、冷凍の意味）号がブエノスアイレスを出航した。積荷はアルゼンチンの牛肉である。今でこそこうした輸送は日常的であるが、これは歴史的な航海だった。船は冷やされた荷物を積んでおり、冷凍の時代の幕開けを告げるものだった。そして、スパイスや塩などの分子による食品保存の時代を終わらせるものだった。

冷たく保つ

少なくとも紀元前二〇〇〇年以来、人々はものを冷やすのに氷を使ってきた。これは、固体の氷は融けて液体になるとき周囲から熱を奪うという原理に基づく。生じる水は排水口から抜き、新しい氷を追加する。一方、冷凍機の冷却（refrigeration）には、この固体―液体ではなく、液体―気体の相変化が関係する。液体は蒸発するとき周囲から熱を奪う。蒸発で生じた気体は圧縮されることで液体に戻る。この圧縮過程こそ refrigeration に re という接頭辞がつく理由である。つまり蒸気が液体に戻り、再び蒸発することで冷却するという一連のサイクルが繰り返される。このサイクルでは、機械的な圧縮装置（コンプレッサー）を動かすエネルギー源が鍵となる。だから氷を常に補充しなければならなかったアイスボックスは、厳密に言えばレフリジレーター（冷蔵庫の意）ではない。今日、我々は深くは考えずに、〝冷やす〟という意味で refrigerate という単語を使っているが間違いなのである。

本当のレフリジレーターは、冷媒 refrigerant ――蒸発―圧縮サイクルを引き受ける分子――を必要とする。エーテルを使って冷媒の冷却効果が示されたのは、比較的古く一七四八年である。しかし圧縮エーテルの装置が冷蔵庫として使われるのは百年以上後のことだ。すなわち一八五一年ころジェームズ・ハリソンがオーストラリアの醸造家のためにエーテルを使った蒸気圧縮の冷蔵庫を作った。彼はスコットランド人だが、一八三七年にオーストラリアに移住していた。ほぼ同じころ、アレクサンダー・トワイニングというアメリカ人が似たような蒸気圧縮の冷蔵庫を作った。この二人は商業的冷蔵庫を最初に作った人々の中に入るだろう。

フランスのフェルディナン・カレーは一八五九年、冷媒にアンモニアを使った。彼もまた冷蔵庫を最初に作った人物というタイトルを請求してよい。当時はクロロメタンや二酸化硫黄も冷却用分子に使われた（16-1）。二酸化硫黄は世界初の人工スケートリンクに使われた冷媒である。これらの小さな分子は、食品の保存が塩とスパイスに頼る時代を見事に終わらせた。

オーストラリアにいたジェームズ・ハリソンは、醸造家だけでなく食肉出荷業者のためにも冷却設備を完成させた。一八七三年、彼はこれら地上での成功の後、冷凍船を作って肉をオーストラリアからイギリスに運ぼうと決心する。しかし彼のエーテルを使った蒸発―圧縮装置は海上で故障した。その後一八七九年十二月初め、ハリソンの冷凍装置をつけたストラスリーベン号が、四十トンの牛肉と羊肉を積んでメルボルンを出航、二ヶ月後にはロンドンに到着、冷凍設備の威力が証明された。一八八二年には同様の設備がダニーデン号に搭載され、初めてニュージーランドの子羊肉（ラム）がイギリスへ向かう。世界初の冷凍船としてフリゴリフィーク号がしばしば引用されるが、厳密に言えば一八七三年のハリソンの試みこそ相応しい。しかしその航海は冷凍船としては成功しなかった。成功した冷凍船というタイトルは、パラグアイ号がその栄に浴するだろう。この船は一八七七年アルゼンチンから凍った牛肉を積んでフランスのル・アーヴルに着いた。冷凍設備はフェルディナン・カレーが設計したもので、冷媒としてアンモニアを使っていた。

　フリゴリフィーク号の場合、refrigeration は、氷で冷やした水をパイプで導き、ポンプを使って循環させたのである。ブエノスアイレスからの航海中にポンプが壊れ、肉はフランスへ着くまでに腐った。フリゴリフィーク号はパラグアイ号よりも数ヶ月早かったけれども、真の冷凍船ではない。積んでいた氷で食品の鮮度を保とうとした、単なる保冷船に過ぎなかった〔訳注・冷凍機を備えていたという説もあり、それで製氷した？〕。フリゴリフィーク号が主張できるのは、たとえ成功しなかったとしても、大洋を渡って生肉を輸送しようとしたパイオニアであったことだ。

　最初の冷凍船がどれであるかに関係なく、一八八〇年代には、機械による圧縮―蒸発過程というものが、世界中の生産地から欧州やアメリカ東部のマーケットに肉を輸送するときの問題を解決した。アルゼンチン、あるいはもっと離れたオーストラリア、ニュージーランドの牧場から牛肉、羊肉を船で運ぶには、熱帯の暑い地域を通過する二、三ヶ月の航海に耐えねばならない。フリゴリフィーク号の単純な氷冷システムでは成功しなかったであろう。機械による冷却の信頼性は徐々に高まり、牧場主、農場主は畜産物、農産物を世界市場に送り出す新しい手段を手にした。こうして冷却装置はオーストラリア、ニュージーランド、アルゼンチン、南アフリカなどの国々の経済発展に大きな役割を果たすようになる。これらの国は市場から遠く離れていたため、自然に恵まれた豊かな農業生産力を活かしきれていなかった。

$C_2H_5—O—C_2H_5$	NH_3	CH_3Cl	SO_2
エーテル（ジエチルエーテル）	アンモニア	塩化メチル	二酸化硫黄

16－1

素晴らしいフレオン

理想的な冷媒分子は、現実問題として次のような性質を必要とする。まず、通常の温度範囲で蒸発し、圧縮で液化せねばならない。そして気化するときは大量の熱を吸収せねばならない。アンモニア、エーテル、クロロメタン、二酸化硫黄などはこれらの要件を満たし、良い冷媒である。しかしいずれも分解したり、可燃性であったり、有毒であったり、ひどい臭いがしたりする——中にはこれらの欠点をすべて持つものもあった。

冷媒の問題はあったが、冷却装置の需要は業務用、家庭用ともに高まっていった。業務用冷却装置は貿易業者の求めに応じて開発されたもので、家庭用のものより五十年以上進んでいた。最初の家庭用冷蔵庫は一九一三年に登場し、一九二〇年代には、製氷工場からの氷を入れる、伝統的なアイスボックスに取って代わった。初期の家庭用冷蔵庫は、音の大きなコンプレッサーが食品箱とは別になって床に置かれていた。

有毒で爆発の恐れもある冷媒の問題を解決するため、機械技術者のトマス・ミジリー・ジュニアと化学者のアルバート・ヘンネは、冷却サイクルの決められた温度範囲に沸点を持ちそうな物質を探し始めた。既にミジリーはエンジンのノッキングを防ぐためガソリンに添加する四エチル鉛の開発に成功している。二人はゼネラルモーターズの冷却装置部門で働いていた。この基準に合う既知物質は、既に使われているか、あるいは実用的でないと却下されたものばかりだった。しかし一つ、可能性があったフッ素化合物のみ調べられていなかった。フッ素の単体そのものは毒性が強く、腐蝕性の気体である。それまでフッ素を含む有機化合物はほとんど合成されていなかった。

ミジリーとヘンネは炭素原子が一つか二つで、その水素原子のいくつかをフッ素か塩素に換えたさまざまな化合物をたくさん作ろうと決心した。こうして合成された塩化フッ化炭素化合物（クロロフルオロカーボン、ＣＦＣ）は、冷媒として必要な条件を見事なまでにすべて満たした。非常に安定で、不燃性で、毒性はなく、製造コストも低く、ほとんど臭いもなかった。

一九三〇年ジョージア州アトランタで開かれたアメリカ化学会総会で、ミジリーはこの新しい冷媒の安全性を非常に劇的なパフォーマンスで示した。まず空の容器にＣＦＣの液体を注ぐ。冷媒が沸騰すると彼は蒸気の中に顔を突っ込み、口を開けて大きく息を吸い込んだ。そして予め火をつけたろうそくのほうに向いてゆっくりとＣＦＣを吐き出す。炎は消えた——ＣＦＣの不燃性、無毒性を示す、ユニークで見事なデモンストレーションだった。

その後、多くのＣＦＣ分子が冷媒として使われるようになった。例えば、二塩化二フッ化メタン（通常、フレオン12というデュポン社の商品名で呼ばれた）、三塩化フッ化メタン（フレオン11）、１、２二塩化１、１、２、２-四フッ化エタン（フレオン114）などである（16-2）。

フレオンの名前についている番号は、ミジリーとヘンネの作ったコード番号である。最初の数字は炭素原子の数から一を引いたもので、もしこの数がゼロなら書かれない。つまりフレオン12はフレオン012のことである。次の数は（もしあれば）水素原子の数に一を加えたものだ。最後の数はフッ素原子の数である。残った原子はすべて塩素となる。

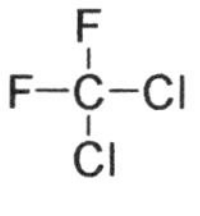

フレオン12

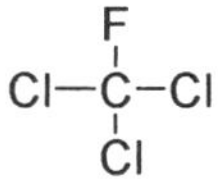

フレオン11

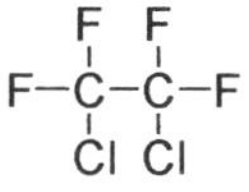

フレオン114

16-2

　ＣＦＣは完璧な冷媒で、冷却機産業に革命を起こす。電気を引く家庭がどんどん増えたこともあり、家庭用冷蔵庫の爆発的普及の要因となった。冷蔵庫は、一九五〇年代までに先進国で標準的な家庭用電化製品となる。生鮮食料品を一日分ずつ買う必要もなくなった。腐りやすいものも安全に保存できる。食事も前もって作っておくことができるようになった。冷凍食品産業も花開く。新製品が開発され、簡単にすぐ食べられる食事、「ＴＶディナー」が登場した。ＣＦＣは食品の買い方、調理の方法、さらには食べるものすら変えてしまった。冷却装置は、熱に弱い抗生物質、ワクチンなどの医薬品を保存したり、世界中に発送したりすることも可能にした。

　安全な冷媒分子が大量に得られるようになって、人類は食品以外のものも冷やせるようになった。つまり空気である。数世紀のあいだ人々は暑さに対処するのに、主として自然の風を取り込んだり、団扇であおいだり、水の気化による冷却効果を使ったりしていた。ひとたびＣＦＣが登場すると、立ち上がったばかりの空調産業が急速に発展した。熱帯や、夏が異常に暑い地方では、エアコンによって家庭、病院、オフィス、工場、ショッピングモール、車——人々の住んだり働いたりする場所はすべて——が快適になった。

　ＣＦＣには他の使い道も見つかった。事実上、どんなものにも反応しないため、スプレー缶に使われ、あらゆる内容物の理想的な噴出剤となった。ヘアスプレー、髭剃りフォーム、香水、日焼けローション、トッピング用

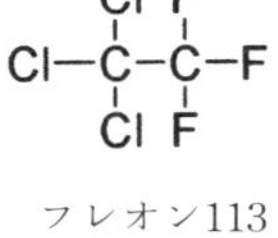

フレオン113

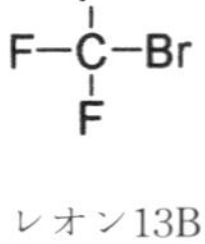

フレオン13B1

16－3

ホイップクリーム、チーズスプレッド、家具磨き剤、カーペット洗剤、風呂のカビとり剤、殺虫剤、これらは膨大な製品群の一部に過ぎない。CFC蒸気が膨張することで、エアロゾル缶の小さな穴を通して押し出されるのだ。

梱包材に使われる軽くて多孔質のポリマーを作るとき、CFCのあるものは発泡剤として理想的だった。ビルの断熱材、ファストフードの容器、スタイロフォームのコーヒーカップなどもそうである。フレオン113のようなCFCの溶媒特性は、回路基板や電子部品の洗浄に最適だった。また、CFCの塩素やフッ素を臭素原子Brで置換すると、分子が重くなり沸点も高くなる。フレオン13B1（コードは臭素を示せるよう変わっている）などはその例で、消火剤に適している（16-3）。

一九七〇年代初めには、CFCと関連化合物が年間百万トンほど作られるようになった。これらの分子は本当に理想的で、欠点やマイナス面などなく、現代社会においてその役割を果たすのに完全に適しているように見えた。この世界をより良い場所にするように見えたのである。

闇の部分を見せたフレオン

CFCの輝きは一九七四年まで続く。この年、アトランタで開かれたアメリカ化学会の総会でシャーウッド・ローランドとマリオ・モリナが物議をかもす研究結果を発表した。二人はCFCの異常な安定性がまったく予期せぬ、そして非常に厄介な問題を起こすことを発見したのである。

CFCは他の化合物と異なり、普通の化学反応では分解しない。もともとの長所であった性質である。空気中に放出されたCFCは、数年、ときには数十年も下層（対流圏）を漂い、やがて成層圏まで上がり、そこで太陽光線によって分解される。成層圏にはオゾン層と呼ばれる地上十五キロから三十キロメートル上空に広がる層がある。これはずいぶん厚い覆いに思えるかもしれない。しかし同じオゾン層を地表の圧力で圧縮したら、わずか数ミリメートルになってしまう。成層圏の高度では大気圧が非常に低く、オゾン層が薄く広がっているのである。

オゾンは酸素の同素体である。両者の唯一の違いは、分子を作る酸素原子の数だけである――酸素はO_2でオゾンはO_3――しかし二つの分子は非常に異なった性質を示す。オゾン層の上では、強い太陽光線が酸素分子の結合を壊し、二つの酸素原子が生じる（16－4）。

これらの酸素原子はオゾン層まで降りてきて、それぞれ酸素分子と結合しオゾンができる（16－5）。オゾン層では、オゾン分子が高エネルギーの紫外線によって分解し、酸素分子と酸素原子になる（16－6）。

二つの酸素原子は再び結合し酸素分子となる（16－7）。

こうしてオゾン層では常にオゾンが作られ、常に壊されている。二つの過程は数千年にわたってバランスが保たれ、その結果、地球の大気中のオゾン濃度も比較的一定になっている。この仕組みは地上の生命にとって重要な意味を持つ。オゾン層のオゾンは、生き物にとって非常に有害な太陽からの紫外線を吸収してくれるのだ。我々はオゾンの傘の下で生きていると言われる。太陽の殺人光線から守ってくれる傘である。

しかしローランドとモリナの研究は、塩素原子がオゾン分子の分解を速めることを示した。最初のステップは塩素原子とオゾンの衝突で、一酸化塩素（ClO）と酸素分子ができる（16－8）。

次にClOが酸素原子と反応して酸素分子ができ、そして再び塩素原子が生じる（16－9）。

ローランドとモリナは、この一連の反応がオゾンと酸素分子のバランスを崩すことを示唆した。なぜなら塩素原子はオゾンの分解を速めるが、オゾンの生成には影響しないからだ。最初のステップでオゾンの分解に使われた塩素原子は、次のステップで再生するため、触媒として働いている。すなわち、反

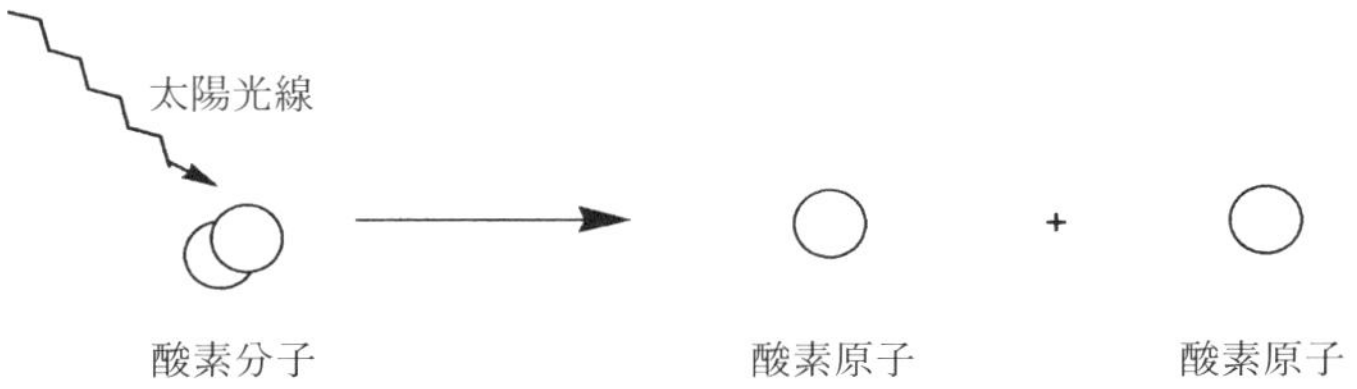

16-4

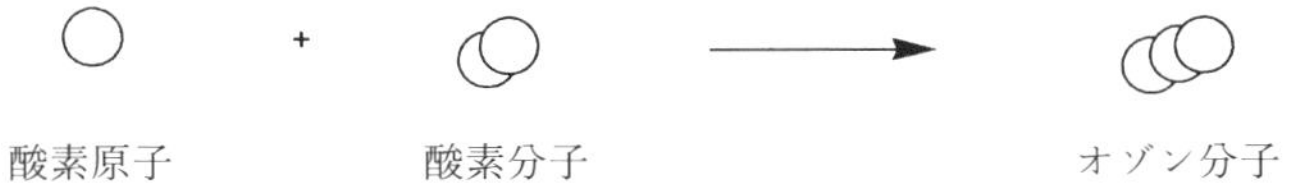

16-5

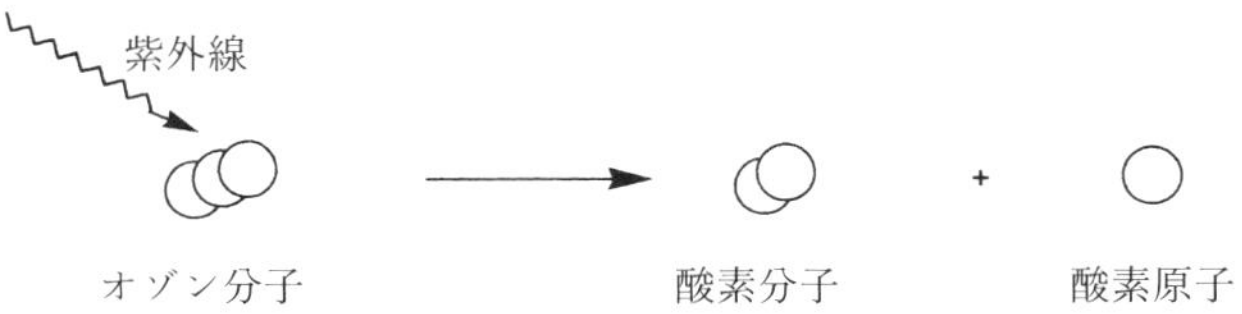

16-6

16-7

応速度を高めるけれども、それ自体は消費されない。これはオゾン層への影響を考えたとき、非常に警戒すべき性質である。つまり単にオゾン分子が塩素と反応するのではなく、同じ塩素原子が次から次へと分解を触媒していくのである。ある試算によれば、一つのCFC分子から離れて上空に行った塩素原子一つは、不活性化するまでに、平均して十万個のオゾン分子を破壊するという。オゾン層が一％減ると、大気を通過する有害紫外線が二％増えるらしい。

ローランドとモリナは実験結果に基づき、CFCと関連化合物からの塩素原子は、成層圏に達するとオゾン層の破壊を始めるだろうと予言した。当時CFC分子は、毎日何億何兆と大気に放出されていた。CFCがオゾン層の枯渇、そしてすべての生物の健康、安全性に対し、現実的な、緊急の脅威となっているというニュースは、人々の不安感を煽った。しかし、CFCが自発的廃止、部分的禁止を経て完全に禁止されるまでには、長い歳月——そして、さらなる研究、報告、特別調査チーム——を必要とした。

しかし全く予期せぬところからのデータにより、CFCを禁止しようという政治的意思が生まれる。一九八五年、南極での観測から、極地上空のオゾン層が破壊されつつあることが示された。いわゆるオゾンホールの最大のものが、事実上無人の大陸の上空で、冬に出現しうることは人々を困惑させた。南極には冷媒もエアロゾルのヘアスプレーもない。

16－8

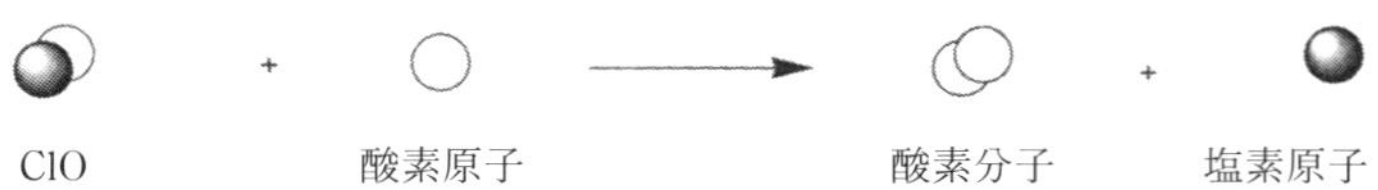

16－9

それは、CFCを環境に放出することが、その地域だけではなく地球規模の問題であることを明らかに意味した。一九八七年には、南極上空を飛ぶ高高度観測飛行機がオゾン層下部で一酸化塩素 ClO を検出した――ローランドとモリナの予言が実証されたのだ（二人はこの八年後、成層圏と環境に対するCFCの長期的影響を発見したということで、一九九五年のノーベル化学賞を分け合った）。

一九八七年、モントリオール議定書と呼ばれる条約が採択され、調印したすべての国はCFC使用の段階的中止、最終的には全面的禁止を求められた。今日、冷媒としてはクロロフルオロカーボン（CFC）の代わりにハイドロフルオロカーボン（HFC）とハイドロクロロフルオロカーボン（HCFC）が使われる。前者は塩素を含まない。後者は大気中で簡単に酸化されるため、反応性の低い従来のCFCが到達する成層圏上部まで達することは少ない。しかしCFCの新しい代替物質は冷媒としての能力に劣り、同じ冷却効果を得るには、多いもので三%余分にエネルギーを必要とする。

現在、大気中には膨大な数のCFC分子がある。すべての国がモントリオール議定書に調印したわけではない。また、調印した国であっても、依然としてCFCを含む冷蔵庫が何百万台も使われており、廃棄された古い機器もおそらく何十万台かあって、そこからCFCが大気中に漏れ続けている。漏れたCFCは上昇し、既に存在するCFCの流れに加わる。オゾン層で大破壊を起こす、ゆっくりとした、しかし変えられない流れである。かつて賞賛されたこれら分子の影響は、今後数百年にわたって現れるかもしれない。地表に届く高エネルギー紫外線の量が増えれば、細胞やDNA分子が損傷する確率も増す。ガンや突然変異の発生が増えるということだ。

塩素の暗い側面

最初に発見されたとき素晴らしいと賞賛され、後に予期せぬ毒性や環境・社会的悪影響が見つかった化合物は、クロロフルオロカーボン類（ＣＦＣ）が唯一というわけではない。しかし、驚くかもしれないが、塩素を含む有機化合物は、他のどんな有機分子よりもこうした「暗い側面」を示してきた。単体の塩素分子すらこの両面性を持つ。現在世界中で無数の人々が塩素を添加された上水に頼っている。水の浄化には他の化学物質も有効であるが、たいていずっと費用がかかる。

前世紀に公衆衛生面で大きく進んだものの一つは、きれいな水を世界各地で飲めるようにする試みである。まだ達成されたわけではないが、塩素がなければ、ゴールははるかに遠くなろう。しかし塩素は有毒である。ドイツの化学者フリッツ・ハーバーによってよく知られるようになった事実である。彼は空気中の窒素からアンモニアを合成し（五章）、また毒ガス戦でも貢献した。第一次世界大戦で使われた最初の毒ガスは、黄緑色の塩素ガスであった。窒息と呼吸困難がすぐに出る。すなわち塩素は強烈な刺激剤で、肺、気道組織の細胞を膨張させ、死に至らせる。マスタードガス、ホスゲンも後に毒ガスとして使われた。これらは塩素原子を含む有機化合物で、塩素ガスと同様、恐ろしい作用を持つ。マスタードガスは死亡率こそ高くないが、眼に永久的な損傷を与え、深刻で持続的な呼吸障害を起こす（16－10）。

ホスゲンガスは無色で毒性が極めて高い。これらの毒物の中では最も陰険である。即時的な刺激性はないため、その存在に気付かないうちに致死

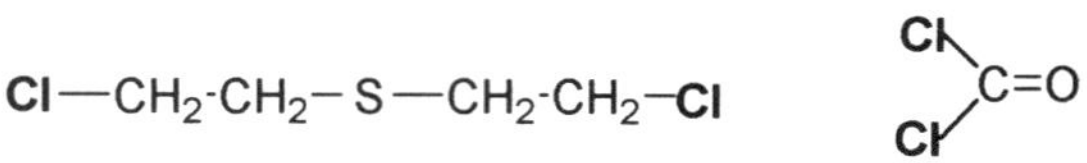
マスタードガス　　　　ホスゲン

第一次世界大戦で使われた毒ガス分子。太字が塩素原子。

16－10

量を吸い込んでしまう。通常、肺、気道の組織に激しい浮腫が生じ、窒息することで死に至る。

ＰＣＢ——塩素有機化合物による、さらなる問題

ＣＦＣのように最初すばらしい分子として登場するも、後に深刻な健康問題を起こすことが分かった塩素化合物は他にもある。ＰＣＢとしてよく知られる、ポリ塩化ビフェニルの商業生産は一九二〇年代後半に始まった。この化合物群は電気変圧器、リアクトル、コンデンサー、回路遮断機などの絶縁体兼冷却剤として理想的と思われた。高温においても異常なほど安定で、燃焼性のないことが高く評価されている。これらの化合物は、さまざまなポリマーを作るときの可塑剤——柔軟性を高める薬液——としても重宝がられた。そのポリマーは、食品の包装材、哺乳瓶のコーティング、ポリスチレン製コーヒーカップなどに使われるものも含む。さらにＰＣＢの用途は印刷業界のインク、ノンカーボン紙、塗料、ワックス、接着剤、潤滑油、真空ポンプの油などにも広がった。

ポリ塩化ビフェニルは、親化合物であるビフェニル分子の水素原子を塩素原子で置換した分子の集合である（16－11、16－12）。

その構造は、いくつ塩素原子が存在するか、ビフェニル環のどこに導入されるかで、多くの種類がある。図の例は、二つの異なる三塩化ビフェニル（塩素原子が三つある）と、五塩化ビフェニル（塩素原子が五つある）を示している。ＰＣＢには二百種以上の異なる構造が可能である。

ＰＣＢの生産が始まってまもなく、ＰＣＢ製造工場の労働者に見られる健康問題が報告された。多くは皮膚症状で、今日、塩素痤瘡（ざそう）として知られるものだ。顔や体に黒く膿んだ吹き出物が現れる。塩素痤瘡は、ＰＣＢ中毒で最初に現れる全身症状の一つであることが分かっている。そのあと、免疫、神経、内分泌、生殖機能に障害が出て、やがて肝機能不全やがんになる。ＰＣＢはすばらしい物質などではな

く、実際、今まで合成された化合物の中で最も危険な部類に入る。その脅威には、ヒトや他の動物に対する直接の毒性だけでなく、ＣＦＣのように、一番の長所となった、その優れた安定性も関係している。ＰＣＢは環境に残存し、しかも生物濃縮を受ける。つまり食物連鎖に沿って濃度が増えて行くのだ。ホッキョクグマやライオン、クジラ、ワシ、そしてヒトなど、食物連鎖のトップにいる動物は体内の脂肪などに高濃度のＰＣＢを蓄積させていく。

一九六八年に起きたヒトＰＣＢ中毒事件の恐ろしさは、これら分子を摂取したときの直接作用をよく表している。日本の九州で千三百人ほどの住民が体の不調を訴えた。最初は塩素痤瘡、そして呼吸と視覚の障害。たまたまＰＣＢで汚染していた米ぬか油を食べた後だった。長期的な影響としては、生まれた子の先天性障害や肝臓がんが正常より多かった。一九七七年にはアメリカがＰＣＢを含むものを水路に流すことを禁止し、一九七九年には製造を違法とした。このとき既に無数の研究により、これらの化合物はヒトの健康そして地球の健康に対し、毒性のあることが示されていた。ＰＣＢを規制する法律はあるけれども、今なお百万トン以上のＰＣＢが使われていたり、安全な廃棄を待っていたりする。ＰＣＢは依然として環境に漏れ続けているのである。

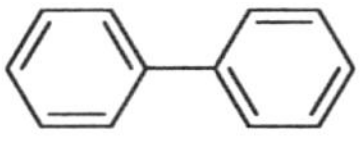

ビフェニル分子

16－11

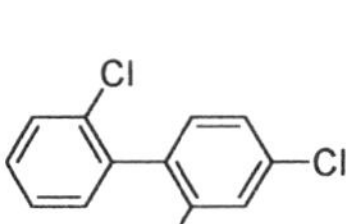

三塩化ビフェニル

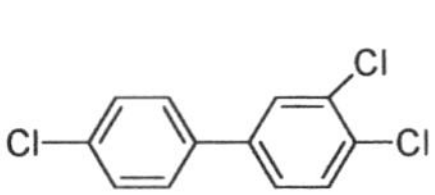

三塩化ビフェニル

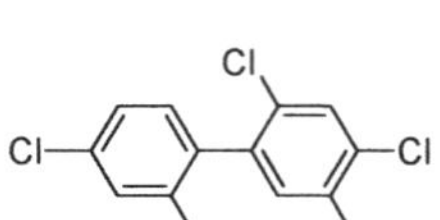

五塩化ビフェニル

16－12

殺虫剤の中の塩素——恩恵、破滅、禁止

塩素を含む分子のあるものは、ただ環境に漏れたというものではない。多くの国で、何十年も、しかも大量に、わざと環境に撒かれたものがある。殺虫剤だ。過去に開発された殺虫剤で最も有効であったもののいくつかは塩素原子を含む。当初は非常に安定な殺虫剤分子——環境に存在し続けるもの——こそ、望ましいと考えられた。一回散布すると数年効くことも期待され、実際そうだった。しかし残念なことに長期的影響というものは常に予測できるわけではない。塩素を含む殺虫剤の使用は、人類にとって大きな利点があった。しかし全く予測しない、非常に有害な副作用を引き起こしたケースもある。

多くの塩素含有殺虫剤のうち、DDT分子ほど有効性と有害性の対立を強く示したものはない。DDTは1、1ジフェニルエタンの誘導体である。その名はジクロロジフェニルトリクロロエタン dichloro-diphenyl-trichloroethane を略したものだ（16－13）。

DDTは一八七四年に初めて合成された。しかし殺虫剤としての優れた能力が認められたのは第二次世界大戦中の一九四二年である。戦時中は発疹チフスの流行を防ぐためシラミを退治したり、また病原体を運ぶ蚊の幼虫を殺したりするのに散布された。DDTを詰めたエアロゾル缶は「殺虫爆弾（バグ・バム）」と呼ばれ、とくにアメリカ軍が南太平洋で積極的に使っ

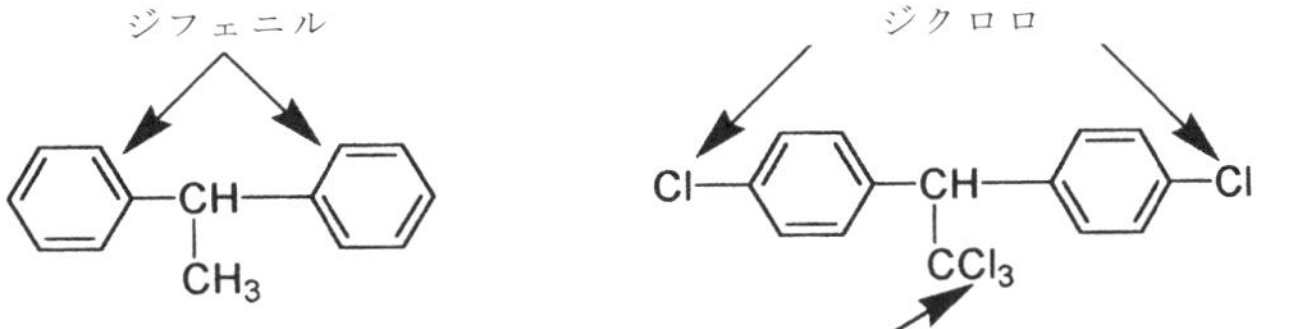

1,1ジフェニルエタン

ジクロロジフェニルトリクロロエタン
（DDT）

16－13

た。これはＤＤＴの雲と一緒に大量のＣＦＣを放出し、環境に二重の負荷を与えた。

ＤＤＴは一九七〇年までに三百万トン合成され、使われた。このとき既に環境への影響に対する心配や、薬剤耐性になった虫の出現に対する不安が表面化していた。野生動物、とくに食物連鎖のトップにいるワシやタカなど猛禽類への影響は、直接ＤＤＴによるものではなく、主にその分解物による。ＤＤＴもその分解産物も脂溶性の物質で、ともに動物組織に蓄積する。しかし鳥類では、この分解物が卵の殻にカルシウムを供給する酵素を阻害してしまう。その結果、ＤＤＴにさらされた鳥は殻の非常に弱い卵を抱えることになり、それは孵化する前にしばしば割れる。一九四〇年代終わりからタカ、ワシの数の急激な減少が目立つようになった。益虫と害虫のバランスが大きく崩れたことは、レイチェル・カーソンが『沈黙の春（サイレント・スプリング）』（一九六二）で紹介している。これはＤＤＴの大量使用が進んだ結果によるものだ。

一九六二年から七〇年のベトナム戦争では、ゲリラの潜む密林を破壊するために、何百万トンもの薬剤「エージェント・オレンジ（枯れ葉剤）」が東南アジアの空に撒かれた。これは塩素原子を含む除草剤、2、4Dと2、4、5Tの混合物である（16－14）。

これら二つの化合物はとくに毒性が強いというわけではない。しかし2、4、5Tはある微量の不純物を含んでいた。その分子は先天性異常、がん、皮膚疾患、免疫不全などがベトナムで頻発した原因と考えられており、これら深刻な健康問題は、今日でもベトナムを苦しめている。この原因物質は、2、3、7、8テトラクロロジベンゾジオキシンという化学名を持ち、ふつうダイオキシンと呼ばれる（16－15）。ダイオキシンという言葉は、実際には多くの有機化合物を含むグループの名前で、必ずしも2、3、7、8テトラクロロジベンゾジオキシンの恐ろしい性質を共有するものではない。

ダイオキシンの致死毒性は、自然界最強の毒物ボツリヌストキシンＡの百万分の一しかない。しかし人類が合成した化合物の中では非常に毒性が強いとされる。一九七六年、イタリアのセーヴェゾで工場

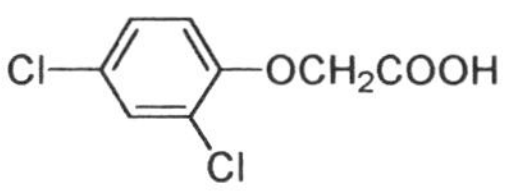

2,4D

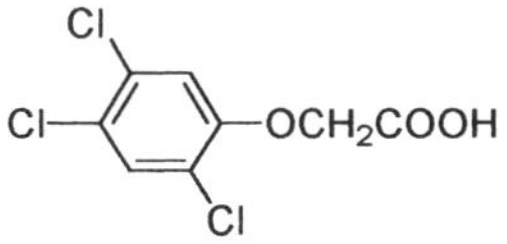

2,4,5T

16－14

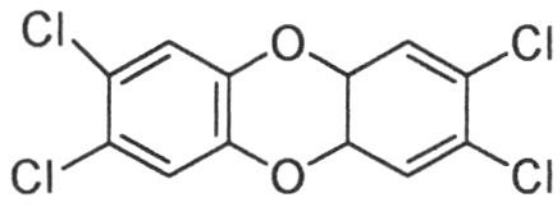

2,3,7,8テトラクロロジベンゾジオキシン（ダイオキシン）

16－15

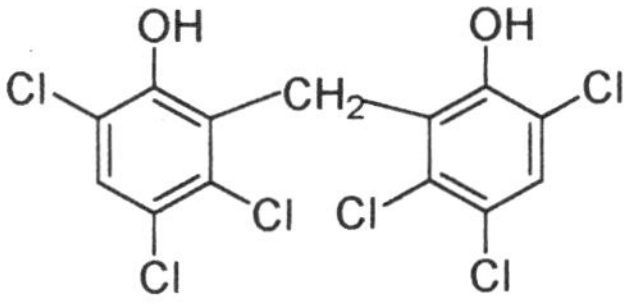

ヘキサクロロフェン

16－16

が爆発した。ダイオキシンが飛散し、地元の住民と動物に塩素痤瘡、がん、先天性異常が現れるという悲惨な影響をもたらした。その後、この事件を広く報じたメディアによって、ダイオキシン類とされるすべての化合物は邪悪なもの、と一般民衆に印象付けられた。

枯れ葉剤の使用によって予期せぬ健康問題が起きたように、別の塩素化合物、ヘキサクロロフェン（16－16）でも予期せぬ問題が現れた。この分子は非常によく効く殺菌薬で、一九五〇年代、六〇年代に石鹸、シャンプー、髭剃りローション、消臭液、マウスウォッシュなど、広範囲にわたって使われた。ヘキサクロロフェンはまた、普段から乳幼児にも使われた。おむつ、ベビーパウダーなど赤ちゃんの衛生用品にも添加されている。しかし一九七二年、動物実験で脳、神経系に障害を与えるという結果が出た。これを受けてヘキサクロロフェンは市販薬や乳児製品への使用が禁止された。しかし、ある種の細菌には非常に有効であるため、その毒性にもかかわらず、にきび治療の処方薬や外科用洗浄液など、限定的ながら今でも使われている。

眠りを誘う分子

すべての有機塩素化合物が人類に有害というわけではない。ある小さな塩素含有化合物は、ヘキサクロロフェンの殺菌作用以上に、医学上有益であった。一八〇〇年代半ば、それまで外科手術は麻酔なしで行われていた。ただ、アルコールは痛みを和らげると信じられていて多量に飲まされることがあった。おそらく執刀医も患者に苦痛を与える前に自らを力づけようと口にしたと思われる。一八四六年十月、ボストンの歯科医、ウィリアム・モートンは、治療作業のあいだエーテルを使って麻酔、すなわち一時的な無意識状態を作ることに成功した。エーテルで無痛手術が可能であるというニュースは急速に広がり、また同時に、麻酔作用を求めて他の化合物も調べられ始めた。

エジンバラ大学医学部の内科と産科の教授であったスコットランドの医師ジェームズ・ヤング・シンプソンは、麻酔薬の候補化合物を試験するユニークな方法を開発した。彼はさまざまな物質を吸い込むテストを考え、そして夕食に知人を招いて一緒にテストに参加してもらったのである。一八三一年に初めて合成されたクロロホルム $CHCl_3$ は、明らかに合格した。シンプソンが食堂の床の上で目を覚ましたとき、周りの客たちはまだ昏睡状態だった。彼は時をおかずして自分の患者にクロロホルムを使う（16‐17）。

この有機塩素化合物はエーテルと比べると、麻酔薬として多くの利点があった。まず作用が速い。臭いもマシである。量も少なくて済んだ。さらに麻酔からの回復も速く、エーテルを使う手術のときより不快感が少なかった。またエーテルには強い引火性がある。酸素と混じれば爆発性となり、手術中に金属器具がぶつかって出るほんの小さな火花さえ引き金となった。

クロロホルム麻酔は、外科の患者に対し積極的に使われた。患者の何人かは死んだけれども、総合的なリスクは小さいとみなされた。当時、手術は最後の手段であることが多かったし、患者は麻酔をしなくとも手術のショックで死ぬことがあったから、クロロホルムの死亡率は受け入れられるものだった。外科手術は速やかに行われたから——麻酔のない時代には重要なことだった——患者はそれほど長時間クロロホルムを吸わされることはなかった。アメリカ南北戦争のときは、戦場で約七千件の手術がクロロホルムで行われ、麻酔事故による死者は四十例以下だったという。

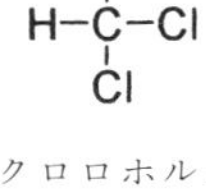

クロロホルム

エーテル（ジエチルエーテル）

16‐17

一般に、外科手術での麻酔は大きな進歩とみなされたが、出産時に使うことには賛否両論あった。慎重意見の半分は医学的なものである。何人かの医師は生まれてくる子供に対するクロロホルムやエーテルの影響について懸念を表明した。麻酔下の出産では、子宮の収縮が抑えられ、また出産後の赤ちゃんの呼吸も低下しているという報告があったからだ。しかし問題は母体の状態や胎児の安全に関するものだけではなかった。モラルや宗教の観点からは、分娩の痛みは必要なこと、すなわち当然だという意見が支持された。「創世記」によると、エデンの園でイブが神に従わなかったことから、その罰として彼女の子孫である女性は出産時に苦しむようになったという。「苦痛の中に汝、子を産むべし」。この聖書の文言を厳しく解釈すれば、陣痛を軽減するいかなる試みも神の意志に反した。もっと極端な意見は、出産時の痛みを罪の償いであるとした。すなわち十九世紀半ば、子をなす唯一の手段であった性交を罪としたのである。

しかし一八五三年、イギリスのビクトリア女王は、第八子レオポルド王子の出産に当たってクロロホルムの助けを借りた。麻酔を使うという彼女の決断は、第九子で最後の出産――一八五七年のベアトリス王女――のときも繰り返された。女王の主治医は権威あるイギリスの医学雑誌『ランセット』で批判されたが、この事実は麻酔出産の容認を加速させた。クロロホルムは、イギリスはじめ多くの欧州諸国で出産時に使われる麻酔薬となった。一方、北米ではエーテルが依然としてよく使われた。

二十世紀初めのドイツで、陣痛を抑えるものとしてまた別の方法が流行し、瞬く間に欧州全体に広がった。十二章、十三章で述べたスコポラミンとモルヒネを投与する方法で、トワイライトスリープ（朦朧睡眠）と呼ばれた。陣痛の始まりに、ごく少量のモルヒネが投与され、これが痛みを和らげる。ただし分娩が長引いたり難産だったりすると鎮痛は十分でなかった。スコポラミンは眠りを誘った。この処方を支持する医師たちに重要であったことは、出産婦たちの記憶がなくなることだった。トワイライトスリープは出産時の痛みを解消するものとして理想的とされ、その結果一九一四年、アメリカでこの使用を求める民衆のキャンペーンが始まった。全米トワイライトスリープ協会は小冊子を発行したり、新技術の効能を絶賛する講演会を盛んに開いたりした。

医学界の中には、深い疑念を表す者もいた。しかし彼らは患者への支配力を維持しようとする無情で冷酷な医師を弁護する者とみなされた。トワイライトスリープは政治的問題に発展し、女性の選挙権獲得につながる大きな流れの一部となった。このキャンペーンの奇妙なところは、女性たちがトワイライトスリープによって出産の苦しみから解放されると信じていたことである。母親はさわやかに目覚め、赤ちゃんと対面できると信じていた。しかし現実には、今までと同じ苦痛を味わった。まるで何も投与されていないかのように暴れた。ところがスコポラミンによる健忘症が苦痛体験の記憶を残さなかったのである。トワイライトスリープは痛みのない静かな出産について幻想を与えただけだった。

この章に出てきた他の有機塩素化合物のように、クロロホルムもまた――外科の患者や医師たちにとって天恵であったにもかかわらず――暗い側面のあることが判明した。今では肝臓と腎臓に障害を起こすことが知られている。高レベルの暴露は発がんのリスクを高めるという。眼の角膜にも傷害を与え、皮膚はひび割れ、衰弱し、吐き気も催す。麻酔、催眠作用に伴って不整脈も出る。クロロホルムは高温、光、空気中酸素によって、塩素、一酸化炭素、ホスゲン、塩酸などを生じるが、これらはすべて有毒で腐食性もある。今日、クロロホルム存在下で作業する場合は、防護服、防護装置を必要とする。麻酔薬として導入された初期のころとは大きな違いである。しかし一世紀以上前に負の側面が認識されていたとしても、クロロホルムは悪者というより、神の贈物とみなされただろう。当時は無数の人々が、手術の前にこの甘い匂いのする気体を感謝しながら吸い込んでいた。

世界には、故意にPCBを川に流す人々がいる。CFCのオゾン層に対する影響が示された後もその撤廃に反対する人々、畑や川に殺虫剤（合法、違法を問わず）を無差別に散布する人々、そして工場や研究所で安全性より利益を優先する人々。多くの有機塩素化合物は、悪役というレッテルが貼られても仕方ない。ただしそのレッテルはこのような人々にこそ当てはまる。

現在我々は、毒性のない何百もの有機塩素化合物を作っている。それらはオゾン層を破壊しないし、環境には無害だし、発がん性もない。もちろん毒ガス戦にも使われない。これらは家庭や産業界、学校、病院、車、ボート、飛行機などで使われている。それらは人目につかず害もない。しかし世界を変えた化学物質としてここに書くこともない。

有機塩素化合物の皮肉は、最も有害、あるいは有害となる可能性のあった物質が、同時に我々の社会の発展に大きく貢献したことである。麻酔薬は、高度に専門化した医学の一分野である外科の発展になくてはならないものだった。船、貨物列車、トラックに使う冷媒分子の開発は、新しい交易のルートを開き、世界中の発展途上国に成長と繁栄をもたらした。今や食品保存は家庭用冷蔵庫によって安全で便利なものになった。エアコンの快適さも当然のことと思う。飲み水は安全であり、変圧器も火を噴かないと考えている。昆虫の媒介する病気は、多くの国で絶滅したり激減した。有機塩素化合物に関しては、こうした正の側面も過小評価してはならない。

十七章　マラリアvs.人類　キニーネ、DDT、変異ヘモグロビン

マラリアという単語は「悪い空気」を意味するイタリア語のmal ariaから来ている。なぜなら、何世紀にもわたってこの病気は、低い沼地に漂う毒ある霧と、邪悪の蒸気によるものと考えられてきたからだ。ごく微小な寄生虫で起きるこの病は、いつの時代でも人類に対する最大の殺人者であるかもしれない。現在でも毎年全世界で、低く見積もって三億人から五億人の患者が発生する。年間二百万人から三百万人が死亡し、それは主にアフリカの子供である。比較の数字を挙げれば、一九九五年ザイールで流行したエボラウィルスは六ヵ月で二百五十人の命を奪った。マラリアは毎日この二十倍以上のアフリカ人を殺している。また、マラリアはエイズよりはるかに速く伝染していく。計算によれば、HIV陽性患者が病をうつすことのできる人数は二人から十人であるが、一人のマラリア患者は数百人に感染させることができる。

ヒトに感染するマラリア原虫（*Plasmodium* 属）には四種類ある。*P.vivax*. *P.falciparum*. *P.malariae*. *P.ovale* である。四種とも典型的なマラリア症状——高熱、寒気、激しい頭痛、筋肉の痛み——を引き起こす。これらはその後何年にもわたって再発を繰り返す。四種のうち最も死亡率の高いのは、ファルシパルム種によるマラリアである。他の三つはしばしば「良性、穏やかな」マラリアと言われるが、健康や生産性全般に与える社会的損失は決して穏やかなものではない。マラリアの熱はふつう周期性で、二日から三日に一度上昇する。しかし、恐ろしいファルシパルム種のマラリアでは、この周期的発熱が

稀である。そして病状が進むにつれ、黄疸が現れ、嗜眠となり、意識混濁のあと、ついには昏睡、死亡する。

マラリアは、ハマダラカ（*Anopheles* 属）に刺されることによってヒトからヒトへうつる。すなわち、メスの蚊は卵を産む前に血の栄養を必要とする。もし蚊の吸う血がマラリア感染者のものならば、寄生原虫は蚊の消化管に入って生活環を続けることができる。そして別のヒトが蚊に食事を提供するとき、原虫は新しい犠牲者に感染する。感染すると肝臓で成長し、一週間ほど経つと血管に侵入して赤血球に入る。こうなると別の吸血ハマダラカに吸い取られることができる。

我々はマラリアを熱帯、亜熱帯の病気と考える。しかしつい最近までは温帯でも流行していた。数千年前の中国、インド、エジプトの文献には熱病に関する記述が見られるが、おそらくマラリアである。イギリスでは the ague（瘧（おこり））と言った。イングランドやオランダ沿岸部の低地ではありふれた病気だった。大きく広がる沼沢地と淀んで動かない水は、蚊の繁殖に理想的である。マラリアはずっと北のスカンジナビア、アメリカ北部、カナダでも見られた。北極圏に近いボスニア湾の周囲、スウェーデンやフィンランドにもあったという。地中海、黒海沿岸の国々では風土病とされた。

ハマダラカが繁殖するところはどこでもマラリアが流行した。ローマでは、法王が交代するたびに、選出選挙（コンクラーヴェ）に参加した多数の枢機卿が悪名高き「沼地熱」で死亡した。クレタ島やギリシャ本土のペロポネソス半島、さらには雨季と乾季がはっきりした地域では、人々が夏のあいだ家畜と共に高地に移動した。これは夏の牧草地を探すとともに、沿岸部でのマラリアから逃げるという意味もあったかもしれない。

マラリアは貧者だけでなく、金持ちや有名人も襲う。アレクサンドロス大王はマラリアで死んだという説がある。アフリカ探検家のデビッド・リビングストンもそうだ。軍隊ではとくにマラリアが流行した。天幕や間に合わせの陣地、はては野外に寝ることは、夜行性の蚊に巨大な餌場を提供する。アメリカ南北戦争では半数以上の部隊で毎年マラリアが流行した。ナポレオン軍が一八一二年の夏の終わりから秋にかけてモスクワへの大進撃を始めたとき、彼らが被った多くの苦難の一つにマラリアを加えてもよいのではないだろうか。

マラリアは二十世紀に入っても世界的な問題だった。一九一四年のアメリカでは患者が五十万人以上いた。一九四五年には約二十億人がマラリア流行地に住んでおり、人口の一〇％が感染している国もあった。マラリアが関連する長期欠勤者が労働者の三五％、学童に限れば五〇％に上る地域もあった。

キニーネ――天然の解毒剤

こうした数字を見れば、マラリアに対処するため数世紀わたって多くの方法が試されたことも驚くにあたらない。それに関連して本書では三つの分子を取り上げる。構造的には全く異なるが、三つとも、今までの章で取り上げた多くの分子と、意外に興味深い関連性を持つ。三つの分子のうち第一はキニーネである。

海抜千メートルから三千メートルのアンデス高地に、あるアルカロイドを樹皮に含む木が繁っている。この木がなかったら、世界は今日とは違ったものになっていただろう。その木というのは四十種類ほどあり、すべてキナ*Cinchona*属である。コロンビア南部からボリビアにかけて、アンデス山脈東側斜面に自生する。この樹皮の特別な性質は古くから地元民に知られていた。彼らはこの木のかけらを煎じた茶が熱病に効くということを、先祖代々しっかりと伝えてきた。

初期のヨーロッパ人探検家がこの樹皮の抗マラリア活性をいかに知ったかについては、多くの話が伝えられている。その一つによると、あるスペイン人兵士がマラリアにかかった。しかしこの木に囲まれた池の水を飲んだら熱が奇跡のように下がったという。また別の話によると、チンチョン（Chinchón）伯爵夫人、ドニャ・フランシスカ・エンリケ・ド・リベラが関わっている。彼女の夫、チンチョン伯は一六二九—三九年ペルーの総督だった。一六三〇年代初め、彼女は重いマラリアに罹る。伝統的なヨーロッパの薬はまったく効かなかった。主治医は地元の民間薬に目を向け、彼女は樹皮に含まれるキニーネによって命を救われた。ここからその木の属名は伯爵にちなんで（綴りは間違っているけれども）名づけられたとか。

こうした話は、ヨーロッパ人が来る前から新大陸にマラリアが存在したという説の根拠として使われてきた。しかしインディオがキナ kina ——ペルーの言葉、スペイン語では quina ——の木が熱病に効くことを知っていたからといって、マラリアが古くからアメリカにあったと証明されるものではない。コロンブスが新大陸の海岸に来たのは、ドニャ・フランシスカがキニーネを飲む一世紀以上前のことだ。マラリアが初期の探検家から新大陸のハマダラカに入り、アメリカ先住民に広がるのには十分すぎるほどの時間がある。また征服者が来る何世紀も前からキナの樹皮で癒されていた熱病が、マラリアだったという証拠もない。それゆえ一般に、医学史研究家や人類学者は、マラリアがアフリカやヨーロッパから新大陸に入ったと考えている。おそらくヨーロッパ人とアフリカからの奴隷の両方が感染源であろう。マラリアが猛威を振るった西アフリカからアメリカへの奴隷貿易は、十六世紀半ばには十分盛んになっていた。チンチョン伯爵夫人がペルーでマラリアに感染した一六三〇年代には、マラリア原虫を抱えた西アフリカ人もヨーロッパ人も何世代か経て、新大陸全体に流行させうる巨大な感染源貯蔵庫（リザーバー）となっていた。

キナの樹皮がマラリアに効くという話は、すぐにヨーロッパまで伝わった。一六三三年アントニオ・デ・ラ・カローチャ神父は「熱病の木」の樹皮が持つ驚くべき性質について記録している。また、ペルーにいた他のイエズス会のメンバーたちは、キナの樹皮をマラリアの治療、予防の両方に使い始めた。一六四〇年代にはバルトロメ・タフール神父が樹皮をローマに送り、奇跡のように効くという噂は聖職者たちの間に広まった。一六五五年のローマ法王選出選挙(コンクラーヴェ)では、マラリアで死んだ枢機卿が初めて一人も出なかった。まもなくイエズス会は大量の樹皮を輸入し、ヨーロッパ全土で販売するようになった。いわゆる「イエズス会の粉」は多くの国で引っ張りだこであったが、プロテスタントの多いイングランドではまったく不人気であった。オリバー・クロムウェルはカトリックの薬を拒否し、一六五八年マラリアで死去した。

一六七〇年にはまた別のマラリア薬が登場する。ロンドンの薬剤師兼医師であったロバート・タルバーは、イエズス会の粉の危険性に目を向けるよう広く警告した。そして自ら処方した秘薬を売り出す。タルバーの薬はイングランドとフランスの両王室に採用された。すなわち自国の王チャールズ二世と、フランス王ルイ十四世の息子が重いマラリアにかかったのだが、ともにタルバーの奇跡の薬によって命をとりとめた。この秘薬の奇跡の成分が明らかになったのは、タルバーの死後である。それはイエズス会の粉と同じキナの樹皮であった。タルバーの嘘が彼に富をもたらしたことは間違いないが(本来の目的であろう)、しかし同時にカソリックの薬を拒否したプロテスタントの命を救うことにもなった。キニーネが瘧といわれた病を治した事実は、何世紀にもわたってヨーロッパ人を苦しめてきたこの熱病が、実際マラリアであった証拠とされる。

続く三世紀のあいだ、マラリアは消化不良、熱病、脱毛症、がんなど多くの病気と同様に、主にキナの樹皮で治療された。この樹皮はどんな植物のものか一般には知られていなかった。しかし一七三五年フランスの植物学者ジョセフ・ド・ジュシューが南米熱帯雨林の高地を探検する。そして苦い樹皮のもとが高さ二十メートルにも育つ、葉の広い木であることを発見した。それはコーヒーの木と同じ仲間、アカネ科の一種だった。この樹皮には常に大きな需要があり、その採集は大きなビジネスとなった。木を殺さずに樹皮の一部だけ採集することは可能であったが、木を切り倒して皮をすべて剝いでしまえば、もっと大きな利益が得られた。十八世紀終わりには、毎年二万五千本のキナの木が伐採されていた。

キナの樹皮は高価で、また原料の木にも枯渇の恐れがあったため、抗マラリア分子の単離、同定、合成は、重要な研究対象となった。キニーネが初めて単離されたのは、おそらく純粋な形ではないだろうが、一七九二年までさかのぼることができると考えられている。樹皮にどんな分子が存在するのか、本格的に研究が始まったのは一八一〇年ころである。ジョセフ・ペルティエとジョセフ・カヴァントゥがキニーネをやっと抽出し、精製したのは一八二〇年だった。この二人のフランス人化学者の偉業に対し、パリ科学学士院は彼らに総額一万フランを贈っている。

キナの樹皮には三十種ほどのアルカロイドが含まれていたが、すぐにキニーネが活性成分とされた。しかし、その構造は二十世紀に入るまではっきりとは分からなかったため、これを合成しようとする初期の試みは成功するはずもなかった。そうした試みの一つは、若きイギリスの化学者ウィリアム・パーキン（彼には九章で会っている）の研究である。パーキンは、アリルトルイジン二分子と酸素三原子を結合させれば、キニーネと水になると考えた（17－1）。

一八五六年、彼はアリルトルイジンの分子式 $C_{10}H_{13}N$ がキニーネ $C_{20}H_{24}N_2O_2$ の約半分であるということに基づいて実験を行う。しかし成功するはずはなかった。今日の我々はアリルトルイジンも、もっと複雑なキニーネの構造も以下のようであることを知って

$$2C_{10}H_{13}N + 3O \longrightarrow C_{20}H_{24}N_2O_2 + H_2O$$

アリルトルイジン　酸素　キニーネ　水

17－1

いる（17－2）。

パーキンはキニーネを作ることはできなかった。だが彼の研究は、モーブを作り出し、金を儲けることに大いに役立った。また染料産業に、そして有機化学の発展に大いに貢献した。

十九世紀、産業革命でイギリスや欧州各国が繁栄するにつれ、不健康な湿地帯の問題に取り組むための資本が蓄積されてきた。広範囲にわたって排水溝がつくられ、沼地はより生産性の高い農地に変わった。このことは、産卵する蚊にとって絶好の淀んだ水場が少なくなったことを意味する。そしてかつてマラリアが猛威を振るっていた地域で発病が減った。しかしキニーネの需要は減らない。反対に、アフリカやアジアでヨーロッパ諸国の植民地が増えるにつれ、マラリアに対する防護策が必要となってきた。マラリア予防薬としてキニーネを飲むというイギリス人の習慣は、「毎晩のジン・トニック」というものになった。ジンは、キニーネ入りトニックウォーターの苦味を整えるために必要だった。大英帝国はキニーネの供給に全てがかかっていた。なぜならインド、マレー、アフリカ、カリブ諸国など最も重要な植民地の多くは、マラリアが流行している地域であったからだ。オランダ、フランス、スペイン、ポルトガル、ドイツ、ベルギーもマラリア地域に植民地をもっていた。キニーネに対する世界規模の需要は莫大なものだった。

キニーネの合成ルートが見えないため、別の方策が模索され、そして

アリルトルイジン　二分子　　酸素　　生成せず　　キニーネ

17－2

見つかった。アマゾンのキナの木を他の国で栽培するのだ。しかしキナの樹皮を売って得られる利益は莫大であることから、ボリビア、エクアドル、ペルー、コロンビアの各国政府は、キニーネ貿易の独占を維持するため、キナの苗や種の輸出を禁じた。それでも一八五三年、オランダ人ユストゥス・ハスカールは、南米の *Cinchona calisaya* の種をなんとかカバンに詰めて密輸した。彼は、オランダ領東インドのジャワ島にあった植物園の園長である。種はジャワで芽吹いた。しかし、ハスカールとオランダにとって不幸なことに、この種類はキナの中でも比較的キニーネ含量が低かった。イギリスも似た経験をしている。彼らは *Cinchona pubescens* を密輸してインド、セイロンに植えた。木は育ったが、樹皮のキニーネは生産コストをまかなうのに必要な含量三％に達しなかった。

一八六一年、長年キナ樹皮貿易に携わってきたオーストラリア人、チャールズ・レジャーはボリビアのインディオを説得し、キニーネ含量が高いと思われる種類のキナの種を買うことに成功した。イギリス政府はレジャーの種に興味を示さなかった。おそらく今までの経験から、キナの栽培は経済的に合わないと見たのだろう。しかしオランダ政府は、この種類――*Cinchona ledgeriana* と知られるようになった――の種子一ポンド（四百五十グラム）を約二十ドルで買った。このときから二百年ほど前、イギリスはナツメグ貿易のイソオイゲノール分子をオランダに譲り、代わりにマンハッタン島を得るという賢い選択をした。しかし、今度正しい選択をしたのはオランダだった。この二十ドルの買い物は歴史上最も賢い投資とされた。なぜなら *Cinchona ledgeriana* の樹皮のキニーネ含量は一三％もあることが分かったからだ。

この種はジャワに植えられ、大切に栽培された。やがて木が成熟し、キニーネを豊富に含む樹皮が収穫されるようになると、南米の天然樹皮の輸出は減少した。これと同じシナリオが、この十五年後に繰り返されている。すなわち南米原産の別の木、*Hevea brasiliensis* の種が密輸され、それが地元南米でのゴム生産のすたれる契機となった（八章）。

一九三〇年には世界のキニーネ生産量の九五％以上がジャワのプランテーションで作られた。これらキナの農園はオランダに大きな利益をもたらした。しかしキニーネ分子は、いやもっと正確にいうとキナの栽培の独占は、第二次世界大戦の戦局を変えそうになった。一九四〇年、ドイツはオランダに侵攻し、「キナ部局」のアムステルダム倉庫から欧州用キニーネの全ストックを没収した。一九四二年には日本がジャワを占領し、この重要な抗マラリア薬の供給をさらに危うくする。そこでスミソニアン研究所のレイモンド・フォスバーグ率いるアメリカの植物学者一行が、アンデス東山麓に派遣された。同地に依然として自生するキナの木を確保し、樹皮の安定供給源を得るためだった。彼らはなんとか数トンの樹皮を得た。しかしオランダが仰天するほどの成績を上げた高生産性 *C. ledgeriana* の木はとうとう見つけられなかった。熱帯で行動する連合軍を守るためには、キニーネが絶対必要である。そこで再びその合成——あるいは抗マラリア活性をもつ似たような分子の合成——が重大問題となった。

キニーネはキノリン分子の誘導体である。一九三〇年代、二、三のキノリン誘導体が合成され、急性マラリアに有効であることが示されていた。第二次世界大戦の間に抗マラリア薬を求めて大規模な研究が行われ、最も良い合成品として4—アミノキノリン誘導体、現在はクロロキンと

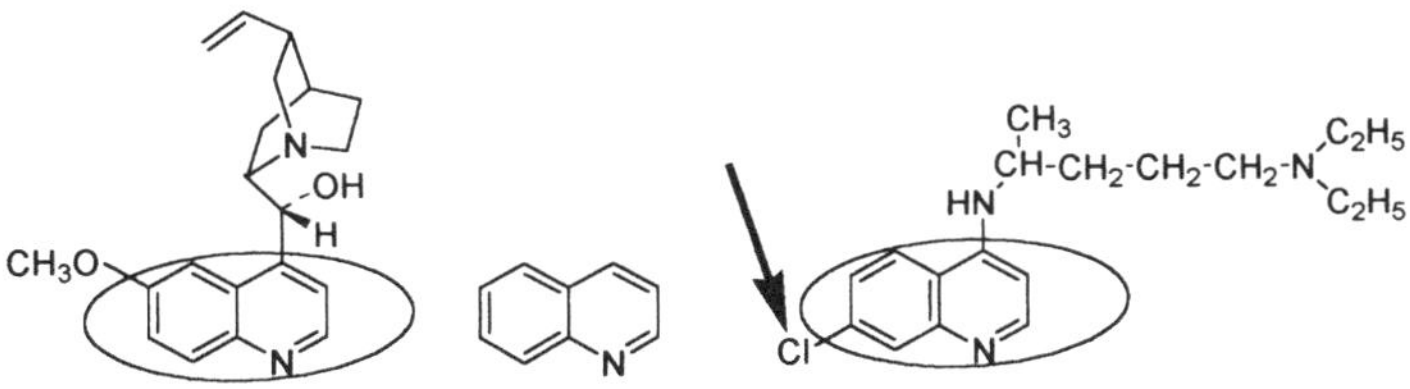

キニーネ（左）もクロロキン（右）も、円で示したように、キノリン骨格（中央）をもつ。矢印はクロロキンの塩素。

17−3

して知られる化合物に行き着く（17－3）。この分子はもともとドイツの化学者によって大戦前に作られていたものだった。

クロロキンは塩素原子を一つ含む。人類に大きな恩恵を与えた有機塩素化合物の、もう一つの例である。この分子は、安全で有効なマラリア薬として四十年以上も使われた。ほとんどの人で忍用性が良く、他の合成キノリン類にみられた毒性がなかった。不幸なことに、クロロキン耐性のマラリア原虫が現れ、ここ数十年で急速に広がった。このためクロロキンの有用性が低下し、現在はファンシダールやメフロキンのような化合物がマラリアに使われている。しかし毒性はクロロキンより強く、しばしば警戒すべき副作用が出る。

キニーネの合成

本物のキニーネ分子を合成する試みは、一九四四年に達成されたと思われた。すなわちこの年、ハーバード大学のロバート・ウッドワードとウィリアム・デーリングが簡単なキノリン誘導体をある分子に変換した。その分子は、伝えられるところでは、一九一八年に別の化学者たちがキニーネに変換できるとした化合物である。二つの研究を合わせれば、キニーネの全合成はついに完結したと思われた。しかし事態はそうではなかった。一九一八年の研究の論文は概略のみであったため、実際何が行われたのか、化学変換の主張が正しいのかどうか確認できなかったからである。

天然物有機化学者の間には、こういう言葉がある。「構造を最終的に証明するのは合成である」。言い換えると、提出された構造の正しさが、たとえ多数の証拠によって示唆されていたとしても、絶対に正しいというためには、その分子を別の独立した経路で合成して見せなくてはならない。有名なパーキンのキニーネ合成研究から百四十五年経った二〇〇一年、ニューヨーク、コロンビア大学のギルバート・

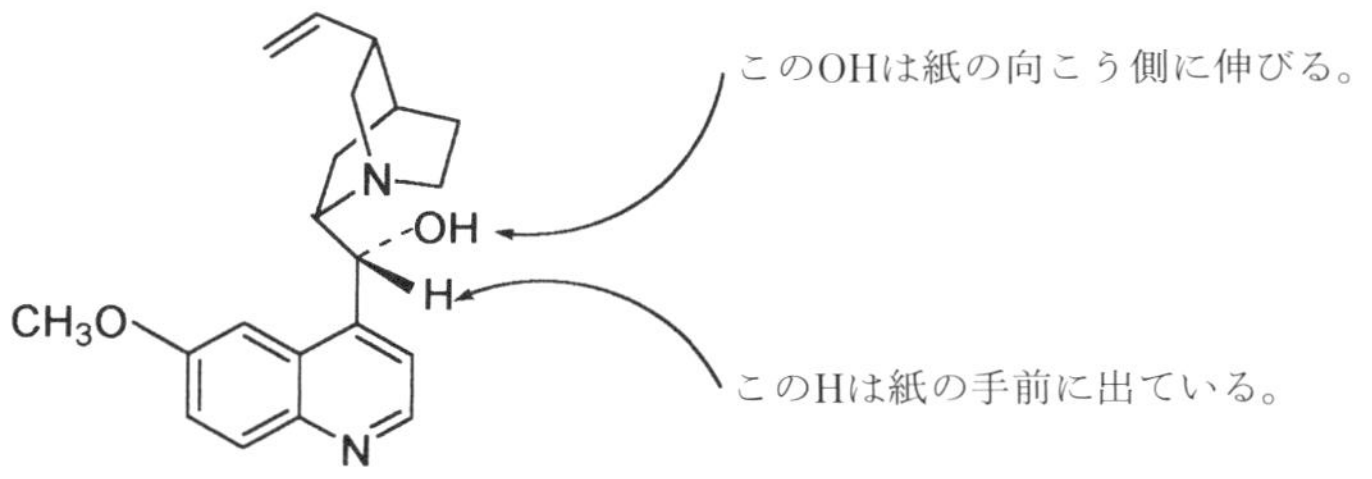
このOHは紙の向こう側に伸びる。
このHは紙の手前に出ている。
OH
H
N
CH3O
N

キニーネ分子

17－4

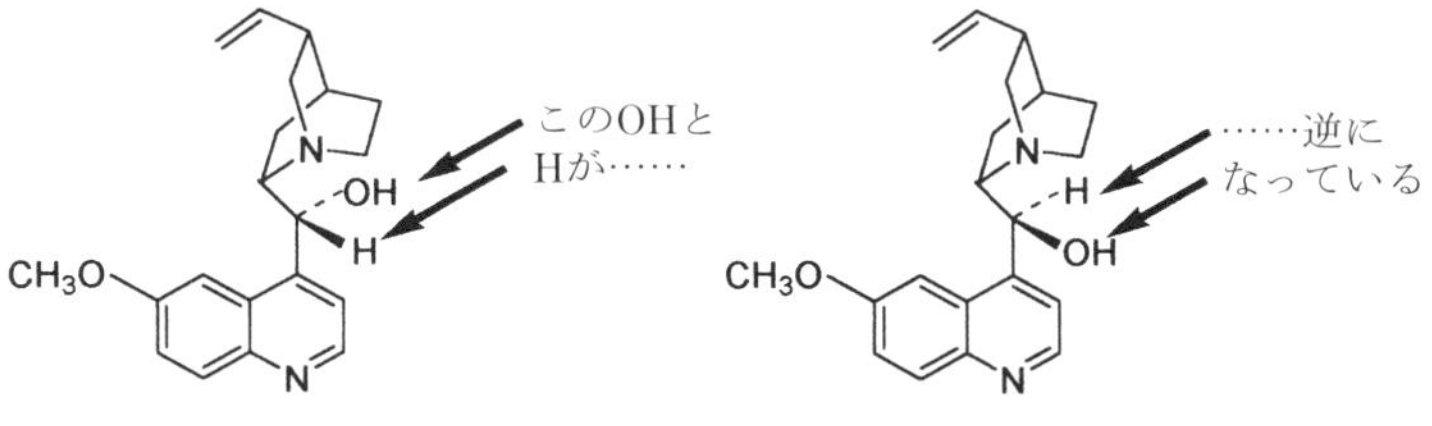
このOHと
Hが……
……逆に
なっている
OH
H
N
CH3O
N

実験室でキニーネ（左）を合成しようとすると、非常に似たもの（右）が同時に合成されてくる。

17－5

ストーク名誉教授は、共同研究者らと一緒に「それ」を行った。すなわち彼らは別のキノリン誘導体から出発し、一つ一つのステップで構造を確かめながら、別ルートでキニーネを合成した。

キニーネはそれなりに複雑な構造をしている。このことから他の多くの天然化合物のように、ある炭素原子の周りの結合が、空間的にどう向いているか、決めねばならないという問題が出てくる。キニーネの構造を見ると、キノリン環のすぐ隣の炭素原子の周りには、紙面から出ている（塗りつぶした楔で結合を示す）H原子と紙面の奥に伸びる（点線で示す）OHがある（17－4）。キニーネと、この立体配座を逆にした化合物とを示す（17－5）。

自然はキニーネのように、大抵この一対の片方しか作らない。しかし化学者がこれを合成しようとすると、必ず両者の等量混合物を作ってしまう。二つの化合物は非常によく似ているので、これらを分離するのは難しく、時間もかかる。キニーネにはこのような炭素原子が他に三つある。実験室で合成すると、それぞれの炭素の場所で天然型とその反転型の両方ができてしまう。だから骨の折れる分離過程を全部で四回繰り返さねばならない。これこそストークと彼のグループが乗り越えるべき壁だった――そしてこの問題が一九一八年に十分考慮されていた証拠はない。

キニーネは依然としてインドネシア、インド、それからザイールなどアフリカ諸国のプランテーション、あるいは少量ではあるがペルー、ボリビア、エクアドルの天然林の樹皮から作られ続けている。今日の主な用途は、キニーネウォーター、トニックウォーターなどの苦味飲料である。それから心臓薬のキニジンの製造原料としても使われる。またクロロキンの効かない地域では、キニーネが抗マラリア薬として役立つと考えられている。

マラリアに対する人類の戦い

人々がより多くのキニーネを収穫する方法、人工的に合成する方法を模索しているとき、一方で医師たちは何がマラリアを起こしているのか解明しようとしていた。一八八〇年、アルジェリアにいたフランス陸軍の医師、シャルル・ルイ・アルフォンス・ラブランは、マラリアとの戦いで新しい分子的アプローチが可能となる発見をする。彼は顕微鏡で血液サンプルのスライドをチェックしていた。そしてマラリア患者の血液に、いわゆるマラリア原虫（プラスモジウム）がいることを見出す。当初、ラブランの発見は医学界で見過ごされた。しかし数年のうちに *P.vivax* と *P.malariae*、のちには *P.falciparum* が発見される。一八九一年までには、さまざまな色素を使ってプラスモジウムを染めることで、それぞれのマラリア原虫の同定も可能となった。

マラリアの発症に蚊が何らかの形で関係しているのではないか、とは以前から疑われていた。しかしロナルド・ロスがハマダラカの消化管でプラスモジウムを発見したのは、やっと一八九七年である。彼はインド生まれの若いイギリス人医師で、インド軍医務官として勤務していた。ここに寄生原虫、昆虫、ヒトの複雑な関係が明らかになる（17－6）。そしてこの寄生原虫を、その生活環のさまざまなポイントで攻撃すべきと考えられた。

この病のサイクルを壊しうる方法はいくつかある。例えば肝臓、血液中にいる寄生虫（分裂小体（メロゾイト）の段階）を殺せばよい。もう一つの明らかな攻撃前線は、病の「運び屋」すなわち蚊それ自体である。蚊に咬まれぬように予防したり、蚊の成虫を殺したり、繁殖を抑えたりすることも考えられる。咬まれないようにすることは必ずしも容易でない。人口のほとんどがまともな家を買うこともままならない地域では、網戸など手に入るはずもない。蚊の繁殖を防ぐために溜まり水や淀んだ流れをすべて排水するのも現実的ではない。水面にうすく油の膜を広げ、蚊の総数をいくらか減らすことは可能である。水中にいる蚊の幼虫が窒息するからだ。しかしハマダラカそのものに対し最良の攻撃手段は、強力な殺虫剤である。

当初、そのうち最も重要なものは塩素含有分子のＤＤＴだった（17－7）。これは昆虫特有の神経系を妨害することで作用する。この理由からＤＤＴは——殺虫剤として使われるレベルでは——昆虫は殺しても他の動物に害はない。ヒトに対する推定致死量は三十グラムである。これはかなり多量と言ってよい。ＤＤＴによる人の死亡例は報告されていない。

二十世紀初頭には西欧、北米でマラリアの発生が大きく減少した。公衆衛生や住居の改善、地方人口の減少、湿地帯の排水、抗マラリア薬がどこでも手に入るようになったことなど、さまざまな要因が考えられる。ＤＤＴの使用はこれら先進国でマラリア原虫を撲滅するのに必要な最終ステップとなった。一九五五年には、世界保健機関（ＷＨＯ）が世界の残りの地域からマラリアをなくすため、ＤＤＴを使う大作戦を開始した。

ＤＤＴ散布が始まったころ、約十八億人がマラリアの発生地域に住んでいた。このうち四〇％の人々の住む場所は一九六九年までにマラリアがなくなった。劇的な成果を上げた国もある。ギリシャは一九四七年にマラリア患者が約二百万人いたが、一九七九年にはわずか七人であった。二十世紀最後の四半世紀、ギリシャの経済発展に関与した分子を一つ挙げるとしたら、間違いなくＤＤＴであろう。インドではＤＤＴ散布が始まる前の一九五三年、一年で七千五百万人がマラリアにかかった。しかし一九六八年ではわずか三十万人となる。同様の成果は世界各国から報告された。ＤＤＴが奇跡の分子とされたのも驚くにあたらない。一九七五年、ＷＨＯはヨーロッパでマラリアが絶滅したことを宣言した。

この殺虫剤は非常に長く効いたので、マラリアを防ぐには六ヵ月に一度——あるいは発生が季節性の地域では年一回——の使用で十分だった。ＤＤＴは家の壁の内側にも散布された。ここにはメスの蚊が

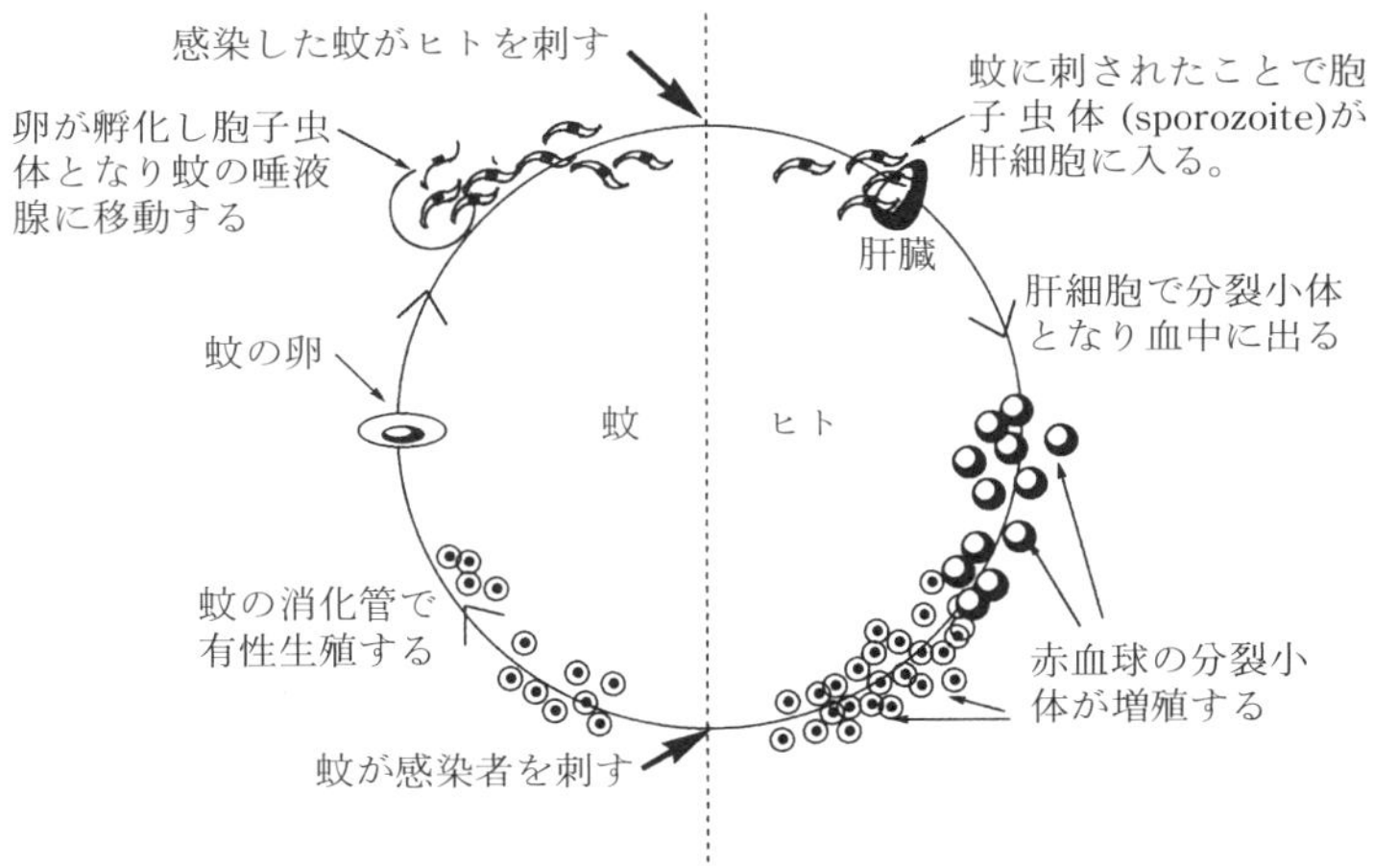

プラスモジウム原虫の生活環。分裂小体は定期的（48あるいは72時間ごと）に宿主の赤血球を破壊し、これが急な発熱となる。

17－6

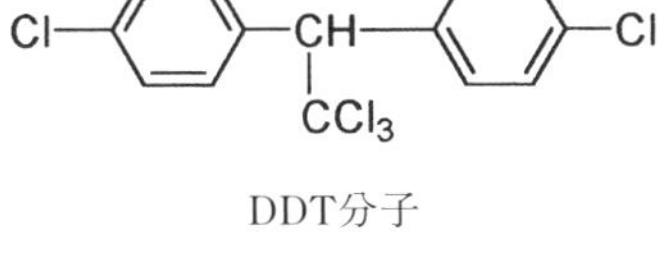

DDT分子

17－7

休んでいて、血の食事を探し回る夜を待っているからだ。ＤＤＴは噴霧された場所に留まり、食物連鎖にはほとんど入らないと思われていた。生産するのも安価であったし、当時は他の動物にほとんど毒性がないように見えた。ＤＤＴの生物濃縮による深刻な影響が明らかになったのは、ずっと後のことだ。それ以来、化学殺虫剤の使い過ぎは生態系のバランスを崩し、さらに深刻な害虫問題を引き起こすことを我々は認識するようになっている。

当初、ＷＨＯのプロジェクトは成功するように見えた。しかしマラリア原虫の地球的撲滅は思ったより難しいことが分かってきた。理由は多くある。まずＤＤＴ耐性の蚊が現れた。人口も増えた。生態系が変化し、蚊やその幼虫を食べる生物種が減少した。さらには戦争、自然災害、公衆衛生サービスの低下、抗マラリア薬に耐性をもつプラスモジウムの増加などだ。一九七〇年代初頭、ＷＨＯはマラリアの完全撲滅という夢を捨て、マラリアを押さえ込む方針に切り替えた。

もし分子に流行、時代遅れというものがあるなら、ＤＤＴは先進国において間違いなく時代遅れの分子である。その名前には不吉な響きすらある。現在この殺虫剤は多くの国で違法となっているが、今まで五千万人の命を救ってきたとされている。マラリアで死ぬという恐怖は先進国ではすっかりなくなった。たいそう有害な分子による直接の、そして大きな恩恵である。しかしマラリア地帯に住む無数の人々にとって、死の恐怖は依然としてある。

ヘモグロビン――自然による防御

そうした地域の多くでは、ハマダラカを駆除する殺虫剤や、西側諸国の旅行者が使う合成キニーネ代用薬を買えるような人々はほとんどいない。しかし自然はこれらの地域のマラリアに対して、まったく違う形での防御策を与えた。サハラ以南のアフリカ人の二五％は、鎌状赤血球貧血症として知られる、痛くて衰弱する病気の遺伝因子を持つ。両親がこの因子のキャリアならば子供は四分の一の確率でこの病気になる。二人に一人はキャリア（保因者）となり、四人に一人は発病もしないし、キャリアにもならない。

正常な赤血球は丸くて柔らかく、体内の毛細血管をすり抜けて行く。しかし鎌状赤血球症患者では、赤血球の約半数が堅くなり、長い三日月形すなわち鎌形となる。これらの硬直した鎌状赤血球は狭い毛細血管を通り抜けることが難しく、ときに詰まってしまう。すると筋肉組織や重要な臓器の細胞に養分と酸素が行かなくなる。これは危険な状態で、激しい痛みを起こし、時にはその組織や臓器に永久的なダメージを与える。また体は正常な赤血球より鎌形の異常赤血球のほうを早く破壊する。このことは全体として赤血球が減ることになり、貧血の原因となる。

最近まで鎌状赤血球貧血症の患者は、ふつう子供の時に死んでいた。心臓病、腎不全、肝不全、感染症、脳卒中などが若い命を奪った。現在は治療する——治すわけではない——ことによって患者はもっと長く生き、より健康的な生活を送ることができるようになった。なお、キャリアも赤血球が鎌形になることがある。しかしふつうは血流に異常をきたすほどにはならない。

マラリア地帯に住む鎌状赤血球症のキャリアにとって、この病気は補償として価値あるものを提供した。マラリアに対し、ある程度の免疫を与えたのだ。集団内のマラリア発症率と鎌状赤血球症のキャリア頻度にははっきりとした関係がある。それはキャリアであることが進化的に有利であったということで説明される。両親から因子を受け継いだ人はふつう子供のときに死んだだろう。どちらからも因子を受け継がなかった人は、やはり子供のときにマラリアで死にやすかった。鎌状赤血球症の遺伝子を片親だけから受けた人は、マラリア原虫にいくらか免疫を持ち、生殖年齢まで生き延びた。こうして鎌状赤血球症という遺伝病は集団内で続いただけでなく、世代を経るごとに増えていった。マラリアの存在しない地域では、キャリアでいるメリットはない。因子が集団内で存在し続けることはないだろう。マラリアに抵抗性を与える異常ヘモグロビンはアメリカ先住民には存在しない。このことはコロンブス以前、アメリカ大陸にマラリアがなかったことの根拠にされている。

赤血球が赤いのはヘモグロビンがあるからだ。ヘモグロビンの働きは酸素を体中に送ることである。鎌状赤血球貧血症という命を脅かす病気は、ヘモグロビンの化学構造の一ヶ所、ほんの小さな変化が原因である。ヘモグロビンは、酸素が結合するヘムという分子と、グロビンというタンパク質からできている。グロビンはシルクのようにアミノ酸を単位とするポリマーだ。ただし、シルクのアミノ酸がさまざまな順番で数千もつながっているのに対し、グロビンのアミノ酸は正確な順番でつながっている。グロビンには二種類あり、この二セットすなわち四本の鎖が、それぞれコイル状になってヘムを囲み、互いに集まっている。鎌状赤血球症の患者は、一方の鎖のわずか一ヶ所だけアミノ酸が違っている。いわゆるβ鎖の六番目のアミノ酸が正常人のグルタミン酸からバリンに変わっているのだ（17-8）。

β鎖は百四十六個のアミノ酸からなる。α鎖のアミノ酸は百四十一個である。だから全体としてアミノ酸の変化は二百八十七個のうち一つ——一％の三分の一である。しかし両親から鎌状赤血球症の因子をもらった人には悲惨な結末が待っている。側鎖部分がアミノ酸構造の三分の

グルタミン酸　　　　バリン

グルタミン酸とバリンは側鎖が違う（四角内）

17-8

一とすれば、実際の構造式の上での変化はもっと小さく――ヘモグロビン分子の一%の十分の一となる。タンパク質構造におけるこの変化は、鎌状赤血球貧血症の症状を説明する。グルタミン酸の側鎖はCOOHを持つ。一方バリンは持たない。β鎖六番目のアミノ酸側鎖にCOOHがないと、ヘモグロビンは酸素に結合していないとき、溶けにくくなる。すなわち赤血球内で凝集する。その結果、赤血球の形が変わり柔軟性がなくなるのだ。異常なヘモグロビンでも、酸素が結合していると溶解性にあまり影響はない。だから酸素のないヘモグロビンが多いほど鎌状となる赤血球は多くなる。

ひとたび鎌状赤血球が毛細血管を塞ぎ始めると、末梢組織は酸素不足となり、酸素化されたヘモグロビンは脱酸素型に変わっていく。そしてさらに鎌状化が進む。急速に危機へと向かう悪のサイクルである。これこそキャリアでも鎌状となる理由だ。鎌状赤血球がふだん一%しかなくとも、半数のヘモグロビン分子は鎌状化を起こす能力を持っている。航空機内で酸素分圧が低くなったとき、高地で運動したときなど、鎌状化は起きるかもしれない。両方ともヘモグロビンが脱酸素型になりやすい条件である。

ヒトのヘモグロビン異常は百五十種類以上知られている。そのうちいくつかは致死性、あるいは問題を起こすが、多くは良性のように見える。あるタイプの貧血を起こすヘモグロビン異常のキャリアには、マラリアに対する抵抗性が、完全ではないけれども、あると考えられている。例えば南アジアと西アフリカを起源とするαサラセミアや地中海出身の人々によく見られるβサラセミアだ。βサラセミアはギリシャ、イタリア、それから中東、インド、パキスタン、そしてアフリカの一部にも見られる。人類はおそらく千人に五人はヘモグロビンの構造に変異を持っている。ほとんどの人が気付かないだけである。

鎌状赤血球症で悲惨な問題が起きるのは、ただグルタミン酸とバリンの側鎖構造に差があるからだけではない。β鎖のどこに変異があるかも重要である。同じ変異が別の場所にあったとき、ヘモグロビンの溶解性や赤血球の形に同じ影響が出るかどうかは分からない。またこの変化がどうしてマラリアに対する免疫を与えるのかも正確には分からない。ただ六番目にバリンがあるヘモグロビンの赤血球では、何かがプラスモジウムの生活環を邪魔しているのは間違いない。

今も続くマラリアとの戦い。その中心にいる三つの分子は、化学的にはまったく異なっている。しかし各分子は過去の出来事に大きな影響を及ぼしてきた。キナ樹皮のアルカロイドは、世界中の人々に恩恵を与えてきた長い歴史を持つが、キナの木が自生するアンデス東麓の先住民には何の経済的恩恵も与えなかった。しかし外部のものはキニーネ分子から利益を上げた。彼らは発展途上国の貴重な天然資源を自分たちのためだけに使った。世界各地に広がるヨーロッパ人の植民地支配は、キニーネの抗マラリア活性によってこそ、可能になった。またこの分子は、ほかの多くの天然物同様、良い分子モデルとなり、化学者たちは元の化学構造を変えながら効き目を再現、あるいは増強しようとした。

キニーネ分子は十九世紀の大英帝国の成長と、他の欧州諸国の植民地拡大を可能とした。しかし二十世紀に欧州、北米からマラリアがついに絶滅したのは、DDT分子が殺虫剤として成功したからである。DDTは合成有機分子で、天然に類似物質がない。このような分子が合成されたときは常にリスクがある——どれが好ましい物質なのか、どれが有害作用を持つのかを確実に知る術がない。しかし我々の生活を高める新しい分子、化学者の発明による新しい製品が出たとき、いったい何人がそれらすべてに背を向けられるだろう。抗生物質と抗菌剤、プラスチックとポリマー、繊維と香料、麻酔薬と食品添加物、染料と冷媒……。

鎌状赤血球を生んだ小さな分子内変化の影響は、三つの大陸に及んだ。すなわちマラリアへの抵抗性こそ、十七世紀にアフリカ奴隷貿易が急拡大した要因である。新大陸に送り込まれた奴隷の大多数は、アフリカ大陸のマラリアが蔓延する地域、そして鎌状赤血球症の遺伝子が多く存在する地域の出身だった。奴隷商人や奴隷所有者は、すぐにグロビン分子の六番目のグルタミン酸がバリンに変わっているという進化的特徴を食い物にした。もちろん奴隷がマラリアに対し免疫を持っていたことについて、化学的理由を知っていたわけではない。知っていたことは、ただアフリカから来た奴隷は概して、熱帯の熱病に強いということだけだった。この熱帯気候はサトウキビと棉の栽培に適していたのだが、労働力として新世界のほかの場所からこの暑い地域に連れてきたアメリカ先住民は、すぐに病気にかかってしまった。小さな分子スイッチは、アフリカ人を何世代にもわたって奴隷たるべく運命付けたのである。

もし奴隷とその子孫がマラリアにやられていたら、奴隷貿易はあのように盛んにはならなかったであろう。新世界のサトウキビの大農場から得られる利益が、ヨーロッパ大陸の経済成長に使われることもなかったかもしれない。いや、大農場すら存在しなかったかもしれない。棉はアメリカ合衆国南部の主要作物とはならなかっただろうし、イギリスの産業革命も遅れたか、非常に違った方向に行ったかもしれない。ヘモグロビンの化学構造における小さな変化がなかったなら、過去五百年の出来事はかなり違ったものになっていただろう。

キニーネ、ＤＤＴ、ヘモグロビン――これら三つの非常に異なる構造体は、世界最悪の殺人者の一つと関連することにより、歴史の中で統合される。三者はまた、今までの章で論じた分子たちの代表例でもある。キニーネは、文明の発達に大きな影響を及ぼした多くの化合物同様、天然に存在する植物由来分子である。ヘモグロビンも自然界に存在するが、動物に由来し、ポリマーに分類される分子である。それにしても、歴史上大きな変革に関係してきたポリマーは多い。ＤＤＴは人間が作った化合物にしばしば見られるジレンマをよく表している。新しい分子を創出できる人々の才能によって作られた合成物質がなかったなら、我々の世界は――良くも悪くも――大分変わったものになっていただろう。

エピローグ

歴史上の事件は、ほとんど常に原因が複数ある。それゆえ本書に述べた事件を化学構造のみのせいにするのは、単純すぎるだろう。しかし化学構造が文明の発達に重要な──たいてい目立たない形だが──大きな役割を果たしてきたというのは誇張ではない。化学者が今までと違う天然物の構造を決めたとき、あるいは新しい分子を合成したとき、小さな構造上の変化──二重結合がこちらにきているとか、酸素原子がそちらに入っているとか、側鎖が変わっているとか──の影響は、大して重要と思わないことが多い。小さな変化が引き起こす重大な影響を我々が知っているのは、後知恵に過ぎないのだ。

本書に示した化学構造式は、読者にとって最初は見慣れない、困惑させるものだったかもしれない。しかし今では構造式にまつわる神話のいくつかは取り除かれ、読者は化学分子を作る原子がいかに決まった規則に従っているか、分かるようになったと期待している。ただし、この規則の範囲内であっても構造式の種類にはほとんど無限の可能性がある。

興味深い、そして重要な物語があるとして我々が選んだ化合物は、二つのグループに分けられる。一つは天然由来の分子である。人類によって探し当てられた貴重な分子だ。これらを求める情熱は初期の歴史の多くの面を支配している。一方、過去百五十年の間には、第二のグループが重要になってきた。実験室や工場で作られた分子である。その中にはインディゴのように天然物とまったく同じものや、アスピリンのように天然物の構造を少し変えたものもある。ＣＦＣのように自然界に類似物質がない、まったく新しい分子もある。

この二つのグループに、ここで第三のグループを加えよう。未来の文明に重大な（しかし予測不可能な）影響を与えるかもしれない分子である。それらは自然が作るけれども、人間の意志と干渉が入った分子だ。遺伝子工学（バイオテクノロジー。すなわち新しい遺伝物質を生物に入れるための人工操作に対して使う用語）は、今まで存在しなかった場所にその分子を作ることができる。例えば「黄金米」は、βカロテンを作るように遺伝子改変した米である。βカロテンは、ニンジンなど黄色い野菜や果物、また濃い緑色葉野菜にも含まれる、黄橙色の物質である（18－1）。

我々の体は、必須栄養素であるビタミンAを作るためにβカロテンを必要とする。世界には——とくに米が主要な作物であるアジアには——βカロテンの足りない食事をしている人々が無数にいる。ビタミンAが不足すると目が見えなくなり、死ぬことさえある。米にはビタミンAがほとんどない。米を主食とし、この分子を他の食物からも得られない地域では、黄金米に含まれるβカロテンは、より健康な食事を約束するものだ。

しかしこうした遺伝子工学には、心配な面がある。確かにβカロテン分子そのものは、自然界の多くの植物に見られる。しかしバイオテクノロジーを批判する人々は、本来存在しない場所にこの分子を入れることが安全かどうか問いかける。新たに分子を入れたら、既に存在する他

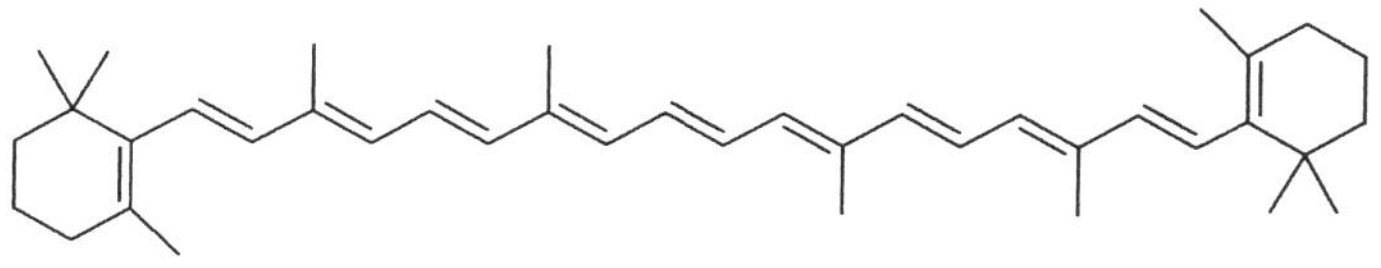

βカロテン

18－1

の分子と有害反応を起こすのではないか？　それが一部の人にとってアレルギー源となる可能性はないか？　自然界に存在することの長期的影響はどんなものがあるか？　また、化学的、生物学的問題だけでなく、遺伝子工学一般に関する問題も提起された。例えばこうした研究を推進する利益優先主義、作物の多様性の消失、農業の地球規模での画一化などだ。こうした問題や不確実性のために――明らかに有利に見えるにもかかわらず――分子を希望する場所や状態で生産するよう自然に強いることには、慎重に対処する必要がある。ＰＣＢやＤＤＴのように、物質は幸福も災いも両方もたらすことがある。発明したときは、どちらがどちらか必ずしも常に分かるわけではない。より良い作物を作る、農薬の使用を減らす、病気を撲滅する、これらを目指すとき、生物をコントロールする複雑な物質を人間が操作することは、やがて重要な役割を果たすことになるかもしれない。あるいは、そのような行為は――最悪の場合――生物界そのものを脅かす予期せぬ問題につながるかもしれない。

将来の人々が我々の文明を振り返ったとき、二十一世紀に最も影響を与えた分子として何を挙げるだろう？　それは遺伝子改変された作物が生産する――期せずして他の無数の植物を絶滅させるかもしれない――天然の除草物質だろうか？　あるいは我々の肉体の健康、我々の精神状態を改善する医薬分子だろうか？　テロや組織犯罪に関係する、新しいさまざまな違法薬物だろうか？　今の環境をさらに汚染する毒性分子だろうか？　新しい、より高率的なエネルギー源につながる分子だろうか？　抵抗力を持った「スーパー細菌」を生み出してしまう抗生物質の過剰使用だろうか？

コロンブスは、ピペリンを探し求める自らの旅の結果を予測できなかった。マゼランもイソオイゲノールを求めた旅の、後世への影響について気がついていない。シェーンバインは、妻のエプロンからできたニトロセルロースが、爆薬から繊維まで広範囲にわたる重要産業の出発点になったと知ったら、間違いなく驚いたことだろう。パーキンは、小さな実験がやがて巨大な合成染料産業だけでなく、抗生物質や医薬品の発達にもつながるとは予測していなかった。マーカー、ノーベル、シャルドネ、カロザース、リスター、ベークランド、グッドイヤー、ホフマン、ルブラン、ソルベイ兄弟、ハリソン、ミジリーをはじめ、本書で語った人々は、自分たちの発見の歴史的重要性についてほとんど気がついていない。だから思いがけない分子——やがては将来の生活に非常に深く、また予期せぬ影響を与える分子、我々の子孫たちが「これこそ私達の世界を変えたものだ」というような分子——が今日既に存在しているかどうか、我々がそれを予言できなくても、彼らと同じく仕方がないのだ。

訳者あとがき

本書の対象読者

1　化学を学び損ねた人（本日が再スタートのチャンスです）
2　化学が嫌いだった人（分かれば好きになるものです）
3　知識を増やしたいビジネスマン（すぐには役立たない知識にこそ価値がある）
4　国立大学めざす受験生（一冊で世界史と化学の二科目はお得です）
5　大学に入ってこれから化学を学ぶ人（スタートダッシュが大事です）
6　化学を専門にするが人文科学も好きな人（私でした）
7　授業用に雑学ネタが欲しい化学科の教授（ネットで簡単に深く掘れます）
8　偶然これを手に取ったあなた（家に帰って構造式を実際に書いてみましょう）

＊

本書を訳し始めた二〇一〇年十月六日、鈴木章、根岸英一両博士がノーベル賞を受賞しました。直後のテレビ番組でキャスターがビフェニル構造を表すのに、ベンゼンでもない変な六角形を二つ書いて、さらに驚いたことには原子のないところに線を引いてしまった。普通の高校生でも間違えません。2チャンネルでも笑われました。しかし、一般の人で構造式が書ける人がどれだけいるでしょう？

化学構造式というのは化学の難しさ、専門性を表す象徴のようになっています。逆にいうと、簡単な構造式が書けるだけでその人は化学の素養があると思われます。つまり、「化学ができる」と、家族、友人に自慢できます。化学に強い、と自慢するとき、モル濃度の計算とか（高校で化学が嫌いになった原因ですね）、大学専門課程で学ぶ量子化学とか、熱力学、化学反応論などは全く知らなくともよい。これらは難しいし、家族、友人も聞きたくない。皆さんの役に立つことはまずありません。

しかし、構造式は、学ぶのが簡単なわりに、役に立つのです。自慢するためだけではありませんよ。そもそも構造式というのは、溶けやすさ、蒸発しやすさ、色の有無、安定性、反応性、薬理作用などを決める「原子の配列」が表現された、極めて情報の多い記号図なのです。記号図というより絵かもしれない。美しいと見とれる人もいますから。もちろん皆さんは本書を読んだだけで、そういう情報を構造式から簡単に引き出せるようにはなりません。でも、構造式に違和感がなくなれば、身の周りの物質に親しみが湧くでしょう。今まで嫌いだった化学へのアレルギーはなくなり、環境、物を見る目が変わるはずです。

「いくら構造式が簡単だと言われても今さら化学なんて勉強したくない」。その通り。そんな人のために本書はあります（原著者の意図は知りませんが、私はそう思っています）。化学から離れても面白いのです。構造式を覚えようという功利心などなくとも、面白いからついつい読んでしまう。世界史の娯楽本なのです。

化学の目から見た歴史の本は、エピソードを集めただけの雑学本になりがちです。しかし本書の特徴は三つあります。まず、ちゃんとしたレベルを維持していること。化学の専門家が読んでも「なるほど」と思うところが随所にあります。二つ目は、各章の順番は互いに関連するようになっていること。

化学は変化の科学とも言います。ある物質は別の物質の原料だったり、産物だったり、兄弟だったりする。本書の物語の展開は物質の変化、関連性をふまえている。

たとえば、一章は世界史で最も重要な、世界地図を作った大航海時代のスパイスから始まり、二章はそのとき大問題になった壊血病の関係からアスコルビン酸。これは霊長類以外ではグルコースから作られるため三章はグルコース。グルコースは新大陸の奴隷制の元になり、欧州の産業革命に必須でした。奴隷制、産業革命と不可分な物質としては他に綿花があり、しかも成分のセルロースはグルコースが結合したものです。だから四章はセルロース。そのセルロースをニトロ化すると綿火薬になるから五章は爆薬。このように、本書は世界史全体の流れを思い描きながら、連想ゲームのように化合物を選んでいます。だから一冊が断片化されていません。歴史の教科書のようにエジプトから始まって網羅的にあちこち行ったり、化学の教科書のように無味乾燥といったこともない。

三つ目の特徴はもちろん、化学構造式です。序章にあるように著者は一般人対象の本に「化学構造式を入れるかどうか」非常に悩み、最終的には入れました。我々の翻訳の企画段階でも、「残念ながら日本の一般人の化学への関心は薄い。構造式を見ただけで拒否する人がいるのではないか」「エピソードだけでも充分面白いから構造式は削除したらどうか」という意見がありました。しかし、前述のように本書のユニークさ、重要性は一般書に不似合いな構造式を全面的に入れた点にあります。最終的に中央公論新社は訳書でも構造式をそっくり入れる形を受け入れてくださいました。その英断に感謝します。

同社、横田朋音さんには、企画段階から価値ある意見をいただき、また丁寧に原稿をチェックしていただきました。遅ればせながら感謝します。一番嬉しかったことは、理系は苦手と仰った彼女が構造式を一つ一つ見て理解して下さったことです。本書を読んだ人は化学を見る目が変わると確信しました。

東日本大震災で、原子が崩壊して放射線が出るとはどういうことか、生物にどう影響するか、今まで遠かった科学が生活レベルの問題になってきました。環境、食糧、エネルギー。化学に目をつぶっていられる時代ではなくなりました。だから勉強すべきだ、とは言いません。本書を娯楽として読み、第一歩として化学を見る目が優しくなってもらえれば、訳者として本望です。

二〇一一年九月

小林　力

本書のエピソードについて検索できるよう、原語対照表を中央公論新社のウェブサイトに掲載しています。
http://www.chuko.co.jp/tanko/2011/11/004307.html

装幀　山影麻奈
カバー写真　梶原祥造（STARKA）
地図：ペトルス・プランシウス「モルッカ諸島」

著者

ペニー・キャメロン・ルクーター（Penny Cameron Le Couteur）

カナダ、ブリティッシュコロンビア州キャピラノ大学化学科教授。30年以上にわたる教授職の間、化学科と基礎・応用科学科の学科長を歴任。カナダの大学の化学教育に優れた業績を上げたことでポリサー賞を受賞。インドネシア東部の大学における化学教育についてアドバイザーも務めた。ニュージーランド生まれ、北バンクーバー在住。

ジェイ・バーレサン（Jay Burreson）

長年企業の化学研究者として働いたあと、NIH（アメリカ国立衛生研究所）の奨学金を得てハワイ大学で海洋天然物の研究に従事。現在はハイテク企業で部長職に就いている。オレゴン州コーバリス在住。

訳者

小林　力（こばやし つとむ）

医薬史研究家。1956年長野県生まれ。東京大学薬学部卒、同大学院修了。薬学博士。訳書に『新薬誕生――100万分の1に挑む科学者たち』、『Disease――人類を襲った30の病魔』『セレンディピティと近代医学――独創、偶然、発見の100年』『モーツァルトのむくみ――歴史人物12人を検死する』がある。

スパイス、爆薬、医薬品
——世界史を変えた17の化学物質

2011年11月25日　初版発行
2023年4月15日　10版発行

著　者　ペニー・ルクーター
　　　　ジェイ・バーレサン
訳　者　小　林　力
発行者　安部順一
発行所　中央公論新社
〒100-8152　東京都千代田区大手町1-7-1
電話　販売 03-5299-1730　編集 03-5299-1740
URL https://www.chuko.co.jp/

ＤＴＰ　嵐下英治
印　刷　三晃印刷
製　本　小泉製本

Published by CHUOKORON-SHINSHA, INC.
Printed in Japan　ISBN978-4-12-004307-9 C0040
定価はカバーに表示してあります。落丁本・乱丁本はお手数ですが小社販売部宛お送り下さい。送料小社負担にてお取り替えいたします。

好評既刊

セレンディピティと近代医学
――独創、偶然、発見の一〇〇年　M・マイヤーズ
小林力訳

〈常識はずれ〉が命を救う――ピロリ菌、心臓カテーテル、抗うつ剤、バイアグラ……みんな予期せぬ発見だった！　失敗を進歩に結びつけた科学者たちのドラマチックな逸話の数々。

中公文庫